高等职业院校计算机类“十三五”规划教材

办公自动化
高级应用案例教程
（微课版）

宋玲玲　主　编

電子工業出版社
Publishing House of Electronics Industry
北京 · BEIJING

内 容 简 介

本书以 Office 2013 为平台，精选典型实用案例，以任务驱动的方式，对 Office 高级应用所需的知识与技能进行详细深入讲解。全书共分为四个部分：Word 高级应用、Excel 高级应用、PowerPoint 高级应用和 Visio 应用，由 9 个实际工作任务、21 个拓展实训任务和 9 个综合实践任务组成。

本书采用三层递进的方式编写，立足应用，充分考虑办公人员的认知特点，更加符合学生的认知和能力形成规律。本书配有电子课件、任务素材、课程标准等教学资源，便于教学和读者自学，请登录华信教育资源网（www.hxedu.com.cn）注册后免费下载。同时，为实现线上线下教学，对书中关键知识点/技能点制作了相应微课视频，并设置了二维码微课资源标志，实现手机随扫随学。

本书既适用于本科及高职高专相关专业学生，同时也适用于因岗位需要而希望提高办公应用操作水平的各领域办公人员。

图书在版编目（CIP）数据

办公自动化高级应用案例教程：微课版/ 宋玲玲主编. —北京：电子工业出版社，2019.6
ISBN 978-7-121-35612-4

Ⅰ. ①办…　Ⅱ. ①宋…　Ⅲ. ①办公自动化－应用软件－高等学校－教材　Ⅳ. ①TP317.1

中国版本图书馆 CIP 数据核字（2018）第 263667 号

策划编辑：左　雅
责任编辑：左　雅
印　　刷：涿州市般润文化传播有限公司
装　　订：涿州市般润文化传播有限公司
出版发行：电子工业出版社
　　　　　北京市海淀区万寿路 173 信箱　　　邮编　100036
开　　本：787×1 092　1/16　　印张：18　　　字数：518.4 千字
版　　次：2019 年 6 月第 1 版
印　　次：2024 年 1 月第 7 次印刷
定　　价：55.00 元

凡所购买电子工业出版社图书有缺损问题，请向购买书店调换。若书店售缺，请与本社发行部联系，联系及邮购电话：（010）88254888，88258888。

质量投诉请发邮件至 zlts@phei.com.cn，盗版侵权举报请发邮件至 dbqq@phei.com.cn。

本书咨询联系方式：（010）88254580，zuoya@phei.com.cn。

前言 Preface

一、缘起

随着社会的发展进步，无论是公司职员、机关事业文书还是个人，人们对办公自动化技能的要求都越来越高，如高级图文编辑、展示和数据计算等技能。然而，在多年办公自动化课程教学和研究中，编者发现各类办公自动化应用者对于 Office 的高级应用知之甚少，严重影响了他们的工作效率和社会生产力。

为此，在《办公自动化应用案例教程》（第 1～3 版）基础上，为了满足学校和社会培养高端办公自动化应用人才的需求，编者组织并编写了办公自动化高级应用教材。本书立足办公自动化高级应用知识与操作技能，将“任务驱动模式”“工作过程模式”“情境模拟”“分层教学模式”等一体化教学模式落实到教材中，从而令使用者易于实现理论知识落实于实践的目的。

二、结构

本书在对高级办公中所用知识点和技能点进行筛选、归纳和总结的基础上，打破传统教材以知识为脉络的结构，将知识和技能巧妙地融入典型工作案例中，以情境引入、任务驱动的形式编写。全书共分为四个部分：Word 高级应用、Excel 高级应用、PowerPoint 高级应用和 Visio 应用；共选取 9 个实际工作任务、21 个拓展实训任务和 9 个综合实践任务。任务 1 至任务 4 介绍 Word 高级应用，主要内容有：文档高级编排、窗体控件、样式设置与应用、注释与交叉引用、引文与目录、主控文档、批注与修订、合并与比较文档；任务 5 和任务 6 介绍 Excel 高级应用，主要内容有：数据分类汇总及可视化、模型规划与优化；任务 7 和任务 8 介绍 Powerpoint 高级应用，主要内容有：内容视觉化、文字表达与呈现、素材制作处理与美化、动画制作（如时间轴动画、跑马灯动画、补位动画、逐帧动画、遮罩动画等）以及音视频编辑；任务 9 是 Visio 图形设计，主要介绍商业图形的设计与绘制方法，包括：思维导图、甘特图、泳道图、建筑规划图、平面布局图、网络布置图等的设计与绘制。

本书采用“梯形递进式”编写模式，每个任务均采用“基础能力层”“拓展能力层”“综合应用能力层”层层递进的方法设计。这种编写模式既符合学习者从简到繁、从易到难的认知规律，又可以轻松实现多层次的弹性教学。每个任务均由“任务情境”“任务分析”“任务实施”“拓展实训”“综合实践”等模块构成。

1．任务情境

每个任务都以一个任务情境引入，模拟任务发生的情境，使学习者仿佛置身于真实工作之中。

2．任务分析

了解任务相关知识，对任务进行分析，提高学习者分析问题、分解问题的能力，同时明确本任务的知识目标和能力目标。

3．任务实施

根据任务分析结果，按照工作过程的步骤和规范完成任务，目的是训练学习者对基础知识与基本技能的掌握。

4．拓展实训

每个基本任务后面都配有若干个拓展实训项目，在其中添加一些新的知识元素，通过完成这些实训，学习者可以拓展知识，提高技能水平和应用能力。

5．综合实践

每个任务最后都设计一个综合实践项目，由学习者运用所学知识独立完成。通过这一过程培养学习者解决实际问题的能力。

三、特点

1．内容选取与组织

提取高级应用知识点，结合实际办公需要，选取典型实用的任务案例，将知识点、技能点融入任务中，保证了内容的典型性和实用性；内容选择上紧跟当前科技发展，将云端在线协同处理、扁平化设计等内容融入教材，保证了内容的先进性。

2．编写方式

采用任务驱动编写方式，每个任务均由任务情境、任务分析、任务实施三个部分组成，通过完成虚拟现实的工作任务使学生更加清楚学习目的，同时也提高学生的学习兴趣。这是非常重要的。

3．结构

采用“梯形递进式”编写方法，既有利于读者学习，又利用分层教学。

4．线上线下相结合

对书中关键知识点/技能点制作了相应微课视频，并设置二维码微课资源标志，实现手机随扫随学。

本书由宋玲玲担任主编，孔凡斌参与了部分任务的编写。

由于时间仓促，书中难免存在不足之处，期待广大读者提出宝贵意见和建议，以便进一步修订，使之不断完善。编者邮箱：357994703@qq.com。

编　者

目录

Contents

任务1

机关标准公文与模板制作

公文是国家行政机关、企事业单位、各种团体组织在行政管理过程中，用以表达意志、发布号令、传递和交流重要信息的最主要载体和工具，是一种具有特定效力和规范格式的公务文书。在我国，公文的格式、种类、行文规则、办理等都是全国统一的。国家针对公文制定了专门的国家标准——GB/T 9704—2012《党政机关公文格式》（以下简称 GB），国家各级行政机关、企事业单位在印发公文时必须按照此标准执行。

公文体式的规范化和格式的标准化是公文程序化、规范化最直观的体现，对于保证公文的合法性、有效性、权威性和外观形式的美感起着重要的作用。本任务主要介绍如何编辑符合 GB 标准的行政公文及其模板的生成；如何制作多部门联合发文公文；如何制作信函格式、命令格式、纪要格式等具有特定格式的公文。本任务的设置目的在于通过相关知识技能的学习与实践，使得行政办公人员了解一般公文的组成、通用格式要求，以及制作的方法与规范，以达到在日常行政管理中能够快捷、高效、规范地编辑各类公文的目标。

本任务制作的机关标准公文效果图如图 1-1 所示。

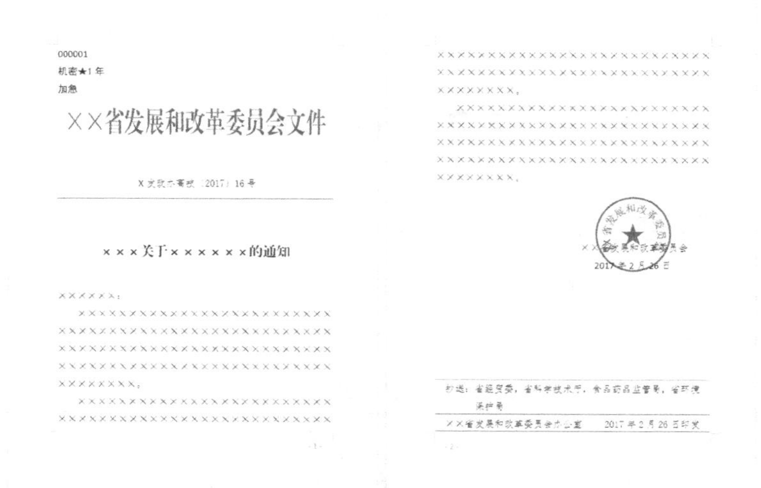

图 1-1　公文效果图

1.1　任务情境

××省发改委办公室姜主任根据办公会议安排，将拟下发《关于印发促进生物质能供热发展指导意见的通知》的会议纪要交给办公室刚入职的小沈，要求她起草该通知文件，并报各相关领导审批后下发至市地发改委并抄送至有关部门。

1.2 任务分析

由任务情境可知，小沈的工作任务主要有两个步骤，即起草通知和审批下发通知。其中，审批下发是流程性工作，在入职时已有培训。剩下的问题就是如何起草“通知”。经咨询老职员，小沈了解到，行政机关公文有国家标准，必须按标准执行。首先，需要学习公文国家标准以了解公文的标准要求；第二，需要掌握公文的标准格式及编排规则；第三，用 Word 编辑器实现这些公文格式；最后，创建公文通用模板方便将来行文工作。

知识目标

- 了解公文处理的基本知识；
- 了解公文的写作格式及要求；
- 熟悉公文的基本要素和格式要求；
- 掌握使用 Word 编排标准格式公文的方法和技巧。

能力目标

- 能够根据 GB 标准制作各类文种公文；
- 能够创建各类公文的通用模板。

1.3 任务实施

1.3.1 公文格式基本要求

国家标准规定的党政机关公文格式基本要求如表 1-1 所示。A4 型公文用纸的页边与版心尺寸要求如图 1-2 所示。

表 1-1 公文格式基本要求

公文格式	基本要求
公文用纸	一般使用纸张定量为 60g/㎡～80g/㎡的胶版印刷纸或复印纸。纸张白度 80%～90%，横向耐折度≥15 次，不透明度≥85%，pH 值为 7.5～9.5
纸张大小	A4 型纸：210mm×297mm
版面	页边与版心尺寸：公文用纸天头（上白边）为 37mm，订口（左白边）为 28mm，版心尺寸为 156×225mm，如图 1-2 所示
字体和字号	如无特殊说明，公文各要素一般用三号仿宋字体，特定情况可适当调整
行数和字数	一般每面排 22 行，每行排 28 个字，并撑满版心，特定情况可适当调整

续表

公文格式	基本要求
印刷	双面印刷
装订	左侧装订

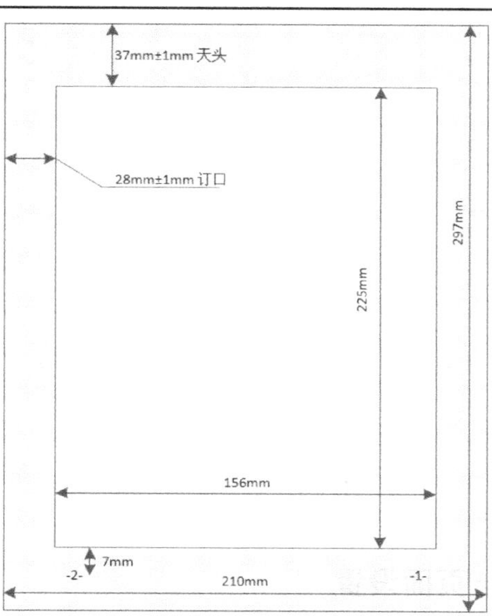

图 1-2　A4 型公文用纸的页边与版心尺寸

1.3.2　公文组成

公文由“版头”“主体”“版记”三部分组成，如图 1-3 至图 1-5 所示。

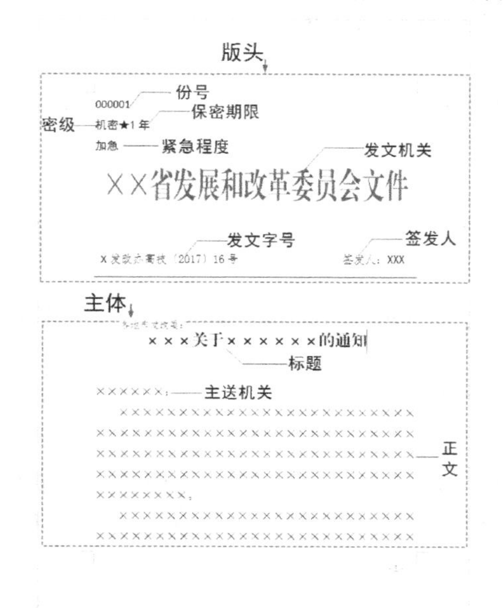

图 1-3　公文组成（1）

图 1-4　公文组成（2）

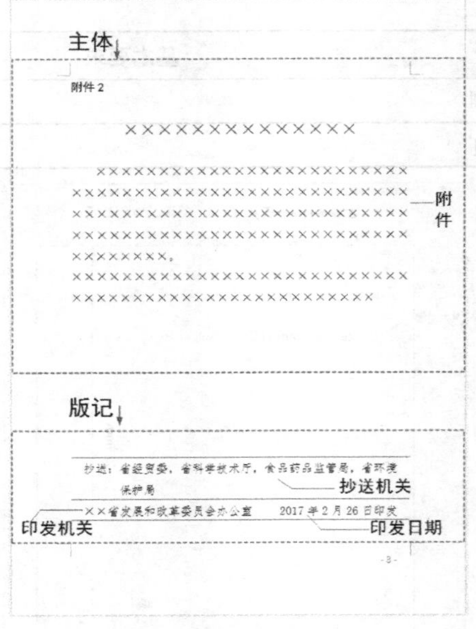

图 1-5　公文组成（3）

1.3.3　相关参数计算与页面设置

首先进行页面设置，根据 GB 标准确定上、下、左、右页边距的值，页眉、页脚位置，以及每页行数和每行字符数等。

1．GB 标准公文的版面要求

（1）页边距。GB 标准公文 A4 型公文用纸的页边与版心尺寸要求如图 1-2 所示。可见：

① 公文总宽度和总高度（成品幅面尺寸）为 210mm×297mm。

② 版心尺寸为 156 mm×225mm。

③ 天头（上白边）为 37mm，即为上边距的尺寸。

④ 订口（左白边）为 28mm，即为左边距的尺寸。

计算“右边距”和“下边距”：

① 右边距=公文总宽度 210mm－版心宽度 156 mm－左边距 28mm，由此计算出右边距应为 26mm。

② 下边距=公文总高度 297mm－版心高度 225 mm－上边距 37mm，由此计算出下边距应为 35mm。

（2）行数和字数。每页 22 行，每行 28 个字符。

（3）字体字号。三号仿宋体字。

（4）页脚距边界的值。GB 中规定，页码一般用四号半角宋体阿拉伯数字，编排在公文版心下边缘之下，数字左右各放一条“一字线”，一字线上距版心下边缘 7mm，如图 1-2 所示。

根据计算，页脚距边界的距离设置为 25.53mm 时，最符合 GB 的要求（因计算比较复杂，只要记住这个值即可）。

（5）页眉和页脚设置为“奇偶页不同”。

2．页面设置

新建一个文件名为“发改办高技 16 号.docx”的空白文档，根据 GB 标准和前面的计算，进行如图 1-6 至图 1-9 所示的页面设置。

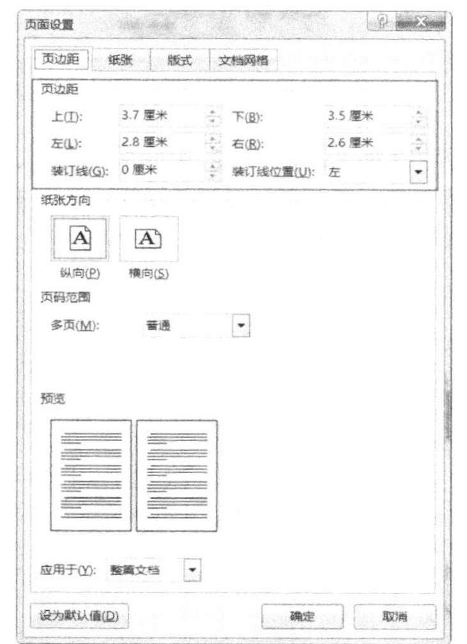

图 1-6　纸张大小设置

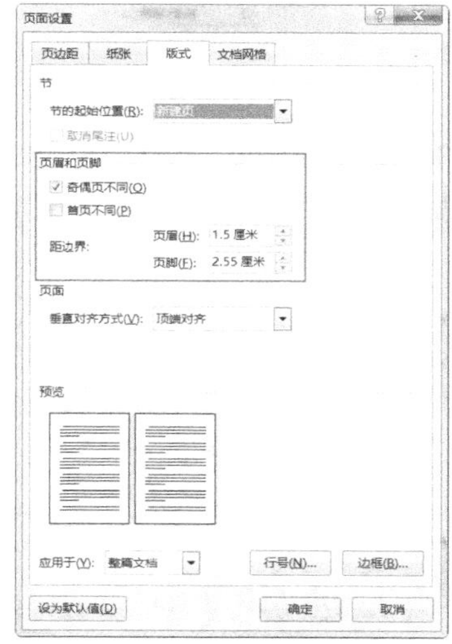

图 1-7　页边距设置

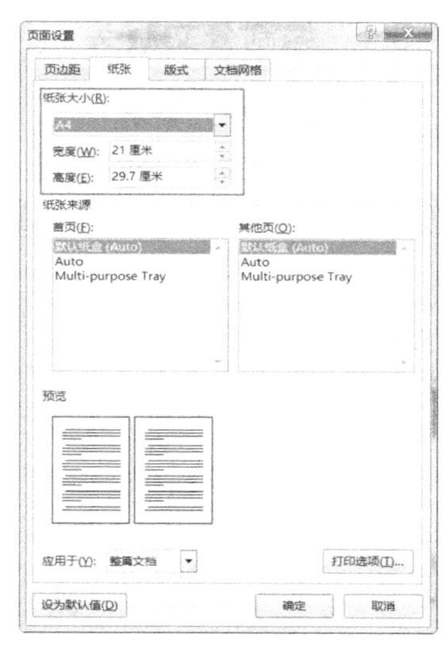

图 1-8　版式设置

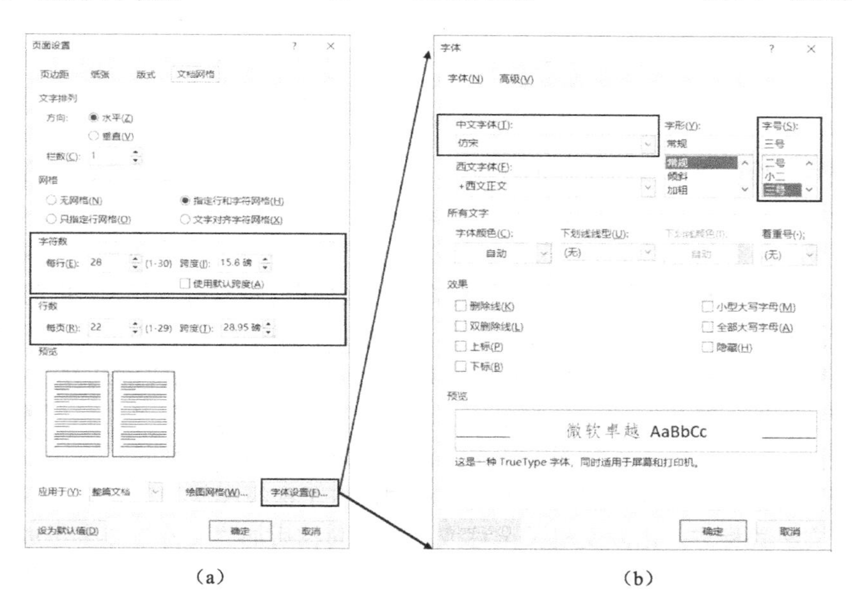

图 1-9　文档网格设置

注意：Word 文档的默认字体格式是五号宋体字。在图 1-9（b）中进行了字体、字号设置后，当前文档的默认格式就变成了三号仿宋字。如果设置后单击了图 1-9（a）左下方的【设为默认值】按钮，则会将修改保存至 NORMAL 模板，后面所有新建文档的默认字体格式变为设置后的字体格式。

3. 公文编制前准备

（1）下载并安装“方正小标宋”字体。

（2）安装 Photoshop 图像处理软件。

1.3.4 编制公文版头

1. 版头格式要求

公文首页红色分隔线以上部分称为版头，主要由份号、密级和保密期限、紧急程度、发文机关标志、发文字号、签发人、红色分隔线等要素组成。版头格式如图 1-10 所示。

微课

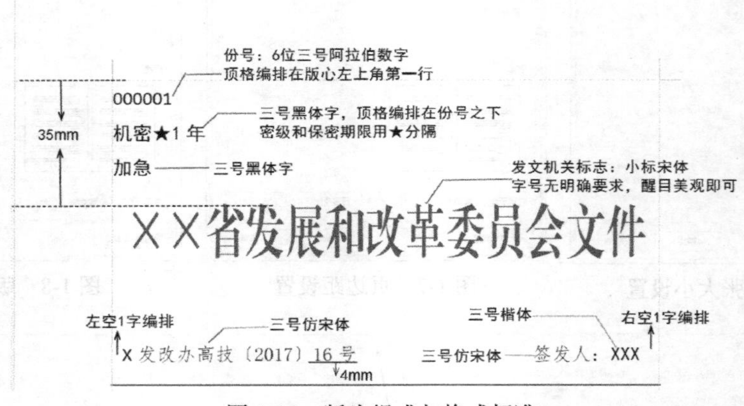

图 1-10 版头组成与格式标准

（1）份号。份号就是每份文件的序列号，一般情况下涉密公文应当标注份号。如需标注份号，一般用 6 位三号阿拉伯数字，顶格编排在版心左上角第一行。

（2）密级和保密期限。涉及国家秘密的公文应当标明密级和保密期限。公文的密级由公文制发机关根据公文内容涉及党和国家秘密的程度来划定，密级分为秘密、机密、绝密三种。

如需标注密级和保密期限，一般用三号黑体字，顶格编排在版心左上角份号之下，保密期限中的数字用阿拉伯数字，密级和保密期限用★分隔，如“机密★1 年”。

（3）紧急程度。紧急公文应当根据紧急程度分别标明“特急”“加急”等。电报格式的公文紧急程度分为四级，从急到缓依次为特提、特急、加急、平急。

紧急程度的格式与密级和保密期限格式相同，位于密级和保密期限下一行。

（4）发文机关标志。由发文机关全称或规范化简称后加“文件”二字组成，也可直接使用发文机关全称或规范化简称。发文机关标志居中排布，上边缘至版心上边缘为 35mm，颜色为红色，GB 中没有具体规定其字体和字号，字体推荐使用小标宋体字，字号以醒目美观为原则。

（5）发文字号。由发文机关代字、年份和发文顺序号组成。机关代字要求准确、规范、精练、无歧义、易识别。如“鄂政办发〔2017〕18 号”，即为湖北省人民政府办公厅 2017 年第 18 号文件。

发文字号编排在发文机关标志下空 2 行位置，居中排布，年份、发文顺序号用阿拉伯数字；年份用全称 4 位，用六角括号〔 〕括起；发文顺序号不编虚位，不加“第”字。上行文中因为有签发人，这时发文字号居左空 1 字编排。

（6）签发人。上行文中需标识签发人姓名。签发人居右空 1 字编排，签发人用三号仿宋体，姓名用三号楷体字标注。

（7）分隔线。发文字号之下 4mm 处居中设置一条与版心等宽的红色分隔线。

相关知识

《党政机关公文处理工作条例》规定，现行党政机关公文种类主要包括以下 15 种：决议、决定、命令（令）、公报、公告、通告、意见、通知、通报、报告、请示、批复、议案、函、纪要。这 15 种党政机关公文根据行文关系或行文方向，又可划分为上行文、下行文、平行文三类。其中，上行文指下级机关向所属上级机关的一种行文；下行文是指上级领导机关或业务主管部门对所属下级机关的一种行文；平行文是指同级机关，或者不相隶属的，没有领导与指导关系的机关、部门、单位之间的一种行文。

2．份号、密级和紧急程度编排

在 Word 中使用表格可以使版面更加规范整齐，更易定位和编辑管理。此处对份号、密级和紧急程度的编排应采用表格完成。

操作步骤

（1）插入一个 1 列 3 行的表格，设置表格的宽度为公文版心宽度 156mm，即指定宽度 15.6cm，如图 1-11 所示。

（2）因为要求发文机关标志上边缘至版心上边缘为 35mm，所以设置表格的行高为 35mm/3 行≈11.6mm，即设置表格每行高度为 1.16cm，如图 1-12 所示。

（3）设置表格字体格式为黑体三号，输入份号、密级等内容。

（4）将表格边框设置为无边框。

操作如图 1-11 至图 1-13 所示，效果如图 1-14 所示。

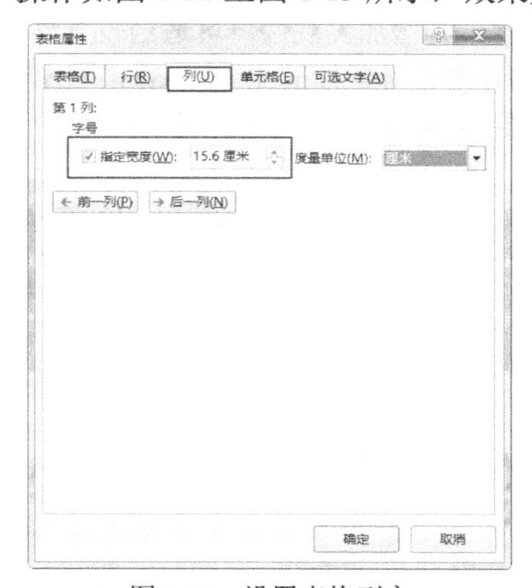

图 1-11　设置表格列宽

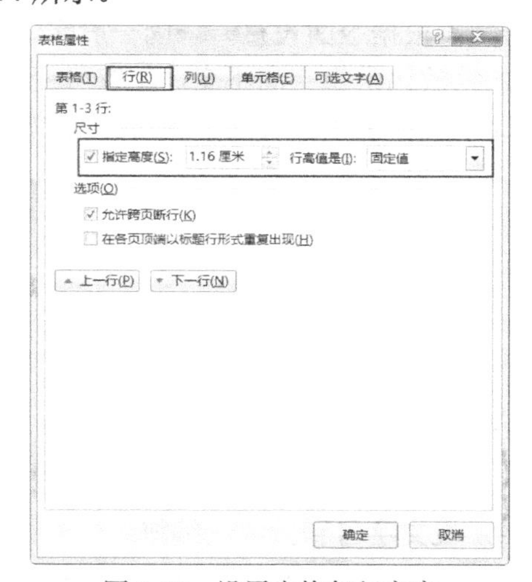

图 1-12　设置表格每行高度

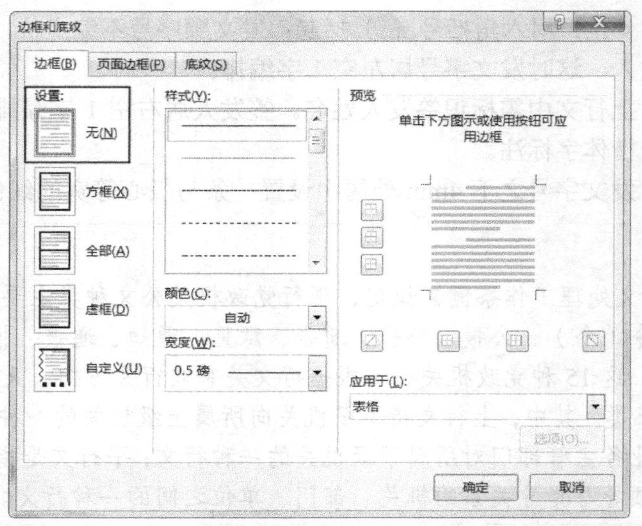

图 1-13　版式设置

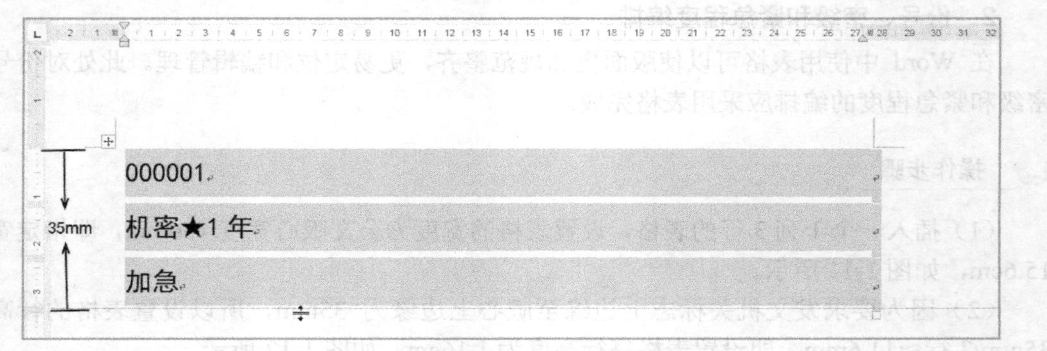

图 1-14　表格布局效果

3．发文机关标志编排

在表格下一行输入发文机关标志文字，设置其字体为“方正小标宋简”，字号为 48 磅（字号大小根据版面设置）。因一般字体都是方块字，为增加美观性，可适当设置缩放比。字符的缩放比是指字高不变，字宽可变。经实验和计算，设置缩放比为“68%”比较美观。缩放比设置如图 1-15 所示，缩放前后效果对比如图 1-16 所示。

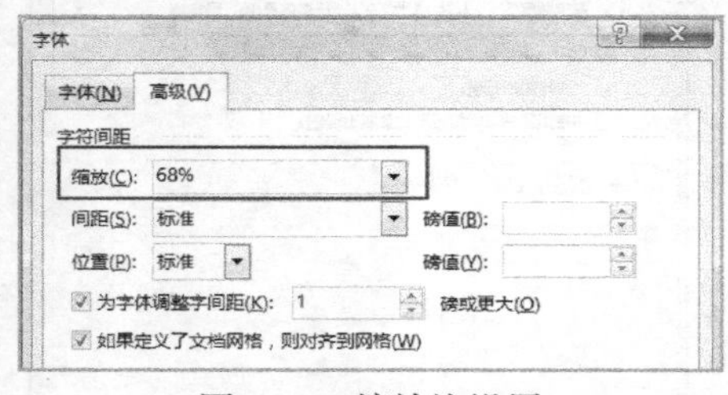

图 1-15　缩放比设置

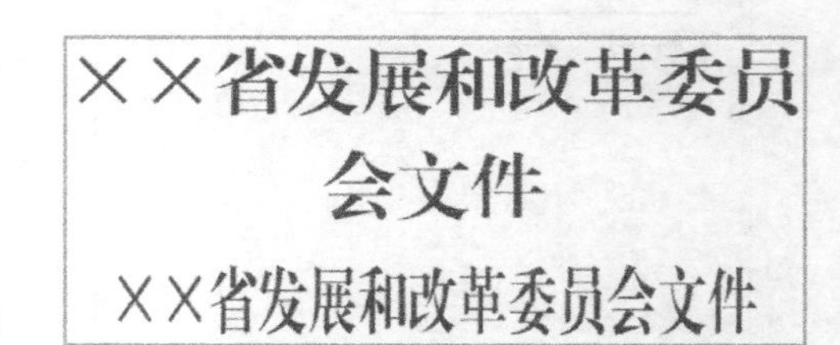

图 1-16　缩放前后效果对比

4．发文字号和分隔线编排

发文字号：在发文机关标志文字下空出两行，选中两空行并将其格式设置成“正文”

样式。光标定位在标识文字下的第 3 行，输入“×发改办高技〔2017〕16 号”文字，居中对齐。六角括号“〔〕”可通过插入符号获得。

分隔线：在发文字号下方 4mm 处要求绘制一条与版心等宽的红色分隔线，要精确制作这样一条符合 GB 要求的反线，可通过“边框”命令实现。

（1）选中发文字号所在行，在【开始】选项卡【段落】选项组中，单击【边框】右侧三角形按钮打开【边框和底纹】对话框，设置如图 1-17 所示的边框样式，颜色为红色，宽度为“1.5 磅”；单击“预览”下方的下边线，则在下方绘制出一条红色线条。

（2）单击【选项】按钮，打开【边框和底纹选项】对话框，在“距正文间距”栏中设置“下”为“4 毫米”（确定设置后，系统自动将其转换成磅值），如图 1-18 所示。

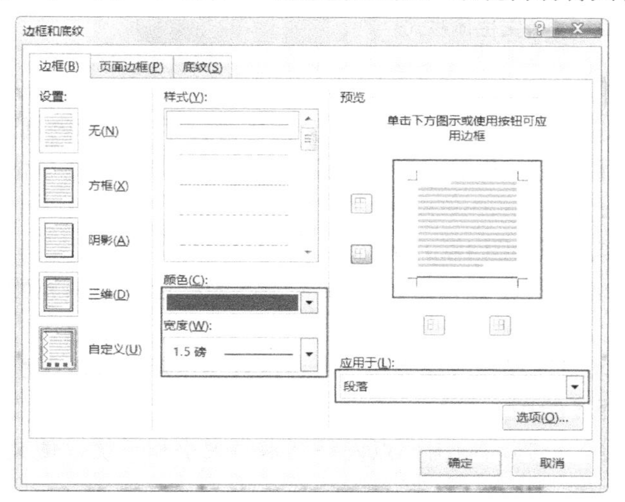

图 1-17 下边框线设置

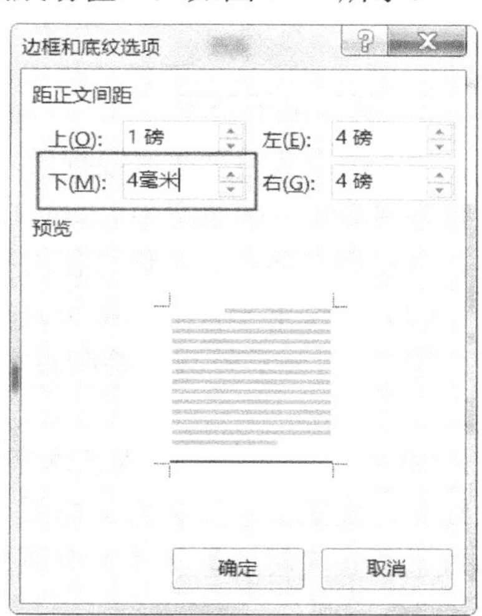

图 1-18 距正文间距设置

1.3.5 公文主体

1. 公文主体格式要求

（1）标题。编排于红色分隔线下空 2 行位置，分一行或多行排布，多行排列时应当使用梯形或菱形。

（2）主送机关。编排于标题下空 1 行位置，三号仿宋字体。

（3）正文。三号仿宋字体，编排于主送机关下 1 行。公文首页必须显示有正文。

（4）发文机关署名、成文日期和印章。成文日期用阿拉伯数字将年、月、日标全，年份标全称，月、日不编虚位，右缩 4 字编排。注意：对于右缩 4 个字符，建议不要使用空格实现，应当使用“段落”中的“右缩进”设置。

印章加盖端正，居中正压署名和日期，顶端应距正文 1 行之内，如图 1-19 所示。

相关知识

印章加盖分两种情况。当印章下弧无文字时，采用下套方式，即仅以下弧压在成文日期上；当印章下弧有文字时，采用中套方式，即印章中心线压在成文日期上。

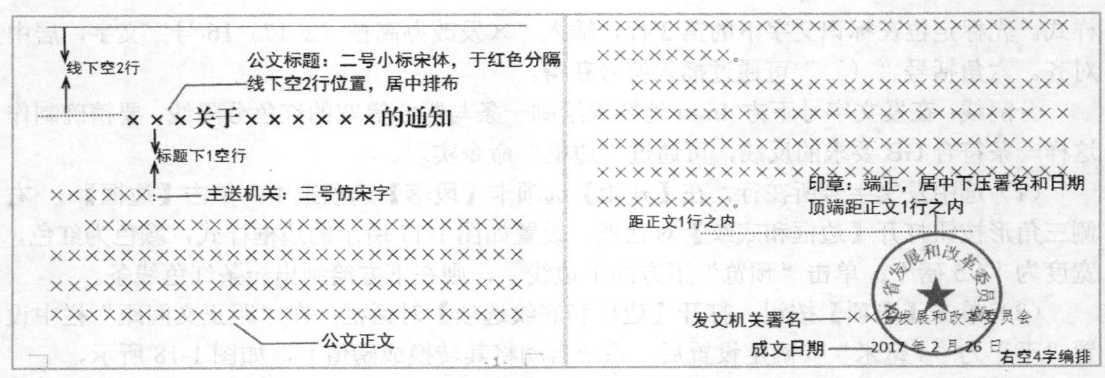

图 1-19　公文主体格式

2．制作电子公章

（1）公章规格要求。根据国家相关规定，企事业单位、社会团体等公章，一律为圆形，直径为 4.2cm，圆边宽 0.12cm。公章中央为五角星，星尖直径 1.4cm，五角星外刊单位名称，自左而右环行，字体可使用简化宋体。

（2）制作电子公章。电子公章制作过程如图 1-20 所示。

① 绘制公章外圆。绘制直径 4.2cm，圆边宽 0.12cm，线条颜色为红色，无填充颜色的圆。

② 编制艺术字。插入艺术字“××省发展和改革委员会”，设置文本填充和轮廓颜色为红色，设置文本效果为上弯弧（选择【绘图工具】→【格式】→【艺术字样式】→【文本效果】→【转换】→【上弯弧】命令）；拖动周围控点调整艺术字大小和形状，使文字约占 3/4 圆弧。

③ 绘制五角星。通过插入形状绘制五角星图形，设置填充和轮廓颜色为红色，调整大小使直径为 1.4cm。

对制作好的公章进行抓图（PrtSc 键），粘贴到画图工具中进行裁剪，并保存成图像文件“gzh.jpg”。

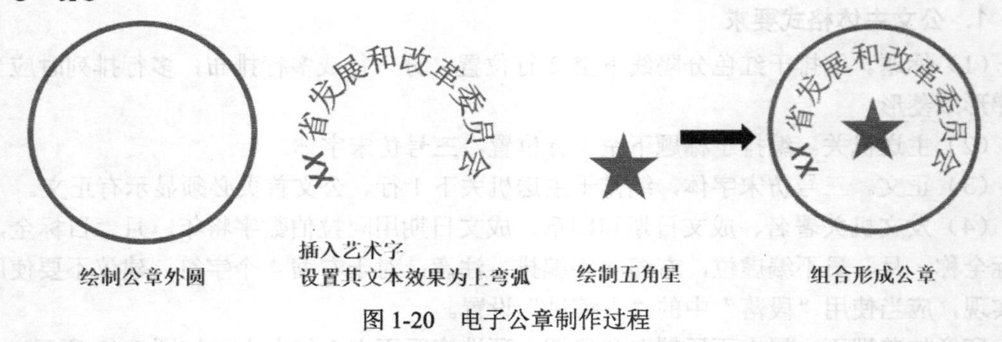

图 1-20　电子公章制作过程

（3）公章抠图处理。上述制作的公章带有白色背景，为使用方便，下面使用 Photoshop 进行抠图处理。

① 在 Photoshop 中打开“gzh.jpg”文件，单击【选择】菜单下【色彩范围】命令，打开【色彩范围】对话框，如图 1-21 所示。

② 此时光标变为 ，在图像任一白色背景处单击鼠标吸取，单击【确定】按钮。

③ 图像中所有白色区域被选中，如图 1-22 所示。

④ 使用快捷键“Ctrl+Shift+I”对当前选区进行反选，即选中图像中除白色之外的颜色作为选区，如图 1-23 所示。

⑤ 按“Ctrl+C”组合键复制当前选区，新建一个图层，按“Ctrl+V”组合键粘贴选区到新建图层；删除原图层。

⑥ 将文件另存为“公章.png”。

图 1-21　吸取色彩范围

图 1-22　白色选区

图 1-23　公章选区

1.3.6　版记编排

1. 版记格式要求

版记位于公文最后一页，由抄送机关、印发机关、印发日期、分隔线组成（新版 GB 标准中已将版记中的主题词部分去除）。

（1）抄送机关。抄送机关是指除主送机关外需要执行或者知晓公文内容的其他机关，可以是上级、平级、下级及不相隶属机关。排列顺序上一般按机关性质和隶属关系确定，依照先上级、再平级、后下级的次序。

字体格式用四号仿宋体字，编排在印发机关和日期之上一行，左、右各空 1 字编排。各机关之间用逗号分隔，最后一个机关后标句号结束。

（2）印发机关和印发日期。印发机关是指公文的印制主管部门。印发机关和日期用四号仿宋体字，编排在末条分隔线上，印发机关左空 1 字，印发日期右空 1 字。印发日期用阿拉伯数字，年、月、日标全，后加“印发”二字。

（3）分隔线。分隔线与版心等宽，首条分隔线和末条分隔线用粗线（推荐高度为 0.35mm），中间分隔线用细线（推荐高度为 0.2mm）。首条分隔线位于版记中第一个要素之上，末条分隔线与版心下边缘重合。

版记格式如图 1-24 所示。

图 1-24　版记格式

微课

2. 使用制表位实现同行中不同部分格式编排

整个版记内容都要求左、右各空 1 个字符编排。对于“抄送”内容，通过设置【段落】对话框中的左、右缩进即可实现。而对于印发机关和印发日期，因为它们是同一行中的两部分内容，单纯使用简单的字符缩进无法实现，此处引入“制表位”概念，使用制表位可轻松实现同行中不同内容的格式编排。

（1）输入印发机关名称，设置段落左右缩进各 1 个字符，按“Tab”键，在印发机关名称后插入制表符“ → ”，输入印发时间。

（2）将鼠标指针移到标尺任意位置上，双击鼠标，则在鼠标双击处生成一个制表位“⌊”；双击此制表位打开【制表位】对话框，如图 1-25 所示。

（3）在如图 1-25 所示对话框中，单击【全部清除】按钮，将已有的制表位位置清除，在“制表位位置”下输入“27 字符”，“对齐方式”选择“右对齐”。设置后效果如图 1-26 所示。

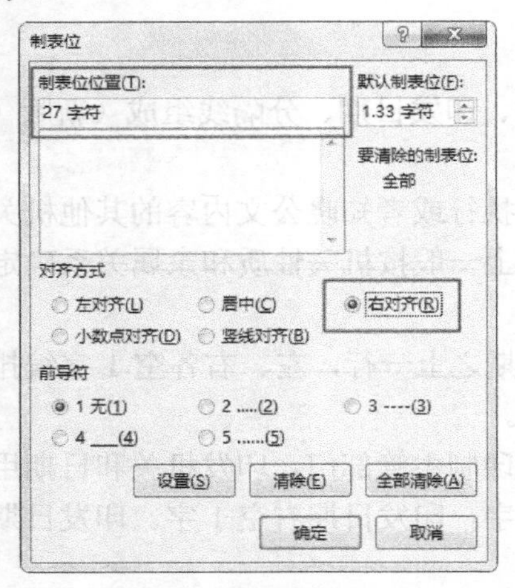

图 1-25　制表位设置

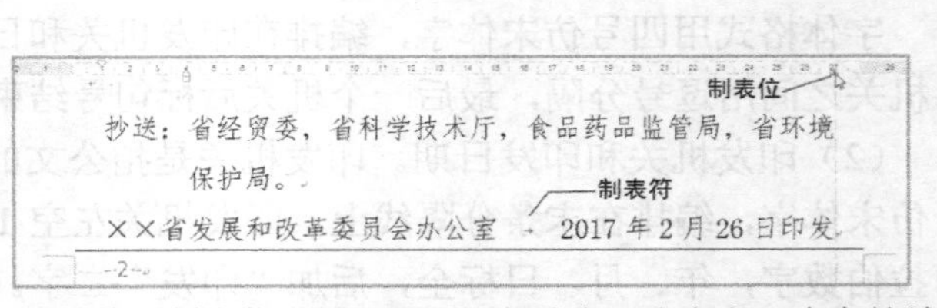

图 1-26　使用制表位设置同行不同部分左、右各空 1 个字符效果

说明： 制表符位置设置为 27 字符，是因为公文标准中一行字符为 28 个，此行右缩进 1 个字符，即从页面最左边到需要对齐的右缩进位置为 27 个字符。

微课

3. 版记分隔线（反线）制作

版记里的反线不能使用边框的方法来制作，这是因为版记中的抄送、印发机关等都采用了左、右缩进，若采用边框线的方法制作反线，这条反线也会缩进，无法达到 GB 要求的贯穿版心效果。对此，可以通过绘制直线，并使用图形锁定标记来完成。

（1）使用插入形状的方法在“抄送”所在行上方（位置不必精确，下面会做精确设置）绘制一条红色直线（建议按住“Shift”键绘制），设置其粗细为“0.35 毫米”，宽度为“156 毫米”（与版心同宽）。

（2）选择【文件】→【选项】命令，打开【Word 选项】对话框，勾选【显示】→“始终在屏幕上显示这些格式标记”下的“对象位置”复选框，如图 1-27 所示。

（3）选中绘制的直线，会看到直线所在段落前面出现“ ⚓ ”标记，它是图形锁定标记，表示图形将随“ ⚓ ”对应段落的移动而移动。将鼠标移到此标记上，按住鼠标左键不放，移动鼠标，将“ ⚓ ”标记移到“抄送机关”段的前面，这样不管直线在何处，它的移动只会受到“抄送机关”段落的影响。将光标定位在“抄送机关”前面，按回车键感受一下。

（4）直线版式设置。选中直线，用鼠标右键单击，在弹出的快捷菜单中选择【其他布局选项】命令，打开【布局】对话框；在【位置】选项卡下，设置“水平”和“垂直”位置如图 1-28 所示。

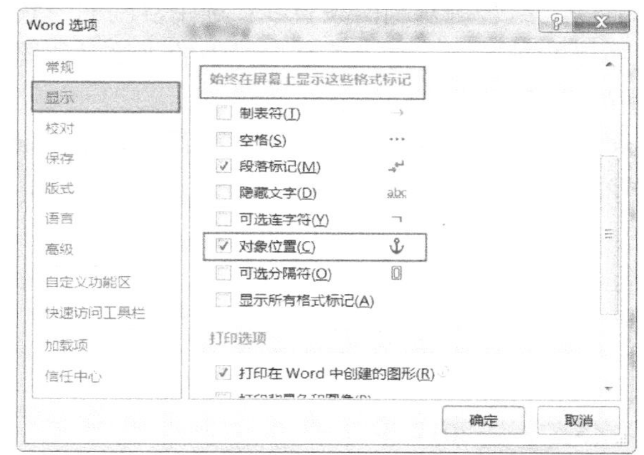

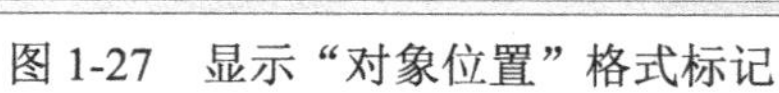
图 1-27 显示“对象位置”格式标记

图 1-28 直线版式设置

说明：垂直方向绝对位置是相对 ⚓ 而言的，若设置为“0 毫米”，则直线和 ⚓ 在同一水平线上，即正好在抄送行的上方，如图 1-30 所示。直线绝对位置对比如图 1-29 和图 1-30 所示。

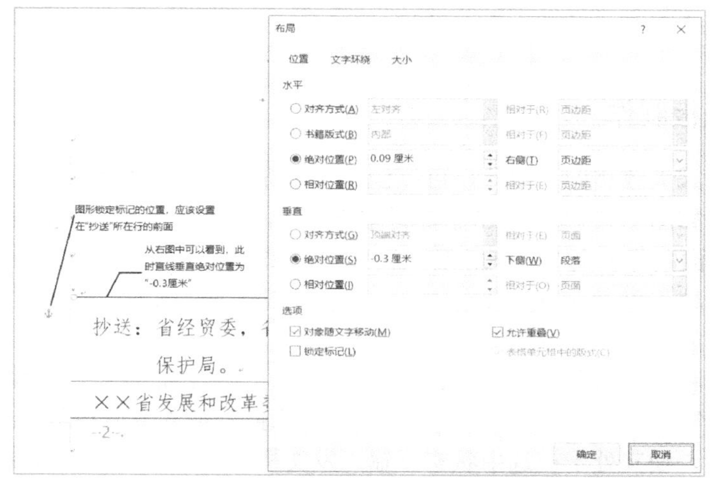

图 1-29 垂直绝对位置为-0.3 厘米时的直线位置

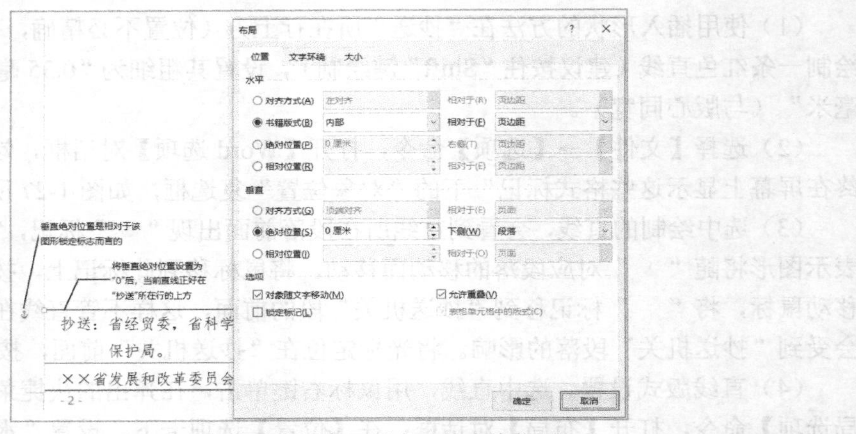

图 1-30　垂直绝对位置为 0 厘米时的直线位置

（5）选中直线，使用“Ctrl+C”和“Ctrl+V”组合键复制两条直线；选中复制的一条直线，设置其粗细为“0.25 毫米”；打开【布局】对话框，将“垂直”栏中的“绝对位置”设置为“20 毫米”，其他设置同图 1-28 中的设置。

说明：“垂直”栏中的“绝对位置”设置为“20 毫米”，是因为版心高度为 225mm，每页设置为 22 行，即每行约 10mm 高，因为设置的直线位于两行下，所以设置 20mm，如图 1-31 所示。

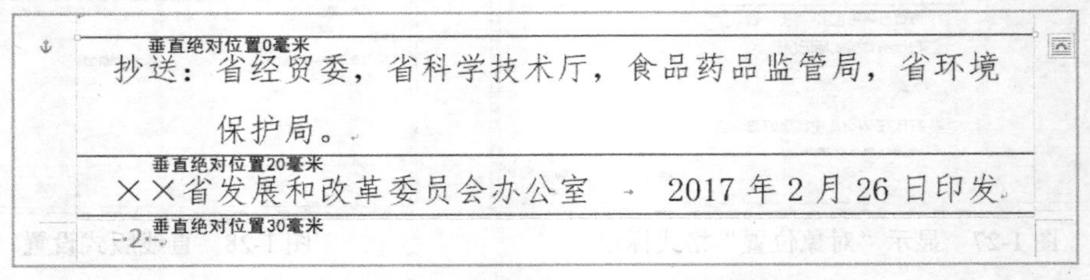

图 1-31　三条直线的垂直绝对位置

（6）同理，对另一条直线进行版式设置，将“垂直”栏中的“绝对位置”设置为“30 毫米”，其他设置同上。

1.3.7　公文模板制作

由于公文格式大致相同，因此，可以创建带有提示信息的通用模板，从而大大提高公文的制作效率。如图 1-32 所示，在需要制作公文时，只需在相应位置输入具体内容即可。

（1）打开前面制作的公文，删除发文机关标识文字，按“Ctrl+F9”组合键插入域标记，在域标记内输入域代码“macrobutton nomacro [单击此处输入发文机关]”，所得内容均继承原来文字内容的格式。如图 1-33 所示。

（2）将光标移到该域代码上，用鼠标右键单击，在弹出的快捷菜单中选择【切换域代码】命令，即可得到带有相应格式的提示信息“单击此处输入发文机关”，如图 1-34 所示。单击该提示信息，使其处于被选中状态，输入发文机关标识即可替代该提示信息，这就是通过域代码制作的提示按钮，用来快速编辑文字内容。

图 1-32　公文模板

图 1-33　域代码

图 1-34　切换域代码

（3）按照同样方法，制作其他要素的提示按钮，然后切换域代码，完成通用模板的编辑。

（4）保存为模板文件。选择【文件】→【另存为】命令，在【另存为】对话框中，选择文件类型为“Word 模板（*.dotx）”，将其保存为模板文件即可。

相关知识

域、宏、样式、模板是 Word 四大核心技术。Word 中的域和宏，能够将某些特殊的处理方法用函数或编程的形式交给用户，从而大大提高文字处理的灵活性、适应性和自动化程度。使用 Word 域可以实现许多复杂的工作，比如：自动编页码、图表的题注、脚注、尾注的号码；按不同格式插入日期和时间；通过链接与引用在活动文档中插入其他文档的部分或整体；自动创建目录、关键词索引、图表目录；插入文档属性信息；实现邮件的自动合并与打印；执行加、减及其他数学运算；创建数学公式；调整文字位置等。

1．什么是域

简单地讲，域就是引导 Word 在文档中自动插入文字、图形、页码或其他信息的一组代码，文档中显示的内容是域代码运行的结果。

域具有以下特性：

- 可更新。大多数域是可以更新的，当域的信息源发生了改变，可以通过更新域以显示最新结果，这使得文档动态地变，而不是一成不变的静止文档。
- 可格式化。域可以被格式化，可以将字体、段落和其他格式应用于域结果，使它融合在文档中。
- 可锁定。可以断开域与信息源的链接并转换为不会改变的永久内容，当然也可以解除域锁定。

2．域的构成

通过一个简单的域的例子，介绍域的构成。

例如，使用 Date 域在文档中插入当前日期。

（1）选择【插入】→【文本】→【文档部件】→【域】命令，打开【域】对话框，设置域“类别”为“日期和时间”，“域名”为“Date”，选择一种日期格式，勾选右下方“更新时保留原格式”复选框，如图 1-35 所示，单击【确定】按钮，结果在文档中插入了当前日期，如图 1-36 所示。

（2）用鼠标右键单击插入的日期，在弹出的快捷菜单中选择【切换域代码】命令，如图 1-37 所示；得到日期和时间的域代码，如图 1-38 所示。

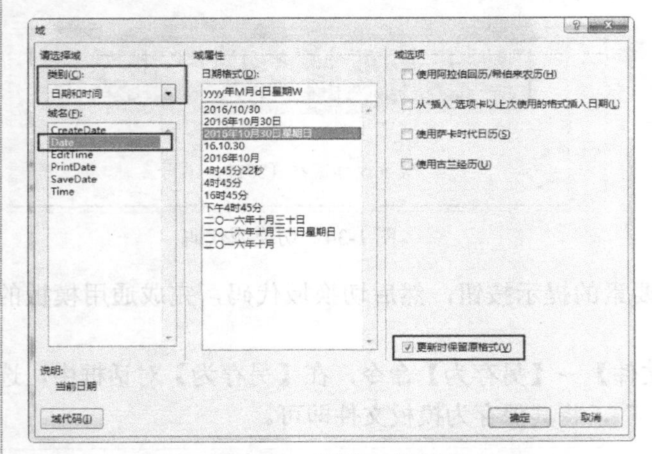

图 1-35 “域”对话框

2016 年 10 月 30 日星期日

图 1-36 插入的日期和时间

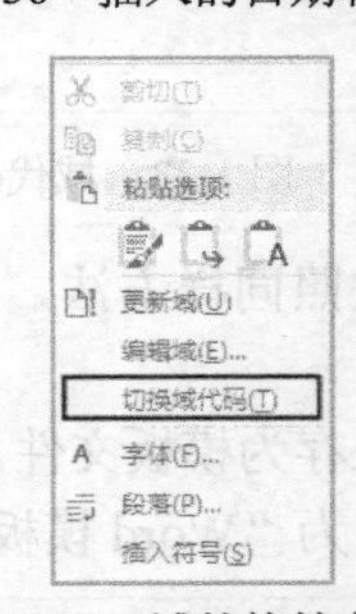

图 1-37 域的快捷菜单

{ DATE \@"yyyy 年 M 月 d 日星期 W" * MERGEFORMAT }

图 1-38 日期和时间的域代码

以上面得到的日期域的域代码为例，介绍域的组成元素与语法含义，如图 1-39 和表 1-2 所示。

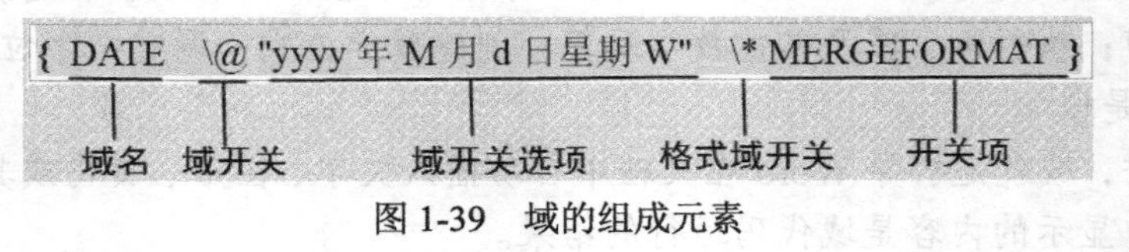

图 1-39 域的组成元素

表 1-2 域的组成元素与语法含义

域元素	名称	语法含义
{ }	域标志	用于括起域代码。使用“Ctrl+F9”组合键得到，不能手工从键盘直接输入大括号{}
DATE \@ "yyyy 年 M 月 d 日星期 W" * MERGEFORMAT	域代码	位于域标志中的文本。由域名和域开关组成，不区分大小写，必须用半角空格分隔。通常把域标志和域代码统称为域代码。域代码文本不论多长都不得强制换行
2016 年 10 月 30 日星期日	域结果	域代码转换产生的值可使用“ Shift+F9”组合键在域结果与域代码间切换
DATE	域名	域的合法、有效名称
\@	域开关	指定域结果的显示方式，与域名间至少有一个半角空格
*	格式域开关	为域结果设定特定格式
MERGEFORMAT	开关项	在【域】对话框中选择“更新时保留原格式”复选框后会有此项
	域底纹	以底纹方式突出显示域，域底纹不会被打印

域代码一般由三部分组成：域名、域参数、域开关，域代码包含在一对大括号“{}”中。

3．域相关快捷键

域相关的快捷键及其功能与说明见表 1-3。

表 1-3 域相关快捷键及其功能与说明

快捷键	功能与说明
Ctrl+F9	插入域标志
F9	更新域
Shift+F9	显示或隐藏特定域代码，在域代码和其结果间切换
Alt+F9	显示或隐藏文档中所有域代码
Ctrl+ Shift +F9	取消域的链接（当前域结果变为常规文本，失去域的所有功能）
Ctrl+F11	锁定域，防止选择的域被更新
Ctrl+ Shift +F11	解除对域的锁定

1.4 拓展实训

实训 1：制作多部门联合发文公文

公文事项涉及数个部门，由这些部门联合签署的公文，称为联合发文。联合行文就是同级机关、部门或单位联合发文的形式。同级政府、同级政府部门与下一级政府可以联合行文；政府及其部门与同级党委、军队机关可以联合行文；政府部门与同级人民团体和行政职能的事业单位可以联合行文。上下级机关不可联合行文。

由于工作需要，由“中共海临市委宣传部、海临市公安局、海临市广电新闻出版局”三个机关单位联合发布名为“关于加强全市消防宣传工作的通知”的公文，效果如图 1-40 所示。通过完成本实训案例，掌握多部门联合发文机关红头制作方法、签发人编排。

中共海临市委宣传部
海 临 市 公 安 局 文件
海临市广电新闻出版局

签发人：××× ×××
海宣〔2017〕166 号　　　　×××

关于加强全市消防宣传工作的通知

各县（市、区）委宣传部、公安（分）局、市级主要新闻单位：

为了认真贯彻国务院《关于加强和改进消防工作意见》（国发〔201X〕46 号）和中宣部《关于近期做好消防工作宣传报道的通知》（通知〔201X〕35 号），结合《关于印发〈全市消防安全隐患

- 1 -

法教育、义务教育内容。中小学生要在相关课程中落实好消防教育，每年开展不少于 1 次的全员应急疏散演练。居（村）委会和物业服务企业每年至少组织居民开展 1 次灭火救援应急疏散演练。要加强对单位消防安全责任人、消防安全管理人、消防控制室操作人员和消防设计、施工、监理人员及保安、电（气）焊工、消防技术服务机构从业人员的消防安全培训。各地各新闻单位要落实消防宣传主体责任，积极向中央、省级媒体投送新闻稿件，集中宣传火灾隐患整治动态，大力曝光消防违法行为，广泛传播消防安全知识，提高消防宣传影响力。

中共海临市委宣传部　海临市公安局　海临市广电新闻出版局

2017 年 6 月 28 日

抄送：省委宣传部，省公安厅，市委，市政府办公室

中共海临市委宣传部办公室　　2017 年 6 月 28 日印发

- 2 -

图 1-40　联合发文公文效果图

1. 联合发文机关红头制作

1）双行合一法

双行合一法适合联合发文的部门仅为两个的情况，如图 1-41 所示。

中共海临市委宣传部
海 临 市 公 安 局 文件

图 1-41　两个部门联合发文标识

操作步骤

（1）选择【开始】→【段落】→【中文版式】 →【双行合一】选项，弹出【双行合一】对话框，输入“中共海临市委宣传部海临市公安局”，在下方“预览”栏中可以看到将要生成双行合一的效果，如图 1-42（a）所示。

（2）因为上行文字比下行文字多，需要使用空格调整到适合的宽度，如图 1-42（b）所示。

（3）按 GB 要求对标识文字进行字体、字号等格式设置，效果如图 1-41 所示。

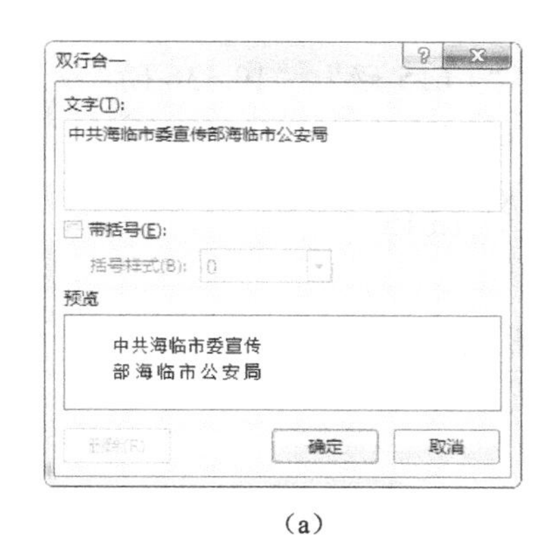

(a)

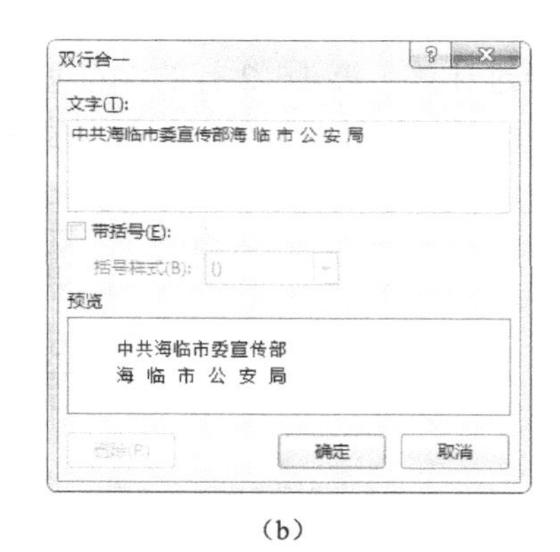

(b)

图 1-42 【双行合一】对话框

2）eq 域法

双行合一法适合发文机关为两个的情况，对于联合发文部门有三个及以上的情况，可以使用 eq 域中的数组开关“\a”来实现。利用该方法可实现眉首中各种标识内容的制作。

操作步骤

（1）按“Ctrl+F9”组合键插入域标志{ }（注意：此处的{}不能手工键盘输入），输入如图 1-43 所示域代码内容。在花括号后输入“文件”二字。

注意：“eq”后必须有一个空格；域函数和开关等不区分大小写；域代码中的括号、逗号等都用西文标点；单位之间用逗号分隔。

{eq \a(中共海临市委宣传部,海临市公安局,海临市广电新闻出版局)}文件

图 1-43　eq 域代码内容

（2）按“F9”键更新域，显示域结果。

（3）设置字体格式。设置“文件”二字为“方正小标宋简”，58 磅。选中域，设置字体为“方正小标宋简”，38 磅。字符缩放都设置为“68%”。域效果如图 1-44 所示。

（4）对齐部门名称。可以看到三个部门名称因为字数不同，所以出现不对齐情况。通过调节字间距使其与最多字符的一行两端对齐。下面介绍字符间距计算方法。

为便于计算，建议汉字大小使用磅值。标识中单位名称的字体和字号必须一致，一般最多字符的一行中的文字不设置字符间距。可推导出某行的中文字符间距的简化计算公式，如式（1-1）所示。

$$J_i = \frac{\left(N_j - N_i\right) \times B \times S}{2 \times \left(N_i - 1\right)} \tag{1-1}$$

式中　N_j——基准行（最多字的行）中的中文字符个数。

N_i——其他第 i 行的中文字符个数。

B——字号磅值。

S——字符缩放比。

J_i——第 i 行的字符间距。

（5）经过计算，第 1、2 行的字符间距分别为“1.615 磅”“10.336 磅”。计算公式分别如式（1-2）和式（1-3）所示。设置字符间距后的对齐效果如图 1-45 所示。

$$J_1 = \frac{(10-9)\times 38\times 0.68}{2\times(9-1)} = 1.615 \tag{1-2}$$

$$J_2 = \frac{(10-6)\times 38\times 0.68}{2\times(6-1)} = 10.336 \tag{1-3}$$

中共海临市委宣传部
海临市公安局　文件
海临市广电新闻出版局

图 1-44　域效果

中共海临市委宣传部
海 临 市 公 安 局　文件
海临市广电新闻出版局

图 1-45　对齐后的域效果

3）表格法

此方法操作简单，不管联合发文的部门有多少，字数如何不同，都能实现所需效果。

操作步骤

（1）插入一个 3 行 2 列的表格，将第 2 列合并为一个单元格。

（2）在第 1 列单元格中输入部门标识文字，第 2 列输入“文件”二字，设置相应的字符格式。

（3）将第 1 列单元格设置为“右对齐”，将第 2 列设置为“左对齐”。

（4）按照上面计算的结果，调整第 1、2 行的字符间距。

（5）选中表格，右击，在弹出的快捷菜单中选择【表格属性】命令，弹出【表格属性】对话框，设置【行】→【尺寸】→【指定高度】为固定值 2.1 厘米，如图 1-46 所示。

（6）调整表格宽度为正好能放下文字，设置表格居中对齐，效果如图 1-47 所示。

（7）隐藏表格边框线。

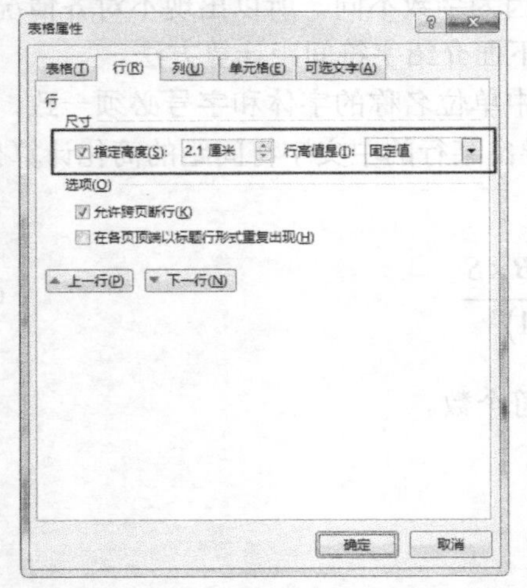

图 1-46　【表格属性】行高设置

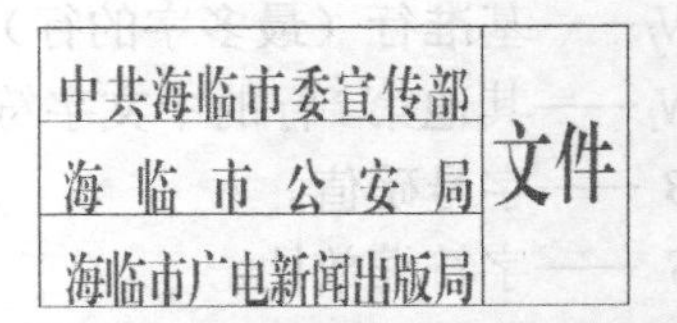

中共海临市委宣传部	文件
海 临 市 公 安 局	
海临市广电新闻出版局	

图 1-47　表格规划发文标识效果

2. 签发人制作

签发人是上行文，也就是报送上级机关的公文中，发文机关的负责人签署姓名。联合行文中的签发人应该是每个单位的负责人签署的姓名，称为会签。“签发人”位于发文字号所在行右侧空 1 字位置，三号仿宋体字，后标全角冒号，冒号后用三号楷体标识签发人姓名。如有多个签发人，主办单位签发人姓名置于第一位，一般每行排列两个签发人姓名。效果如图 1-48 所示。

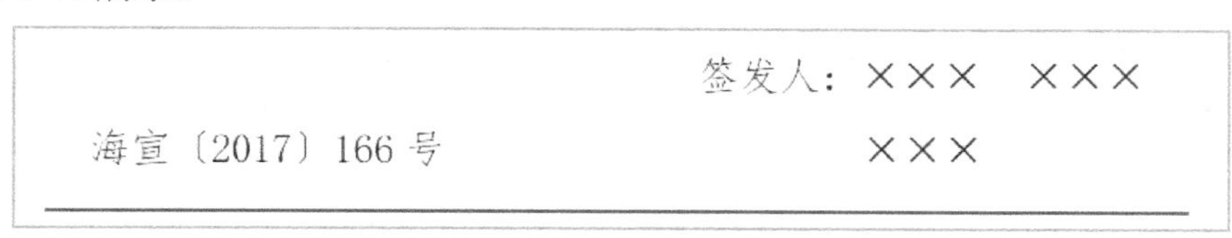
签发人：×××　×××
海宣〔2017〕166 号　×××

图 1-48　签发人编排效果

提示：

（1）上排签发人使用“段落”→“右缩进 1 字符”实现排版。

（2）下排签发人与发文字号在一行，使用 1.3.6 节介绍的“制表位”的方法实现排版。

实训 2：制作信函格式公文

公文的信函格式是被广泛采用的一种公文特殊格式，主要用于发布、传达、要求下级机关执行和有关单位周知或执行的事项，报送方案，商洽、询问、答复或者说明某件具体事项。信函格式相对简单，易操作，在各级行政机关的公文中广泛应用，常用于通知、批复、函等文种的公文中。

信函格式效果图如图 1-49 所示。

海临市委统一战线工作部

海统函〔2017〕16 号

关于做好年度民营企业
参与光彩事业统计工作的函

各相关民营企业：

为贯彻落实党的十八大精神，及时了解、宣传民营企业参与光彩事业，履行社会责任以及在促进经济社会和谐发展中取得的突出成绩，有效引导非公有制经济人士践行社会主义核心价值体系，根据省委统战部《关于做好年度民营企业参与光彩事业统计工作的通知》要求，请各相关企业登录市统一战线网下载《关于做好年度民营企业参与光彩事业统计工作的通知》文件，认真填写《民营企业参与光彩事业统计调查表》。全国工商联、中国光彩会制订统一的《民营企业参与光彩事业统计调查表》以下简称《统计表》），并编制统一的业绩库统计软件。《统计表》中的表 1 至表 4 由各级工商联、光彩会印发到本地民营企业，并指导企业进行填写，填后由企业法人代表签字确认并加盖企业公章。各级工商联负责表 1 至表 4 的回收、审核、汇总、存档和录入，并以数据库形式于 5 月 31 日之前报送至全国工商联扶贫与社会服务部；各省级光彩会负责表 5 的填写，按照相关要求于 4 月中旬报送至市统战部。

联系人：×××，联系电话：××××××

海临市委统一战线工作部
2017 年 3 月 2 日

图 1-49　信函格式公文效果图

（1）发文机关标志。使用发文机关全称或者规范化简称，居中排布，上边缘至上页边为30mm，推荐使用红色小标宋体字。联合行文时，使用主办机关标志。

（2）分隔线。发文机关标志下4mm处印一条上粗下细（武文线）的红色双线，距下页边20mm处印一条上细下粗（文武线）的红色双线，线长均为170mm，居中排布。

（3）份号、密级和保密期限、紧急程度。如需标识份号，顶格居版心左边缘编排在第一条红色双线下；如需同时标注密级和保密期限、紧急程度，密级和保密期限顶格编排在份号下1行，紧急程度顶格编排在密级和保密期限下1行。

（4）发文字号。发文字号顶格居版心右边缘编排在第一条红色双线下。发文字号与红色双线的距离为三号汉字高度的7/8。

（5）标题。标题居中编排，与其上最后一个要素相距2行。

（6）页码。首页不显示页码，只有两页的信函式公文，第2页可以不显示页码。

（7）版记。信函格式公文的版记中不加印发机关、印发日期和分隔线，位于公文最后一面版心内最下方。

其他各要素的标识方法均同“文件式”公文格式。

提示：

（1）发文标志下方“武文线”的制作。插入一条直线，设置线型为上粗下细型，设置直线宽度为170mm。选中直线，用鼠标右键单击，在弹出的快捷菜单中选择【其他布局选项】命令，弹出【布局】对话框，在【位置】选项卡中设置水平和垂直位置参数，如图1-50所示。

（2）最后一页中“文武线”的制作。插入一条直线，设置线型为上细下粗型，线宽为170mm。因为要求此文武线距下页边20mm，已知下边距为35mm，可计算出该直线应距版心“下边”15mm，如图1-51所示，因此设置如图1-52所示位置参数。

图1-50　布局位置设置

图1-51　布局位置设置

图 1-52　布局位置设置

说明：图 1-52 中设置的直线垂直位置表示该直线在垂直方向上位于下边距（即图 1-51 中的“下边”）下侧 15mm 处。

1.5　综合实践

在各种形式、各种主题的会议越来越多的今天，会议纪要作为会议后该如何操作及之后处理问题的依据，越来越被会议组织者所重视。会议纪要是用于记载、传达会议情况和议定事项的公文，具有纪实性、概括性、条理性的特点，适用于企事业单位、机关团体等。最近，某集团公司要召开一个重要会议，需要你记录会议相关内容并制作会议纪要文件，请根据所学知识，查询相关标准，制作本次会议的会议纪要文件。可参考如图 1-53 所示的会议纪要。

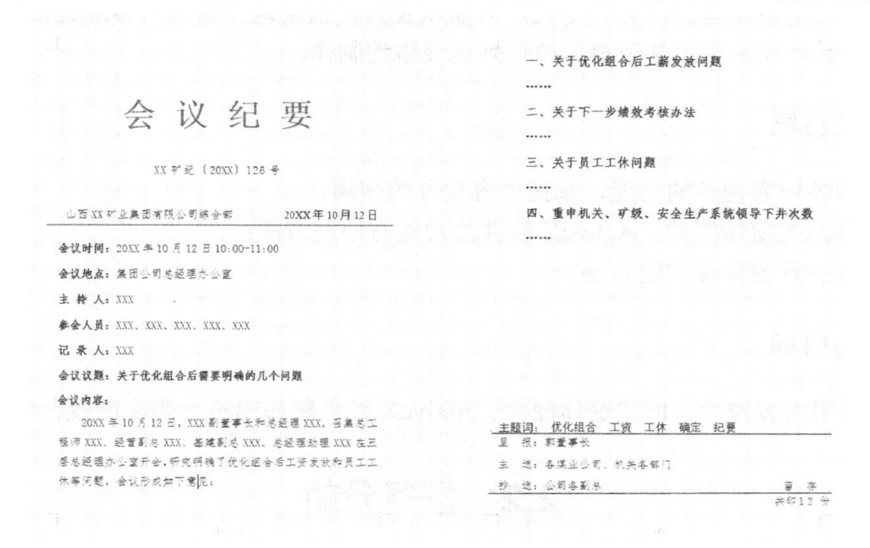
会 议 纪 要

XX 矿纪〔20XX〕126 号

山西 XX 矿业集团有限公司综合部　20XX 年 10 月 12 日

会议时间：20XX 年 10 月 12 日 10:00-11:00

会议地点：集团公司总经理办公室

主 持 人：XXX

参会人员：XXX、XXX、XXX、XXX、XXX

记 录 人：XXX

会议议题：关于优化组合后需要明确的几个问题

会议内容：

20XX 年 10 月 12 日，XXX 副董事长和总经理 XXX，召集总工程师 XXX、经营副总 XXX、基建副总 XXX、总经理助理 XXX 在三层总经理办公室开会，研究明确了优化组合后工资发放和员工工休等问题，会议形成如下意见：

一、关于优化组合后工薪发放问题

……

二、关于下一步绩效考核办法

……

三、关于员工工休问题

……

四、重申机关、矿级、安全生产系统领导下井次数

……

主题词：优化组合　工资　工休　确定　纪要

呈　报：副董事长

主　送：各煤业公司、机关各部门

抄　送：公司各副总　　留　存

共印 12 份

图 1-53　会议纪要效果图

任务2

基于窗体控件的规范表格制作

日常办公中，经常需要组织填写各类表格，而有些表格对内容有着严格的规范化要求，尽管反复强调如何填写，还是经常会出现一些问题，比如填写不规范、误删误改重要信息、内容重复输入耗时耗力等。这些问题使得我们要额外花费许多时间去整理和修改这些已填写的表格。那么，如何准确、有效、高质量地填写出规范化表格呢？

Word 为用户提供了窗体控件。窗体控件类似于标准 Windows 对话框中的文本框、下拉列表、组合框、图片框等控件，可以使用这些窗体控件对文档的格式和输入进行限定，按照要求设置好文档后，只能在指定的地方输入内容，或列出选项供用户直接选择。这样，就有效避免了随意输入、重复输入、不知如何输入等问题，大大减少了出错机会，使得表格更加有条理、规范。

2.1 任务情境

又到年底，各单位都要开始各种总结，其中少不了表格的制作与填写。每年武欣欣都为收上来的表格大伤脑筋，尽管反复强调如何填写，但是填写的表格在内容和格式上许多都不符合要求，还要费时费力地逐个修改。针对这种现象，今年武欣欣准备制作规范化表格，设置好表格应填写的内容和格式，只需填表人在指定地方输入内容或直接选择即可。下面就跟随武欣欣来完成基于窗体控件规范表格的制作。

知识目标

- 了解各内容控件的功能，掌握内容控件的使用；
- 了解旧式窗体控件、ActiveX 控件的功能与使用方法；
- 掌握进行窗体保护的方法。

能力目标

能够利用内容控件、旧式窗体控件、ActiveX 控件制作出符合需求的规范化表格。

2.2 任务分析

根据单位需求和制作表格的目的，确定“职工个人信息表”中应包含的信息，根据各信息特点将表格划分为基本信息、学习经历、工作经历、主要工作业绩等模块。从制作上来讲，该任务可分解为 3 个子任务：编制表格、创建表格窗体、设置窗体保护，编制好的“职工个人信息表”如图 2-1 所示，为表格设置窗体保护后的效果如图 2-2 所示。

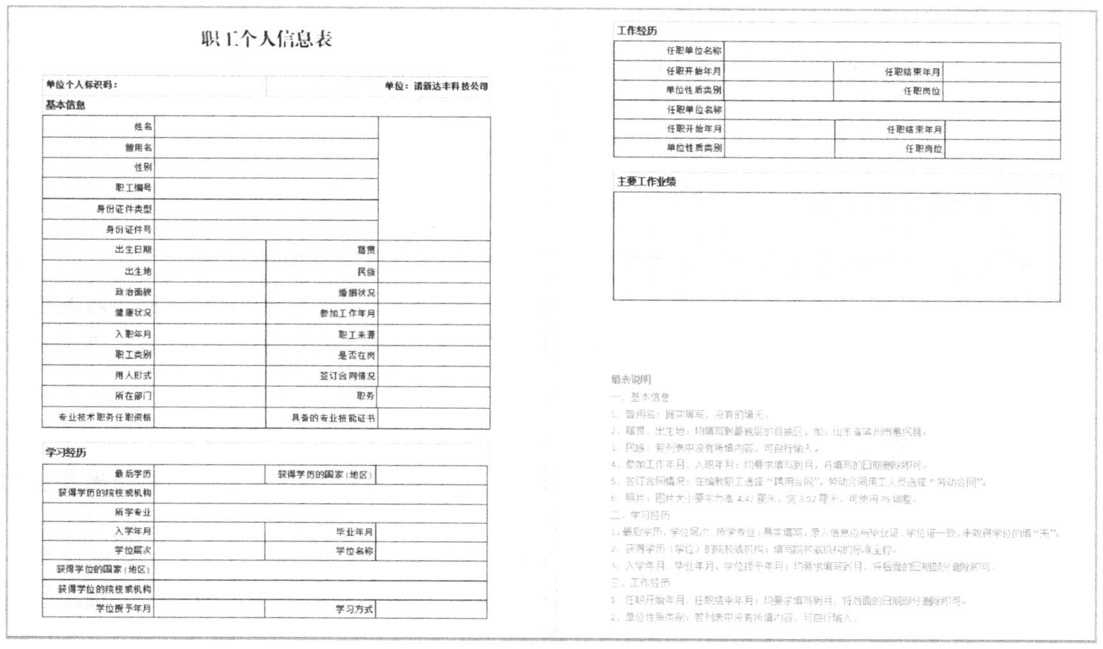

职工个人信息表

单位个人标识码： 单位：诺新达丰科技公司

基本信息

姓名			
曾用名			
性别			
职工编号			
身份证件类型			
身份证件号			
出生日期		籍贯	
出生地		民族	
政治面貌		婚姻状况	
健康状况		参加工作年月	
入职年月		职工来源	
职工类别		是否在岗	
用人形式		签订合同情况	
所在部门		职务	
专业技术职务任职资格		具备的专业技能证书	

学习经历

最后学历		获得学历的国家（地区）	
获得学历的院校或机构			
所学专业			
入学年月		毕业年月	
学位层次		学位名称	
获得学位的国家（地区）			
获得学位的院校或机构			
学位授予年月		学习方式	

工作经历

任职单位名称			
任职开始年月		任职结束年月	
单位性质类别		任职岗位	
任职单位名称			
任职开始年月		任职结束年月	
单位性质类别		任职岗位	

主要工作业绩

填表说明

一、基本信息

1. 曾用名：据实填写，没有的填无。
2. 籍贯、出生地：均填写到最底层的县或区，如：山东省滨州市惠民县。
3. 民族：若列表中没有所填内容，可自行输入。
4. 参加工作年月、入职年月：均要求填写到月，将填写的日期删除即可。
5. 签订合同情况：在编教职工选择“聘用合同”，劳动合同用工人员选择“劳动合同”。
6. 照片：图片大小要求为高 4.42 厘米，宽 3.52 厘米，可使用 PS 调整。

二、学习经历

1. 最后学历、学位层次、所学专业：具实填写，录入信息应与毕业证、学位证一致，未取得学位的填“无”。
2. 获得学历（学位）的院校或机构：填写院校或机构的标准全称。
3. 入学年月、毕业年月、学位授予年月：均要求填写到月，将后面的日期部分删除即可。

三、工作经历

1. 任职开始年月、任职结束年月：均要求填写到月，将后面的日期部分删除即可。
2. 单位性质类别：若列表中没有所填内容，可自行输入。

图 2-1　编制“职工个人信息表”

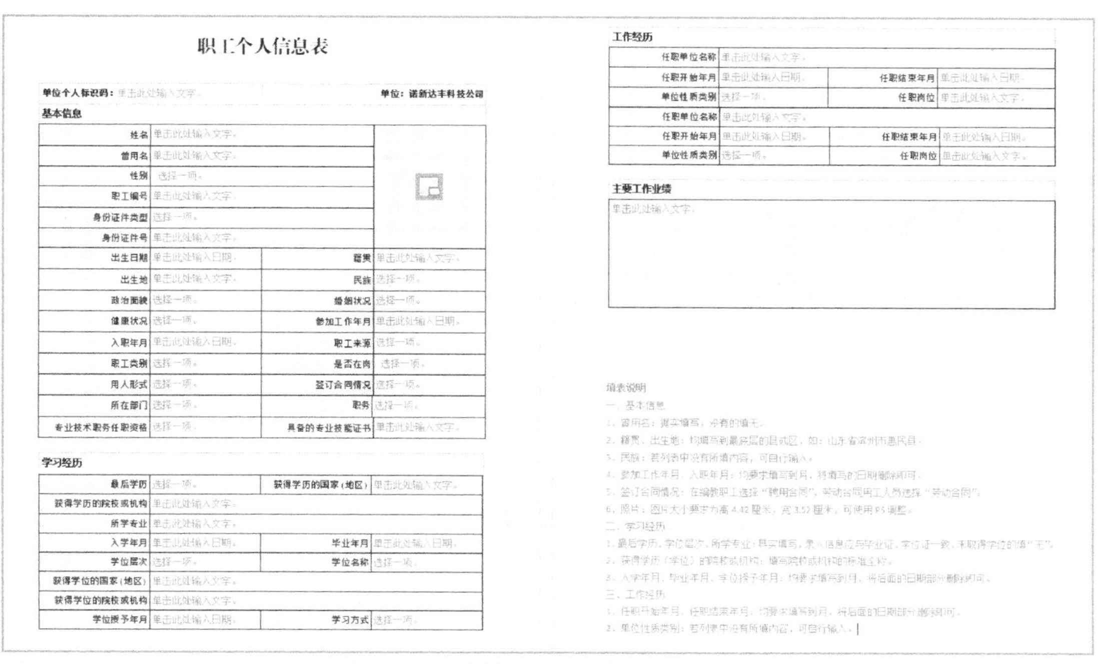

职工个人信息表

单位个人标识码：单击此处输入文字。 单位：诺新达丰科技公司

基本信息

姓名	单击此处输入文字。		
曾用名	单击此处输入文字。		
性别	选择一项。		
职工编号	单击此处输入文字。		
身份证件类型	选择一项。		
身份证件号	单击此处输入文字。		
出生日期	单击此处输入日期。	籍贯	单击此处输入文字。
出生地	单击此处输入文字。	民族	选择一项。
政治面貌	选择一项。	婚姻状况	选择一项。
健康状况	选择一项。	参加工作年月	单击此处输入日期。
入职年月	单击此处输入日期。	职工来源	选择一项。
职工类别	选择一项。	是否在岗	选择一项。
用人形式	选择一项。	签订合同情况	选择一项。
所在部门	选择一项。	职务	选择一项。
专业技术职务任职资格	选择一项。	具备的专业技能证书	单击此处输入文字。

学习经历

最后学历	选择一项。	获得学历的国家（地区）	单击此处输入文字。
获得学历的院校或机构	单击此处输入文字。		
所学专业	单击此处输入文字。		
入学年月	单击此处输入日期。	毕业年月	单击此处输入日期。
学位层次	选择一项。	学位名称	选择一项。
获得学位的国家（地区）	单击此处输入文字。		
获得学位的院校或机构	单击此处输入文字。		
学位授予年月	单击此处输入日期。	学习方式	选择一项。

工作经历

任职单位名称	单击此处输入文字。		
任职开始年月	单击此处输入日期。	任职结束年月	单击此处输入日期。
单位性质类别	选择一项。	任职岗位	单击此处输入文字。
任职单位名称	单击此处输入文字。		
任职开始年月	单击此处输入日期。	任职结束年月	单击此处输入日期。
单位性质类别	选择一项。	任职岗位	单击此处输入文字。

主要工作业绩

单击此处输入文字。

填表说明

一、基本信息

1. 曾用名：据实填写，没有的填无。
2. 籍贯、出生地：均填写到最底层的县或区，如：山东省滨州市惠民县。
3. 民族：若列表中没有所填内容，可自行输入。
4. 参加工作年月、入职年月：均要求填写到月，将填写的日期删除即可。
5. 签订合同情况：在编教职工选择“聘用合同”，劳动合同用工人员选择“劳动合同”。
6. 照片：图片大小要求为高 4.42 厘米，宽 3.52 厘米，可使用 PS 调整。

二、学习经历

1. 最后学历、学位层次、所学专业：具实填写，录入信息应与毕业证、学位证一致，未取得学位的填“无”。
2. 获得学历（学位）的院校或机构：填写院校或机构的标准全称。
3. 入学年月、毕业年月、学位授予年月：均要求填写到月，将后面的日期部分删除即可。

三、工作经历

1. 任职开始年月、任职结束年月：均要求填写到月，将后面的日期部分删除即可。
2. 单位性质类别：若列表中没有所填内容，可自行输入。

图 2-2　为表格设置窗体保护后的效果

2.3 任务实施

2.3.1 编制“职工个人信息表”

编制如图 2-1 所示的“职工个人信息表”。表格制作属于 Word 初级内容，在此不再详细介绍。

2.3.2 创建表格窗体

窗体是一种结构化的文档，其中留有可以输入信息的空间，用户只能在这些空间内输入信息或进行选择，而不可更改别的内容。利用系统提供的“内容控件”功能，为表格创建窗体，并设置窗体保护，主要目的是规范化表格，提高填表的效率和准确率，防止修改表格本身的内容。

1. 显示【开发工具】选项卡

Word 窗体工具和控件位于【开发工具】选项卡，要使用控件创建窗体，首先需要在功能区中显示【开发工具】选项卡。方法如下：

选择【文件】→【选项】命令，弹出【Word 选项】对话框。在“自定义功能区”→“主选项卡”对应选项列表中勾选“开发工具”复选框，如图 2-3 所示。确定后，顶部功能区中已显示【开发工具】选项卡，如图 2-4 所示。

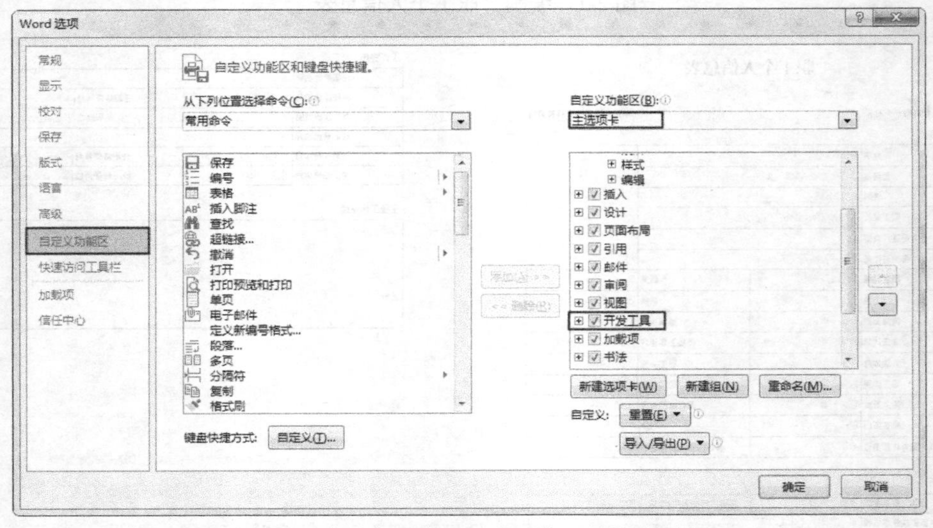

图 2-3 在功能区中显示【开发工具】选项卡

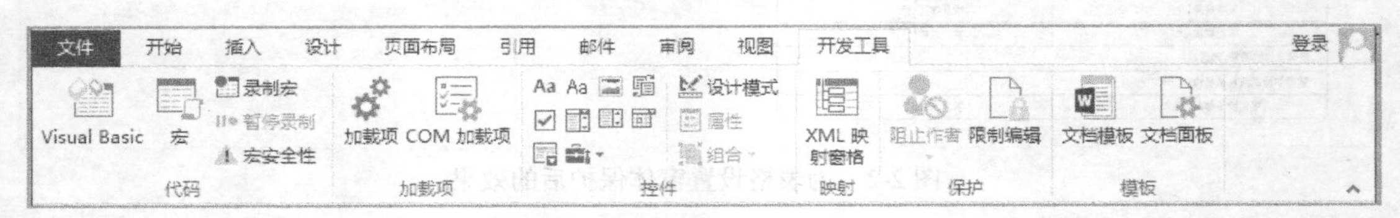

图 2-4 【开发工具】选项卡

微课

相关知识

什么是结构化文档？

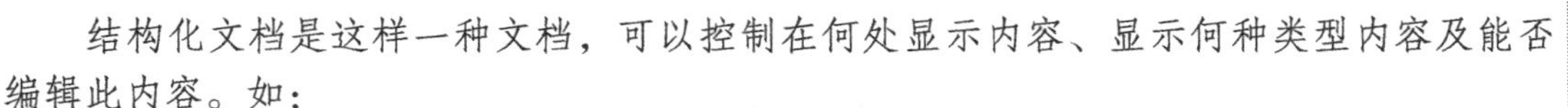

结构化文档是这样一种文档，可以控制在何处显示内容、显示何种类型内容及能否编辑此内容。如：

- 法律公司的一些文档，包含用户不应更改的法律用语；
- 只允许用户输入标题、作者和日期的计划书封面；
- 客户数据包含在预定义区域中的票据套印。

2. 内容控件

微课

“内容控件”是文档中的实体，是用于充当特定内容的容器。单个内容控件可以包含格式化文本的日期、列表或段落等内容。内容控件主要功能是帮助用户创建丰富、结构化的内容基块，再将明确定义的基块插入文档的模板中，从而创建结构化文档。Word 2013 包含如图 2-5 所示的九种内容控件。

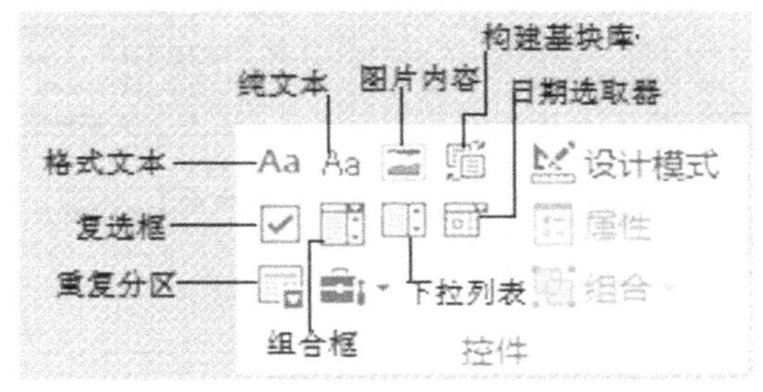

图 2-5　九种内容控件

（1）格式文本。“格式文本”控件提供一个区域，用户可以在其中输入格式文本，如中西文字、数字号码等文本。

（2）纯文本。“纯文本”控件提供一个纯文本区域，其中不包含格式，与格式文本的区别是格式文本可对其内容设置格式，纯文本可多行输入。

（3）下拉列表。“下拉列表”控件仅提供一个预设选项列表，可设置多个下拉列表选项供用户选择。此控件是使用得较多的内容控件，可实现高效、规范输入。

（4）组合框。“组合框”控件用来组合预设选项和用户条目，与下拉列表的区别是组合框不仅能实现在列表中选择，还能根据需要手动输入列表中没有的内容。

（5）图片内容。可以在“图片内容”控件中插入或粘贴图片。

（6）日期选取器。“日期选取器”控件提供一个下拉菜单，可以使用日历选取日期。

（7）复选框。“复选框”控件提供多项可选择的内容，可同时选取多个选项。

（8）重复分区。“重复分区”控件是 Word 2013 新增的内容控件，相当于一个模板，对同一主题的内容进行分区，分区中可以放置文字、图片、形状、表格等对象，每个分区相对独立，修改后互不影响。

（9）构建基块库。“构建基块库”控件提供一个“构建基块”下拉菜单，这样能选择的样板文件和其他预设文本就比使用其他控件所选的要多，在使用复杂窗体时很方便。

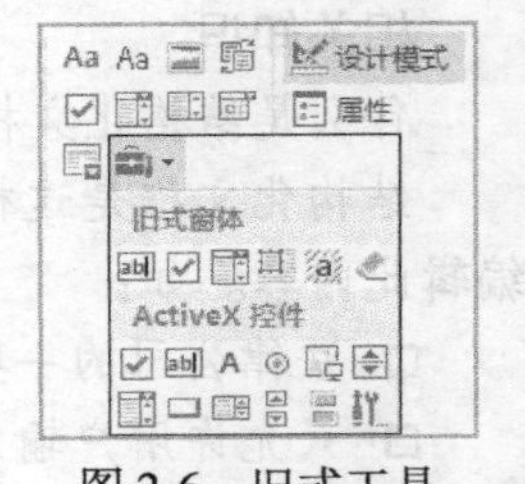

相关知识

“内容控件”是 Word 2007 版新增的功能，之前版本的旧式控件都包含在“旧式工具”控件中，如图 2-6 所示。可见，“旧式工具”包含有“旧式窗体”和“ActiveX 控件”。

“旧式工具”控件用于访问 Word 2003（及更低版本）中的旧式窗体工具和 ActiveX 工具。

图 2-6　旧式工具

3．在表格中插入控件

表格中需要填写的内容有多种类型，有的需要填写文本数据，有的需要填写日期，有的需要输入多行文本，有的需要从提供的列表中选择选项，有的需要读入图片等。根据内容的类型，选择合适的“内容控件”应用到“职工个人信息表”表格中，如图 2-7 所示。

微课

单位个人标识码：格式文本内容控件　　　　单位：诺新达丰科技公司

基本信息

姓名	格式文本内容控件			图片内容控件
曾用名	格式文本内容控件			
性别	下拉列表内容控件			
职工编号	格式文本内容控件			
身份证件类型	下拉列表内容控件			
身份证件号	格式文本内容控件			
出生日期	日期选取器	籍贯	格式文本内容控件	
出生地	格式文本内容控件	民族	组合框内容控件	
政治面貌	下拉列表内容控件	婚姻状况	下拉列表内容控件	
健康状况	下拉列表内容控件	参加工作年月	日期选取器	
入职年月	日期选取器	职工来源	下拉列表内容控件	
职工类别	下拉列表内容控件	是否在岗	下拉列表内容控件	
用人形式	下拉列表内容控件	签订合同情况	下拉列表内容控件	
所在部门	下拉列表内容控件	职务	下拉列表内容控件	
专业技术职务任职资格	下拉列表内容控件	具备的专业技能证书	格式文本内容控件	

学习经历

最后学历	下拉列表内容控件	获得学历的国家（地区）	格式文本内容控件
获得学历的院校或机构	格式文本内容控件		
所学专业	格式文本内容控件		
入学年月	日期选取器	毕业年月	日期选取器
学位层次	下拉列表内容控件	学位名称	下拉列表内容控件
获得学位的国家（地区）	格式文本内容控件		
获得学位的院校或机构	格式文本内容控件		
学位授予年月	日期选取器	学习方式	下拉列表内容控件

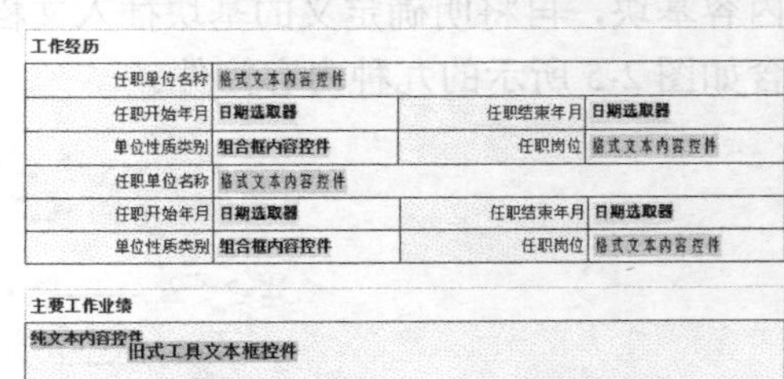

工作经历

任职单位名称	格式文本内容控件		
任职开始年月	日期选取器	任职结束年月	日期选取器
单位性质类别	组合框内容控件	任职岗位	格式文本内容控件
任职单位名称	格式文本内容控件		
任职开始年月	日期选取器	任职结束年月	日期选取器
单位性质类别	组合框内容控件	任职岗位	格式文本内容控件

主要工作业绩

纯文本内容控件
旧式工具文本框控件

填表说明

一、基本信息

1．曾用名：据实填写，没有的填无。

2．籍贯、出生地：均填写到最底层的县或区，如：山东省滨州市惠民县。

3．民族：若列表中没有所填内容，可自行输入。

4．参加工作年月、入职年月：均要求填写到月，将填写的日期删除即可。

5．签订合同情况：在编教职工选择“聘用合同”，劳动合同用工人员选择“劳动合同”。

6．照片：图片大小要求为高 4.42 厘米，宽 3.52 厘米，可使用 PS 调整。

二、学习经历

1．最后学历、学位层次、所学专业：具实填写，录入信息应与毕业证、学位证一致，未取得学位的填“无”。

2．获得学历（学位）的院校或机构：填写院校或机构的标准全称。

3．入学年月、毕业年月、学位授予年月：均要求填写到月，将后面的日期部分删除即可。

三、工作经历

1．任职开始年月、任职结束年月：均要求填写到月，将后面的日期部分删除即可。

2．单位性质类别：若列表中没有所填内容，可自行输入。

图 2-7　表格内容与对应的内容控件

（1）在单行的文本数据单元格中插入“格式文本”控件。将光标定位在待插入控件的单元格中，单击【开发工具】→【控件】→【格式文本内容控件】按钮 Aa，即可在单元格中插入该控件。“格式文本”控件占位符显示状态如图 2-8 所示，设计模式下的控件占位符如图 2-9 所示。

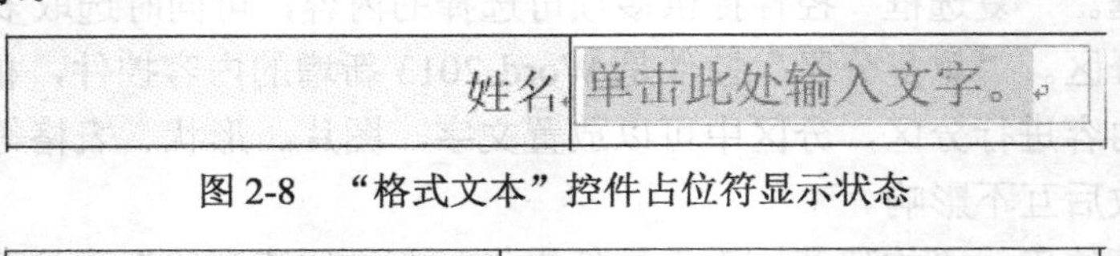

图 2-8　“格式文本”控件占位符显示状态

姓名	单击此处输入文字。

图 2-9　设计模式下的“格式文本”控件占位符状态

“职工个人信息表”中插入“格式文本”控件的单元格有“姓名”“职工编号”“身份证件号”“籍贯”“出生地”等。

（2）在文本类别明确的单元格中插入“下拉列表”控件。“职工个人信息表”中插入“下拉列表”内容控件的单元格有“身份证件类型”“政治面貌”“职工类别”“所在部门”等。“下拉列表”控件占位符显示状态如图 2-10 所示。

图 2-10 “下拉列表”控件占位符显示状态

（3）在文本类别基本明确的单元格中插入“组合框”控件。“组合框”控件针对的正是下拉列表中选项不够全面的情况，使用“组合框”控件，用户不仅可以选择列表项，还可以根据需要手动输入列表中没有的内容。“职工个人信息表”中插入“组合框”内容控件的单元格有“民族”“单位性质类别”等。

（4）在需要填写日期的单元格中插入“日期选取器”控件。插入控件的操作同上，插入的“日期选取器”控件及下拉框显示状态如图 2-11 所示。

（5）插入“图片内容”控件。在单元格中插入“图片内容”控件，并设置其大小为高 4.42 厘米，宽 3.52 厘米，设置方法与设置图片的大小相同。“图片内容”控件容器的大小与用户插入图片的大小相同，如图 2-12 所示。

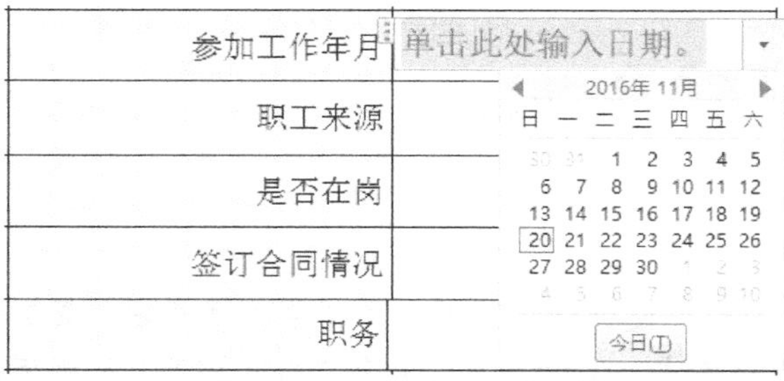

图 2-11 “日期选取器”控件占位符及下拉框显示状态

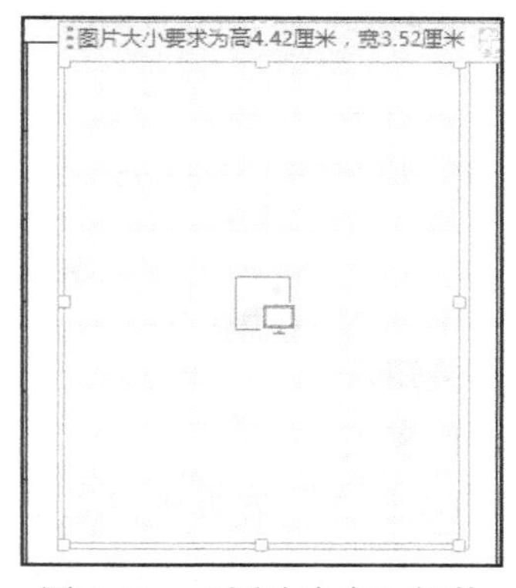

图 2-12 “图片内容”控件

（6）在填写内容较多的单元格中插入“旧式工具”中的“文本框”控件。如“职工个人信息表”中“主要工作业绩”单元格需要填写内容较多，可使用“文本框”控件。将光标定位在“主要工作业绩”单元格中，单击【开发工具】→【控件】→【旧式工具】→【ActiveX 控件】→【文本框】按钮，即可在单元格中插入一个“文本框”控件。

4. 设置控件属性

1）设置“格式文本”控件属性

以“职工个人信息表”中“基本信息”栏下的“职工编号”这个“格式文本”控件的属性设置为例。选中需设置属性的控件，单击【开发工具】→【控件】→【属性】按钮 属性，打开【内容控件属性】对话框，如图 2-13 所示。

“常规”选项组中，设置“标题”为“职工编号为 6 位，如：ND0001”，设置“标记”

为“职工编号”；“显示为”为“边界框”。设置后，非设计模式和设计模式状态下“标题”的显示状态分别如图 2-14 和图 2-15 所示。设置的“标题”可作为用户输入内容时的提示信息。

勾选“锁定”选项组中的“无法删除内容控件”复选框，以保证在输入窗体内容时不会把内容控件误删除。建议所有控件都设置此项。

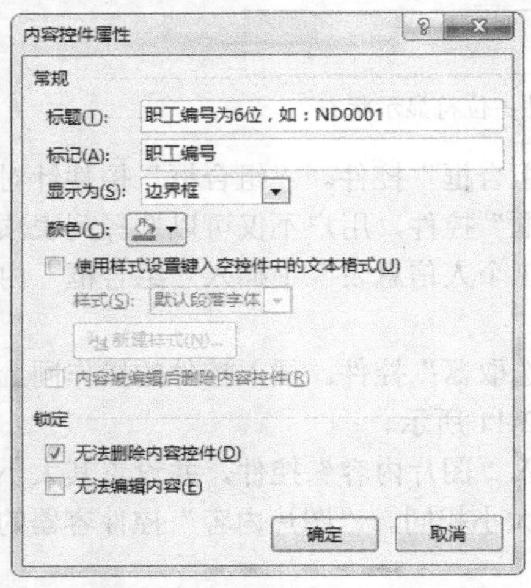

图 2-13 【内容控件属性】对话框

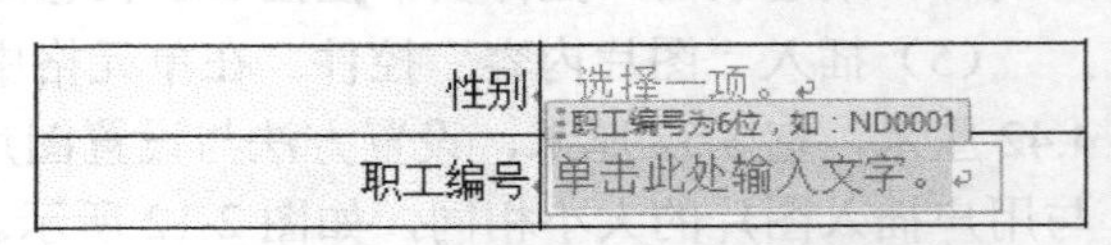

图 2-14 非设计模式下“标题”显示状态

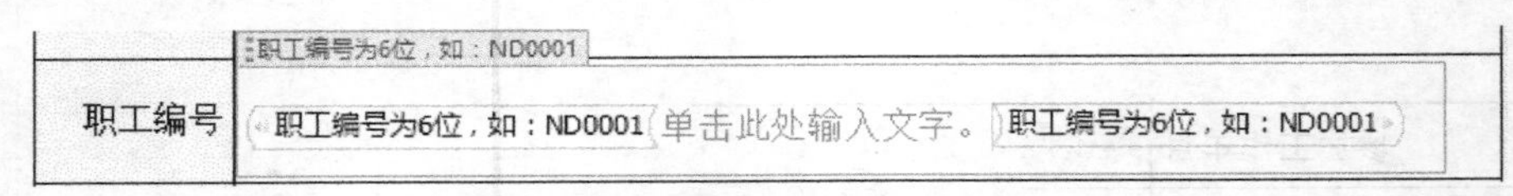

图 2-15 设计模式下“标题”显示状态

相关知识

设计模式。

“内容控件”的编辑和完全访问，必须在“设计模式”下完成。单击【开发工具】选项卡中的【设计模式】按钮，即可进入设计模式。例如，如果某个“内容控件”因受保护而不能删除，则只能在设计模式下删除。占位符文本也只能在设计模式下更改。

2）设置“下拉列表”控件属性

以“职工个人信息表”中“基本信息”栏下的“身份证件类型”这个“下拉列表”控件的属性设置为例。将光标定位到插入控件的单元格中，单击【开发工具】→【控件】→【属性】按钮 属性，打开【内容控件属性】对话框，如图 2-16 所示。

“常规”选项组中设置“标题”为“请选择身份证件类型”，可作为用户输入时的提示信息。

“下拉列表属性”列表框设置是该控件的关键，在其中可以添加“身份证件类型”下拉列表中包含的选项。单击“下拉列表属性”列表框右侧【添加】按钮，弹出如图 2-17 所示对话框，在“显示名称”文本框中输入列表选项，如“居民身份证”，单击【确定】按钮，即可添加一个列表选项。重复操作依次添加下拉列表的各选项。

可以通过右侧【添加】【修改】【删除】【上移】【下移】按钮对已添加的列表选项进行各种编辑操作。

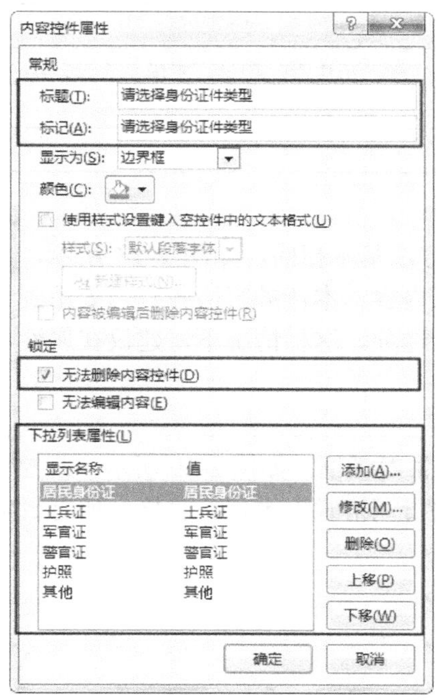

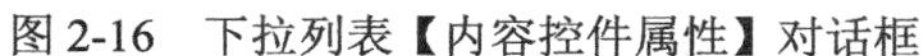
图 2-16 下拉列表【内容控件属性】对话框

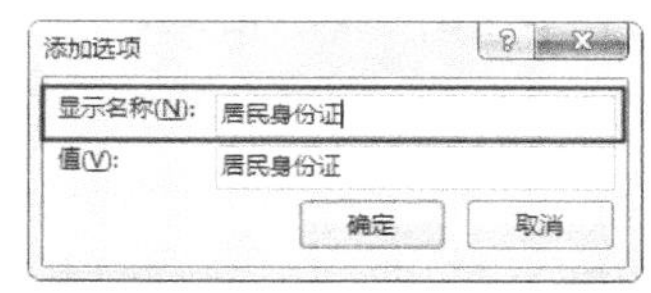

图 2-17 【添加选项】对话框

“职工个人信息表”中各下拉列表项及对应内容如表 2-1 所示。

表 2-1 “职工个人信息表”中各下拉列表项及对应内容

下拉列表项	下拉列表内容
性别	男，女
身份证件类型	居民身份证，士兵证，军官证，警官证，护照，其他
政治面貌	中共党员，中共预备党员，民革会员，民盟盟员，民建会员，民进会员，九三学社，群众，其他
婚姻状况	未婚，已婚，离婚
健康状况	健康或良好，一般或较弱，有慢性病，残疾
职员来源	招聘，应往届毕业生，引进人才，军队转业复员，其他
职工类别	合同工，临时工，实习
是否在岗	是，否
用人形式	劳动合同，劳务合同，承揽合同，雇佣
签订合同情况	未签合同，聘用合同，劳动合同，其他
所在部门	总经理办公室，人力资源部，财务部，生产技术部，计划营销部，安全监察部
职务	总经理，副总经理，部门经理，部门主管，职员
专业技术职务任职资格	正高级，副高级，中级，初级
最后学历	博士，硕士，本科，大专，中专，无

续表

下拉列表项	下拉列表内容
学位层次	博士，硕士，学士，无
学位名称（与学位证一致）	哲学，经济学，法学，教育学，文学，历史学，理学，工学，农学，医学，管理学，艺术学，军事学
学习方式	脱产，半脱产，不脱产

3）设置“组合框”控件属性

“组合框”控件与“下拉列表”控件属性设置方法基本相同，如图 2-18 所示，区别在于前者除了可以在列表中选择之外，还能自行输入内容。本任务表格中有两处用到组合框控件，一是“民族”选项，二是“单位性质类别”选项。这种情况下，建议在属性对话框中设置“标题”内容，以提示用户可自行输入。

4）设置“日期选取器”控件属性

按照上述方法打开日期选取器【内容控件属性】对话框，如图 2-19 所示。此控件关键是对“日期显示方式”的设置，即设置想要显示的日期格式。本任务表格中所有日期都设置了“yyyy'-'M'-'d”显示格式。

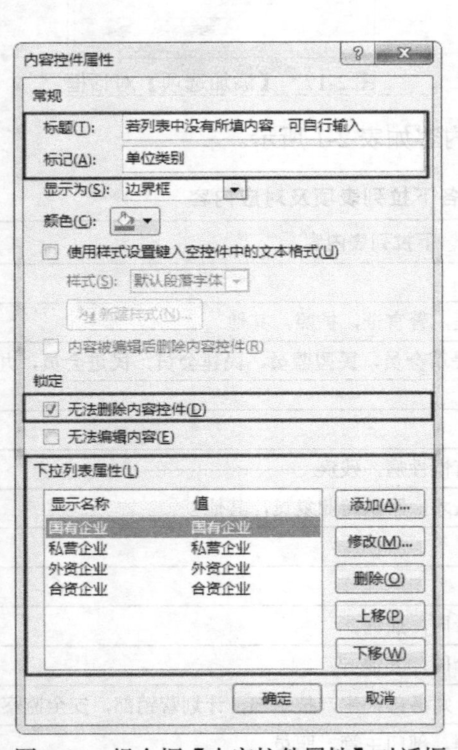

图 2-18　组合框【内容控件属性】对话框

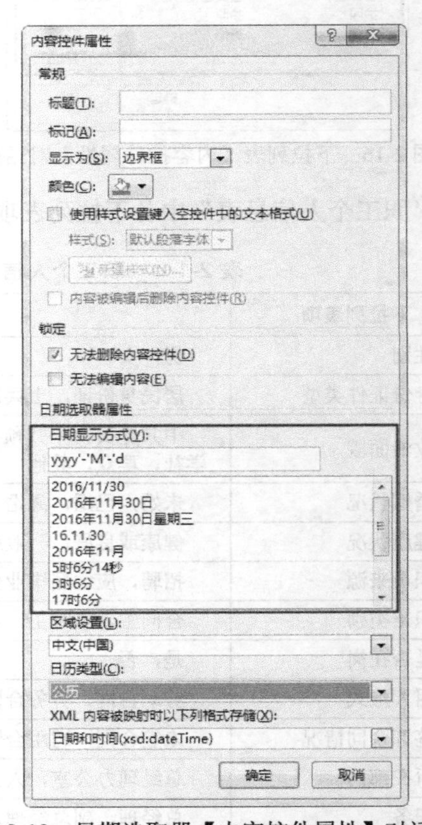

图 2-19　日期选取器【内容控件属性】对话框

5）设置“图片”控件属性

打开图片【内容控件属性】对话框，设置“标题”为“图片大小要求为高 4.42 厘米，宽 3.52 厘米”，如图 2-20 所示。

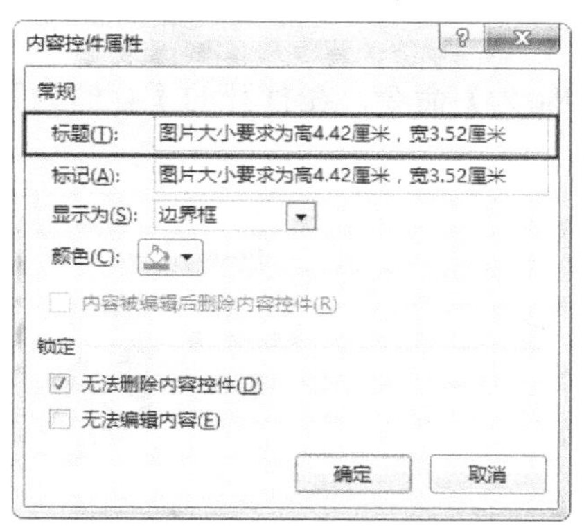

图 2-20 图片【内容控件属性】对话框

填写信息尤其是网上填写，一般会对上传图片有规格要求，比如：要求 JPG 格式，图片大小不能大于 30KB，以及要求图片的宽、高等。但是往往用照相设备或手机拍下的图片都比较大，不符合上传要求，那么，怎么在不损坏图片质量的情况下快速修改图片大小呢？下面介绍两种使用 Photoshop 修改图片尺寸的方法。

方法一：

① 查看“照片-原图.png”文件的属性，如图 2-21 所示；可以看到当前文件大小为 395KB，占用空间为 396KB。

② 使用 Photoshop 打开“照片-原图.png”文件。

③ 选择【图像】→【图像大小】命令，打开【图像大小】对话框，可见当前图片大小为宽度 519 像素，高度 612 像素。而图片要求高度、宽度为 4.42 厘米、3.52 厘米，需要先将厘米换算为像素，1 厘米大约等于 28 个像素，而且像素必须为整数，经过计算，要求的宽度、高度分别应为 99 像素、124 像素。设置后如图 2-23 所示。

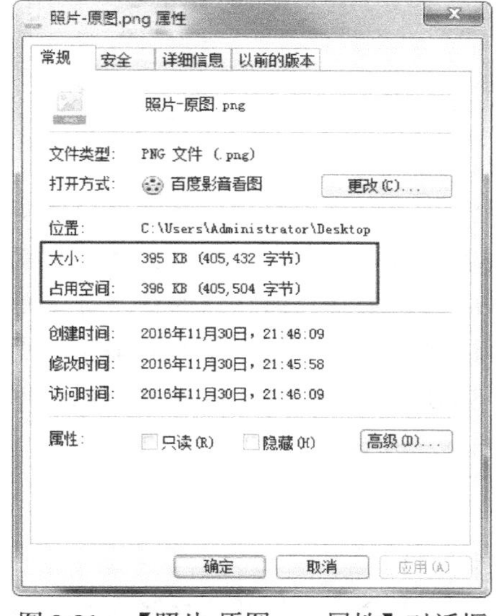

图 2-21 【照片-原图.png 属性】对话框

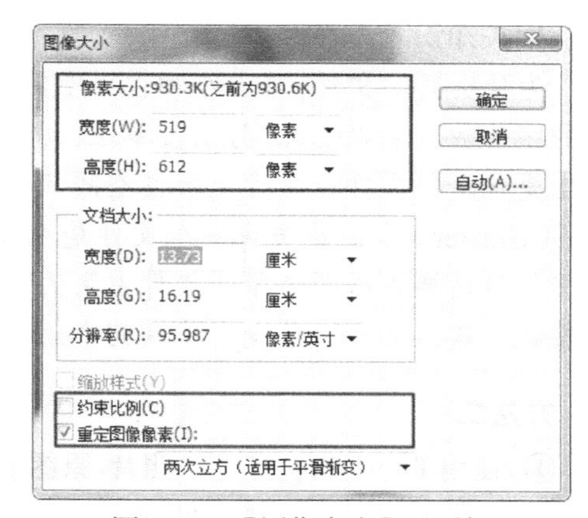

图 2-22 【图像大小】对话框

④ 对话框中的“重定图像像素”复选框要勾选；如果需保证图片纵横比不变，需要勾选“约束比例”复选框。

⑤ 选择【文件】→【存储为】命令，在打开的【存储为】对话框中设置文件的保存类型和文件名，如图 2-24 所示。

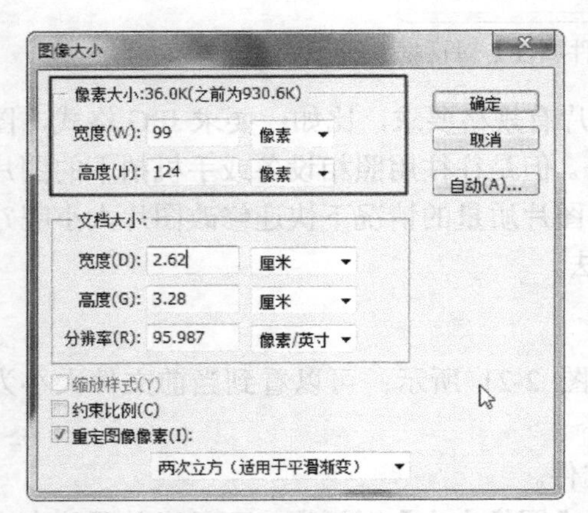

图 2-23 设置后的【图像大小】对话框

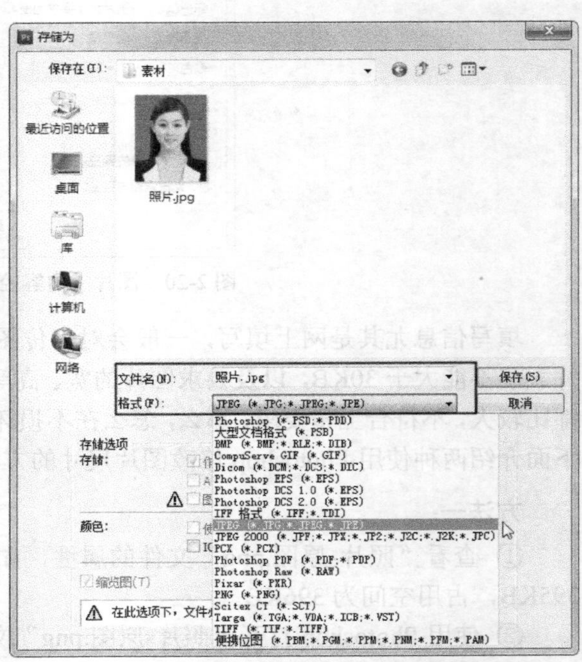

图 2-24 【存储为】对话框

⑥ 可以看到处理后的照片大小变为 25KB，如图 2-25 所示。

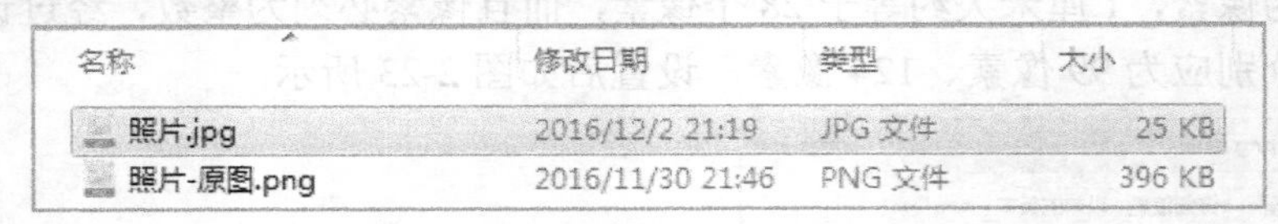

图 2-25 图片处理前后大小对比

相关知识

为什么同一文件，其大小和占用空间不一样呢？文件的大小其实就是文件内容实际具有的字节数，它以 Byte 为衡量单位，只要文件内容和格式不发生变化，文件大小就不会发生变化。但文件在磁盘上所占空间却不是以 Byte 为衡量单位的，它的最小计量单位是“簇（Cluster）”。比方说一个文件是 5KB，然而该硬盘上每个簇的大小是 4KB，那么这个文件显然要占用两个簇，文件占用的空间就是 8KB，而不是 5KB，也就是说文件要占用整数个簇，如果文件没有填满某个簇，也算占用了一个簇。

方法二：

① 使用 Photoshop 打开“照片-原图.png”文件。

② 选择【文件】→【存储为 Web 和设备所用格式】命令，打开【存储为 Web 和设备

所用格式】对话框，选择对话框左上方的【优化】选项卡，在右上方设置文件类型，单击右下方【图像大小】后的🔗，然后设置图像大小，如图 2-26 所示。

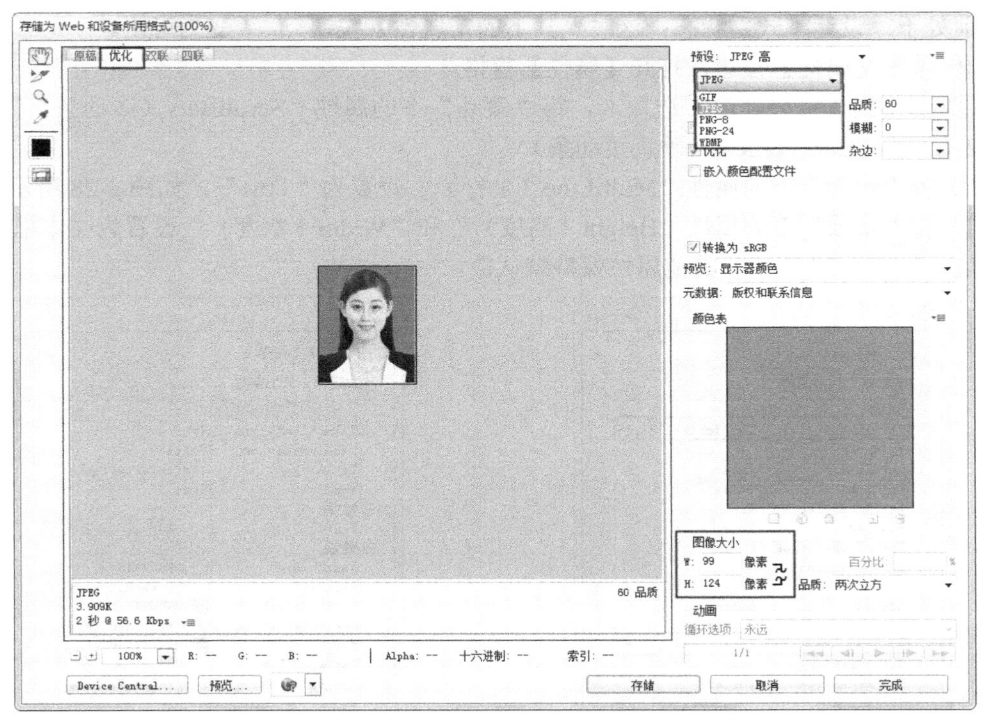

图 2-26 【存储为 Web 和设备所用格式】对话框

③ 单击【存储】按钮，打开【将优化结果存储为】对话框，设置图像文件名和格式，如图 2-27 所示。

图 2-27 【将优化结果存储为】对话框

6）设置旧式工具“文本框（ActiveX）”控件属性

① 将光标定位到文本框控件中，单击【开发工具】→【控件】→【设计模式】按钮，使当前处于“设计模式”状态；这时，其下的【属性】按钮 属性 变为可用。

② 单击【属性】按钮，打开【属性】窗格。

③ 切换到【按分类序】选项卡，将“滚动”下的属性“ScrollBars（滚动条）”设置为“2-fmScrollBarsVertical（垂直滚动条）”。

④ 将“行为”下的属性“MultiLine（多行）”设置为“True”，如图 2-28 所示。

⑤ 将“杂项”下的属性“Height（高度）”和“Width（宽度）”设置为文本框高度、宽度值，如图 2-29 所示。其他属性保持默认值。

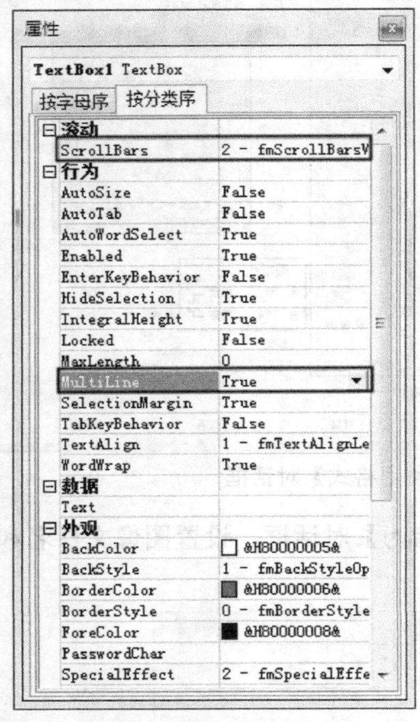

图 2-28　文本框【属性】窗口 1

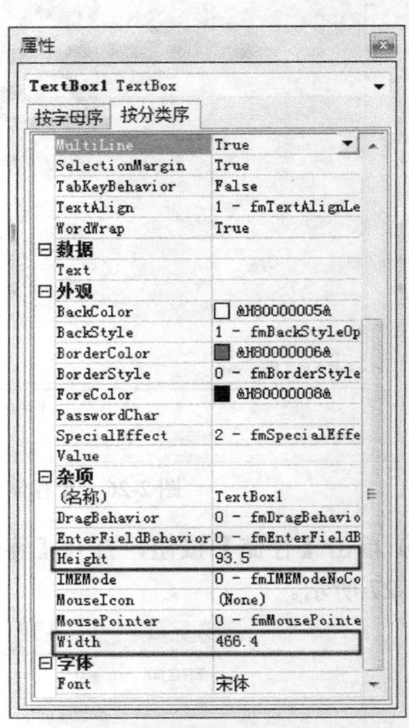

图 2-29　文本框【属性】窗口 2

微课

2.3.3　设置窗体保护

为表格创建好窗体后，下一步需要使用编辑限制功能对窗体进行保护。窗体保护的目的是仅允许他人在文档中进行“填写窗体”操作，而不允许进行窗体外内容的修改。Word 的编辑限制功能可以对文档中某些区域进行保护，限定他人只能在规定区域进行编辑操作。

（1）打开要保护的窗体文档。

（2）打开“限制编辑”任务窗格。单击【开发工具】→【保护】→【限制编辑】按钮，打开【限制编辑】任务窗格，如图 2-30 所示。

（3）设置编辑限制。在【限制编辑】任务窗格的“2. 编辑限制”下，勾选“仅允许在文档中进行此类型的编辑”复选框。在“2. 编辑限制”下拉列表中选择“填写窗体”选项，即仅允许他人在文档中进行填写窗体操作，如图 2-31 所示。

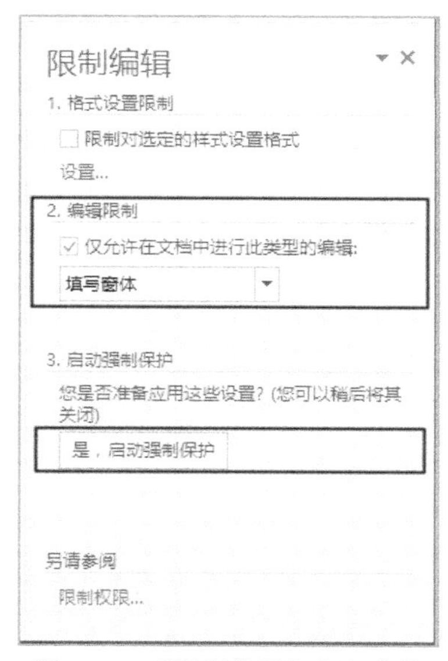

图 2-30 【限制编辑】任务窗格

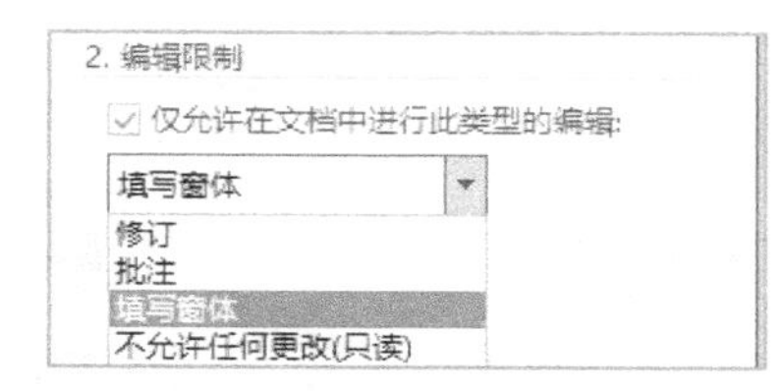

图 2-31 设置“编辑限制”为“填写窗体”

注意：若 按钮为灰色不可用状态，说明当前是“设计模式”，应取消设计模式。即设计模式下不能启动窗体的强制保护。

（4）启动强制保护。在【限制编辑】任务窗格的“3. 启动强制保护”下单击 按钮，打开【启动强制保护】对话框，输入“新密码”和“确认新密码”，单击【确定】按钮，如图 2-32 所示。

至此，基于窗体控件的规范表格制作完成。

（5）取消保护。如果要对被保护的文档进行审阅或修改，必须先取消保护。

打开受保护的窗体文件。打开【限制编辑】任务窗格，如图 2-33 所示，单击【停止保护】按钮。在弹出的【取消保护文档】对话框中输入之前设置的保护密码，如图 2-34 所示，单击【确定】按钮即可。

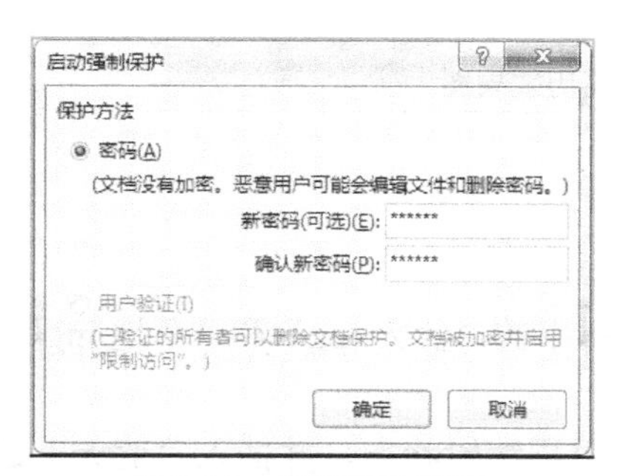

图 2-32 设置保护密码

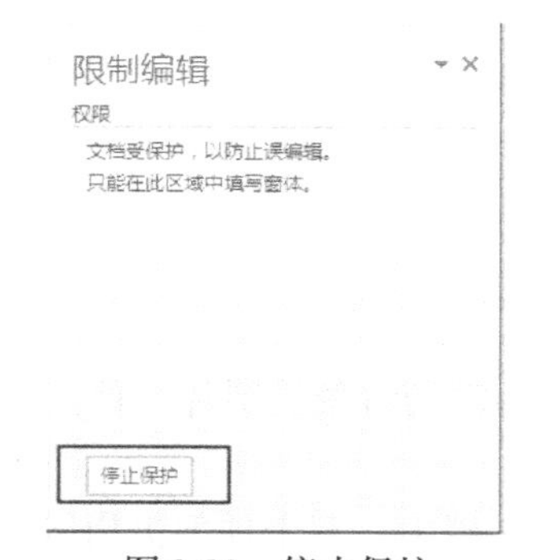

图 2-33 停止保护

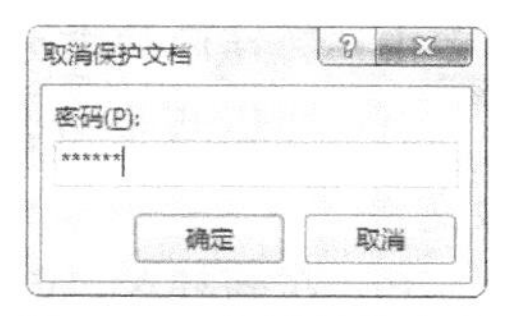

图 2-34 取消保护密码

2.4 拓展实训

实训 1：使用重复分区控件制作简历

重复分区控件将文字、图像、形状、表格等文档元素组织成一个整体，称为分区，每个分区相对独立，互不影响。使用重复分区控件可使文档条理清晰，方便调整和修改。本实训使用重复分区控件制作一份求职简历，效果如图 2-35 所示。

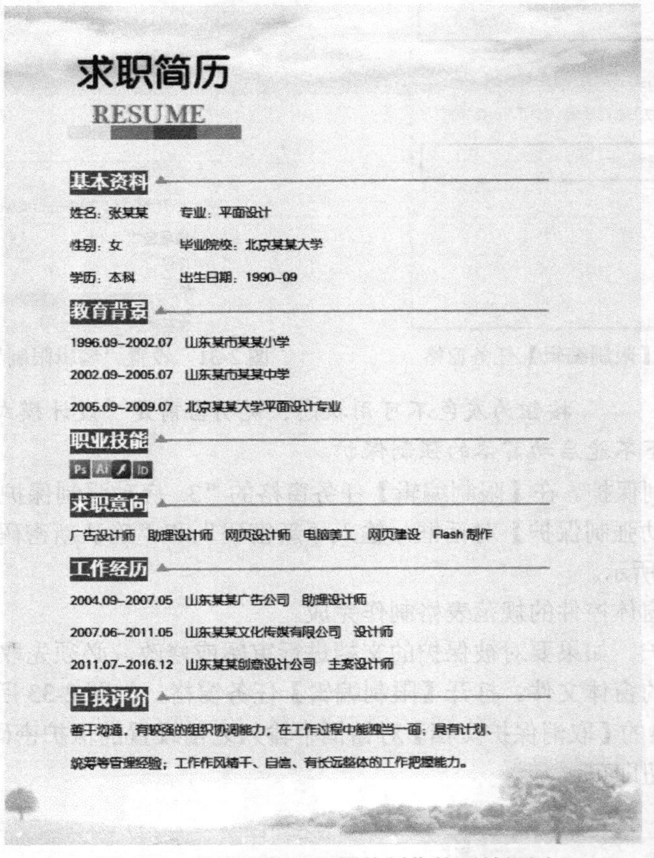

图 2-35 使用重复分区控件制作简历效果图

操作提示

1）制作简历背景

① 搜集两张适合作为简历背景的图片文件，如素材中的“蓝天.jpg”和“草地.jpg”图片文件。

② 在新建的 Word 文档中，双击顶部页眉区进入页眉编辑状态，并插入“蓝天.jpg”图片。

③ 去掉页眉中的横线。方法：单击【开始】→【样式】→【正文】选项，将页眉样式设置为“正文”即可。

④ 对图片进行裁剪并将其设置为“衬于文字下方”环绕方式；调整图片大小到适合尺寸，效果如图 2-36 所示。

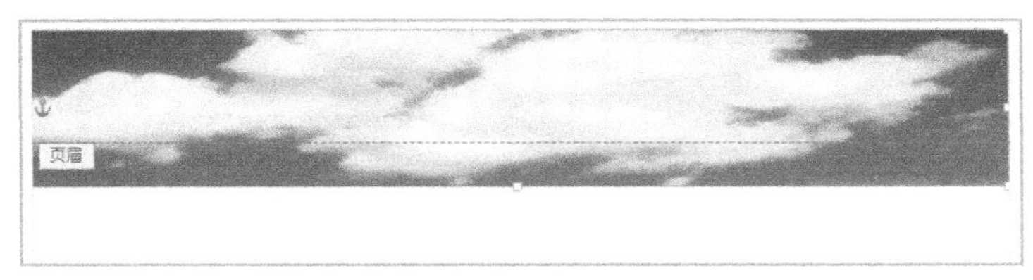

图 2-36　在页眉中插入图片

⑤ 柔化图片边缘。方法：选择【图片工具/格式】→【图片样式】→【图片效果】→【柔化边缘】→“25 磅”，然后调整图片大小，效果如图 2-37 所示。

图 2-37　页眉图片边缘柔化效果

⑥ 以同样的方法设置页脚图片效果，将文档页面颜色设置为淡蓝色。

2）制作简历标题头

3）使用重复分区内容控件创建简历内容

① 单击【开发工具】→【控件】→【重复分区内容控件】按钮，插入一个重复分区控件，如图 2-38 所示。

输入要重复的任何内容(包括其他内容控件)，您也可以在表格行周围插入此控件，以便重复部分表格。

图 2-38　重复分区内容控件

② 单击控件输入文字“基本资料”，并设置其格式如图 2-39 所示。制作一个图形（一个三角形和一个直线的组合），放在文字后面，如图 2-39 所示。按回车键换行留出足够的空间。

图 2-39　设置分区格式

③ 设置好以上格式后，重复单击该控件右下方的按钮，生成与“基本资料”内容和格式均相同的分区，更改各分区名称，效果如图 2-40 所示。

④ 填写各分区内容，并设置其格式，最终效果如图 2-41 所示。

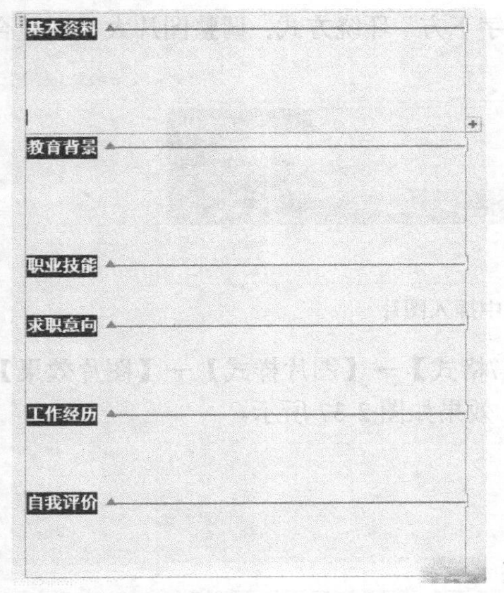

图 2-40　重复生成分区

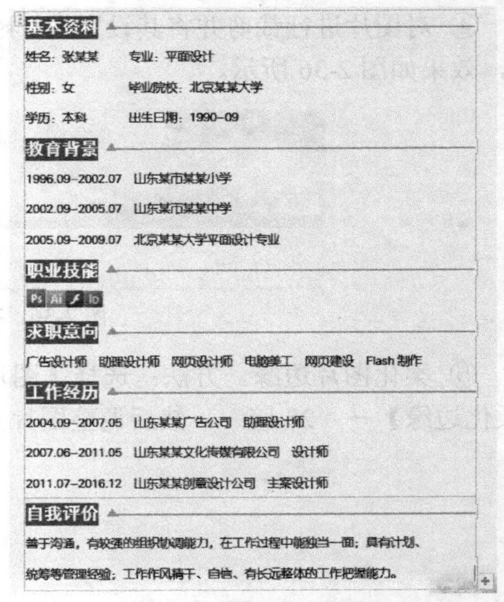

图 2-41　填写各分区内容

实训 2：套打及批量生成请柬

套打，就是套用一定格式去打印。一般情况下，是指已经有了纸质模板，需要在指定的位置上打印文字、数据、图案等内容。套打在日常生活和工作中也比较常用，比如：办公中邀请函、请柬等的套打，证书套打，以及生活中新婚宴请的请柬套打等。套打的作用是省时省力、格式规范、美观、不出错。海临公司计划于 20××年 1 月 28 日举行公司团年晚宴，届时将邀请社会各届、合作伙伴参加。下面介绍如何套打及批量生成公司团年晚宴请柬，效果如图 2-42 所示。

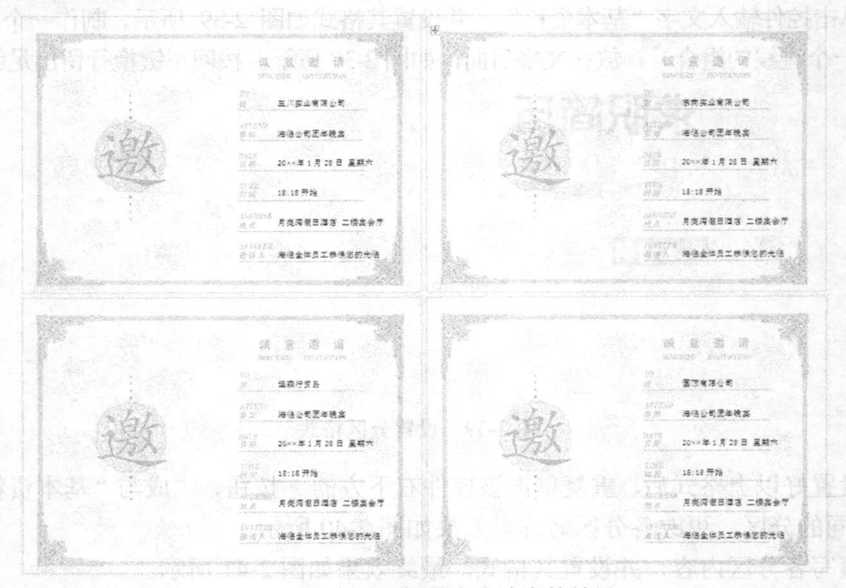

图 2-42　套打及批量生成请柬的效果

操作提示

1）页面设置

① 先用直尺测量原始请柬大小，得到请柬大小：宽 36.4 厘米，高 25.7 厘米。

② 打开 Photoshop 或其他能扫描图像的软件，用最低的分辨率将请柬要填写内容部分扫描成图片文件，存储为“请柬.jpg”。查看该文件属性，可以查看文件大小（此处是以像素为单位，可转换为厘米），如图 2-43 所示。

③ 新建一个 Word 文档，设置纸张大小为宽 36.4 厘米，高 25.7 厘米；页边距为上、下、左、右均为 1.27 厘米。

2）将请柬图片设置为水印

将扫描的“请柬.jpg”图片设置为当前文档的水印，如图 2-44 所示。

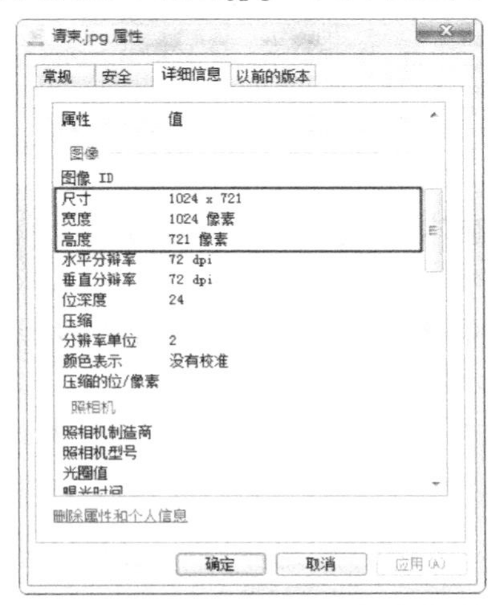

图 2-43　在【请柬.jpg 属性】对话框中查看图像大小

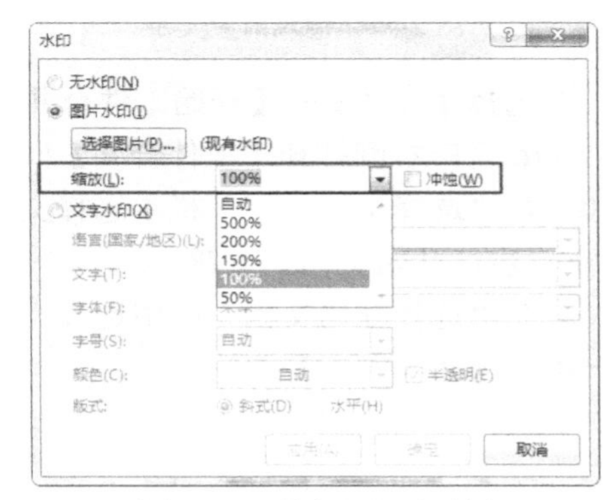

图 2-44　【水印】对话框

注意：【缩放】一定要设置为“100%”，不勾选“冲蚀”复选框。

3）使用表格布局版面

① 插入一个 15 行 15 列的表格，调整表格大小，如图 2-45 所示。

② 根据水印请柬中的实际位置，对表格有关单元格大小进行设置及合并，如果表格列数或行数不够或多余，直接进行增加或删除即可。效果如图 2-46 所示。

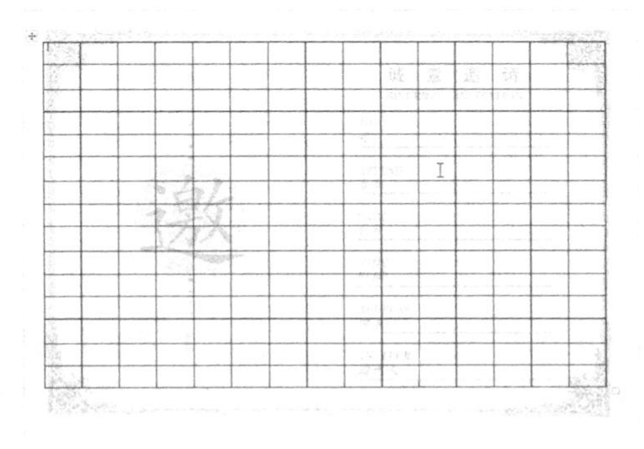

图 2-45　插入 15×15 表格

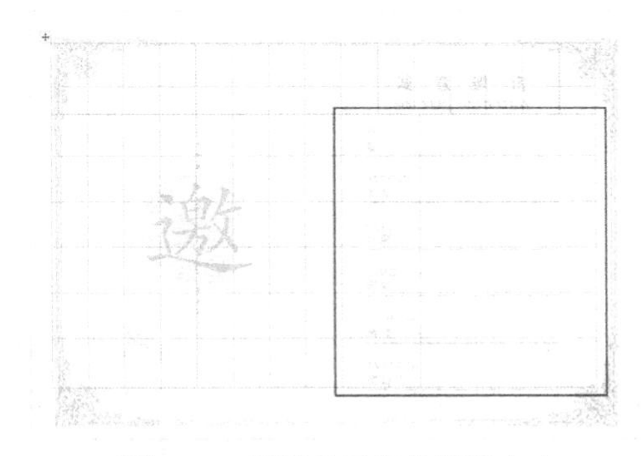

图 2-46　调整单元格位置及大小

③ 设置完成后，选择整张表格，将表格边框设置为“无”。

④ 在相应单元格中输入对应文字，第一行不填，如图 2-47 所示。

4）根据客户信息表批量生成请柬

（1）海临公司客户信息表如图 2-48 所示。下面使用邮件合并功能批量生成请柬。

图 2-47 输入请柬文字

公司名称	联系人	称谓	地 址	邮政编码
三川实业有限公司	刘小姐	销售代表	天津市大崇明路 50 号	343567
东南实业有限公司	王先生	物主	天津市承德西路 80 号	234575
坦森行贸易	只炫皓	销售经理	石家庄市黄台北路 780 号	985060
国顶有限公司	方先生	销售代表	深圳市天府东街 30 号	890879
通恒机械	李小姐	采购员	南京市东园西甲 30 号	798089
森通机械有限公司	王先生	销售代表	天津市常保阁东 80 号	787045
国皓集团	钱小姐	市场经理	大连市广发北路 10 号	565479
迈多贸易	陈先生	物主	西安市临翠大街 80 号	907987
祥通国际贸易公司	刘先生	物主	重庆市花园东街 90 号	567690
广通有限公司	王先生	结算经理	重庆市平谷嘉石大街38号	808059
光明杂志	谢丽秋	销售代表	深圳市黄石路 50 号	760908
威航货运有限公司	刘先生	销售代理	大连市经七纬二路 13 号	120412
三捷实业	王先生	市场经理	大连市英雄山路 84 号	130083
浩天旅行社	方先生	物主	天津市白广路 314 号	234254
同恒化工有限公司	刘先生	销售员	天津市七一路 37 号	453466
万海集团	林小姐	销售代表	厦门市劳动路 23 号	353467
世邦化工	黎先生	采购员	海口市光明东路 395 号	454748
迈策船舶	王俊元	物主	常州市沉香街 329 号	565474
万通集团	林小姐	销售代理	天津市光复北路 895 号	809784

图 2-48 客户信息表

① 选择【邮件】→【开始邮件合并】→【开始邮件合并】→【邮件合并分步向导】选项，Word 窗口右侧打开【邮件合并】向导窗格。

② 在“选择文档类型”栏中选择文档类型为“信函”单选按钮，如图 2-49 所示。单击【下一步：开始文档】按钮。

③ 在“选择开始文档”栏中选择“使用当前文档”单选按钮，如图 2-50 所示。单击【下一步：选择收件人】按钮。

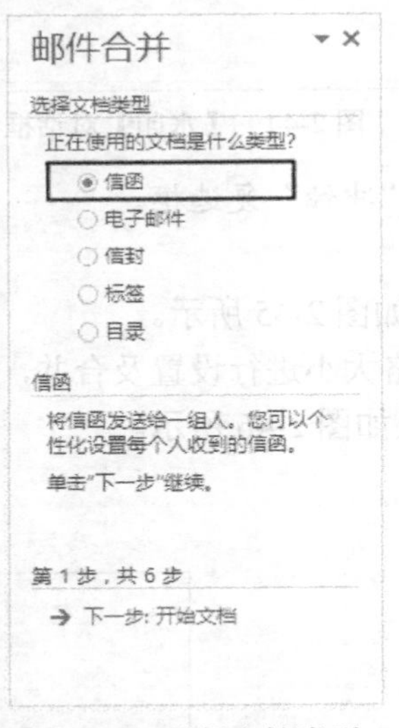

图 2-49 选择文档类型

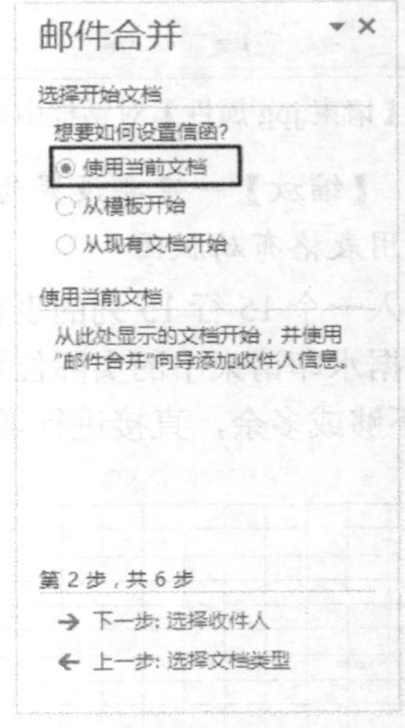

图 2-50 选择开始文档

④ 在“选择收件人”栏中选择“使用现有列表”单选按钮；单击下方【浏览】按钮，打开【选取数据源】对话框，找到“客户信息表.xlsx”文件，单击“打开”按钮，如图 2-51 所示。单击【下一步：撰写信函】按钮。

图 2-51　选择收件人

⑤ 将光标定位到 后的单元格中，在“撰写信函”栏中单击【其他项目】按钮，打开【插入合并域】对话框，选择“域”列表框下的“公司名称”选项，如图 2-52 所示，单击【插入】按钮，即可在单元格中插入公司名称域。单击【下一步：预览信函】按钮。

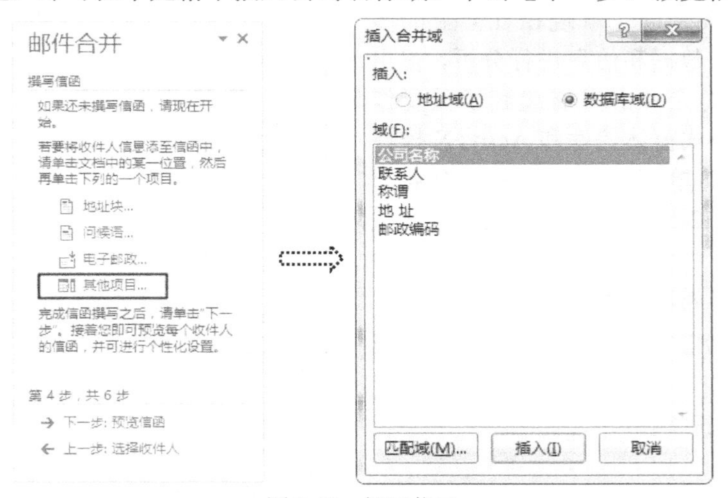

图 2-52　撰写信函

⑥ 在“预览信函”栏中单击 按钮可预览生成的信函，如图 2-53 所示。如果对格式不满意，可在此进行格式设置。满意后单击【下一步：完全合并】按钮。

⑦ 在“完成合并”栏中，单击【编辑单个信函】按钮，在弹出的【合并到新文档】对话框中，选择“全部”单选按钮，单击【确定】按钮，即可完成邮件合并。

（2）不显示网格线的方法：单击【表格工具/布局】→【表】→【查看网格线】按钮 查看网格线，取消查看网格线状态，即可不显示表格框线。

（3）打印前，取消水印，即可实现请柬批量套打。

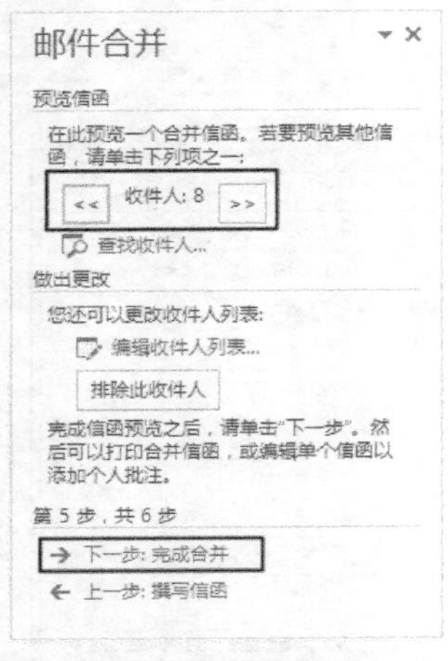

图 2-53　预览信函

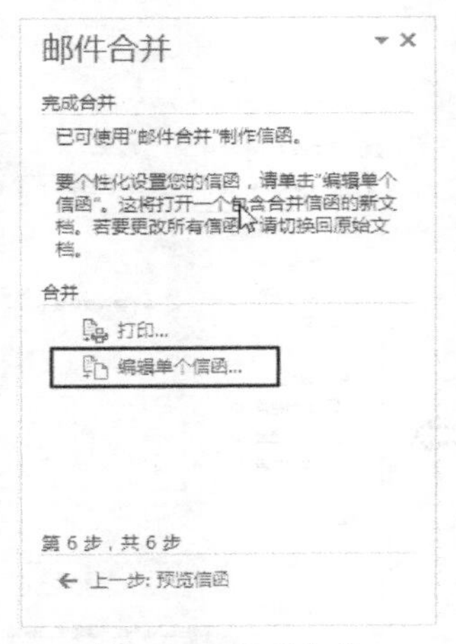

图 2-54　完成合并

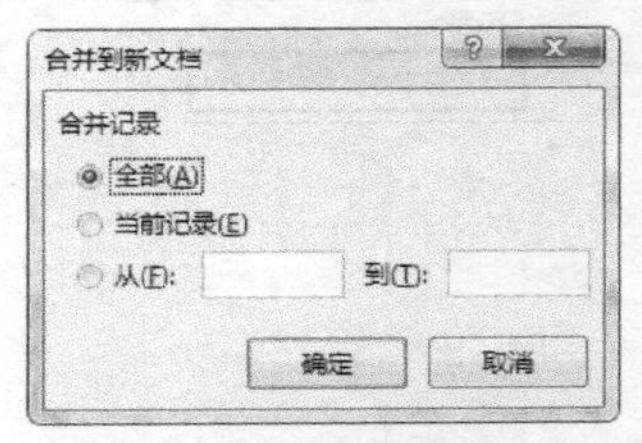

图 2-55　合并记录

实训 3：制作企业问卷调查表

问卷调查是对目前社会上常见的信息和数据进行收集的一种手段，它可以用来帮助企业或者相关部门了解现在社会上的多种现象，通过对数据和信息进行分析，得出有用的结论，对企业的发展起到了重要作用。下面使用旧式窗体控件和 ActiveX 控件制作一份填写简单规范的个体私营企业问卷调查表，如图 2-56 所示。本实训可分解成以下任务：

（1）制作问卷调查表格；

（2）在单元格中插入控件，并进行其属性设置；

（3）设置限制编辑。

个体私营企业问卷调查表

基本情况	企业类型	○个体工商户　○私营企业					
	成立时间	2000-01-01	注册资金	万元	所属行业		
	主要生产（经营）的产品名称						
资源配置	1.生产经营场地	○拥有自己的厂地　○仍属于家庭用房　○租用别人的厂房					
	2.生产经营（场地）面积　平方米						
	3.人员构成						
	从业人员（含雇佣）	人	主要人员	○城镇　○农村	学　历主要是	大学	
	4.资金使用情况	○紧张　○不紧张					
	5.当前经营资金来源构成	自有资金比例	%	银行贷款比例	%	民间贷款比例	% 其他比例 %
	6.从银行贷款的难易程度及原因	○容易　○很困难					
	□个体私营企业财务不健全，银行不信任　□国家实施宏观调控，银根收紧						
	□缺乏担保机构　□不了解贷款的项目、要求及有关政策　□其他						
发展环境	1.是否享受国家、自治区、地区出台扶持发展的政策	○是　○否					
	2.已享受到的优惠政策和支持						
	□优先照顾建设用地　□减免部分税费　□得到专项资金支持或财政补贴						
	□引导企业开拓市场　□帮助引进企业急需人才　□银行放宽贷款条件						
	3.政府部门的服务质量	○很好　○一般　○差					
	4.制约企业发展的因素						
	□用电紧张　□用地紧张　□部门审批办事手续繁琐　□人才难以引进						
	□缺乏担保机构　□银行贷款难　□地方保护主义严重						
	□地方政府支持不够　□同行业的激烈竞争　□原材料、能源涨价						

图 2-56　企业问卷调查表

操作提示

1. 选项按钮（ActiveX 控件）

"选项按钮"控件即通常所说的单选按钮，用于给定的相互排斥的选项的选取，只能在一组选项中选取一项（单选）。比如，该表中"企业类型"应该在"个体工商户"和"私营企业"两个选项中选择其一，需要设置"选项按钮"控件，方法如下。

① 单击【开发工具】→【控件】→【旧式工具】→【ActiveX 控件】→【选项按钮（ActiveX 控件）】◎，即可在当前单元格中插入一个"选项按钮"控件 ○ OptionButton1 。

② 选中该控件，在“设计模式”下，单击【控件】选项组中的【属性】按钮，如图 2-57 所示。

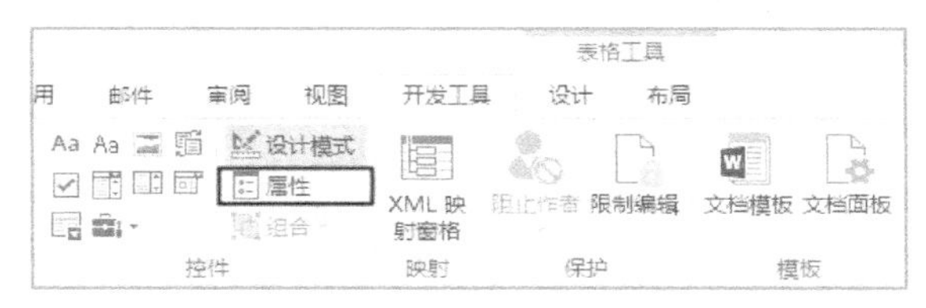

图 2-57 【属性】按钮

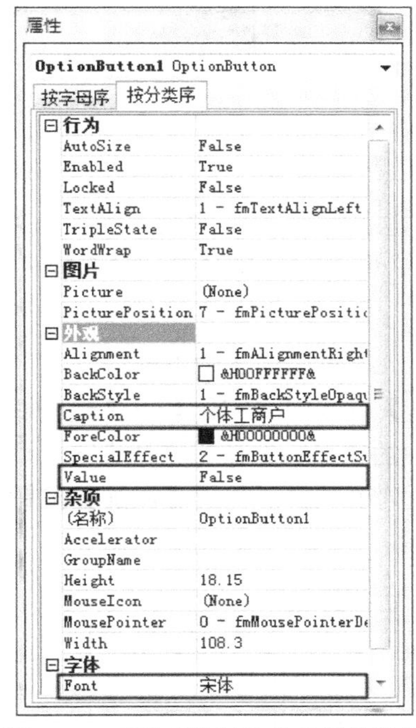

图 2-58 “选项按钮”控件属性设置

③ 在打开的【属性】窗格中进行该控件属性的设置。切换到【按分类序】选项卡，设置“外观”组下属性“Caption”为“个体工商户，属性“Value”为“False”；单击“字体”组属性“Font”后面的按钮，可进行字体、字号、字型等设置。

④ 对设置好的控件进行复制、粘贴操作。对复制的控件，该表中只需修改属性“Caption”为“私营企业”即可。设置好的“选项按钮”控件效果如图 2-59 所示。

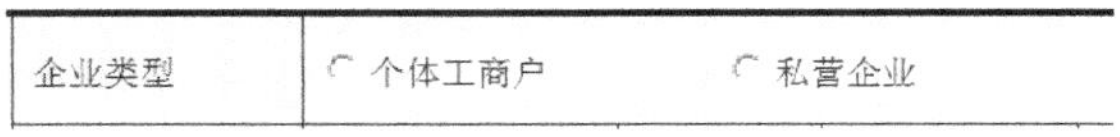

企业类型	○ 个体工商户　　○ 私营企业

图 2-59 设置好的“选项按钮”控件效果

2．文本域（窗体控件）

对于日期、数字、文字等的输入可以使用“文本域”控件。

（1）日期类型，以“成立时间”输入为例。方法：单击【开发工具】→【控件】→【旧式工具】→【旧式窗体】→【文本域（窗体控件）】abl，插入控件；选中该控件，单击图 2-57 中的【属性】按钮打开【文字型窗体域选项】对话框，进行如图 2-60 所示设置。

（2）数字类型，以“注册资金”输入为例。选中该控件，打开【文字型窗体域

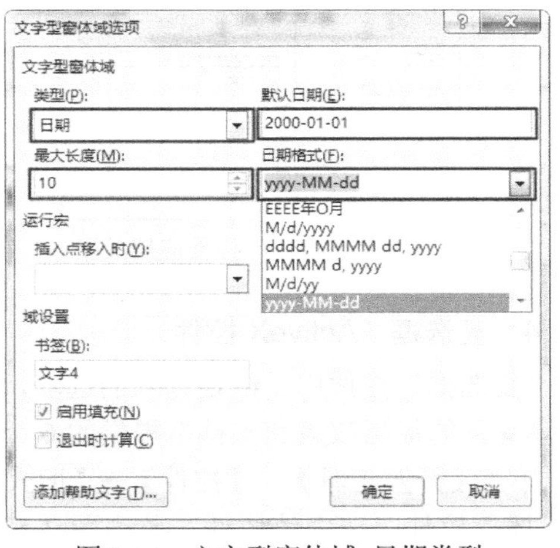

图 2-60 文字型窗体域-日期类型

选项】对话框，进行如图 2-61 所示设置。

（3）文字类型，以“所属行业”输入为例。插入并选中控件，打开【文字型窗体域选项】对话框，进行如图 2-62 所示设置。

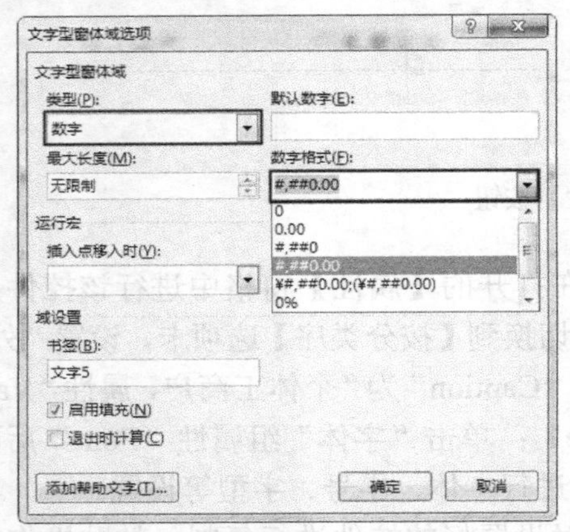

图 2-61 文字型窗体域-数字类型

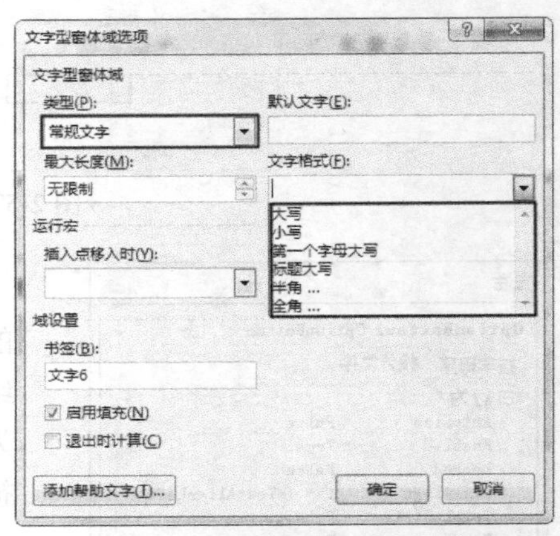

图 2-62 文字型窗体域-文字类型

3. 组合框（窗体控件）

对于进行列表选择的内容可以使用“组合框”控件，效果如图 2-63 所示。

方法：单击【开发工具】→【控件】→【旧式工具】→【旧式窗体】→【组合框（窗体控件）】，插入控件；选中该控件，单击图 2-57 中的【属性】按钮打开【下拉型窗体域选项】对话框，在“下拉项”文本框中依次输入下拉列表项目，使用【添加】按钮添加到右侧“下拉列表中的项目”列表框中，如图 2-64 所示。

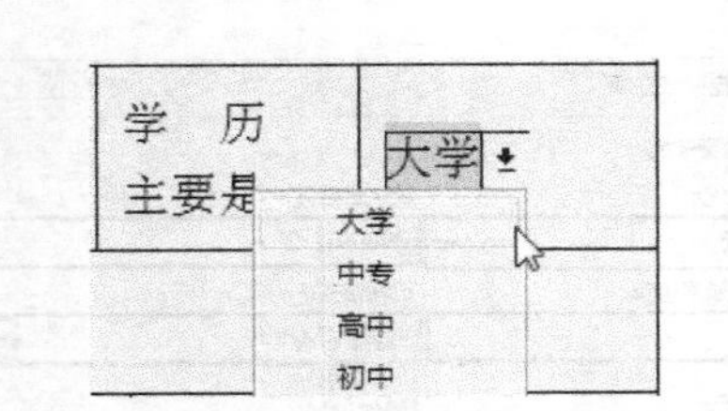

图 2-63 “组合框”控件应用效果

图 2-64 【下拉型窗体域选项】对话框

4. 复选框（ActiveX 控件）

“复选框”控件用于给定选项的选取，可以同时选取多项（复选）。如图 2-65 所示为“已享受到的优惠政策和支持”提供的 6 个可多选的选项。

单击【开发工具】→【控件】→【旧式工具】→【旧式窗体】→【复选框（窗体控件）】，插入控件；选中该控件，单击图 2-57 中的【属性】按钮打开【属性】窗格，进行如图 2-66 所示的设置。

2. 已享受到的优惠政策和支持

☐ 优先照顾建设用地	☐ 减免部分税费	☐ 得到专项资金支持或财政补贴
☐ 引导企业开拓市场	☐ 帮助引进企业急需人才	☐ 银行放宽贷款条件

图 2-65　“复选框”控件应用效果

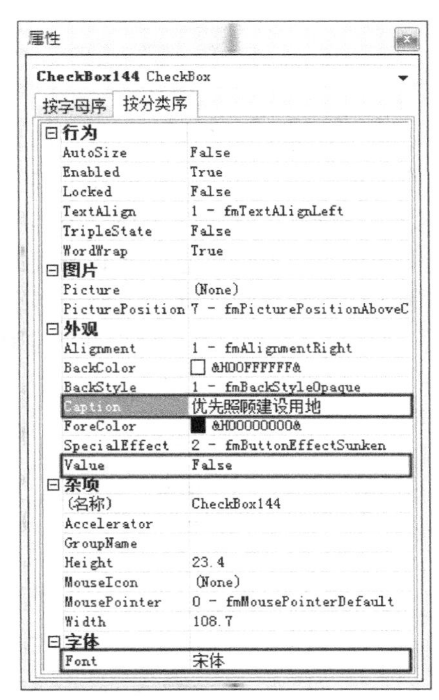

图 2-66　“复选框”控件属性设置

相关知识

控件常用属性及作用如表 2-2 所示。

表 2-2　控件常用属性及作用

属　　性	作　　用
Alignment	设置标题文本对齐方式
AutoSize	指定控制是否依据其内容自动调节大小 （True：自动调节大小；False：不能自动调节大小）
BackColor	背景颜色，可从弹出的调色板中选择
BackStyle	指定该对象背景是否透明（1：不透明；0：透明）
Caption	该对象标题文字
Enabled	设置对象有效（True）/无效（False）
Font	字型，可从弹出的对话框中选择字体、大小和风格
ForeColor	前景颜色，可从弹出的调色板中选择
Height	设置该对象的高度
Picture	设置该对象上的图片
Value	对象处于什么状态，比如复选框是否被选中
Width	设置该对象的宽度

2.5 综合实践

对于作为人力资源部门主管招聘工作的小薛来说，在毕业季每天都会收到若干求职者的个人简历，这些简历有的几页甚至几十页，也有的就简简单单一页纸，可以说是五花八门、信息杂乱，很难从中获取公司所关注的信息。因此，为了统一格式，方便获得公司所要向求职者了解的信息，有必要根据公司实际需求设计一份格式统一、内容规范的应聘登记表。请根据公司实际情况设计制作一份基于窗体控件的应聘登记表。

如图 2-67 所示为小薛设计的应聘登记表，供参考。

XX市XXX公司

应聘登记表

应聘职位：　　　　　　　　填表日期：　　年　月　日

基本情况						
姓　名		性　别		民　族		照片
出生年月		籍　贯		政治面貌		
婚姻状况		身份证号				
户口所在地				身份证号码		
学历及学位		毕业时间		学校及专业		
通讯地址（现家庭住址）				邮　编		
联系电话			电子信箱			
期望收入			最快到岗日期			
个人特长	电脑:____，英语:____，驾驶:____，其他:________。 请在上面空格填写相应的选项：A.精通，B.熟练，C.一般，D.不会。					

教育经历				
起止年月	毕业院校	所学专业	学历/学位	培养方式

工作经历				
起止年月	单位名称	岗位	薪资	证明人及电话

家庭情况及社会关系（直系亲属必填）					
姓　名	与本人关系	出生年月	工作单位名称	职务/岗位	联系电话

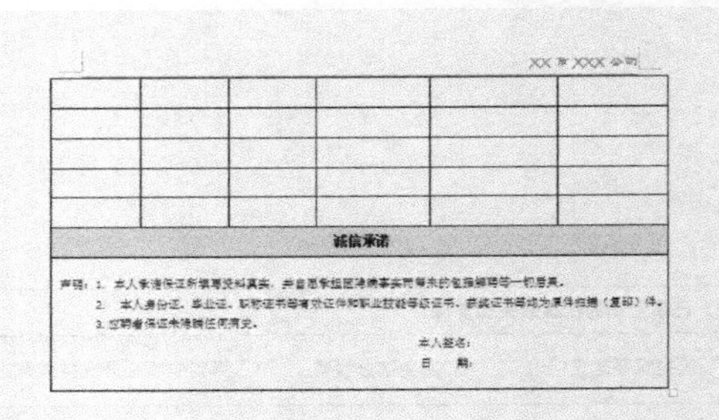

XX市XXX公司

诚信承诺

声明：1. 本人承诺保证所填写资料真实，并自愿承担因隐瞒事实而带来的包括解聘等一切后果。
2. 本人身份证、毕业证、职称证书等有效证件和职业技能等级证书、获奖证书等均为原件扫描（复印）件。
3. 应聘者保证未隐瞒任何病史。

本人签名：
日　　期：

图 2-67　应聘登记表

任务3 毕业论文编排

办公中经常需要编辑处理各种长文档，如企业营销报告、宣传手册、活动计划、科研论文、发展规划、规章制度、新产品介绍、书籍等。长文档不仅篇幅较长，而且包含许多其他元素，如图片、表格、绘图、图表、流程图、艺术字、公式等。面对这些短则几千字，长则上万字且纲目结构复杂的文档，仅使用普通的编辑排版方法，不但查找、修改或补充特定的内容费时费力，而且排版质量也不能让人满意。Word 2013 提供了一系列编辑长文档的特定功能，使得对长文档的编辑处理得心应手。

3.1 任务情境

肖彤是某大学大三学生，明年就要毕业了，这一学期要进行毕业论文的撰写。撰写论文时，肖彤要根据学校的规范要求对论文进行排版。学校对毕业论文排版的要求细致而复杂，肖彤对很多要求不知如何实现，无从下手，论文越排越乱。如何有条理、高效地编排和管理长文档是摆在肖彤面前的难题。

知识目标

- 掌握字符、段落、页面格式的设置方法；
- 理解样式的含义，掌握样式在长文档中的设置和应用；
- 了解节的概念和分节的作用，掌握文档分节的方法；
- 了解自动图文集、自动更正、构建基块的概念和作用；
- 掌握脚注、尾注、题注在长文档中的应用；
- 掌握基于样式的目录创建、基于题注的图表目录创建；
- 了解交叉引用的概念，掌握交叉引用的使用方法；
- 了解引文的概念，掌握创建引文目录的方法。

能力目标

- 能够使用自动图文集、自动更正、构建基块等功能快速输入特定符号和文本；
- 能够创建和使用样式，规范整篇文档的格式，以及快速进行文档内容的修改和更新；
- 能够使用脚注、尾注、题注、引文等注释文档；
- 能够根据实际需要对长文档进行分节处理；

❑ 能够进行文档目录、图表目录、引文目录、索引目录的自动生成和更新。

3.2 任务分析

毕业论文是高等院校毕业生提交的一份有一定学术价值的文章，是大学生完成学业的标志性作业，是对学习成果的综合性总结和检验，是大学生从事科学研究的最初尝试，是在导师指导下所取得的科研成果的文字记录，也是检验大学生掌握知识程度、分析问题和解决问题基本能力的一份综合答卷。本任务的目的在于以毕业论文排版为例介绍Word 2013长文档的编排。

3.2.1 毕业论文排版要求

某大学毕业论文排版要求如下。

❑ **论文主要结构及装订顺序**

1．封面
2．中文摘要
3．英文摘要
4．目录
5．图表清单
6．主体部分
7．参考文献
8．攻读××学位期间取得的研究成果
9．致谢
10．作者简介

❑ **论文字体和字号要求**

章标题：三号黑体居中。
节标题：四号黑体居左。
条标题：小四号黑体居左。
正　文：小四号宋体。
页　码：五号宋体。
数字和字母：Times New Roman。

❑ **论文页面设置**

页边距及行距：
A4型纸张，上、下、左、右边距均为25mm。
章、节、条三级标题为单倍行距。
正文为1.5倍行距，段前、段后无空行。
页眉：
页眉分奇、偶页标注，奇数页页眉为“××大学××学位论文”；偶数页页眉为章序及章标题。
页眉用五号宋体字，页眉上边距和页脚下边距均为15mm。
页眉标注从论文主体部分开始（绪论或第一章）。

页码：

论文页码从主体部分开始直至结束，用五号阿拉伯数字编连续码，页码位于页脚居中。

❒ **论文中的图、表要求**

图：

图的编号采用阿拉伯数字按章编号，如图 1-1、图 1-2……

图题为五号宋体加粗，编号与图题之间空半角 2 格。

编号与图题置于图下方居中位置。

表：

表的编号采用阿拉伯数字按章编号，如表 1-1、表 1-2……

表题为五号宋体加粗，编号与表题之间空半角 2 格。

编号与表题置于表上方居中位置。

表内文字为五号宋体，数字和字母为五号 Times New Roman。

3.2.2 长文档排版基本流程

长文档排版一般流程如图 3-1 所示，具体操作时可根据情况做适当调整。

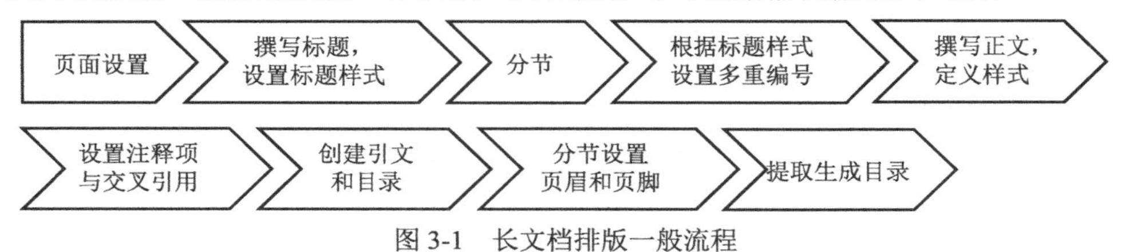

图 3-1 长文档排版一般流程

如图 3-2 至图 3-4 所示分别是论文封面效果、自动提取的标题目录和图表目录以及论文正文效果。

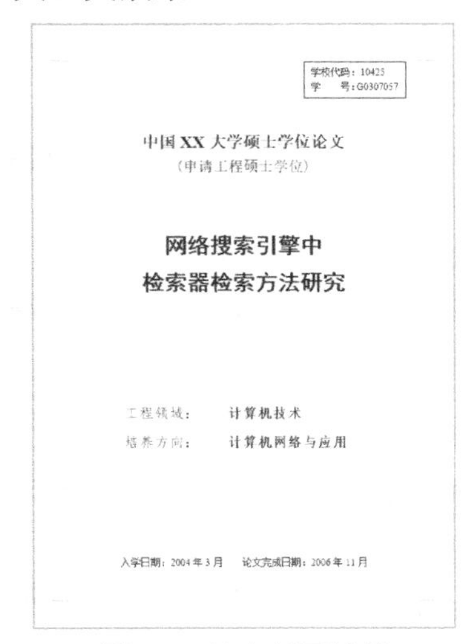

学校代码：10425
学　　号：G0307057

中国 XX 大学硕士学位论文
（申请工程硕士学位）

网络搜索引擎中
检索器检索方法研究

工程领域：　计算机技术
培养方向：　计算机网络与应用

入学日期：2004 年 3 月　论文完成日期：2006 年 11 月

图 3-2 论文封面效果

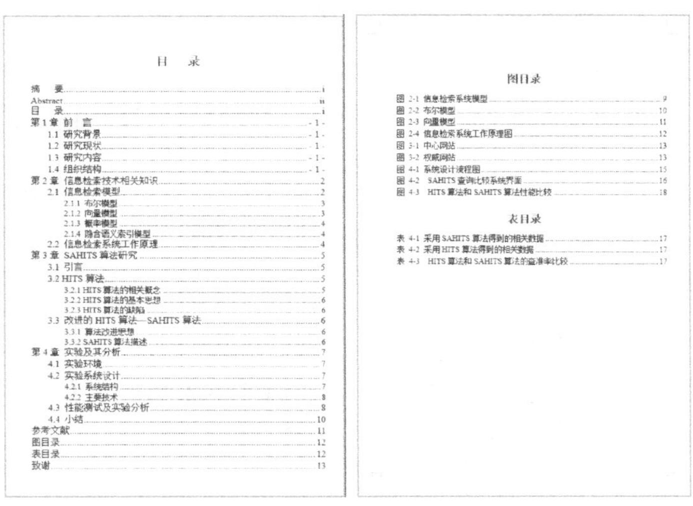

目　录

图目录

表目录

图 3-3 自动提取的标题目录和图表目录

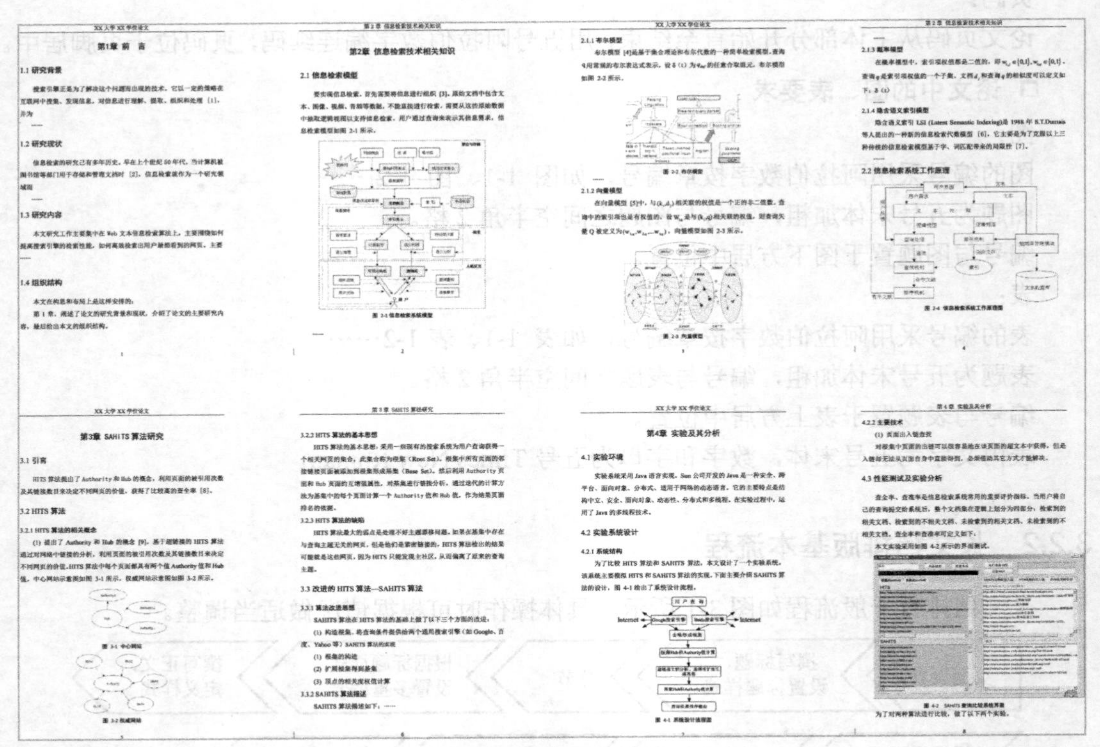

图 3-4　论文正文效果

3.3　任务实施

3.3.1　版面布局与内容划分

1. 页面设置

页面设置是文档制作的开始，是文档版面设计的重要组成部分。文档的页面设置包括纸张设置、页边距设置、版式设置和文档网格设置。

（1）页边距、纸张设置。根据 3.2.1 节论文页面设置要求设置论文纸张大小和页边距。

（2）版式设置。在【页面设置】对话框【版式】选项卡中，可以设置页眉、页脚的高度，页面垂直对齐方式，行号和页面边距等，如图 3-5 所示。

相关知识

（1）行号设置。单击图 3-5 中【版式】选项卡【行号】按钮，在打开的【行号】对话框中设置“添加行号”选项，如图 3-6 所示。

（2）应用于。当前设置的“应用于：”范围有 3 个选项：“本节”“插入点之后”“整篇文档”。

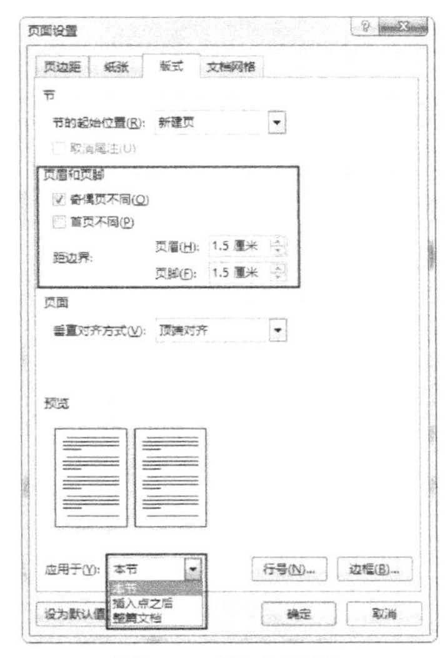

图 3-5　版式设置

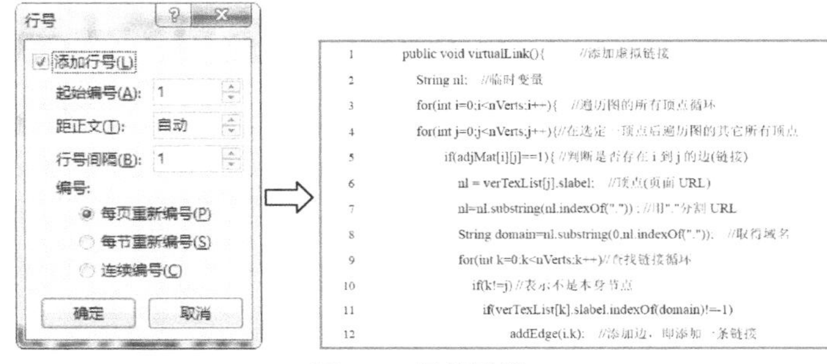

图 3-6　行号设置

（3）文档网格。在【文档网格】中，可以对页面中每页行数和每行字符数进行设置，如图 3-7 所示。该选项卡中还可以设置文字的方向、页面的栏数，以及页面的行数和每行的字符数。

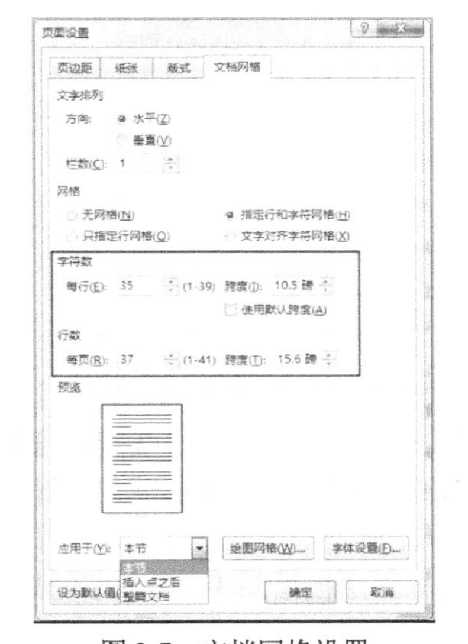

图 3-7　文档网格设置

总之，在编写文档之前要先设置文档页面，养成良好的编辑习惯。不要先编排文档，再进行页面设置，这会导致文档结构混乱，事倍功半，费时费力。

2. 论文提纲

论文提纲是动笔行文前的必要准备，是论文构思谋篇的具体体现。构思谋篇是指组织设计毕业论文的篇章结构，以便作者可以根据论文提纲安排材料素材，展开论证。有了一个好的提纲，就能纲举目张、提纲挈领，掌握全篇论文的基本骨架，使论文的结构完整统一；就能分清层次，明确重点，周密地谋篇布局。如图 3-8 所示为本任务论文提纲，字体格式为默认格式宋体五号。

3. 分节

为了实现论文不同部分采用不同的版面设置、论文结构更加清晰的目的，在论文提纲的基础上进行分节处理，如图 3-9 所示。

微课

要想对文档分节，首先将光标定位到需要分节的位置，即插入点（插入点应该设置在前一部分内容的最后一个回车符处或后一部分内容的开始处）。

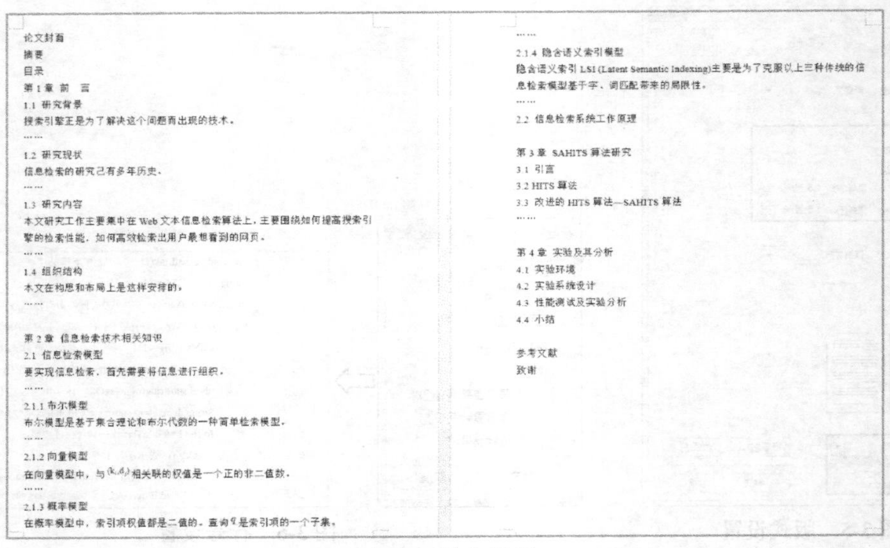

论文封面
摘要
目录
第1章 前　言
1.1 研究背景
搜索引擎正是为了解决这个问题而出现的技术。
……
1.2 研究现状
信息检索的研究已有多年历史。
……
1.3 研究内容
本文研究工作主要集中在Web文本信息检索算法上，主要围绕如何提高搜索引擎的检索性能，如何高效检索出用户最想看到的网页。
……
1.4 组织结构
本文在构思和布局上是这样安排的。
……

第2章 信息检索技术相关知识
2.1 信息检索模型
要实现信息检索，首先需要将信息进行组织。
……
2.1.1 布尔模型
布尔模型是基于集合理论和布尔代数的一种简单检索模型。
……
2.1.2 向量模型
在向量模型中，与(k,d)相关联的权值是一个正的非二值数。
……
2.1.3 概率模型
在概率模型中，索引项权值都是二值的。查询q是索引项的一个子集。
……
2.1.4 隐含语义索引模型
隐含语义索引LSI (Latent Semantic Indexing)主要是为了克服以上三种传统的信息检索模型基于字、词匹配带来的局限性。
……
2.2 信息检索系统工作原理

第3章 SAHITS算法研究
3.1 引言
3.2 HITS算法
3.3 改进的HITS算法—SAHITS算法
……

第4章 实验及其分析
4.1 实验环境
4.2 实验系统设计
4.3 性能测试及实验分析
4.4 小结

参考文献
致谢

图3-8　论文提纲

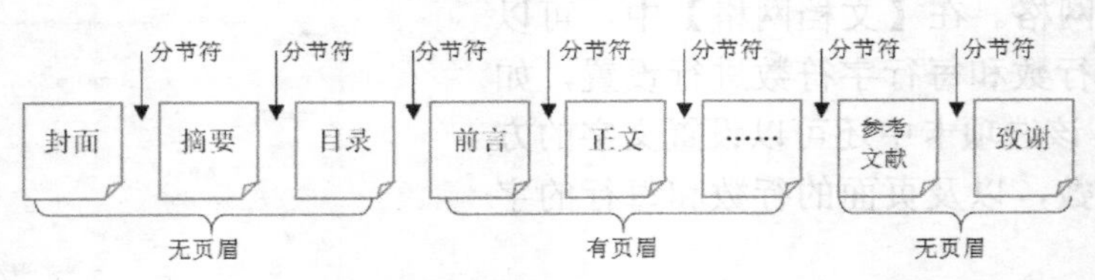

图3-9　论文分节

操作步骤

将光标定位在插入点，选择【页面布局】→【页面设置】→【分隔符】→【分节符】→【下一页】选项，如图3-10所示，完成一个“下一页”分节符的插入。同样方法根据图3-9所示节的划分，依次插入“下一页”分节符。

插入分节符后，插入点后一部分的内容将移到下一页。选择【文件】→【选项】命令，打开【Word选项】对话框，在【显示】选项卡中勾选“显示所有格式标记”复选框，这时可以看到插入的分节符状态，如图3-11所示。

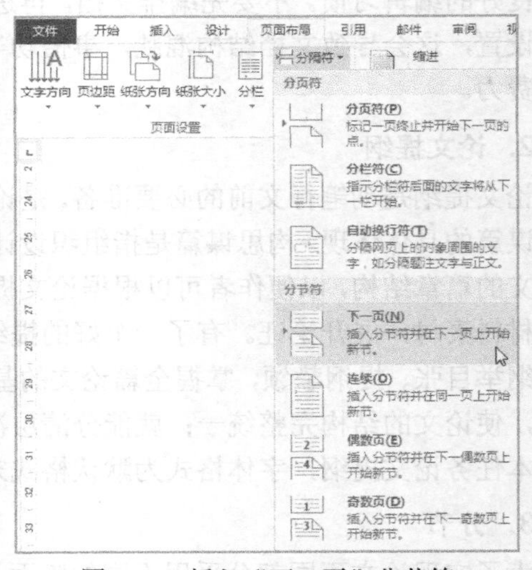

图3-10　插入“下一页”分节符

1.4 组织结构
本文在构思和布局上是这样安排的：
……　分节符(下一页)

图3-11　插入的分节符状态

相关知识

1．节及节的作用

“节”是文档格式的最大单位（或指一种排版格式的范围），分节符是一个“节”的结束符号。默认方式下，Word 将整个文档视为一节，故默认时对文档的页面设置是应用于整篇文档的。若需要在一页之内或多页之间采用不同的版面布局，只需插入“分节符”将文档分成几节，然后根据需要设置每节的格式即可。分节符中存储了“节”的格式设置信息。

注意：分节符只控制它前面文字的格式。

2．分节符的四种类型

- 下一页：分节符后的文本从新的一页开始。
- 连　续：新节与其前面一节同处于当前页中。
- 偶数页：分节符后面的内容转入下一个偶数页。
- 奇数页：分节符后面的内容转入下一个奇数页。

3．删除分节符

当需要更改文档中分节符的类型或取消分节时，需要将分节符删除。切换到普通视图下，选中需要删除的分节符，按“Delete”键即可删除。

注意：在删除分节符时，同时还删除了节中文本的格式。例如，如果删除了某个分节符，其前面的文字将合并到后面的节中，并采用后面节的格式设置。

3.3.2　使用样式快速编排标题与正文

通常长文档中标题和段落较多，各级标题要求设置不同的格式，同级标题及正文段落要使用统一的格式。因此，整篇文档的编排存在大量过程和方法相同的重复操作。如果按短文档的排版方法逐段设置，或使用格式刷复制格式，势必费时费力，也不利于长文档的格式修改和再编辑。Word 中的样式就是解决这些问题、提高排版效率的有力工具。

样式，集字体格式、段落格式、项目符号等格式于一体，是一组命令或格式的集合。样式的调整，将影响到整篇文档中所有套用此样式的文字，可以快速改变文档的格式。使用样式，可以实现文档格式与样式同步自动更新，准确且高效。因此，样式是长文档高效排版必须使用但又较难掌握的关键技术。

在毕业论文的编辑过程中，样式主要用于设置文档的章、节、小节（条）等内容，以及正文、题注等格式，并由此可以创建章节的多级编号、题注的自动编号，它也是文档自动生成目录的基础。

1．标题大纲级别及格式

根据学校毕业论文格式要求，本文档设置 3 级标题，各级标题的大纲级别及格式如表 3-1 所示。

表 3-1 各级标题大纲级别及格式

标题名或级别	大纲级别	字体				段落					多级编号样式
		字体	字号	颜色	加粗	对齐	段前	段后	缩进	行距	
1 级标题	1 级	黑体	三号	黑色	常规	居中	24 磅	12 磅	无	单倍	第 1 章
2 级标题	2 级	黑体	四号	黑色	常规	左	12 磅	12 磅	无	单倍	1.1
3 级标题	3 级	黑体	小四号	黑色	常规	左	12 磅	12 磅	无	单倍	1.1.1
正文样式	正文	宋体	小四号	黑色	常规	两端	0	0	首行 2 字	1.5 倍	无
摘要	1 级	黑体	三号	黑色	常规	居中	24 磅	12 磅	无	单倍	无
目录	1 级	黑体	三号	黑色	常规	居中	24 磅	12 磅	无	单倍	无
参考文献	1 级	黑体	三号	黑色	常规	居中	24 磅	12 磅	无	单倍	无
致谢	1 级	黑体	三号	黑色	常规	居中	24 磅	12 磅	无	单倍	无

2．修改内置标题样式

文字和段落样式的分类，根据创建主体不同可分为两类：一是 Word 为文档中许多部件的样式设置提供的标准样式，称为内置样式；二是用户根据需要自己设定的样式，称为自定义样式。内置样式一般情况下可满足大多数类型的文档，而自定义样式能够使文档样式更加灵活和个性化，以符合实际需求。

在毕业论文中，一般习惯在章标题上应用内置样式“标题 1”，随后逐级递减。而内置“标题 1”样式不符合实际要求，下面以修改内置样式“标题 1”为例，介绍修改内置样式的过程。

1）样式库

Word 2013 提供了两种样式库可供选用。一是“快速样式库”，位于【开始】选项卡中的【样式】组，如图 3-12 所示；二是【样式】任务窗格中的样式列表，如图 3-13 所示。

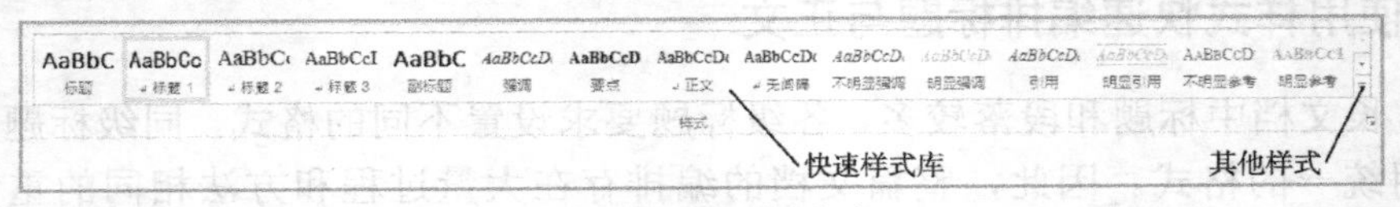

图 3-12 快速样式库

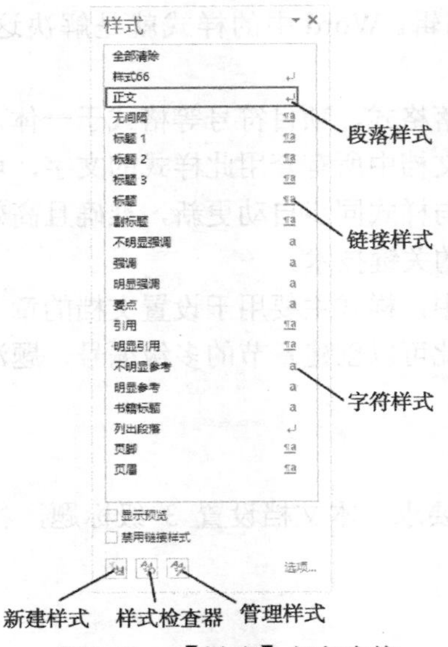

图 3-13 【样式】任务窗格

微课

相关知识

1．样式类型

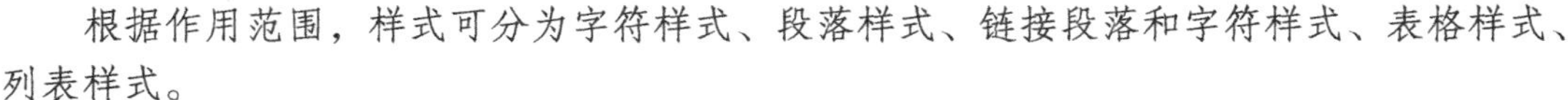

根据作用范围，样式可分为字符样式、段落样式、链接段落和字符样式、表格样式、列表样式。

字符样式：字符格式的组合，是以字符为最小套用单位的样式，包括字符的字体、字号、字符间距、特殊效果等，字符样式仅作用于段落中选定的字符。如果需要突出段落中的部分字符，可以定义和使用字符样式。

段落样式：一套字符格式和段落格式，是以段落为最小套用单位的样式，包括字体、制表位、段落格式、边框等。一旦创建了某种段落样式，就可以选定一个或多个段落并使用该样式。即使选取段落内的一部分文字，套用时该样式也会自动套用至整个段落。

链接段落和字符样式：Word 2007 版本后的一种新样式类型。将光标定位于段落中时，链接段落和字符样式对整个段落有效，此时等同于段落样式；当选定段落中的部分文字时，其只对选定的文字有效，此时等同于字符样式。

表格样式：只有选取表格内容时，才能创建表格样式。创建后，此类样式不会显示到样式表中，而是显示在【表格工具/设计】选项卡中【表格样式】组内。Word 内置有多种表格样式供用户选择使用，如果这些表格样式依然不能满足用户实际需要，可以新建或在原有表格样式基础上创建适合实际工作需要的表格样式，这时就可以定义和使用表格样式类型。

列表样式：只有选取的内容包含列表设置时，该样式才可用。创建后，此样式同样不会显示到样式列表中，而显示于设置列表的选项中。

样式类型会影响到样式的套用，所以在新建或修改样式时要选取正确的样式类型。

2．标题样式

标题样式是指应用于标题的格式设置的内置样式。Word 2013 提供了 9 个不同的内置样式：标题 1～标题 9。若各标题样式不符合实际需求，可对标题样式修改后使用。

如图 3-13 所示，除标题样式外，诸如正文、引用、页眉、页脚等都属于样式。

注意：本论文中“摘要”“Abstract”“目录”“参考文献”“图目录”“表目录”的样式设置是“标题”，而不是“标题 1”。

2）修改“标题 1”内置样式

① 在图 3-12 中，将光标放置在“标题 1”按钮上，用鼠标右键单击，在弹出的快捷菜单中选择【修改】命令，如图 3-14 所示。打开【修改样式】对话框，设置该样式的属性、格式等，如图 3-15 所示。

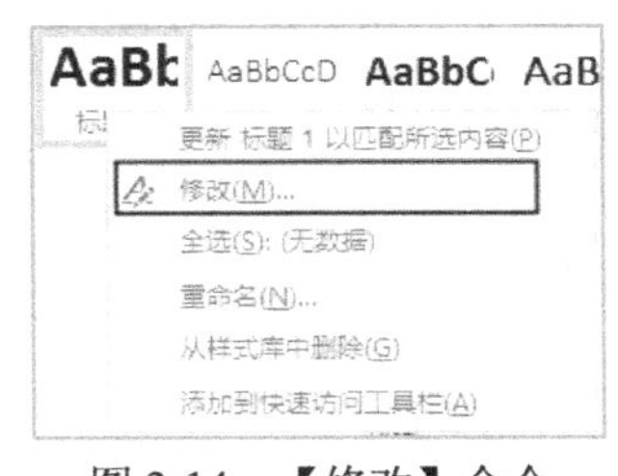

图 3-14 【修改】命令

微课

② 按照要求修改“标题 1”样式。单击【修改样式】对话框左下方【格式】按钮，在打开的列表中选择“字体”“段落”等进行其他详细格式设置，如图 3-16 所示。设置好后，单击【确定】按钮。

③ 选中文字“第 1 章　前　言”，单击图 3-12 样式库中的“标题 1”按钮，即可将选中文字设置为具有“标题 1”样式的标题。

④ 使用格式刷依次将各章标题设置为“标题 1”样式。

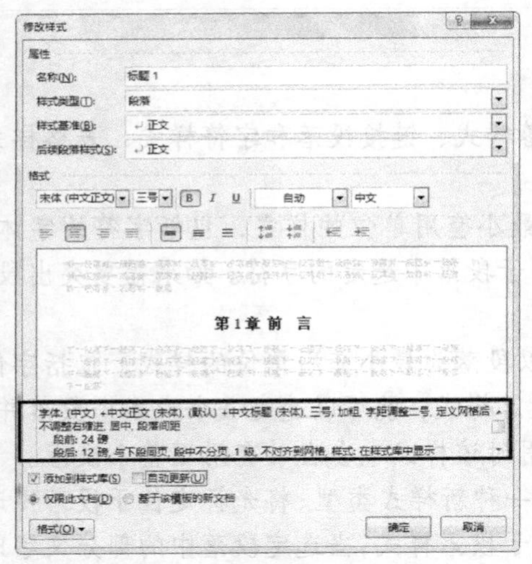

图 3-15 【修改样式】对话框

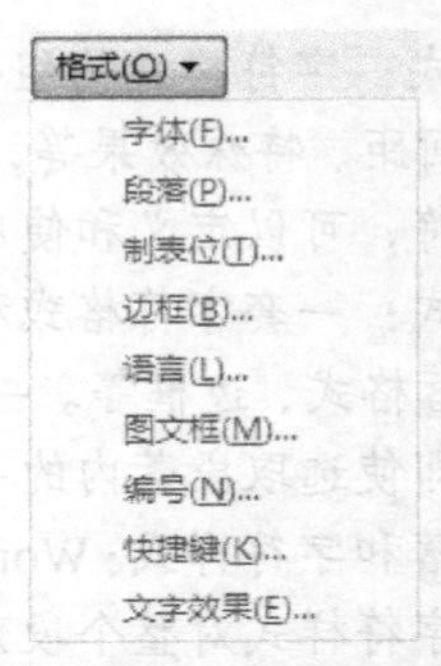

图 3-16 【格式】列表

相关知识

（1）勾选图 3-15 下方的“自动更新”复选框有什么作用？若勾选了此选项，那么，当修改了文档中的某标题样式时，样式库中对应的标题样式也会自动随之修改。若不勾选，样式库中对应的标题保持之前的样式，不会修改。举例：在勾选了“自动更新”复选框的前提下，修改标题样式前后效果对比如图 3-17 和图 3-18 所示。

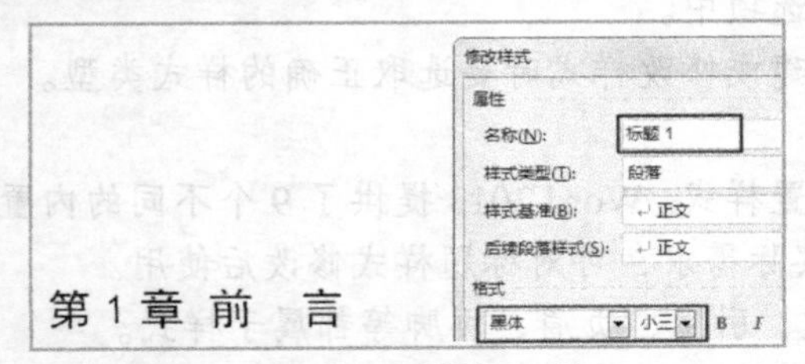

图 3-17 修改前的标题样式

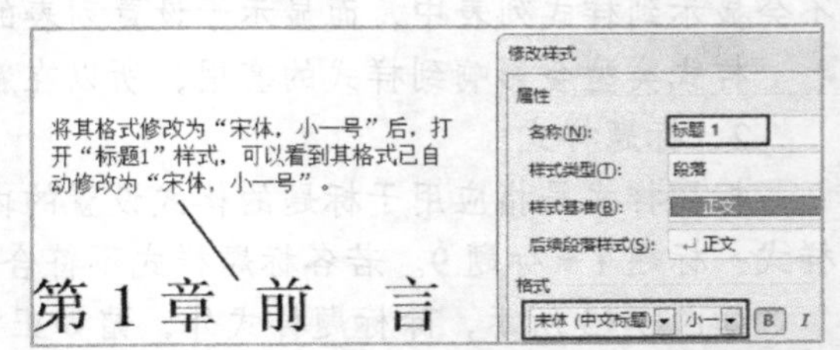

图 3-18 修改标题格式后“标题 1”样式自动更新

（2）“仅限此文档”和“基于该模板的新文档”单选按钮。如果希望今后在创建文档时都带有该新建样式，可勾选“基于该模板的新文档”单选按钮，否则新样式仅在当前的文档中存在。

3）修改并设置其他标题和正文样式

参照表 3-1 中要求，使用同样方法依次修改并设置论文中其他标题和正文的样式。

技巧

为样式指定快捷键。

通过指定快捷键，用户可以为文档中的文本或段落快速应用合适的样式，而无须在样式列表中选择，快捷又高效。快捷键的设置可以是“Ctrl”或“Alt”加相应字母的组合键，也可以直接是功能键（如 F1 至 F10 功能键），但有些组合键或功能键不能使用，这是因为系统已将其留作他用。以为“标题 1”样式指定快捷键“Alt+1”为例，介绍指定快捷键的方法。

（1）将光标放置在图 3-12 快速样式库中“标题 1”按钮上，用鼠标右键单击，在弹出的快捷菜单中选择【修改】命令，打开【修改样式】对话框。

（2）单击左下方【格式】按钮，在打开的列表中选择【快捷键】命令，打开【自定义键盘】对话框，光标放置在“请按新快捷键”对应文本框中，按“Alt+1”组合键，如图 3-19 所示。

（3）单击【自定义键盘】对话框左下方【指定】按钮，即可将刚刚输入的快捷键指定为当前快捷键。

指定快捷键后，只要选定需要设置该样式的文本或段落，按“Alt+1”组合键即可将其设置为该样式。

常见问题：

样式库列表中没有显示出所需的样式。例如，样式库列表中没有显示“标题 3”样式，处理方法：单击图 3-13【样式】任务窗格中的【管理样式】按钮，打开【管理样式】对话框，切换至【推荐】选择卡，选中“标题 3”，单击“设置查看推荐的样式时是否显示该样式”下的【显示】按钮，如图 3-20 所示。单击【确定】按钮后，“标题 3”样式可见。

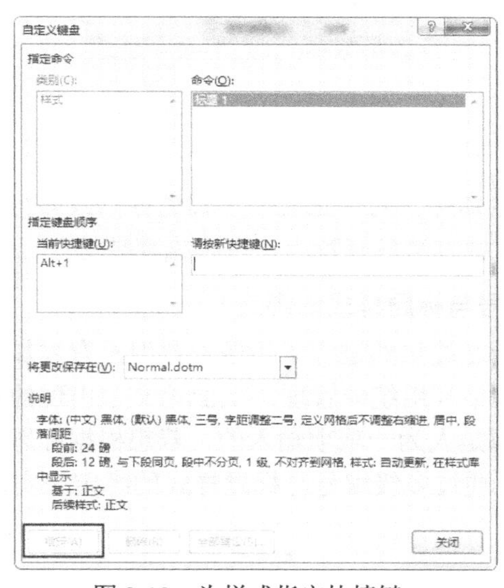

图 3-19　为样式指定快捷键

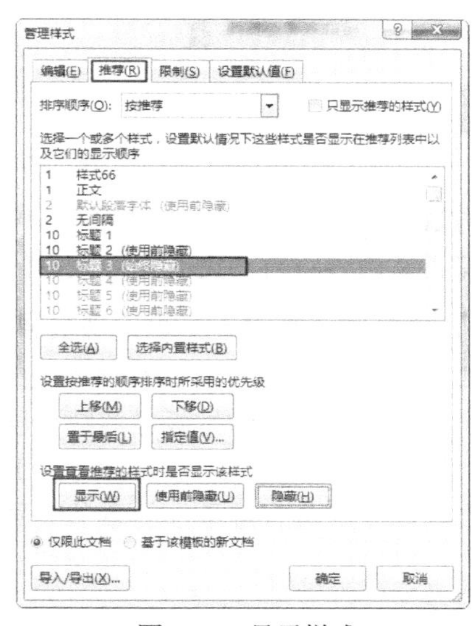

图 3-20　显示样式

4）将变化的样式快速应用于对应文本或段落

假设，学校对毕业论文的格式要求有所变化，如正文格式从之前的“宋体小四号”变为“宋体五号”，这时就需要对已设置好的正文格式统一进行再设置。可以通过以下两种方法实现。

方法一：将光标放在快速样式库中的“正文”按钮上，用鼠标右键单击，在弹出的快捷菜单中选择【选择所有 32 个实例】命令，如图 3-21 所示。这时文档中所有正文内容被选中，如图 3-22 所示。然后更改字号为“五号”，这时被选中的所有正文内容都自动变为了“宋体五号”格式。

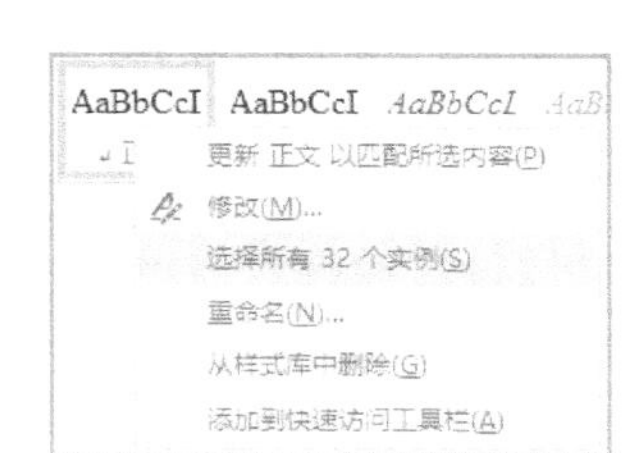

图 3-21　选择所有正文实例

这个方法可以快速选中整个文档中某个样式对应的全部内容并更改其对应格式，但并不能修改样式本身，也就是说该样式的格式实际并未改变。要想改变样式，只需再执行如图 3-21 中的【更新 正文 以匹配所选内容】命令即可。

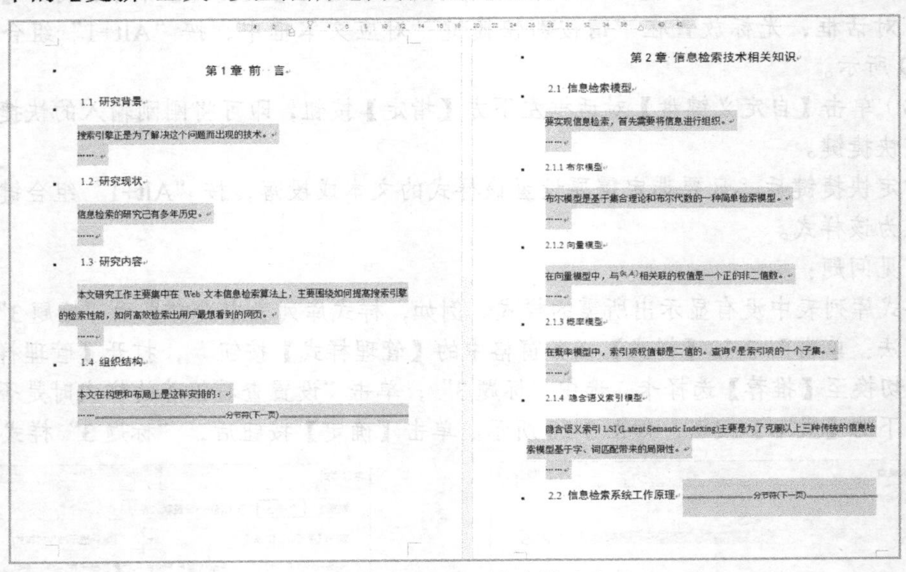

第 1 章 前 言

1.1 研究背景

搜索引擎正是为了解决这个问题而出现的技术。

……

1.2 研究现状

信息检索的研究已有多年历史。

……

1.3 研究内容

本文研究工作主要集中在 Web 文本信息检索算法上，主要围绕如何提高搜索引擎的检索性能，如何高效检索出用户最想看到的网页。

……

1.4 组织结构

本文在构思和布局上是这样安排的：

……分节符(下一页)

第 2 章 信息检索技术相关知识

2.1 信息检索模型

要实现信息检索，首先需要将信息进行组织。

……

2.1.1 布尔模型

布尔模型是基于集合理论和布尔代数的一种简单检索模型。

……

2.1.2 向量模型

在向量模型中，与 (k_i, d_j) 相关联的权值是一个正的非二值数。

……

2.1.3 概率模型

在概率模型中，索引项权值都是二值的。查询 q 是索引项的一个子集。

……

2.1.4 隐含语义索引模型

隐含语义索引 LSI (Latent Semantic Indexing)主要是为了克服以上三种传统的信息检索模型基于字、词匹配带来的局限性。

……

2.2 信息检索系统工作原理 分节符(下一页)

图 3-22　所有正文内容被选中

方法二：单击图 3-21 快捷菜单中的【修改】命令，对“正文”样式进行修改即可，这时所有正文内容将自动更改为修改后的样式。两种方法各有特点，可根据需要选择。

3．为样式添加段落多级自动编号（多级编号与标题样式的绑定）

如图 3-23 所示，左、右两种排版的区别在于左边虽然进行了标题设置但没有添加自动编号，没有章节编号的排版显然缺少层次感，也不利用统一管理。上面论文中出现的章节编号，如“第 1 章”“1.1”“1.2”“1.2.3”等都是人为一项项输入的，若想根据标题的不同级别自动生成具有继承性的章节编号，则需要通过多级编号与标题样式的绑定来实现。

前 言

研究背景

搜索引擎正是为了解决这个问题而出现的技术。

……

研究现状

信息检索的研究已有多年历史。

……

研究内容

本文研究工作主要集中在 Web 文本信息检索算法上，主要围绕如何提高搜索引擎的检索性能，如何高效检索出用户最想看到的网页。

……

组织结构

本文在构思和布局上是这样安排的：

……

第 1 章 前 言

1.1 研究背景

搜索引擎正是为了解决这个问题而出现的技术。

……

1.2 研究现状

信息检索的研究已有多年历史。

……

1.3 研究内容

本文研究工作主要集中在 Web 文本信息检索算法上，主要围绕如何提高搜索引擎的检索性能，如何高效检索出用户最想看到的网页。

……

1.4 组织结构

本文在构思和布局上是这样安排的：

……

图 3-23　章节自动编号前后效果对比

为样式添加具有继承性的段落多级自动编号，是长文档实现自动化排版的关键技术之一。通过多级编号与标题样式绑定，可实现段落多级自动编号的添加。

操作步骤

前提条件：必须已对各级标题（如本例中的章、节、小节等）进行了标题样式设置。

（1）选择一种多级列表。单击【开始】→【段落】选项组中的【多级列表】按钮，弹出如图 3-24 所示的“多级列表”样式库。从中选择一种列表样式，此处选择第 1 行第 3 个样式。

（2）定义多级列表。重新打开“多级列表”样式库，单击【定义新的多级列表】命令，打开【定义新多级列表】对话框，打开对话框时左下方是【更多】按钮，单击【更多】按钮，之后就变为了如图 3-25 所示的【更少】按钮。

（3）定义 1 级编号参数。在【定义新多级列表】对话框中定义如下参数。

“单击要修改的级别”选择“1”，即级别为 1。

“将更改应用于”选择“整个列表”。

“将级别链接到样式”选择“标题 1”，即将“级别 1”与“标题 1”样式链接。

“输入编号的格式”对应文本框中默认只显示“1.”并呈灰色底文状态，表示它是一个编号域，可以自动编号；在其前、后分别输入“第”和“章”文字，使得级别 1 编号显示形式为“第 1 章”。

“文本缩进位置”为 0 厘米。

“编号之后”提供“制表符”“空格”“不特别标注”3 个选项，表示编号“第 1 章”与标题内容“前言”之间的分隔。

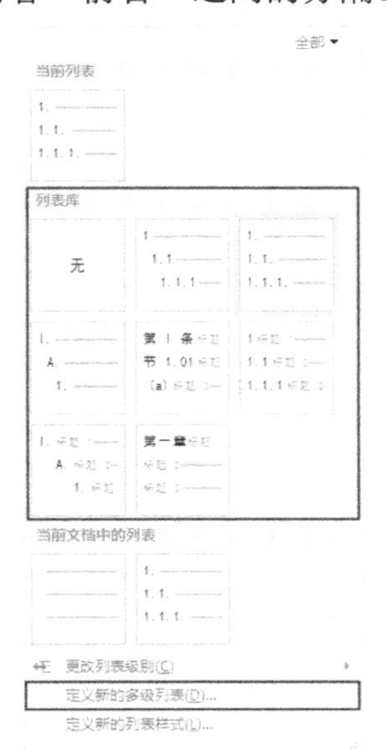

图 3-24　“多级列表”样式库

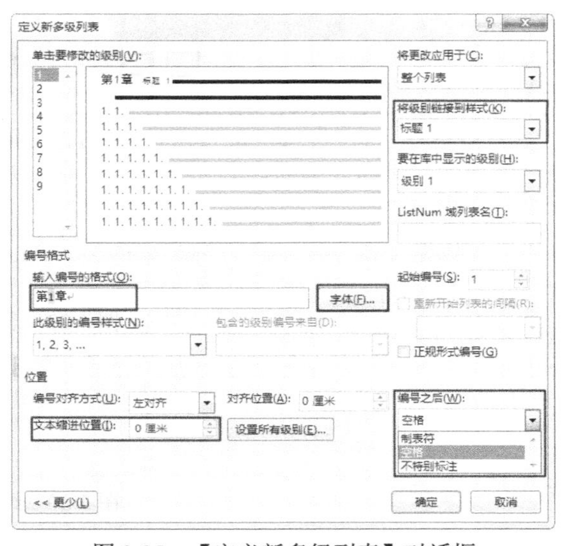

图 3-25　【定义新多级列表】对话框

（4）级别 2、级别 3 的修改方法也是如此，具体可参考图 3-26 所示进行设置。所有级别设置完成后，单击【确定】按钮，返回到文档，可见文档中所有的标题样式均添加了自动编号。

（5）更新标题样式。若某个标题样式编号不正确，可通过更新“样式”进行修正，如用鼠标右键单击“标题 1”样式，在弹出的快捷菜单中选择【选择所有 7 个实例】命令，如图 3-27 所示，则文档中 7 处使用“标题 1”样式的文字被选中，然后单击菜单中【更新 标题 1 以匹配所选内容】命令，即可更新标题 1 文字编号。

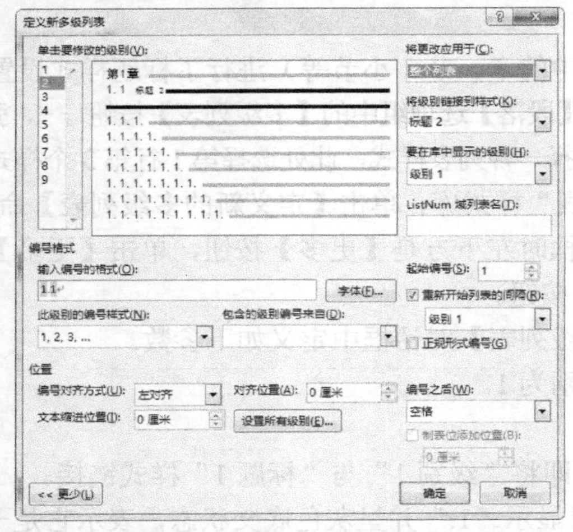

图 3-26　定义 2 级编号参数

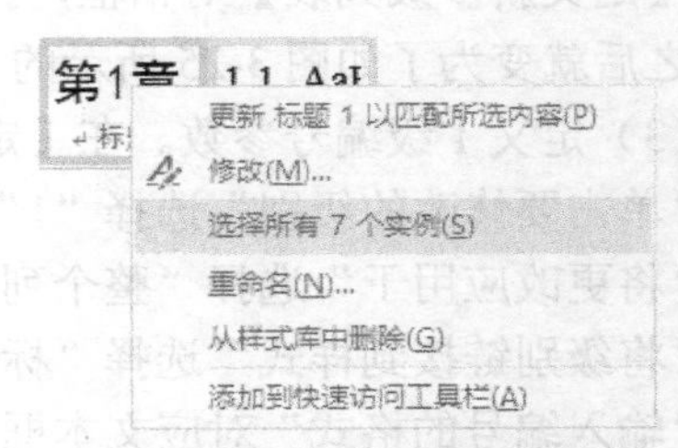

图 3-27　更新标题样式

4．图片、图形、表格、图表样式

上述主要介绍的是文字与段落的样式，除此之外，对于文档中的图片、表格、绘图、图表、SmartArt 等对象系统也预设了一些样式，如图 3-28 至图 3-32 所示。选定对象，只需单击所需的样式即可套用；若预设的样式无法满足需要，也可以使用提供的工具自行调整。

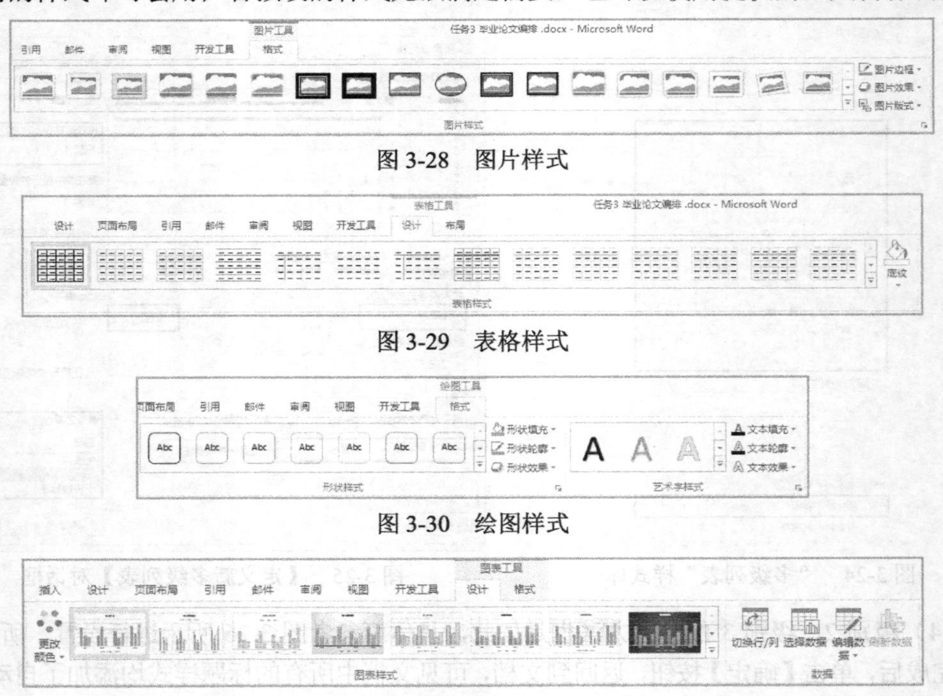

图 3-28　图片样式

图 3-29　表格样式

图 3-30　绘图样式

图 3-31　图表样式

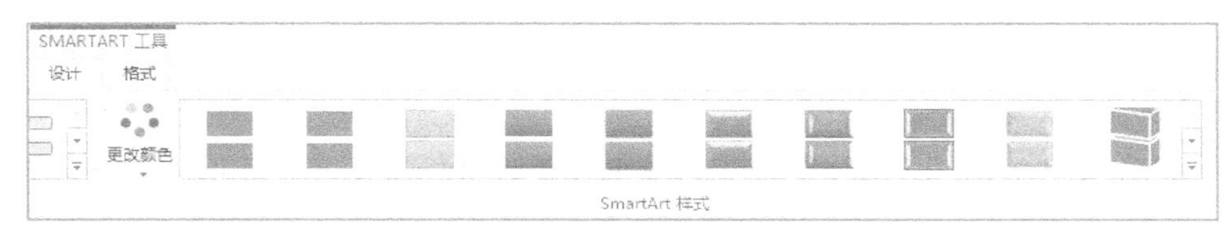

图 3-32　SmartArt 样式

3.3.3　论文正文的输入

正文是论文的主体。正文除主要包含文字外，通常还包含有图形、图表、表格、特殊符号、公式等对象。如何快速、准确地输入正文内容对整个论文的完成非常重要。

1．快速输入特殊字符或特定文本

文字编辑过程中经常需要输入一些特殊字符，如δ、γ、β、Ω、θ、λ、☞、🕮、↔、→等，由于键盘上或输入法自带的特殊字符输入功能并不强大，有时找一个字符会占用很长时间。对于论文中反复出现的特殊字符，可以通过 Word 提供的“自动更正”功能实现快速输入。比如，论文中反复出现字符“δ”，则可以通过以下方法实现快速输入。

微课

（1）选择【插入】→【符号】→【符号】→【其他符号】命令，在打开的【符号】对话框中找到字符“δ”，如图 3-33 所示；单击左下方【自动更正】按钮，弹出【自动更正】对话框。

（2）此时“替换为”对应文本框中已自动填入了“δ”，在“替换”对应文本框中填入替换字符，此处设置了“(d”，如图 3-34 所示。单击【添加】按钮即可将其添加到自动更正库中。

（3）下面，只要需输入“δ”，按“(d”键后立即按回车键即可。

拓展

若想快速输入论文中常出现的固定语句、短语等特定文本（如，反复出现“信息检索模型”“SAHITS 算法”等），也可将其定义成自动更正来实现快速输入。想想试试，哪些情况还可以使用此方法？

图 3-33　【符号】对话框

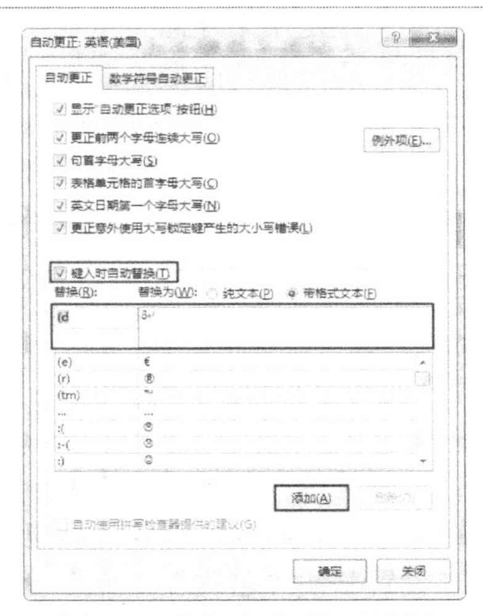

图 3-34　【自动更正】对话框

技巧

1．快速输入各种分割线

连续输入 3 个以上半角“-”（减号）符号，再按回车键，可以得到一条长横线“————”。

连续输入 3 个以上半角“=”符号，再按回车键，可以得到一条双实线“════”。

连续输入 3 个以上半角“~”符号，再按回车键，可以得到一条波浪线。

连续输入 3 个以上半角“*”符号，再按回车键，即可得到一条虚线。

2．设置字符格式和段落格式快捷键

Ctrl+Shift+F	调出字体对话框
Ctrl+Shift+>	增大字体
Ctrl+Shift+<	减小字体
Ctrl+Shift+A	将所选字母设为大写
Ctrl+B	应用加粗格式
Ctrl+U	应用下画线格式
Ctrl+I	应用倾斜格式
Ctrl+1	单倍行距
Ctrl+2	双倍行距
Ctrl+5	1.5 倍行距
Ctrl+0	在段前添加一行间距
Ctrl+Shift+N	应用“正文”样式
Alt+Ctrl+1	应用“标题 1”样式
Alt+Ctrl+2	应用“标题 2”样式
Alt+Ctrl+3	应用“标题 3”样式

2．自动图文集与构建基块

自动图文集是用来存储要重复使用的文字或图形的地方。自动图文集中不仅包含固定的文本内容，还可包含图形、图像、表格等内容。当需要这些对象内容的时候，只需要输入自动图文集的名称，按 F3 键或回车键即可快速输入，提高工作效率。

1）将文本块存储至自动图文集

例如，将公司地址等信息添加到自动图文集。公司地址等信息在日常办公中经常会使用到，将这种有固定格式且重复使用的内容存储到自动图文集中可实现快速输入，提高工作效率。

微课

操作步骤

（1）输入并选中如图 3-35 所示公司地址信息等内容。

（2）选择【插入】→【文本】→【文档部件】→【自动图文集】→【将所选内容保存到自动图文集库】命令，打开【新建构建基块】对话框。

（3）设置基块“名称”“库”“保存位置”，如图 3-36 所示，此处设置基块“名称”为“公司信息”。

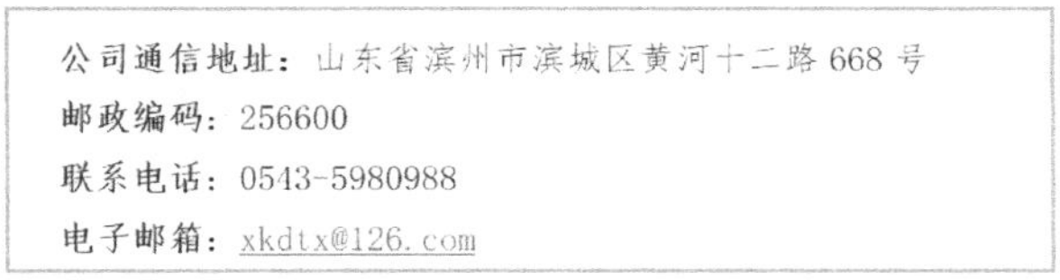

公司通信地址：山东省滨州市滨城区黄河十二路 668 号
邮政编码：256600
联系电话：0543-5980988
电子邮箱：xkdtx@126.com

图 3-35　输入公司地址信息等内容

新建构建基块
名称(N):
公司信息
库(G):
自动图文集
类别(C):
常规
说明(D):
保存位置(S):
Normal.dotm
选项(O):
仅插入内容
确定
取消

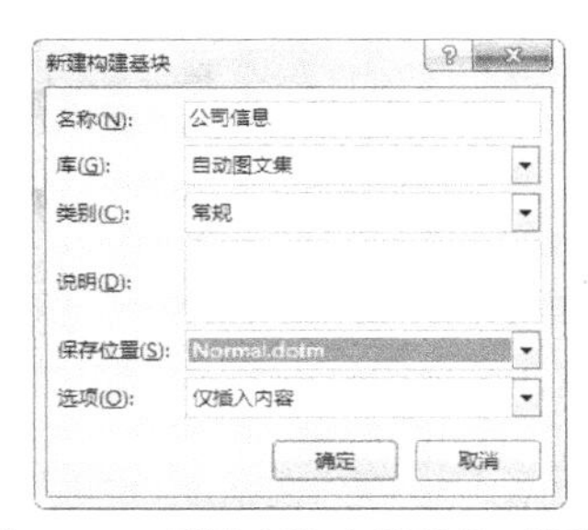

图 3-36　【新建构建基块】对话框

（4）回到文档，输入“公司信息”文字并立即按回车键，即可得到如图 3-35 所示文本。

（5）也可以使用以下两种方法实现。

① 输入“公司”二字，文字上方自动出现一个词条，按回车键即可。

② 选择【插入】→【文本】→【文档部件】→【自动图文集】选项，单击其下“公司信息”图文集即可，如图 3-38 所示。

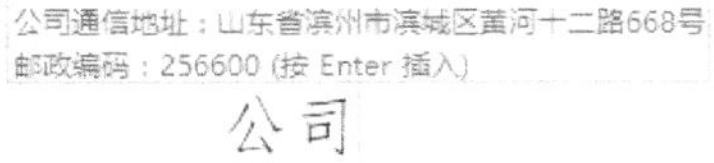

公司通信地址：山东省滨州市滨城区黄河十二路668号
邮政编码：256600 (按 Enter 插入)
公司

图 3-37　输入基块名称自动出现词条

文档部件
艺术字
首字下沉
签名行
日期和时间
对象
公式
符号
编号
自动图文集(A)
文档属性(D)
域(F)...
构建基块管理器(B)...
常规
公司信息

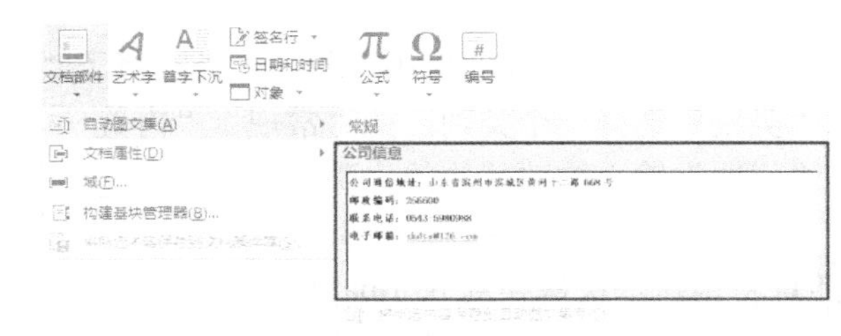

图 3-38　选择自动图文集

2）创建可重用的构建基块

日常办公中，总是要重复使用一些文字，如页眉、页脚、企业介绍、企业 LOGO 等，或是一些固定格式的文字、图标、表格等。假如每次编辑文档都要重新输入一次非常麻烦，因此需要有一个文档库把经常用到的信息保存起来，方便以后随时调用，Office 为用户提供了一个叫做“构建基块管理器”的功能，利用此功能，用户可以把需要经常使用的资料存放到这里，后面就可以随时调用了。

构建基块用于存储具有固定格式且经常使用的文本、图形、表格或其他特定对象的功能，类似于自动图文集功能。构建基块是在库中存储的可重用内容片段或其他文档部分，用户可以随时访问和重用构建基块，也可以通过模板保存和分发构建基块，方便其他用户使用你创建的构建基块。

例如，论文中的表格应采用统一格式，为避免重复操作，可以将表格模板创建为构建基块，以供重复使用。

操作步骤

（1）选择已制作好的表格模板。

（2）选择【插入】→【文本】→【文档部件】→【自动图文集】→【将所选内容保存到文档部件库】命令，打开【新建构建基块】对话框。

（3）在对话框中进行如图 3-39 所示设置。

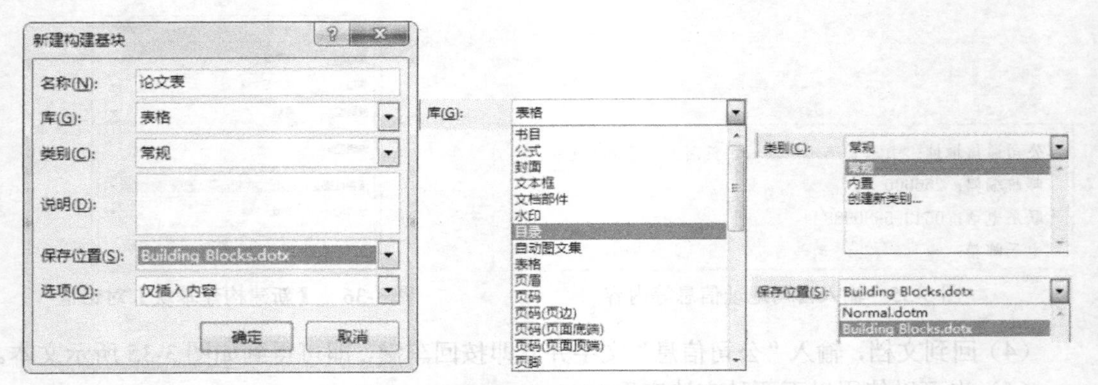

图 3-39　【新建构建基块】参数设置

“名称”为构建基块输入唯一名称。此处定义为“论文表”。

“库”选择构建基块保存到的库。默认情况将保存到“文档部件”库中，当然也可以选择保存到“封面”“页眉”“页脚”“文本框”等库中。选择保存到哪个库，在使用该构建基块时就需要到相应的库中查找。此处选择了“表格”库。

“类别”选择一个类别，如“常规”“内置”“创建新类别”。

“说明”输入构建基块的说明。

“保存位置”选择保存至“Building Blocks.dotx”模板或“Normal.dotm”模板，建议不要随意将构建基块保存到 Normal 模板。

（4）在文档中插入已创建的构建基块。选择【插入】→【文本】→【文档部件】→【构建基块管理器】命令，打开【构建基块管理器】对话框，找到“论文表”构建基块，如图 3-40 所示，单击下方【插入】按钮即可得到所需表格。从图 3-40 中可以看出，系统内置了许多构建基块供用户选用。

图 3-40　【构建基块管理器】对话框

相关知识

1. 模板的模板：Normal.dotm

Word 中，任何文档都衍生于模板，即使是在空白文档中修改并建立的新文档，也衍生于 Normal.dotm 模板。新建一个 Word 文档，这个空白文档就是依据模板 Normal.dotm 生成的，同时也继承了共用 Normal 模板默认的页面设置、格式、内置样式等设置。基本上 Word 文档都是基于 Normal 生成的，即使将新建文件另存为一个新模板，该模板也同样基于 Normal.dotm，因此可将 Normal.dotm 称为模板的模板。若用户调整样式或创建一些新的对象时，可以选择将变更保存在“当前文档”“当前文档的模板”“Normal 模板”三个位置，且不同的存储位置有不同的影响范围。

- 如果选择“Normal 模板”，则所做的改变对以后的所有文档都有效。
- 如果选择“当前文档”，则所做的改变只对本文档有效。
- 如果选择“当前文档基于的模板”，则所做的改变对以后建立的基于该模板的文档有效。

Normal.dotm 模板文件默认存放在 C:\Users\用户名\AppData\Roaming\Microsoft\Templates 文件夹下（Windows 7 系统下）。建议不要将过多更新添加到 Normal 模板中，可以想象，在新文件的建立过程中，过于臃肿的 Normal.dotm 会导致载入速度变慢，启动时间变长。若想恢复初始 Normal.dotm 模板，删除模板文件即可，系统会自动生成一份初始 Normal.dotm。

2．Building Blocks.dotx 模板

该模板是为了保存文档中的构建基块而设定的，其分类保存了各种内置或自定义的构建基块，其存储位置如图 3-41 所示。若用户 A 对 Building Blocks.dotx 模板进行了个性化添加和修改，然后复制给用户 B 使用，则用户 B 也享有了这些个性化的设置。比如，学校可根据要求制作 Building Blocks.dotx 模板，然后发放给学生使用，这样既规范准确又有效率。

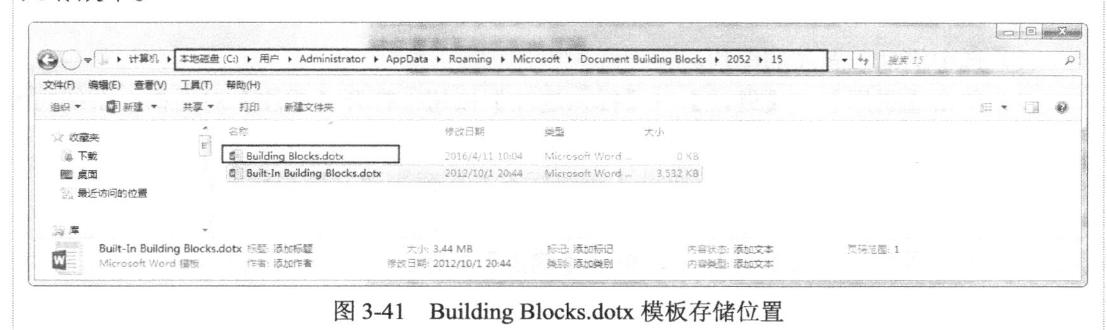

图 3-41　Building Blocks.dotx 模板存储位置

3.3.4　图表注释与交叉引用

在论文等长文档中，经常会用到一定数量的表格、图表、公式、图形等对象，为便于查看和管理，通常要对这些对象按照其在章节中出现的顺序按章编号（即题注），例如，图 1-2、表 2-3、公式 3-1 等。当正文中需要引用这些图表或公式时通常使用“如图 1-2 所

示”“数据见表 2-3”“参考公式 3-1”等，即文档中的题注与交叉引用。题注经常和交叉引用结合使用，在论文的编辑过程中，难免对图表、公式有删减操作，这样就需要再按顺序重新编号。若人工修改，势必麻烦且易出错，使用 Word 提供的自动编号题注与交叉引用功能则可以很容易地完成。

1. 为论文中的图片插入题注

微课

为论文中的图片插入题注，效果如图 3-42 所示。

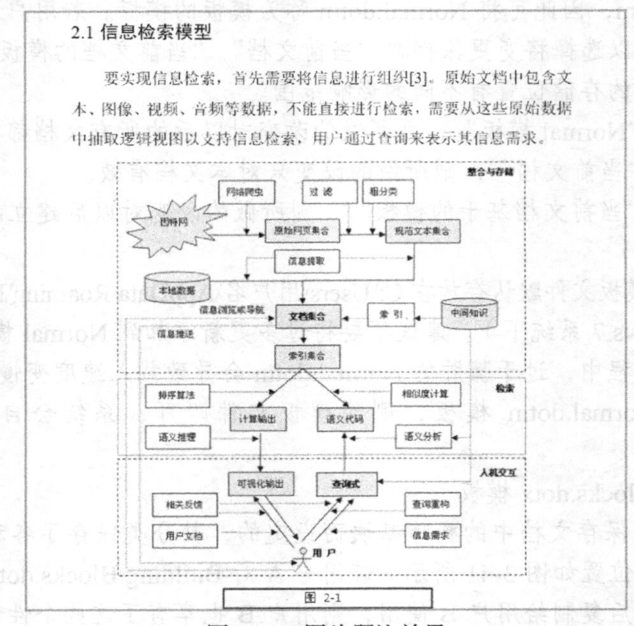

图 3-42　图片题注效果

操作步骤

（1）选中需插入题注的图片。

（2）单击【引用】→【题注】→【插入题注】按钮，打开【题注】对话框。系统内置了 3 个标签可供选用：表格、公式和图表，如图 3-43 所示，而一般论文中用到的“图”和“表”则不是内置的题注标签，应通过【新建标签】按钮来建立所需标签。

（3）单击对话框左下方【新建标签】按钮，打开【新建标签】对话框，在标签对应文本框中输入“图”，如图 3-44 所示，单击【确定】按钮。

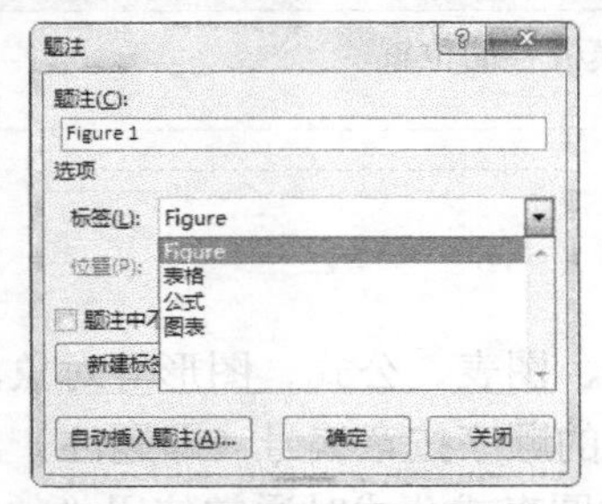

图 3-43　【题注】对话框

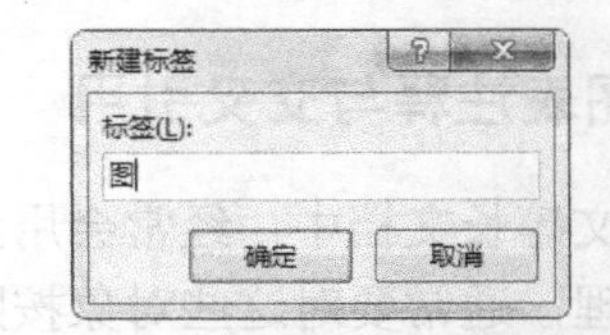

图 3-44　【新建标签】对话框

（4）回到【题注】对话框，设置“标签”选项为“图表”，“位置”为“所选项目下方”，如图 3-44 所示。单击【编号】按钮，弹出【题注编号】对话框，进行如图 3-45 所示设置。

（5）确定后，回到【题注】对话框，这时会发现“题注”变为了“图 2-1”，如图 3-46 所示，单击【确定】按钮，即可为所选图片插入包含章节号的题注。

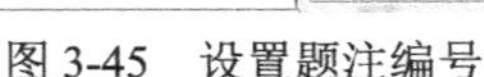

图 3-45　设置题注编号

图 3-46　“图 2-1”题注

（6）选中下一张图片，单击【引用】→【题注】→【插入题注】按钮，打开如图 3-47 所示【题注】对话框，这时发现“题注”自动变为“图 2-2”，也就是说后面所有图片的题注编号将自动按顺序更新，依次插入即可实现按章节连续编号的题注。

说明：一般论文中，表的题注位于表格的上方，图或公式的题注位于图或公式的下方。

问题：假若论文中所有图片都已插入了题注，这时需要删除或增加图片，那么其余图片的题注编号需要重新排序编排，应该怎样做？

例如，要删除如图 3-48 所示中“图 2-2”及其题注，单击【文件】→【选项】→【Word 选项】对话框，如图 3-49 所示，在【显示】选项卡中勾选“打印前更新域”复选框。确定后回到文档，按“Ctrl+P”组合键进入打印页面，再按“Esc”键退出，这时当前文档中的剩余图片已自动更新了题注编号，如图 3-50 所示。

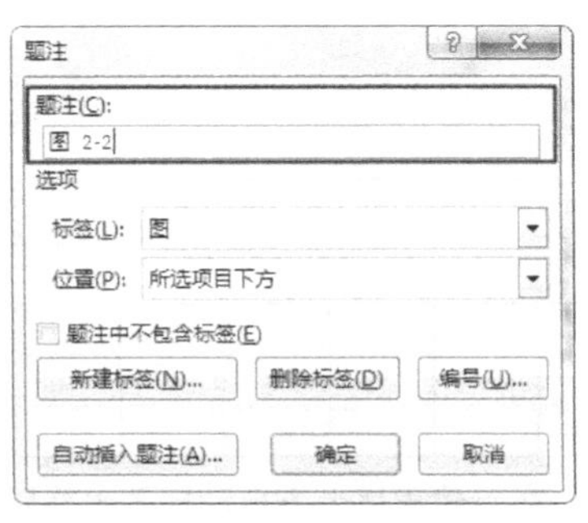

图 3-47　题注自动编号

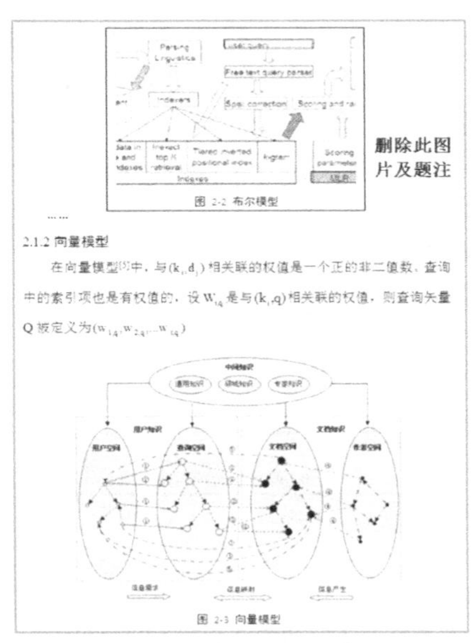

图 3-48　删除图 2-2 及其题注

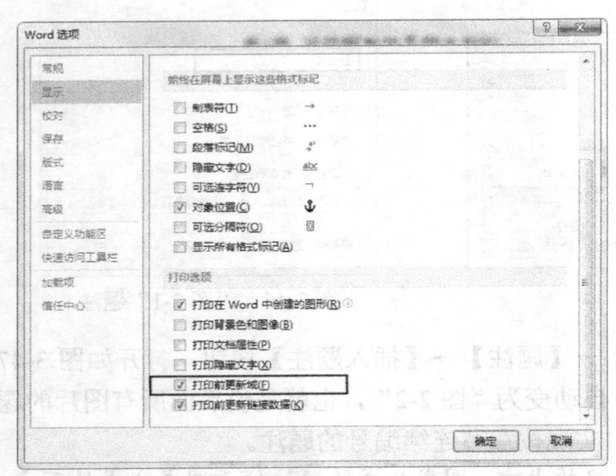

图 3-49　设置“打印前更新域”

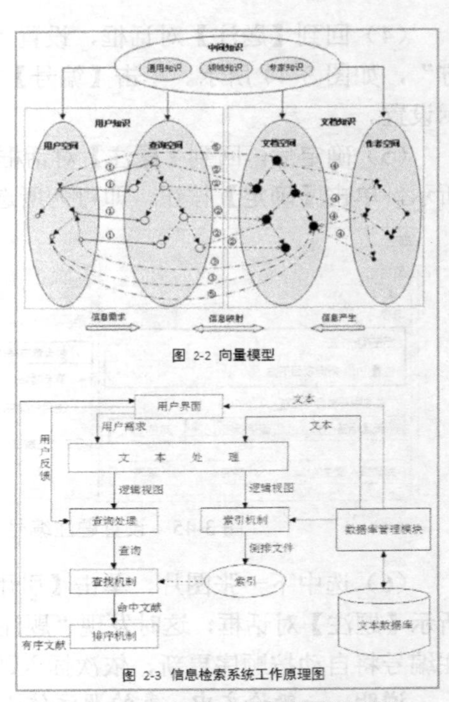

图 3-50　更新域后的图片题注编号

2．插入表格的同时自动插入题注

为表格插入题注与图片插入题注方法基本相同，不同之处在于，插入表格的同时可自动插入题注。插入表格之前首先进行以下设置。

（1）打开【题注】对话框，新建“表”标签，进行“编号”设置（与图片题注操作相同）。

（2）单击图 3-47 中【自动插入题注】按钮，打开【自动插入题注】对话框，在“插入时添加题注”列表框中勾选“Microsoft word 表格”复选框；将“使用标签”设置为“表”；“位置”设置为“项目上方”，如图 3-51 所示。

（3）插入一个表格，此时在其上方已自动插入一个表格题注，如图 3-52 所示。

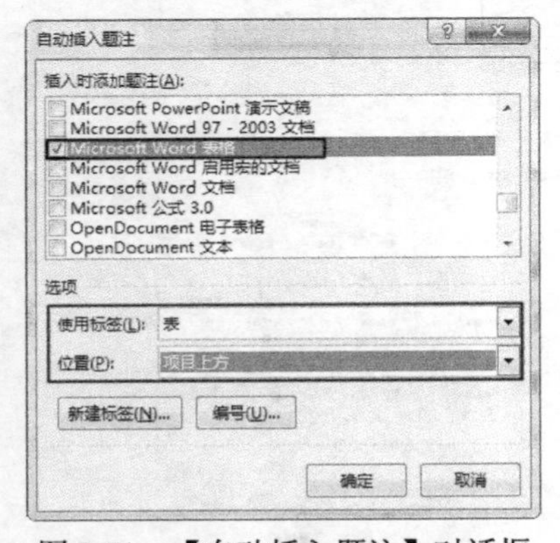

图 3-51　【自动插入题注】对话框

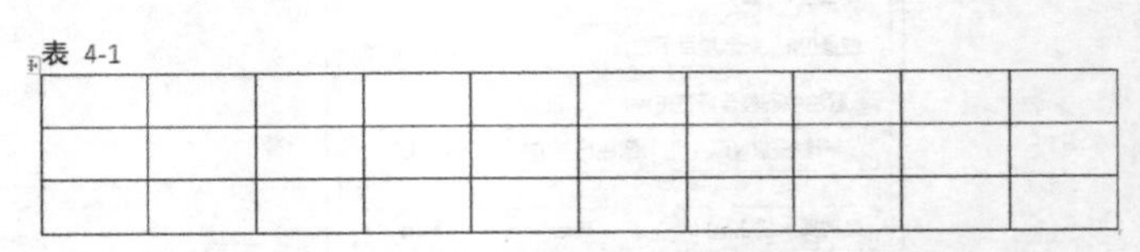

图 3-52　在新建表格上方自动插入表格题注

说明： Word2003 和 Word2007 版本中图片与表格一样具有自动插入题注功能，只需在图 3-53 中勾选“Microsoft Word 图片”复选框即可。但是在 Word 2010 及以上版本，已没有此对象可选，也就没有了此功能，要想实现此功能需借助 VBA。

图 3-53　自动插入题注功能

3. 交叉引用

交叉引用可以将文档插图、表格、公式等内容与相关正文的说明内容建立对应关系，既方便阅读，又可以实现编辑操作的自动更新。用户可以为编号、内置标题样式、书签、脚注、尾注、题注标签（表格、图表、公式）等多种类型进行交叉引用。下面以为题注设置交叉引用为例介绍交叉引用功能的使用。

在为论文中图片插入题注后，正文中相应内容通常要有诸如“如图 2-3 所示”等引用说明，其中的“图 2-3”就可以使用交叉引用来获得。

（1）输入交叉引用开始部分的介绍文字“如所示”，将插入点放在要出现引用标记的位置，即“如”字之后。

（2）单击【引用】→【题注】→【交叉引用】按钮，弹出【交叉引用】对话框，如图 3-54 所示。在对话框中进行如下设置。

“引用类型”选择“图”类型。

“引用内容”选择“只有标签和编号”

“引用哪一个题注”选择要引用的指定项目。

单击【插入】按钮，即可在插入点引入题注。“引用类型”与“引用内容”下拉列表如图 3-55 所示。

图 3-54　【交叉引用】对话框

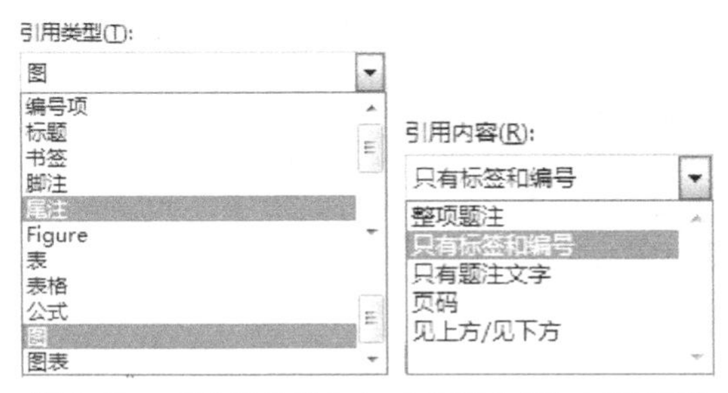

图 3-55　“引用类型”与“引用内容”下拉列表

技巧

通常一个文档中需要多处设置交叉引用，打开图 3-54 对话框后，可连续设置多个交叉引用，待设置完成后再关闭对话框即可。

若要更新交叉引用，可选定该交叉引用或全选文档，按“F9”键更新。

交叉引用仅可引用同一文档中的项目，且引用的项目必须存在。

4. 生成图表目录

当论文中图表较多时，可以在插入题注的前提下自动生成图表目录，效果如图 3-56 所示。

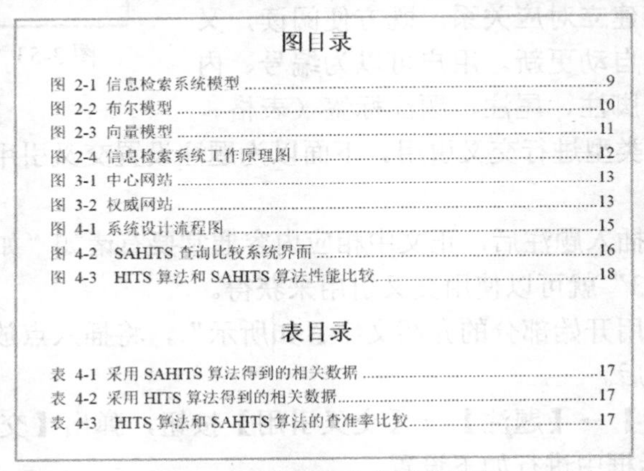

图目录

表目录

图 3-56　图目录和表目录效果

（1）将光标定位于需插入图表目录的位置。

（2）单击【引用】→【题注】→【插入表目录】按钮，打开【图表目录】对话框，如图 3-57 所示，在“常规”栏“题注标签”下拉列表中选择“图”选项，勾选“显示页码”和“页码右对齐”复选框，确定后即可生成当前图目录。

同样操作可以生成表目录，如图 3-58 所示。

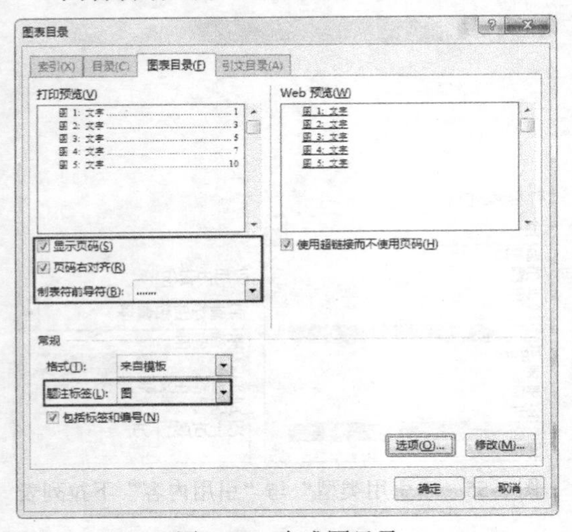

图 3-57　生成图目录

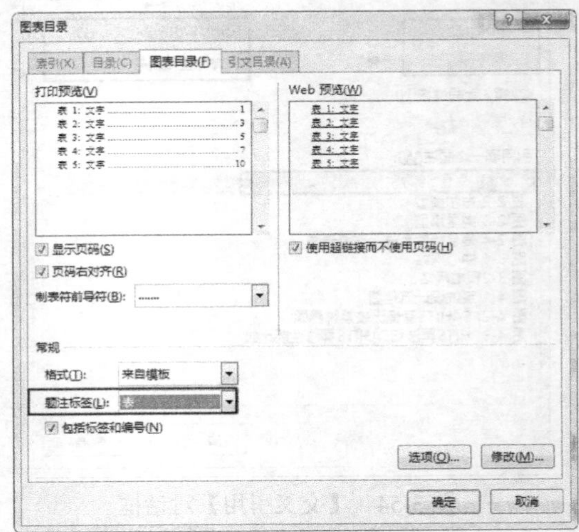

图 3-58　生成表目录

3.3.5 参考文献及引用

论文中对参考文献的引用是件麻烦的事情，尤其文献较多、文献与引用经常变化时，手动编辑文献和引用令人头疼。也有用户使用尾注、插入题注等方法，但都有不同的弊端。Word 从 2007 版本开始，新增了引文与书目功能，提供了 12 种文献引用样式，能很好地解决文献的编辑、管理、保存、共享，以及文献的引用与更新问题，是目前解决文献与引用问题最好的方法。

参考文献及引用效果如图 3-59 所示。

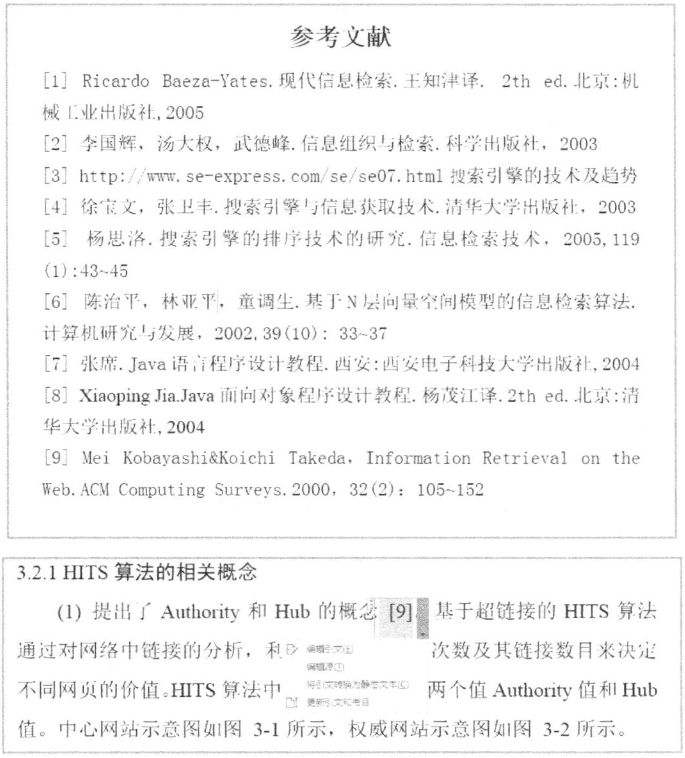

参考文献

[1] Ricardo Baeza-Yates.现代信息检索.王知津译. 2th ed.北京:机械工业出版社,2005

[2] 李国辉，汤大权，武德峰.信息组织与检索.科学出版社，2003

[3] http://www.se-express.com/se/se07.html 搜索引擎的技术及趋势

[4] 徐宝文，张卫丰.搜索引擎与信息获取技术.清华大学出版社，2003

[5] 杨思洛.搜索引擎的排序技术的研究.信息检索技术，2005,119(1):43~45

[6] 陈治平，林亚平，童调生.基于N层向量空间模型的信息检索算法.计算机研究与发展，2002,39(10)：33~37

[7] 张席.Java 语言程序设计教程.西安:西安电子科技大学出版社,2004

[8] Xiaoping Jia.Java 面向对象程序设计教程.杨茂江译.2th ed.北京:清华大学出版社,2004

[9] Mei Kobayashi&Koichi Takeda，Information Retrieval on the Web.ACM Computing Surveys.2000，32(2)：105~152

3.2.1 HITS 算法的相关概念

(1) 提出了 Authority 和 Hub 的概念 [9]。基于超链接的 HITS 算法通过对网络中链接的分析，利……次数及其链接数目来决定不同网页的价值。HITS 算法中……两个值 Authority 值和 Hub 值。中心网站示意图如图 3-1 所示，权威网站示意图如图 3-2 所示。

图 3-59 参考文献及引用效果图

1. 插入引文

（1）选择一种引文样式。选择【引用】→【引文与书目】→【样式】命令，在列表中选择一种引文样式（此处选择了“IEEE”样式），如图 3-60 所示。Word 提供了 12 种引文样式，每种样式在文献内容、排列顺序等方面有所不同，常用的引文样式有 IEEE、Chicago、GOST、APA 等。

微课

（2）在引用处插入引文。将光标定位在要引用的句子或短语末尾处，单击【引用】→【引文与书目】→【插入引文】按钮，如图 3-61 所示。引文可以在已有源中选取，也可以选择【添加新源】或【添加新占位符】命令，此处需要插入的引文不在列表中，选择【添加新源】命令创建新文献源。

图 3-60　选择一种引文样式

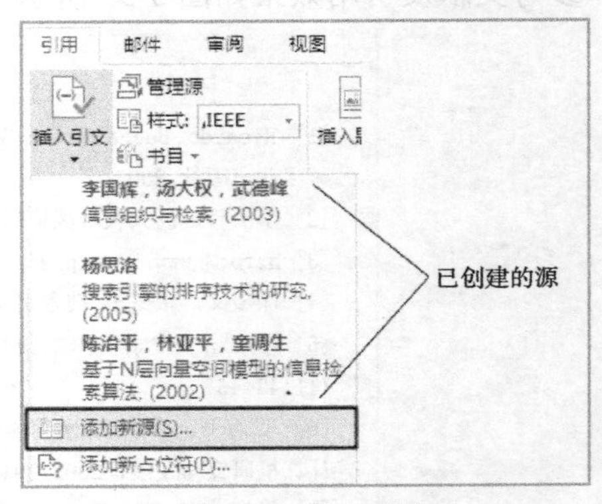

图 3-61　插入引文

（3）在弹出的【创建源】对话框中设置文献源信息，如图 3-62 和图 3-63 所示。

注意：在输入书目域之前，首先要根据文献类型选择源类型，源类型主要有书籍、杂志文章、期刊文章、网站、会议记录、报告、电子资料等。

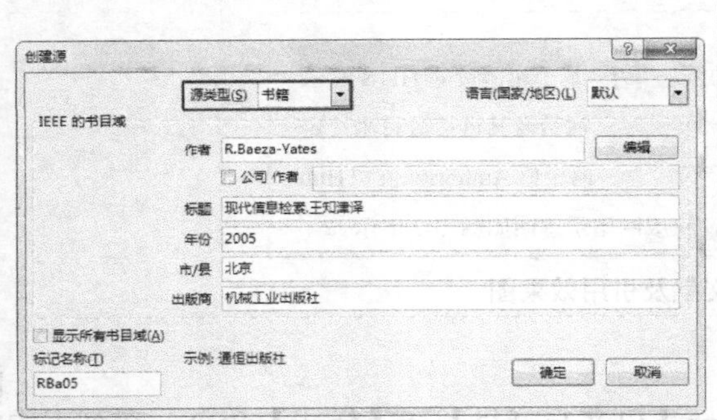

图 3-62　创建书籍文献源

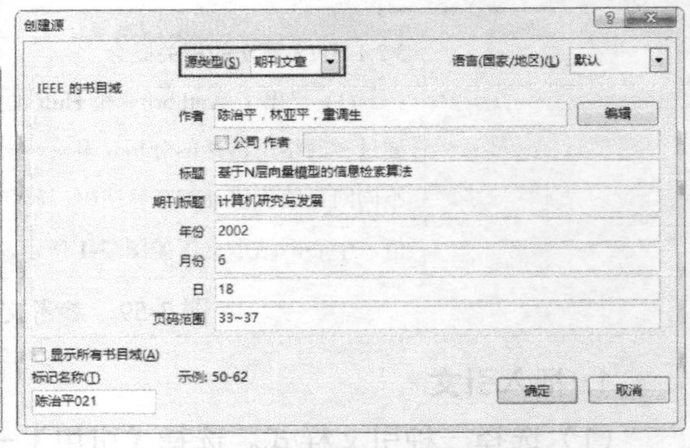

图 3-63　创建期刊文章文献源

（4）用同样方法，为论文中需要引文的地方插入引文。

微课

2. 管理源

使用源管理器对源进行管理，如新建源、删除源、复制源等。

（1）打开【源管理器】对话框。单击【引用】→【引文与书目】→【管理源】按钮，弹出【源管理器】对话框，如图 3-64 所示。

（2）对话框中左侧为“主列表”，右侧为“当前列表”，可以通过中间的【复制】【删除】【编辑】【新建】命令按钮进行列表中源的删除、编辑、新建等操作和管理。

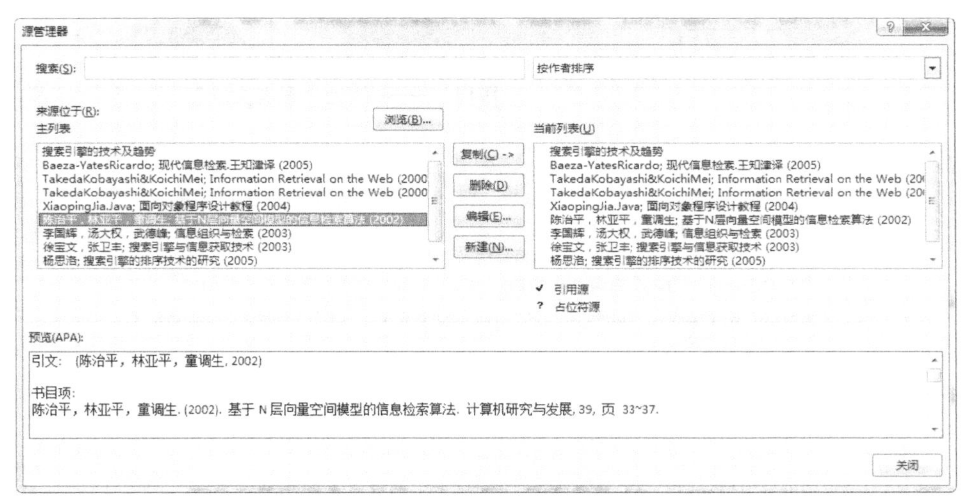

图 3-64 【源管理器】对话框

相关知识

使用源管理器时，Word 会自动将位于“主列表”（左侧列表）中的文献记录保存在默认目录下的“sources.xml”文件中（如图 3-65 所示），因此可实现文献的重用和共享。单击【源管理器】对话框中的【浏览】按钮，可打开已有的 XML 格式文献文件，导入到“主列表”中。

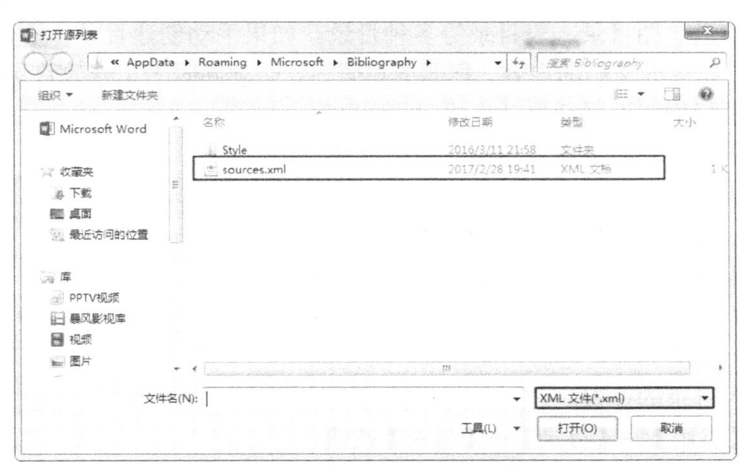

图 3-65 导入文献源文件“sources.xml”

3. 创建书目

在创建并引用了源后，可以调用源中的数据自动产生参考文献列表，即书目。

选择【引用】→【引文与书目】→【书目】列表中的“书目”选项，即可插入书目，生成的引文书目如图 3-66 所示，将文字“书目”更改为“参考文献”。

说明：若需要更新书目，可将鼠标置于书目列表中，单击框架左上方【更新引文和书目】按钮更新书目列表。也可单击 图标在下拉菜单中选择更换书目的样式。

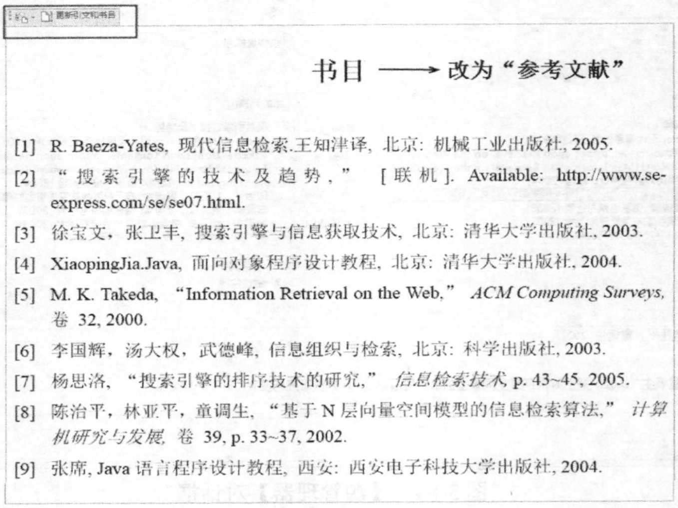

书目 ——→ 改为“参考文献”

[1] R. Baeza-Yates, 现代信息检索.王知津译, 北京: 机械工业出版社, 2005.

[2] “搜索引擎的技术及趋势,” [联机]. Available: http://www.se-express.com/se/se07.html.

[3] 徐宝文，张卫丰, 搜索引擎与信息获取技术, 北京: 清华大学出版社, 2003.

[4] XiaopingJia.Java, 面向对象程序设计教程, 北京: 清华大学出版社, 2004.

[5] M. K. Takeda, “Information Retrieval on the Web,” *ACM Computing Surveys*, 卷 32, 2000.

[6] 李国辉，汤大权，武德峰, 信息组织与检索, 北京: 科学出版社, 2003.

[7] 杨思洛, “搜索引擎的排序技术的研究,” *信息检索技术*, p. 43~45, 2005.

[8] 陈治平，林亚平，童调生, “基于N层向量空间模型的信息检索算法,” *计算机研究与发展*, 卷 39, p. 33~37, 2002.

[9] 张席, Java 语言程序设计教程, 西安: 西安电子科技大学出版社, 2004.

图 3-66 生成的引文书目

3.3.6 提取和生成目录

长文档由于标题和内容较多，一般需要建立目录和索引以便对全文内容进行快速查阅或定位，同时也有助于了解文章的章节结构，因此可以说目录是长文档的导读图。Word 中可以创建文档目录、图目录、表目录等多种目录。如果手动创建目录，不仅工作量庞大，而且弊端很多，如更改文档的内容、标题或页码后，必须同时手工修改目录中对应的内容。可以在对标题进行样式设置后自动生成目录，自动生成的目录可更新目录的页码和结构，便于维护，对长文档的排版尤为方便。

自动生成目录，必须首先设置文档中各章节的标题样式和多级编号（之前已进行过此设置，具体详见相关章节）。

（1）目录一般位于摘要之后正文之前，将光标定位于需要插入目录的位置。

（2）单击【引用】→【目录】→【目录】按钮，在列表中选择“自定义目录”选项，如图 3-67 所示。

（3）打开【目录】对话框，设置“显示级别”为“3”级，勾选“显示页码”和“页码右对齐”复选框，如图 3-68 所示，单击【确定】按钮，即可在插入点处生成目录，如图 3-69 所示。

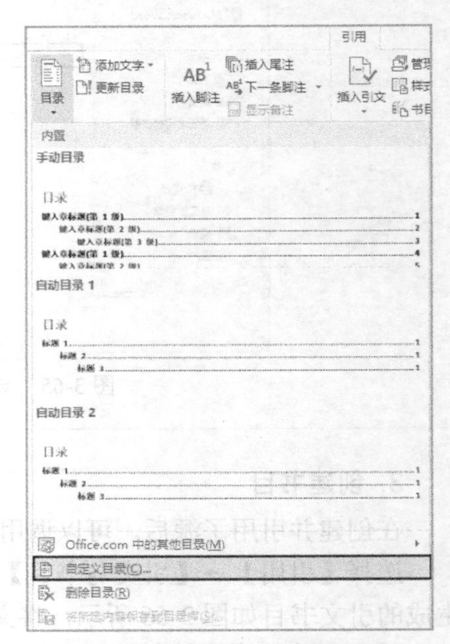

图 3-67 自定义目录

图 3-68 【目录】对话框

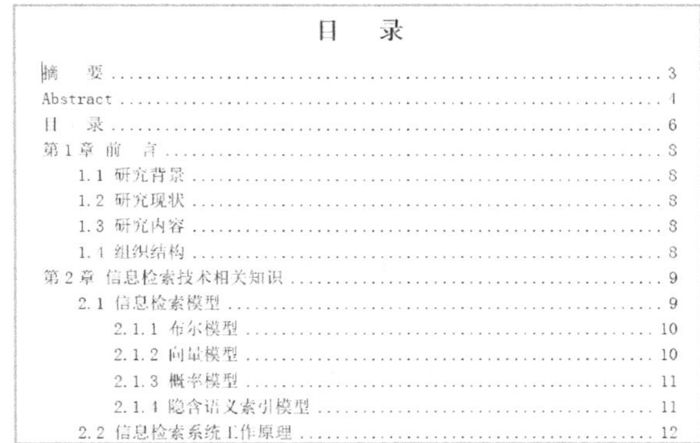

目 录

摘 要 3
Abstract 4
目 录 6
第 1 章 前 言 8
1.1 研究背景 8
1.2 研究现状 8
1.3 研究内容 8
1.4 组织结构 8
第 2 章 信息检索技术相关知识 9
2.1 信息检索模型 9
2.1.1 布尔模型 10
2.1.2 向量模型 10
2.1.3 概率模型 11
2.1.4 隐含语义索引模型 11
2.2 信息检索系统工作原理 12

图 3-69 默认目录样式生成的目录

默认目录样式生成的目录字体比较小，行距也需要再设置，但是一旦重新更新目录，这些设置将会消失，又回到默认格式，又需要重新设置。另外，若想让各级目录字体和段落格式有所区别，仅仅使用默认目录样式是不够的，需要在【目录】对话框中对各级目录进行修改，方法如下。

（1）在【目录】对话框中单击“修改”按钮，打开【样式】对话框，如图 3-70 所示，选择要修改的目录级别，例如想修改“级别 1”，就选择“目录 1”选项，单击【修改】按钮进行修改。

（2）若想设置各标题的目录级别，单击【目录】对话框中的【选项】按钮，在打开的【目录选项】对话框中进行目录级别的设置，如图 3-71 所示。

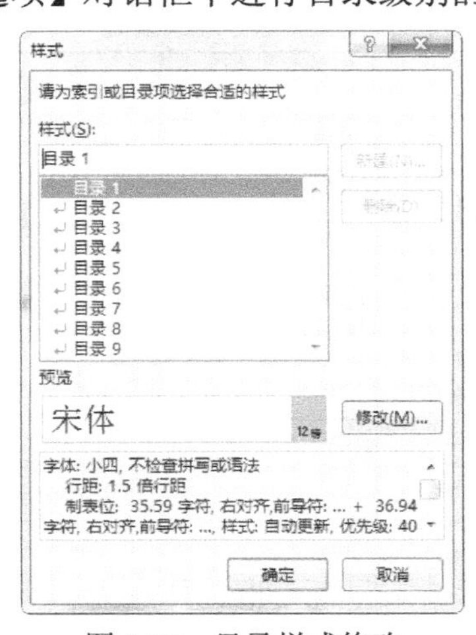

图 3-70 目录样式修改

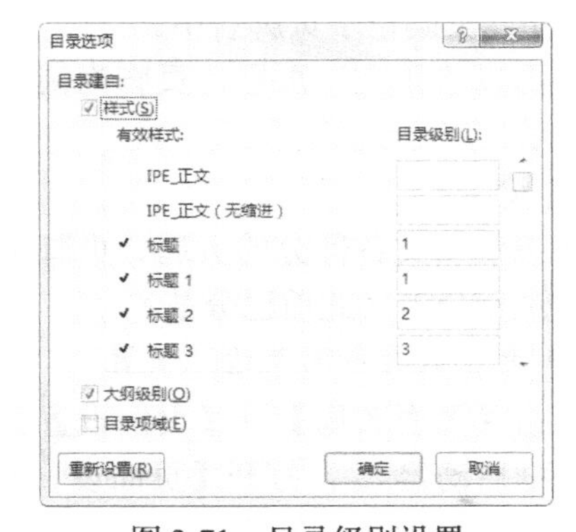

图 3-71 目录级别设置

目录生成后，在目录中，按住“Ctrl”键同时单击相应的目录项就可跳转到文档中该目录项对应的位置。当文档内容发生变化时，只需用鼠标右键单击目录，在弹出的快捷菜单中选择【更新域】命令，打开【更新目录】对话框，从中选择更新选项即可，如图 3-72 和图 3-73 所示。

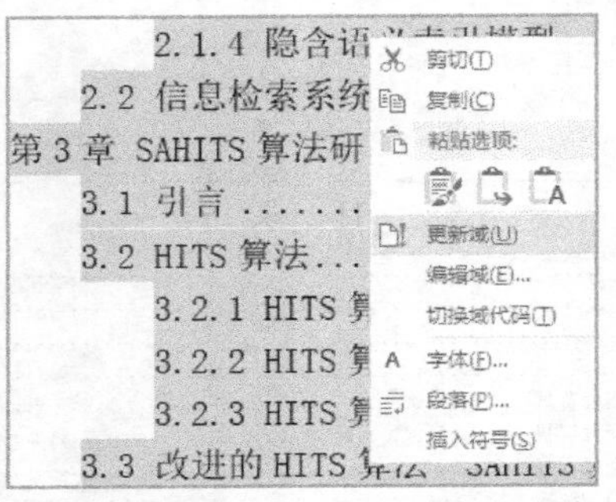

图 3-72　更新域

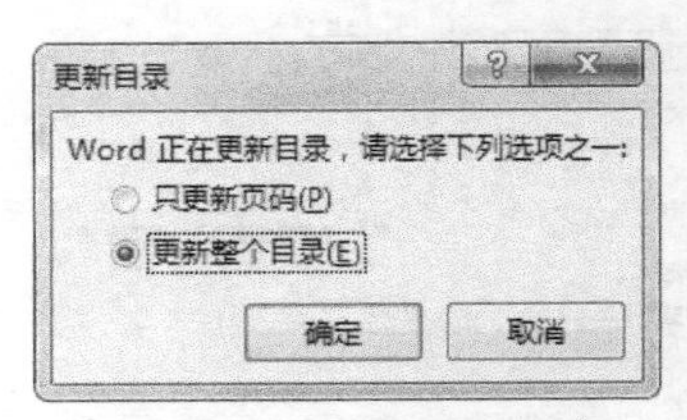

图 3-73　更新目录选项

3.3.7　页眉页脚设置

论文页眉、页脚排版要求如表 3-1 所示（不同院校要求不一样，仅供参考和学习使用）。

表 3-1　论文页眉页脚排版要求

论文各部分	页　眉	页　脚
封面	无页眉	无页脚
中英文摘要	无页眉	页脚为“第 i 页，第 ii 页…”形式
目录	无页眉	页脚为“第 i 页，第 ii 页…”形式
正文	页眉分奇、偶页标注，奇数页页眉为××大学××学位论文，偶数页页眉为章序及章标题	页脚为“第 1 页，第 2 页…”形式
参考文献	无页眉	接正文顺序连续编码
其他	无页眉	接正文顺序连续编码

页眉用五号宋体字，页眉上边距和页脚下边距均为 15mm，页码位于页脚居中。

下面以“正文”页眉、页脚为例介绍页眉、页脚设置方法。

1）分节

要想使论文各部分的页眉、页脚不同，需首先对各部分进行分节（此前已分节）。

2）奇、偶页不同及边距设置

单击【页面布局】→【页面设置】选项组右下方的对话框启动器，打开【页面设置】对话框，切换到【版式】选项卡，勾选“奇偶页不同”复选框，设置页眉、页脚距边界均为“1.5 厘米”，如图 3-74 所示。

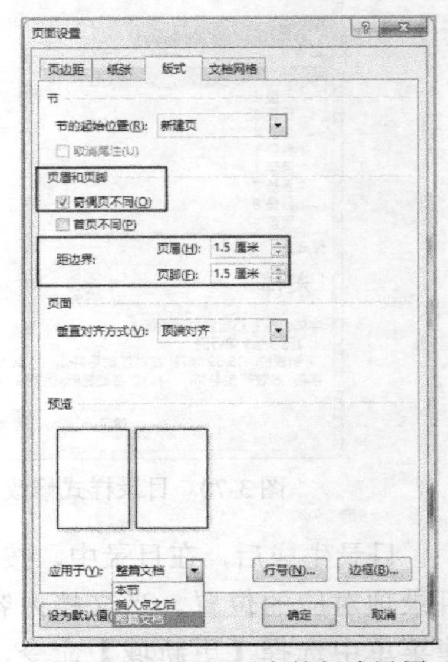

图 3-74　页眉、页脚的版式设置

3）为正文部分设置奇数页页眉和偶数页页眉

（1）因为正文（本例第 1 章~第 4 章为正文）之前和之后均不需设置页眉，所以应首先设置其前后页眉均与上一节不同。具体操作为：双击“第 1 章 前言”所在页面顶部页眉区域，进入到页眉编辑状态；单击【页眉和页脚工具/设计】→【导航】→【链接到前一条页眉】按钮 链接到前一条页眉，即可取消本节与上一节页眉相同的功能，这时页眉编辑区右下方的“与上一节相同” 与上一节相同 消失。同样方法取消“参考文献”所在节的【链接到前一条页眉】功能，取消此功能前后效果如图 3-75 和图 3-76 所示。

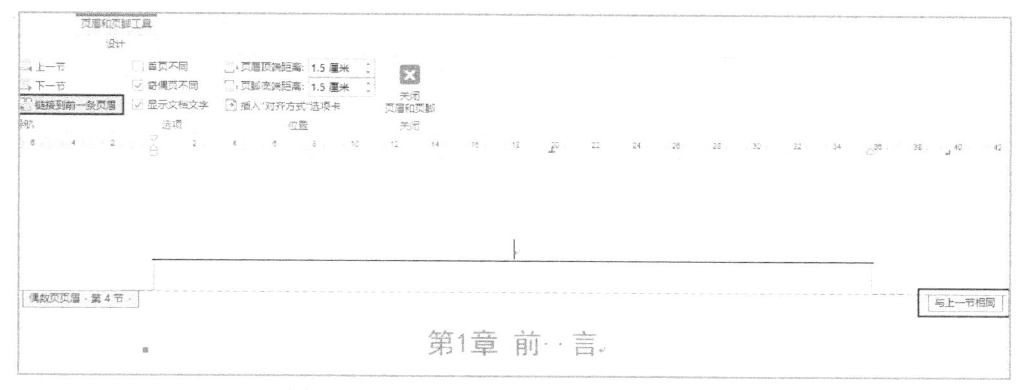

图 3-75 取消【链接到前一条页眉】前效果

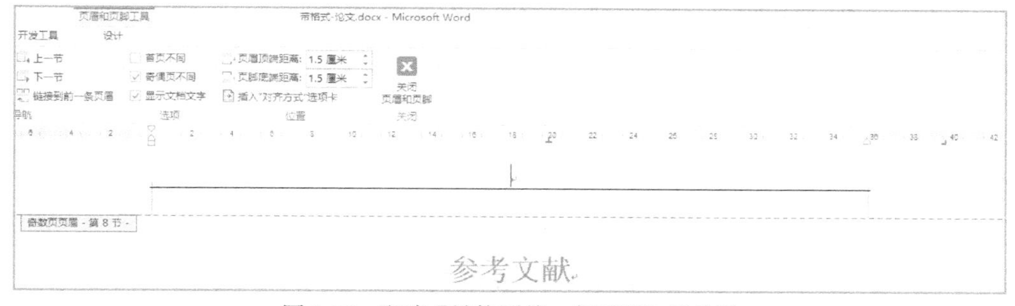

图 3-76 取消【链接到前一条页眉】后效果

（2）设置偶数页页眉。将光标定位到正文中任一偶数页需插入页眉处，选择【插入】→【文本】→【文档部件】→【域】命令，打开【域】对话框，如图 3-77 所示，进行以下设置。

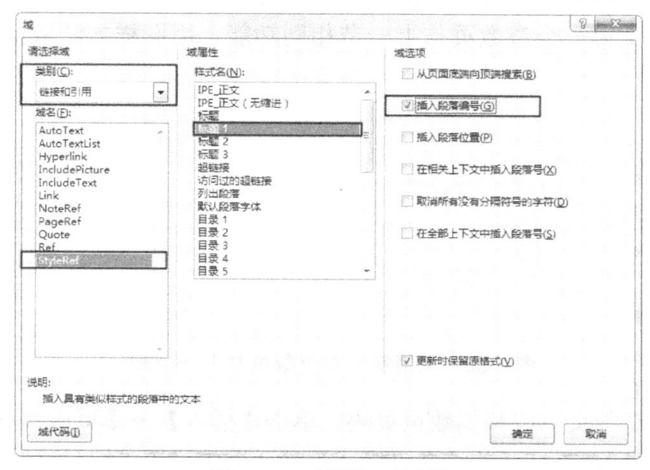

图 3-77 【域】对话框

“类别”选择“链接和引用”。

“域名”选择“StyleRef”。

“样式名”选择“标题 1”样式（因为偶数页页眉为“第×章 章标题”，而“第×章”属于标题 1 内容）。

“域选项”勾选“插入段落编号”复选框。

重复以上操作，在“域选项”栏中勾选“插入段落位置”复选框，即可将正文中所有偶数页页眉设置为“章序号+章标题”的形式。偶数页页眉效果如图 3-78 所示。

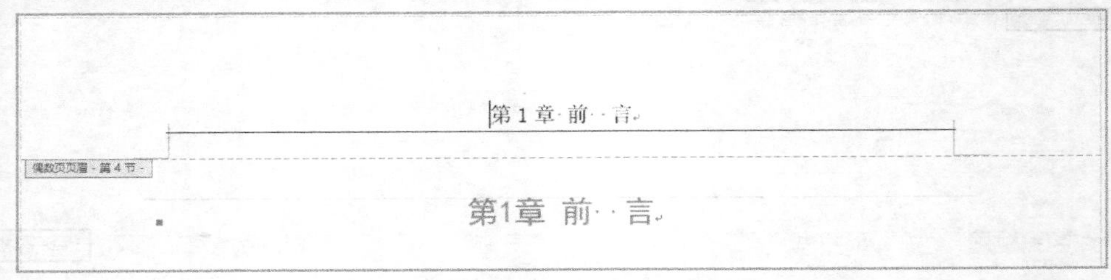

图 3-78 偶数页页眉效果

（3）设置奇数页页眉。将光标定位到正文中任一奇数页需插入页眉处，输入“××大学××学位论文”文字即可，奇数页页眉效果如图 3-79 所示。

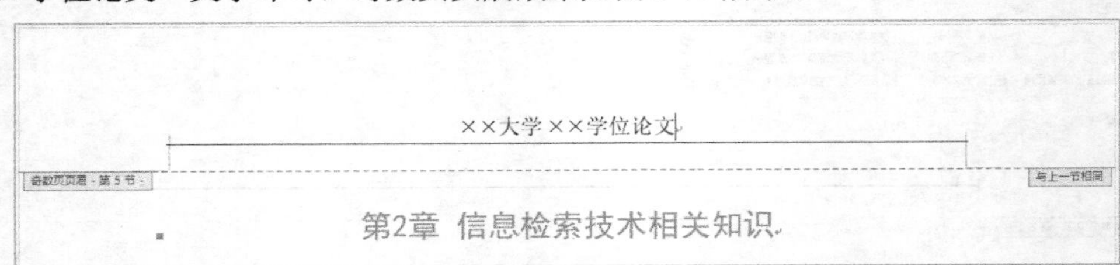

图 3-79 奇数页页眉效果

4. 为正文插入页码

（1）双击正文首页（即第 1 章开始页）下方页脚编辑区，进入页脚编辑状态。单击【导航】选项组下的 链接到前一条页眉 按钮，取消“与上一节相同”链接功能，如图 3-80 所示。以上操作即取消了正文第一个奇数页与上一节相同功能。用同样方法取消正文第一个偶数页与上一节相同功能。

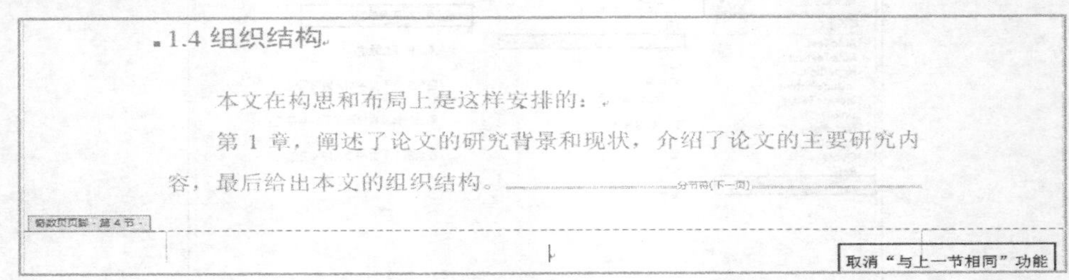

图 3-80 取消第一个奇数页与上一节相同

（2）分别设置奇数页页码和偶数页页码。单击【插入】→【页眉和页脚】→【页码】→【设置页码格式】选项，在打开的【页码格式】对话框中设置“编号格式”和“页码编号”，如图 3-81 所示。“页码编号”有两个选项，若编号是接续前一节则选“续前节”；若想从当前开始起始编号则选“起始页码”，并设置起始页码。

单击【插入】→【页眉和页脚】→【页码】按钮，在下拉列表中选择一种页码插入位置，如图 3-82 所示，即可插入页码。注意：奇数页、偶数页需单独执行以上插入页码操作。

说明：设置具有不同要求的页眉、页脚比较麻烦，但只要把握住何时取消与不取消“与上一节相同”就可迎刃而解。

图 3-81　【页码格式】对话框

图 3-82　插入页码

技巧

有时在页眉处有一条横线（如图 3-83 所示），但此处不需要页眉，怎样去除横线呢？方法：双击此页眉区域进入页眉编辑状态，单击【开始】→【样式】列表中的“正文”样式，将当前“页眉”样式变为“正文”样式，因为正文样式不带横线，则即可去除横线。

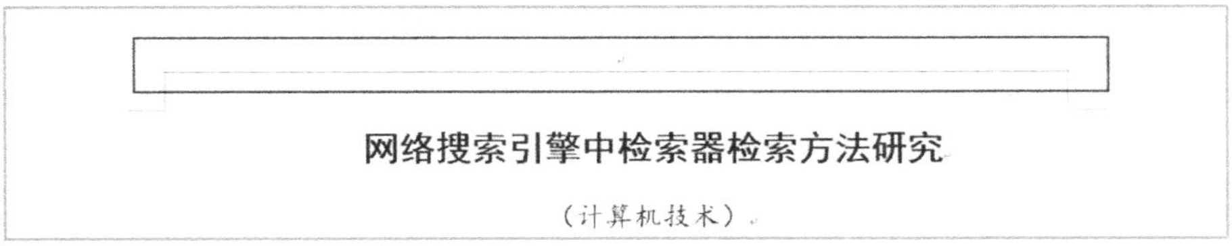

网络搜索引擎中检索器检索方法研究

（计算机技术）

图 3-83　去除页眉处横线

3.4　拓展实训

实训 1：为书籍创建关键词索引

索引是根据一定需要，把书籍（刊）中的主要概念或各种题名摘录下来，标明出处、页码，按一定次序分条排列，以供人查阅的资料，它是图书中重要内容的地址标记和查阅指南。设计科学、编辑合理的索引不但可以使阅读者倍感方便，而且也是图书质量的重要标志之一。Word 提供了图书编辑排版的索引功能，本实训将通过为《项目管理知识体系指南》（部分）书籍建立索引，介绍索引在文档处理中的应用。封面效果和索引效果分别如图 3-84 和图 3-85 所示。

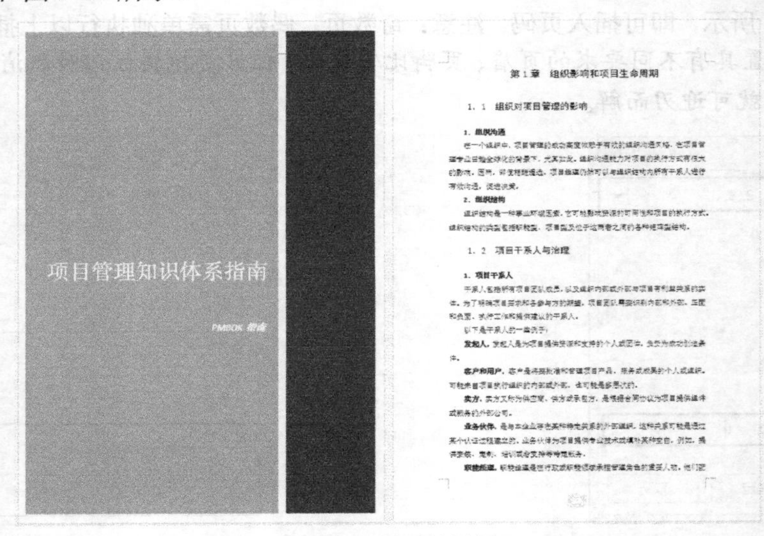

图 3-84　封面效果图

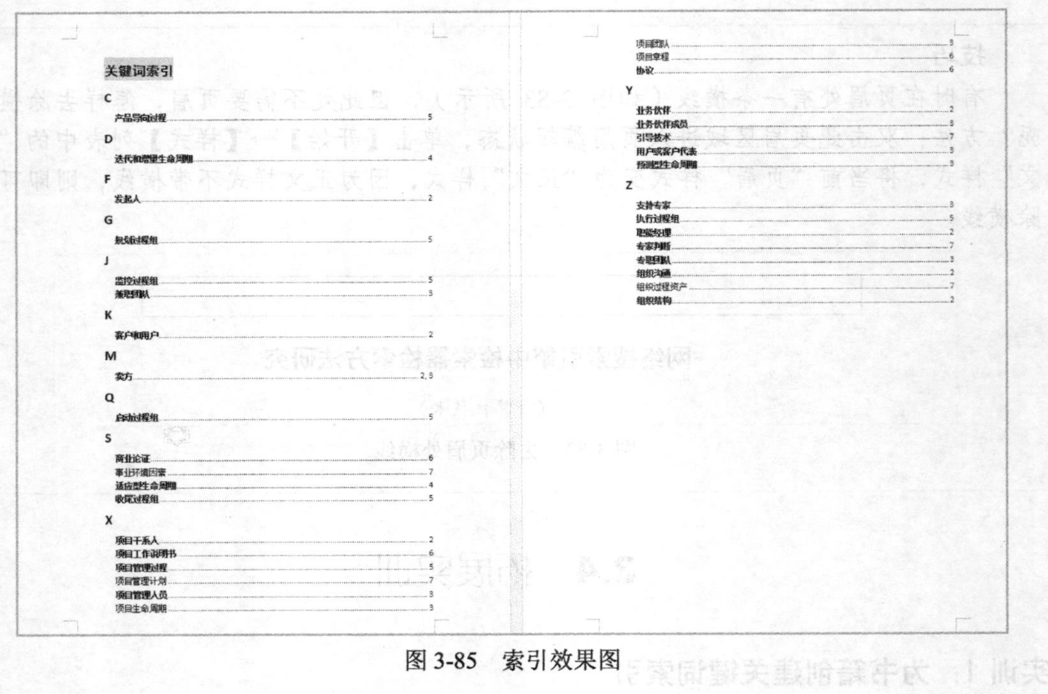

图 3-85　索引效果图

实训要求：

（1）为书籍应用内置构建基块中的“网格”封面。

（2）为书籍设置页码。要求封面页无页码，页码从正文开始。

（3）为书籍中的关键词设置索引。

操作提示

1．封面设置

将光标置于封面页，选择【插入】→【文本】→【文档部件】→【构建基块管理器】命令，在打开的【构建基块管理器】对话框中选择“库名”为“封面”、“名称”为“网格”的构建基块，如图3-86所示。单击【插入】按钮，然后编辑封面文字即可。

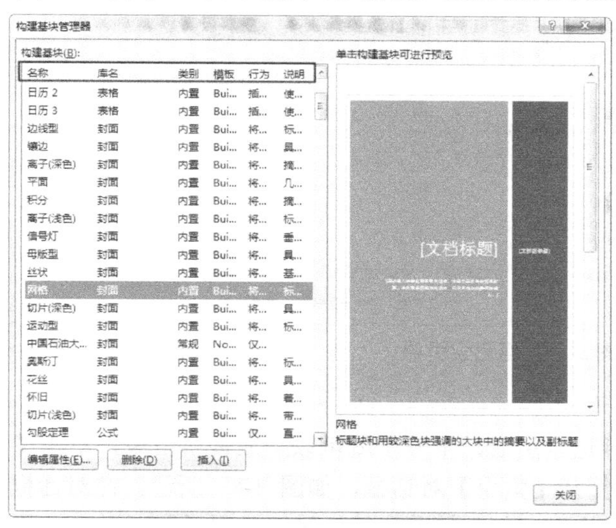

图3-86　插入网格封面构建基块

2．创建索引和目录

创建索引目录分为两步。

第一步对需要创建索引的关键词进行标记，即“标记索引项”，这个步骤用于定义文档中哪些关键词参与索引的创建；

第二步根据标记的关键词创建索引目录。

1）标记索引项

① 选中需标记索引的关键词，如图3-87所示的“组织沟通”。

② 单击【引用】→【索引】→【标记索引项】按钮，在打开的【标记索引项】对话框中进行如下设置。

“主索引项”设置为“Z:组织沟通”，即在“组织沟通”前输入“Z:”。注意“:”为半角西文标点。

“选项”勾选“当前页”单选按钮。

③ 单击【标记】按钮，即可标记当前关键词。标记关键词后生成XE索引域，如图3-88所示。

④ 这时不要关闭对话框，继续选择其他关键词，然后单击“主索引项”对应文本框，关键词自动写入。继续设置主索引项，直到设置完成后关闭即可。

说明：

❑ 主索引项“Z:组织沟通”中的冒号应为西文标点的冒号，其含义是将索引分成两部分，前者为主索引项，后者为次索引项，等同于在【标记索引项】对话框的“主索引项”文本框中输入“Z”，“次索引项”中输入“组织沟通”。

- 若单击对话框中的【标记全部】按钮，系统就会为文档中所有的“组织沟通”标记索引。

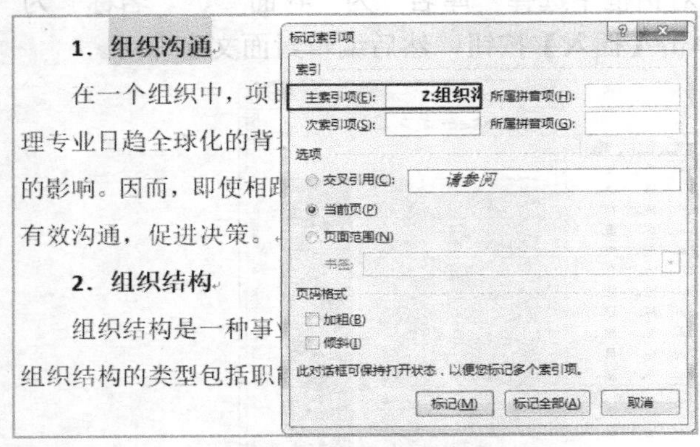

图 3-87　标记索引项

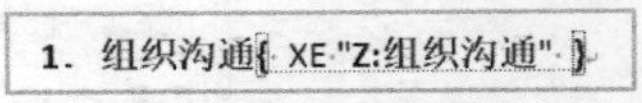

1. 组织沟通{ XE "Z:组织沟通" }

图 3-88　XE 索引域

2）生成索引目录

为所有关键词标记索引后，下一步就可以生成索引目录。单击【引用】→【索引】→【插入索引】按钮，打开【索引】对话框，如图 3-89 所示。在对话框中设置“栏数”“排序依据”“页码右对齐”“制表符前导符”等，确定后即可生成如图 3-90 所示索引目录。

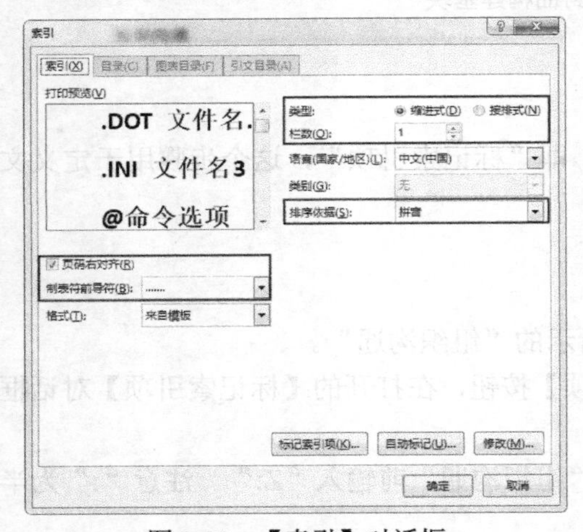

图 3-89　【索引】对话框

图 3-90　索引目录

说明：

- 标记索引项后会在关键词后自动产生“XE 索引域”，如图 3-91 所示。如何隐藏此索引域？一种方法是单击【段落】选项组中的【显示/隐藏编辑标记】按钮，即可隐藏此标记；另一种方法是选择【文件】→【选项】→【显示】选项，在【Word 选项】对话框【显示】选项卡中取消勾选“隐藏文字”复选框，如图 3-92 所示。
- 单击【索引】对话框中右下方【修改】按钮，打开【样式】对话框，如图 3-93 所示，可以修改各级索引的样式。设置后生成或更新的索引目录保持修改样式。

❑ 更新索引方法：将光标置于索引目录中，单击图 3-94 中的【更新索引】按钮 更新索引即可。

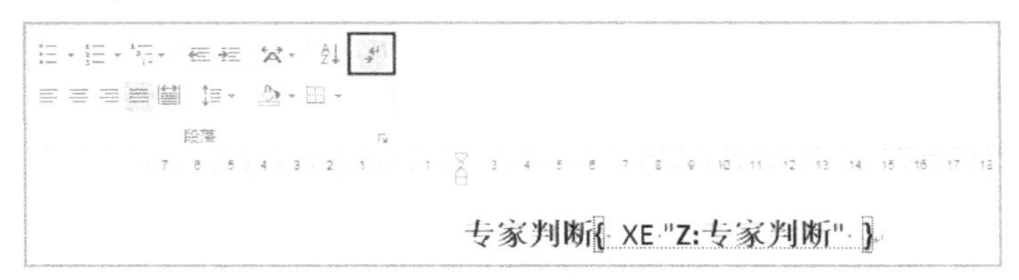

图 3-91　隐藏标记域

图 3-92　取消“隐藏文字”复选项

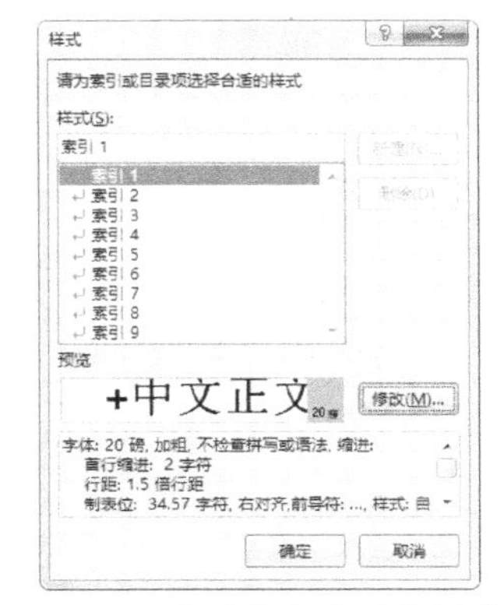

图 3-93　修改各级索引的样式

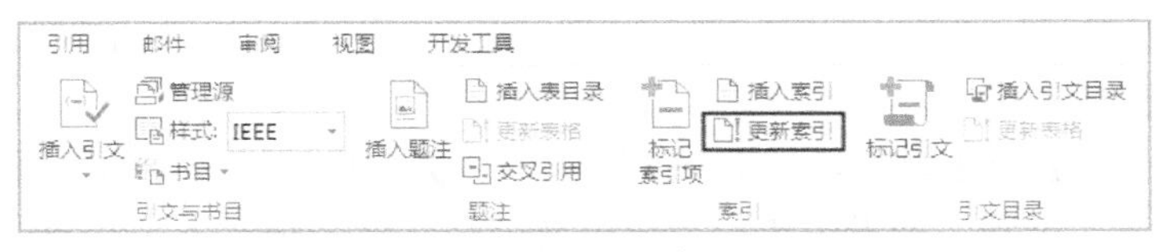

图 3-94　更新索引

实训 2：为文档设置书签与引文目录

为本书配套素材中的“薪酬制度管理”文档创建引文目录，效果如图 3-95 所示。

操作提示

1. 创建引文目录

引文目录主要用于在法律类文档中创建参考内容列表，例如事例、法规和规章等，以及参考内容出现的页码。引文目录和上面介绍的索引非常相似，但它可以对标记内容进行分类，而索引只能利用拼音或笔画进行排列。

❑ 在创建引文目录之前，应首先标记引文（对特定法律案例、法令或其他法律文档的引用）。当标记引文时，Word 即在文档中插入特殊的 TA 域。如果不希望使用已有的引文目录，例如事例、法规等，标记引文时可以更改或添加引文目录类别。

- 引文目录与其他目录类似，可以根据不同的引文类型创建不同的引文目录。在生成引文目录时，Word 将搜索标记的引文，将它们按类别进行组织，引用其页码，并在文档中显示生成的引文目录。

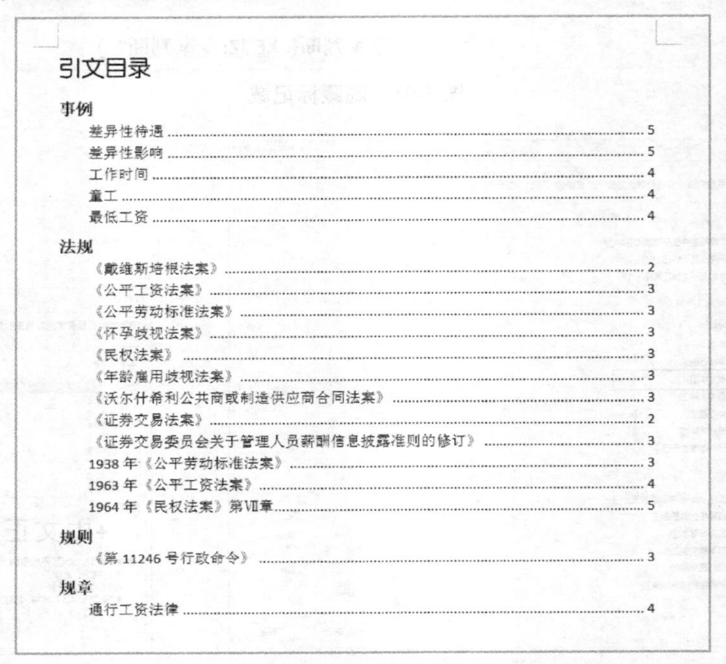

引文目录

事例

差异性待遇 5
差异性影响 5
工作时间 4
童工 4
最低工资 4

法规

《戴维斯培根法案》 2
《公平工资法案》 3
《公平劳动标准法案》 3
《怀孕歧视法案》 3
《民权法案》 3
《年龄雇用歧视法案》 3
《沃尔什希利公共商或制造供应商合同法案》 3
《证券交易法案》 2
《证券交易委员会关于管理人员薪酬信息披露准则的修订》 3
1938 年《公平劳动标准法案》 3
1963 年《公平工资法案》 4
1964 年《民权法案》第Ⅶ章 5

规则

《第 11246 号行政命令》 3

规章

通行工资法律 4

图 3-95　引文目录效果图

1） 标记引文

① 选择要标记的引文。

② 选择【引用】→【索引目录】→【标记引文】命令，打开【标记引文】对话框，如图 3-96 所示。在“类别”列表中选择当前引文类别，“类别”下拉列表如图 3-97 所示。单击“标记”按钮。

③ 不要关闭【标记引文】对话框，继续添加其他引文。

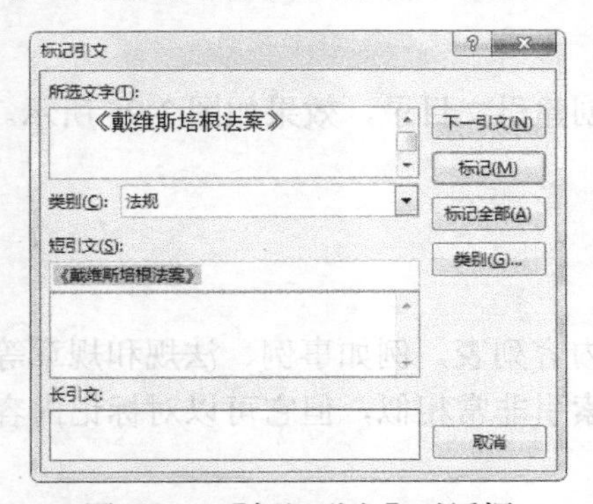

图 3-96　【标记引文】对话框

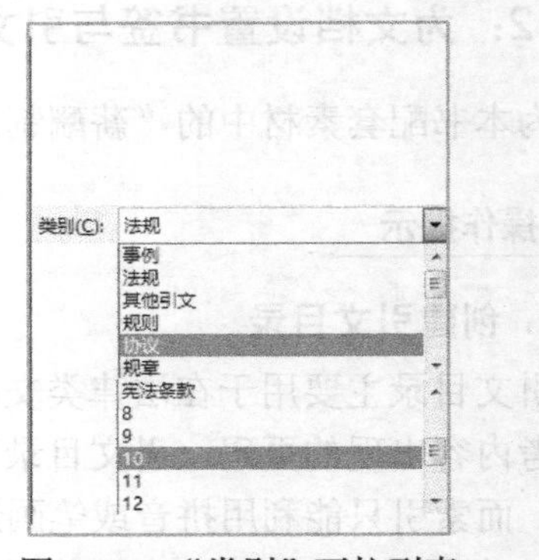

图 3-97　“类别”下拉列表

说明：如果要修改一个存在的类别，单击图 3-96 中【类别】按钮，打开【编辑类别】对话框，在列表中选择要修改的类别，在“替换为”对应文本框中输入要替换的文字，替换即可。要增加新的类别，在“类别”下拉列表中单击 8 至 16 之间的一个数字，在“替换为”文本框中输入新的类别名。

2）创建引文目录

① 选择【引用】→【索引目录】→【插入引文目录】命令，打开【引文目录】对话框，如图 3-98 所示，进行相关设置。

② 创建的引文目录也有相应的内置引文目录样式来套用，如要更改，可单击【修改】按钮。

③ 如果引文过长，可以勾选“保留原格式”复选框，以保留原有的引文格式。

3）管理引文目录

① 如果在文档中添加、删除、移动或编辑了引文或其他文字，应更新引文目录。

② 不要修改已生成的引文目录中的目录项，否则，所做更改将在更新引文目录时丢失。

2. 设置书签

书签主要用于帮助用户在长文档中快速定位至特定位置，或者引用同一文档（也可以是不同文档）中的特定文字。文档中的文本、段落、图形图片、标题等都可以添加为书签。比如，在本实例中为便于快捷查找可以将一些“法律名词”添加为书签，设置书签的方法如下。

（1）将光标定位在需要插入书签的位置，如图 3-99 所示，将光标定位在“差异性待遇”这个法律名词的后面。

图 3-98 【引文目录】对话框

1.5.1 差异性待遇

差异性或不平等待遇针对不同的雇员采用不同的标准。例如，询问女性雇员而不是男性雇员是否有生育子女的打算。日本女子学院的学生一直报告说，招聘者向她们询问与男子学院学生不同的问题。在美国的法律下，仅仅是不平等待遇的事实就可以作为雇主具有歧视意图的证据。

图 3-99 定位书签位置

（2）选择【插入】→【链接】→【书签】命令，打开【书签】对话框，如图 3-100 所示，在“书签名”文本框中输入书签名，单击【添加】按钮即可在光标处插入一个书签。

定位书签有两种方法。

一种方法是：打开【书签】对话框，在书签名列表中选择需要定位的书签，单击右侧的【定位】按钮即可，如图 3-101 所示。

另一种方法是：通过【查找和替换】对话框中的定位功能进行书签定位，如图 3-102 所示。

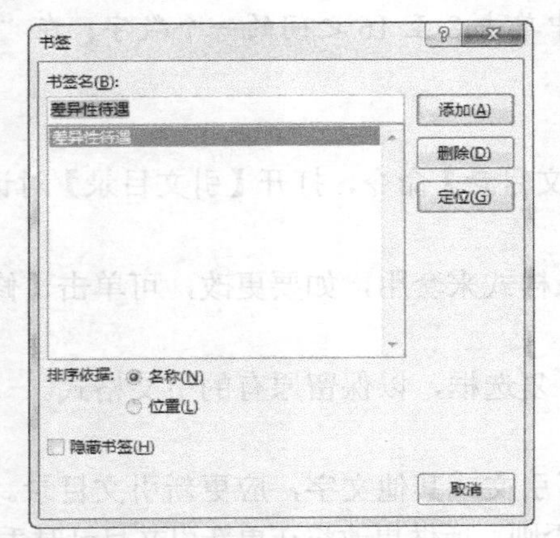

图 3-100　添加书签

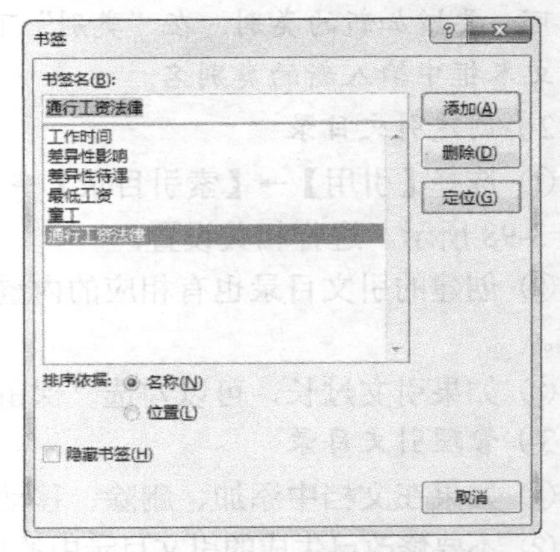

图 3-101　定位书签

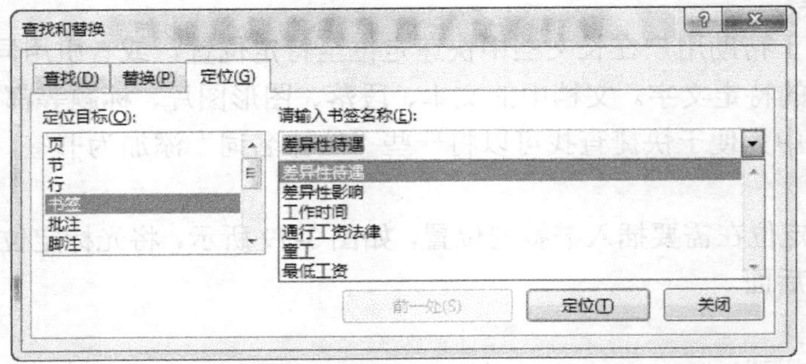

图 3-102　【查找和替换】对话框

3.5　综合实践

企业宣传册是企业对外宣传的媒介，是企业向公众展示自身品牌文化及整体实力的重要窗口与平台，是企业进行自我包装的重要载体，它是企业的名片与“脸面”，代表了企业的形象。请根据企业情况设计制作一个企业宣传册。

任务4

多部门协同处理公司总结报告文档

随着信息化建设的日益深入，无论是政府部门还是企事业单位，相互之间的信息沟通与协同工作越来越重要。实际办公中，经常需要跨部门、多部门起草和处理同一文档，如共同编制招标标书、项目建议书、工作报告、年度总结等，这些文档通常会涉及多个部门而且篇幅也较长，因此往往需要由几个部门共同编写才能完成。多部门协同工作是一个复杂的过程，既需要分发给各个部门单独编写文档（重复拆分文档）及合并文档，还需要添加修改意见，以及自动标记修订过的文本内容，以便于后面再对修订过的内容进行审阅等，有时还需要对两个文档进行比较和合并等。对此我们可以使用 Word 提供的审阅功能，审阅功能主要包括：批注、修订、比较和合并文档，以及保护文档等。本任务通过多部门协同处理完成公司年度总结报告，掌握 Word 主控文档创建与管理、批注、修订、比较和合并文档、文档编辑保护等审阅内容。

4.1 任务情境

又到一年岁尾，也到了各单位忙着年终总结的时候。作为公司总经理助理的小孔准备着手这一年的年终工作总结。作为年销售额过亿、员工上千人的公司，公司下设多个部门，每年的工作总结都是让各个部门写好各自的总结然后由小孔提出修改意见，返回部门按意见修改，然后再汇总……这个过程需要多部门甚至同一部门内多人协同才能完成，需要添加自己的想法和修改意见，并且能保留修改痕迹等。鉴于这个情况，小孔想到了使用 Word 为用户提供的审阅功能来完成这个工作。

知识目标

- 了解主控文档的作用，掌握主控文档的创建和使用方法；
- 了解批注和修订在文档编辑中的作用，掌握其使用和编辑方法；
- 掌握比较文档和合并文档的方法；
- 掌握文档的编辑限制保护方法。

能力目标

- 能够根据需要创建主控文档，生成子文档；
- 能够使用批注和修订功能对文档进行编辑审阅；

- 能够进行文档的比较和合并操作；
- 能够多人协同处理文档。

4.2 任务分析

年终工作总结报告需由总经理办公室起草文档初稿后下发至各部门，各部门将各自工作报告填入格式文档后返回至总经理办公室。经总经理助理提出修改意见后返还至各部门修改。各部门按照修改意见整理后递交总经理助理，由总经理助理汇总并上报总经理，具体流程如图 4-1 所示。

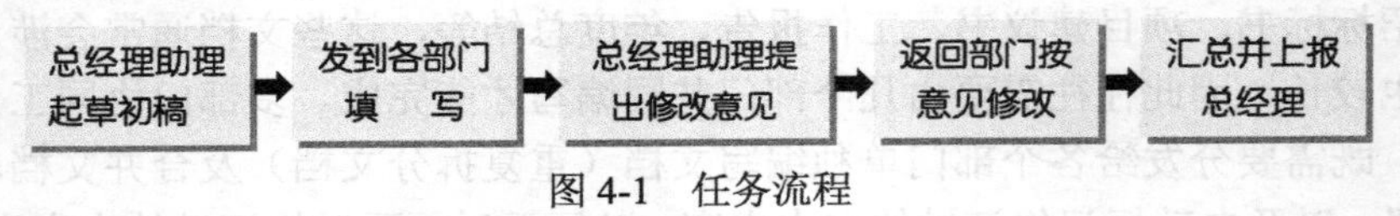

图 4-1　任务流程

年终工作总结报告各环节图示如图 4-2 所示，各环节用到的知识如下。

- 总经理助理起草初稿：创建主控文档，生成子文档，文档保护（限制格式编辑）；
- 总经理助理提出修改意见：插入意见批注；
- 返回部门按意见修改：修订，合并与比较文档；
- 汇总并上报总经理：接受或拒绝修订，转为普通文档，标记文档为最终状态。

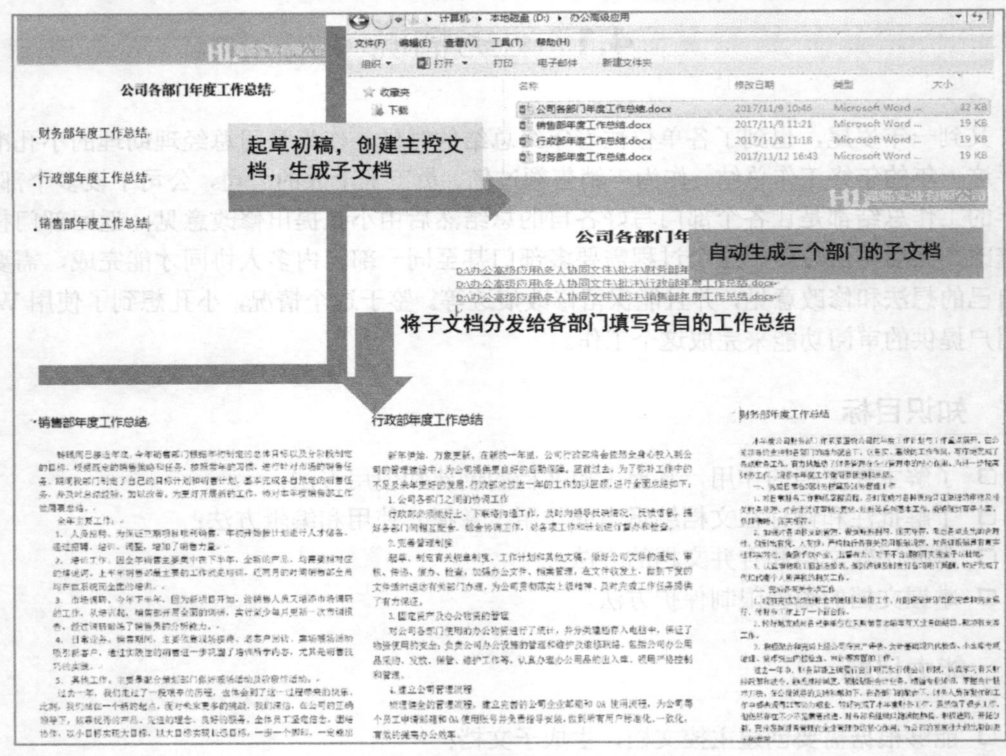

图 4-2　年终工作总结报告各环节图示

图 4-2　年终工作总结报告各环节图示（续）

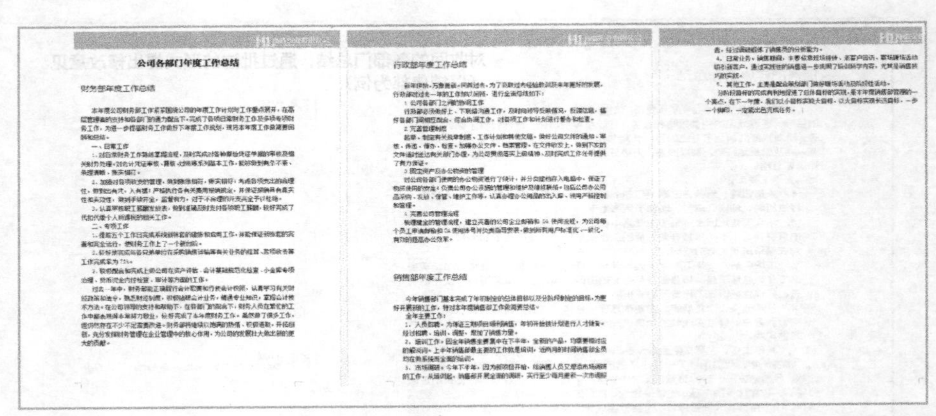

图 4-2　年终工作总结报告各环节图示（续）

微课

4.3 任务实施

4.3.1　创建主控文档并生成子文档

1. 主控文档及作用

主控文档是一组单独文件（或子文档）的容器，使用主控文档可创建并管理多个文档。主控文档包含与一系列相关子文档关联的链接（链接：将某个程序创建的信息副本插入 Word 文档，并维护两个文件之间的连接。如果更改了源文件中的信息，则目标文档中将自动刷新该更改）。可以使用主控文档将长文档分成较小的、更易于管理的子文档，从而便于组织和维护。

本任务将利用主控文档创建并管理各个部门的年度总结子文档。

2. 创建主控文档

新建一个名为“年度工作总结（主控文档）.docx”的 Word 文档，输入如图 4-3 所示文本内容，设置标题“公司各部门年度工作总结”为“标题”样式，设置各部门年度工作总结标题为“标题 1”样式。

微课

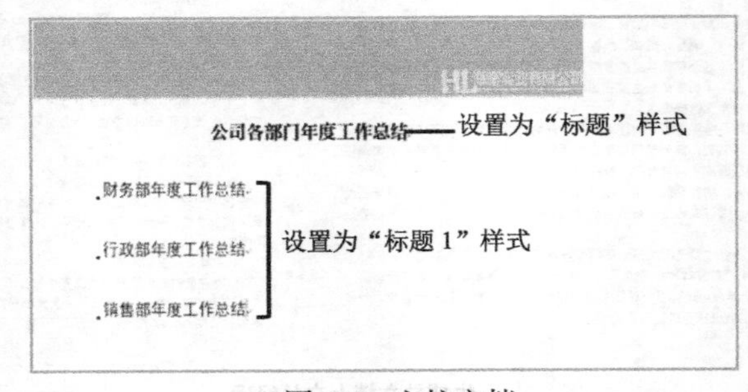

图 4-3　主控文档

3. 生成子文档

将图 4-3 中标题 1 的内容生成三个子文档。

（1）单击【视图】→【视图】→【大纲视图】按钮切换到大纲视图。

（2）选中如图 4-4 中所示标题 1 内容，单击【主控文档】选项组中的【显示文档】按钮，在展开的命令项中单击【创建】按钮。将大纲中的标题 1 指定为子文档。

（3）关闭大纲视图，回到页面视图。

（4）重新保存文档后，打开主控文档所在文件夹，发现已生成三个以标题 1 内容为文件名的子文档，如图 4-5 所示。

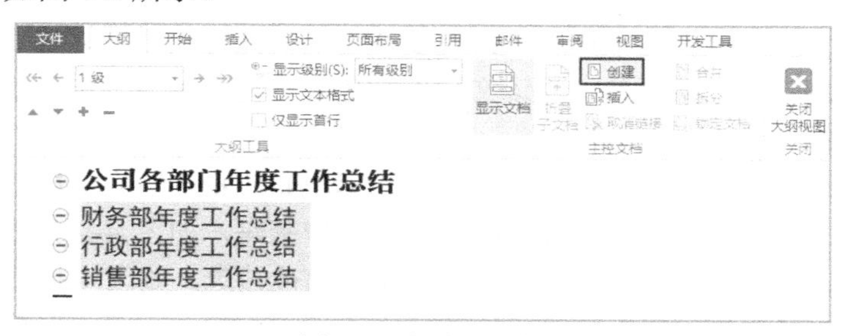

图 4-4　创建子文档

共享　新建文件夹
名称　修改日期　类型　大小
年度工作总结(主控文档).docx　2017/11/...　Microsoft Word ...　34 KB
财务部年度工作总结.docx　2017/11/...　Microsoft Word ...　16 KB
销售部年度工作总结.docx　Microsoft Word ...　16 KB
行政部年度工作总结.docx　2017/11/...　Microsoft Word ...　16 KB
生成三个子文档

图 4-5　生成三个子文档

相关知识

在创建子文档之前，也可以先将现有文档内容插入到子文档标题后（注意要设置为“正文文本”样式）。方法：单击图 4-6 所示【主控文档】选项组中的【插入】按钮，在【插入子文档】对话框中选择要打开的文件，即可插入内容，然后再单击【主控文档】选项组中的【创建】按钮。插入后效果如图 4-7 所示。

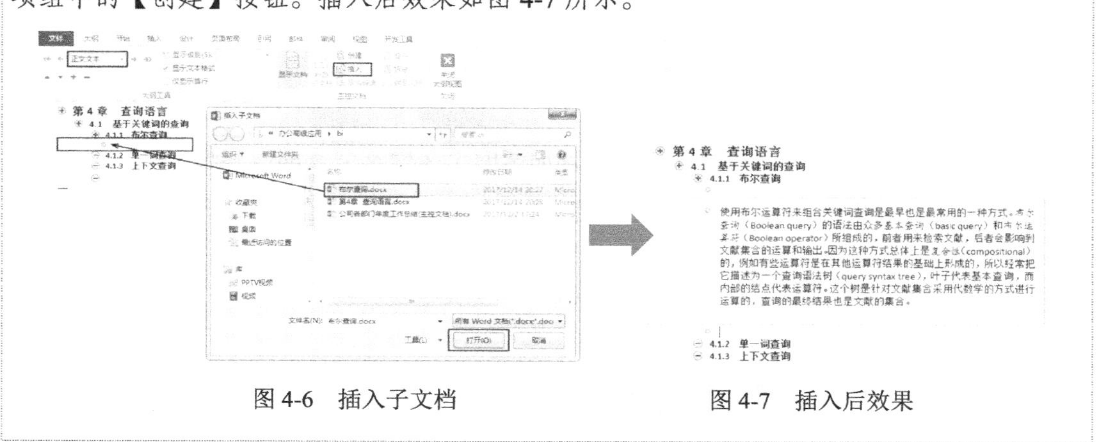

图 4-6　插入子文档　　图 4-7　插入后效果

4. 设置限制子文档格式

生成子文档后，就可以准备将其发给各个部门填写各自的工作总结了。为了保证各子文档格式的统一，在分发之前，可以先设置好子文档的格式，并限制各部门对子文档进行格式设置，这就用到保护文档中的限制格式编辑功能，设置方法如下：

（1）打开“财务部年度工作总结”文档，设置标题和正文格式，并更新样式库中的标题和正文样式，如图 4-8 所示。

（2）单击【审阅】→【保护】→【限制编辑】按钮，右侧弹出【限制编辑】窗格，勾选“1.格式设置限制”下的“限制对选定的样式设置格式”复选框；单击其下【设置】按钮，弹出【格式设置限制】对话框，在此可以勾选当前允许使用的样式，此处单击【无】按钮，再单击【确定】按钮后弹出“该文档可能包含不允许的格式或样式，您是否希望将其删除？”提示框，单击【否】按钮。

（3）如果想现在就启动强制保护，单击“3.启动强制保护”下的【是，启动强制保护】按钮，在弹出的【启动强制保护】对话框中输入保护密码，如图 4-9 所示，单击【确定】按钮即可看到当前文档的格式选项变为灰色，显示已被锁定，如图 4-10 所示。若想解除格式设置限制，单击【限制编辑】窗格下方的【停止保护】按钮，输入保护密码即可。

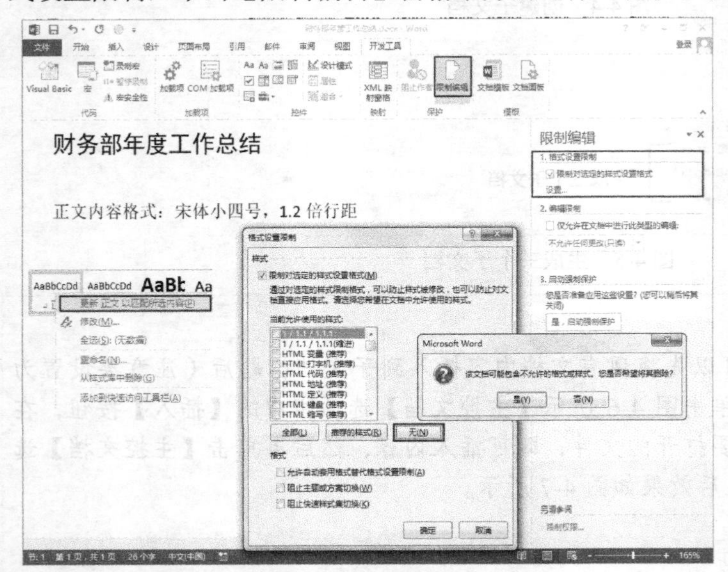

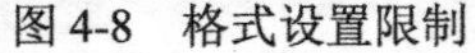

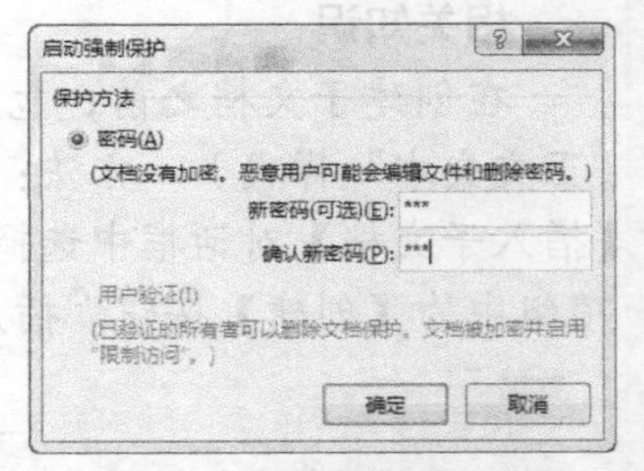

图 4-8　格式设置限制　　　　图 4-9　设置保护密码

完成以上操作，小孔就可以将三个格式加密的子文档发给各部门填写了。

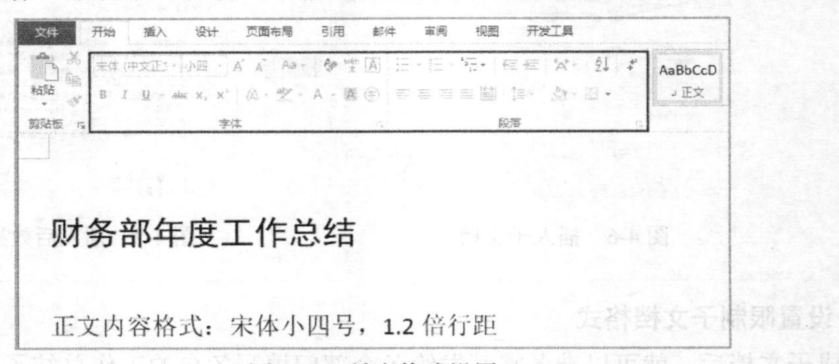

图 4-10　锁定格式设置

4.3.2 批注

各部门填写好各自的年度总结后，提交给总经理助理，总经理助理根据公司相关要求对提交上来的年度总结进行审阅并提出修改意见。为了不对文档本身进行修改，可以使用“批注”功能对文档进行注释说明，提出自己的修改意见。添加批注后效果如图 4-11 所示。

相关知识

批注是附加在文档上的注释，显示在文档的页边距或审阅窗格中。批注不是文档的一部分，只是审阅者提出的意见和建议等信息。

行政部年度工作总结

新年伊始，万象更新。在新的一年里，公司行政部将会依然全身心投入到公司的管理建设中，为公司提供更良好的后勤保障。回首过去，为了弥补工作中的不足及来年更好的发展，行政部对过去一年的工作加以回顾，进行全面总结如下：

1. 公司各部门之间的协调工作

行政部必须做好上、下联络沟通工作，及时向领导反映情况，反馈信息，搞好各部门间相互配合，综合协调工作，对各项工作和计划进行督办和检查。

2. 完善管理制度

起草、制定有关规章制度、工作计划和其他文稿。做好公司文件的通知、审核、传递、催办、检查。加强办公文件、档案管理。在文件收发上，做到下发的文件适时送达有关部门办理，为公司贯彻落实上级精神、及时完成工作任务提供了有力保证。

3. 固定资产及办公物资的管理

对公司各部门使用的办公物资进行了统计，并分类建档存入电脑中，保证了物资使用的安全；负责公司办公设施的管理和维护及维修联络。包括公司办公用品采购、发放、保管、维护工作等，认真办理办公用品的出入库、领用严格控制和管理。

4. 建立公司管理流程

梳理健全的管理流程，建立完善的公司企业邮箱和 OA 使用流程，为公司每个员工申请邮箱和 OA 使用账号并负责指导安装，做到所有用户标准化、一致化，有效的提高办公效率。

孔凡斌 → 批注人
删除该句 → 批注内容

孔凡斌
目的表述不准确，请修改。

孔凡斌
标题过大，请使用与工作相适应的标题

销售部年度工作总结

转眼间已接近年底，今年销售部门根据年初制定的总体目标以及分阶段制定的目标，根据既定的销售策略和任务，按照常年的习惯，进行针对市场的销售任务。期间我部门制定了自己的目标计划和销售计划，基本完成各自预定的销售任务，并及时总结经验，加以改善。为更好开展新的工作，特对本年度销售部工作做简要总结。

全年主要工作：

1. 人员招聘。为保证三期项目顺利销售，年初开始按计划进行人才储备。经过招聘、培训、调整，增加了销售力量。

2. 培训工作。因全年销售主要集中在下半年，全新的产品，均需要相对应的解说词。上半年销售部最主要的工作就是培训，近两月的时间销售部全员均在做系统而全面的培训。

3. 市场调研。今年下半年，因为新项目开始，给销售人员又增添市场调研的工作，从培训起，销售部开展全面的调研，实行至少每月更新一次市调报告，经过调研锻炼了销售员的分析能力。

4. 日常业务。销售期间，主要依靠现场接待、老客户回访、案场暖场活动吸引新客户，通过实践性的销售进一步巩固了培训所学内容，尤其是销售技巧的实践。

5. 其他工作。主要是配合策划部门做好暖场活动及阶段性活动。

过去一年，我们走过了一段艰辛的历程，也体会到了这一过程带来的快乐。此刻，我们站在一个新的起点，面对未来更多的挑战，我们深信，在公司的正确领导下，依靠优秀的产品、先进的理念、良好的服务，全体员工坚定信念，团结协作，以小目标实现大目标，以大目标实现长远目标，一步一个脚印，一定能出色完成任务。

孔凡斌
去掉口语化表述

孔凡斌
冗余内容对于总结没有意义，请更改。

图 4-11　添加批注后效果

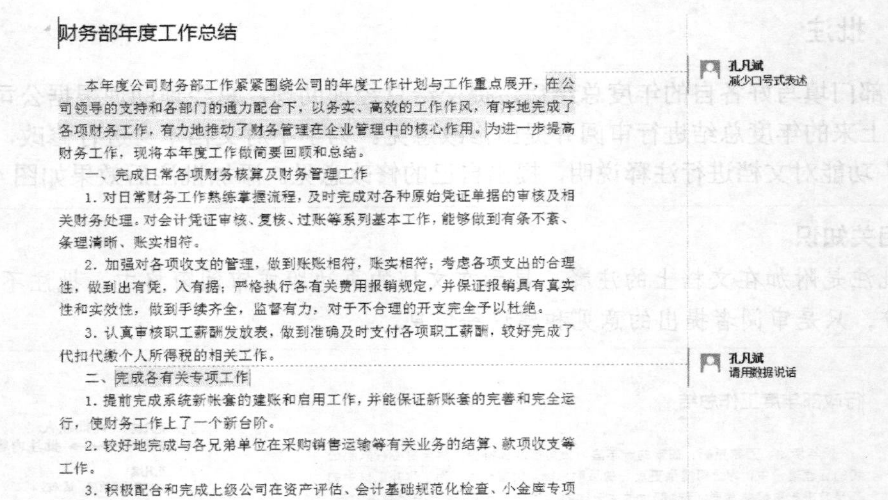
财务部年度工作总结

本年度公司财务部工作紧紧围绕公司的年度工作计划与工作重点展开，在公司领导的支持和各部门的通力配合下，以务实、高效的工作作风，有序地完成了各项财务工作，有力地推动了财务管理在企业管理中的核心作用。为进一步提高财务工作，现将本年度工作做简要回顾和总结。

一、完成日常各项财务核算及财务管理工作

1. 对日常财务工作熟练掌握流程，及时完成对各种原始凭证单据的审核及相关财务处理。对会计凭证审核、复核、过账等系列基本工作，能够做到有条不紊、条理清晰、账实相符。

2. 加强对各项收支的管理，做到账账相符，账实相符；考虑各项支出的合理性，做到出有凭，入有据；严格执行各有关费用报销规定，并保证报销具有真实性和实效性，做到手续齐全，监督有力，对于不合理的开支完全予以杜绝。

3. 认真审核职工薪酬发放表，做到准确及时支付各项职工薪酬，较好完成了代扣代缴个人所得税的相关工作。

二、完成各有关专项工作

1. 提前完成系统新帐套的建账和启用工作，并能保证新账套的完善和完全运行，使财务工作上了一个新台阶。

2. 较好地完成与各兄弟单位在采购销售运输等有关业务的结算、款项收支等工作。

3. 积极配合和完成上级公司在资产评估、会计基础规范化检查、小金库专项治理、货币资金内控检查、审计等方面的工作。

孔凡斌 减少口号式表述

孔凡斌 请用数据说话

图 4-11　添加批注后效果（续）

1. 批注与修订相关设置

在对文档进行批注和修订之前，可以根据需要设置批注与修订的用户名、位置、外观等内容。

1）设置批注或修订者名称

批注中有“孔凡斌”字样，这个标记中的“孔凡斌”是当前 Word 使用者的用户名，用户名用于标记是哪位审阅者所做的批注和修订。

设置方法：打开【Word 选项】对话框，在【常规】选项卡下“用户名”文本框中修改 Word 用户名，如图 4-12 所示。

2）设置批注与修订的位置

批注与修订在文档中的显示方式有三种：“在批注框中显示修订”“以嵌入方式显示所有修订”“仅在批注框中显示批注和格式”，如图 4-13 所示。

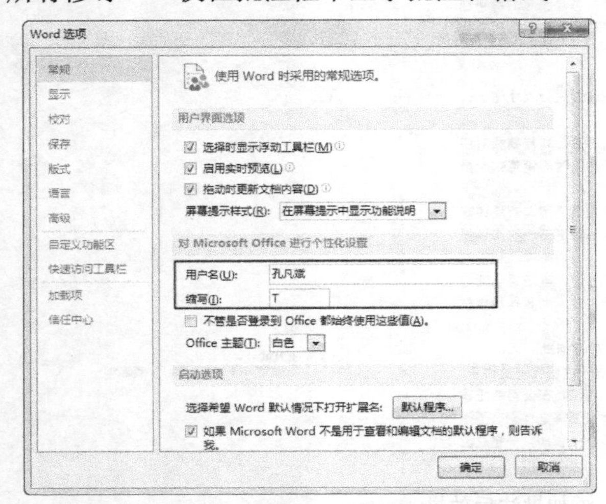

图 4-12　修改 Word 用户名

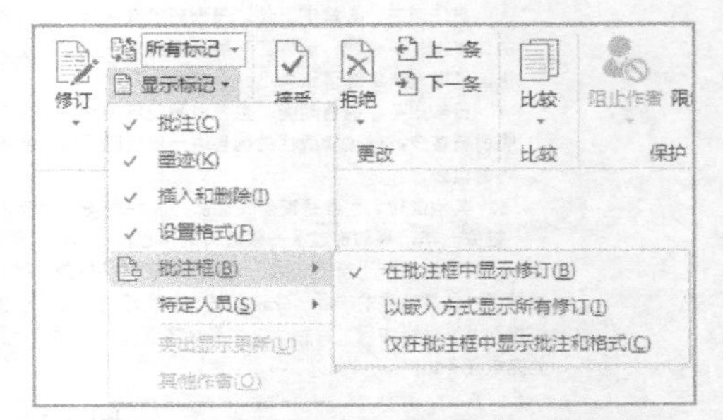

图 4-13　设置批注与修订的显示方式

① 在批注框中显示修订（默认设置）。修订和批注同时显示在页面右侧的批注框中，如图 4-14 所示。

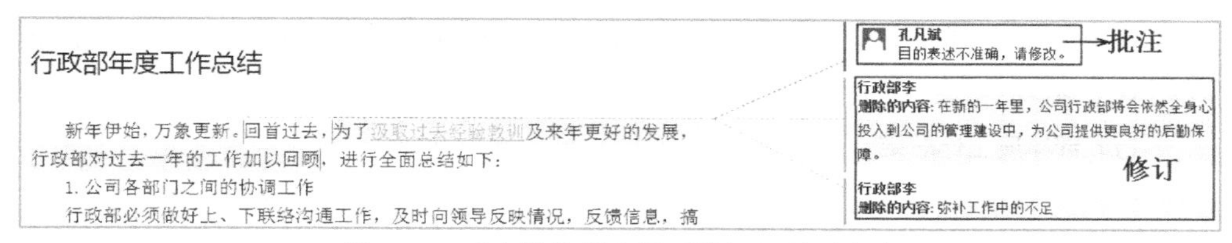

行政部年度工作总结
新年伊始，万象更新。回首过去，为了汲取过去经验教训及来年更好的发展，
行政部对过去一年的工作加以回顾，进行全面总结如下：
1. 公司各部门之间的协调工作
行政部必须做好上、下联络沟通工作，及时向领导反映情况，反馈信息，搞
孔凡斌
目的表述不准确，请修改。
批注
行政部李
删除的内容: 在新的一年里，公司行政部将会依然全身心投入到公司的管理建设中，为公司提供更良好的后勤保障。
修订
行政部李
删除的内容: 弥补工作中的不足

图 4-14 “在批注框中显示修订”显示方式

② 以嵌入方式显示所有修订。使用批注框显示批注和修订时，由于批注框显示在页面右侧的页边距区域内，会使得页面宽度增加。如果不想页面宽度改变，可以选择“以嵌入方式显示所有修订”选项，同时将批注和修订在正文中嵌入显示，效果如图 4-15 所示。

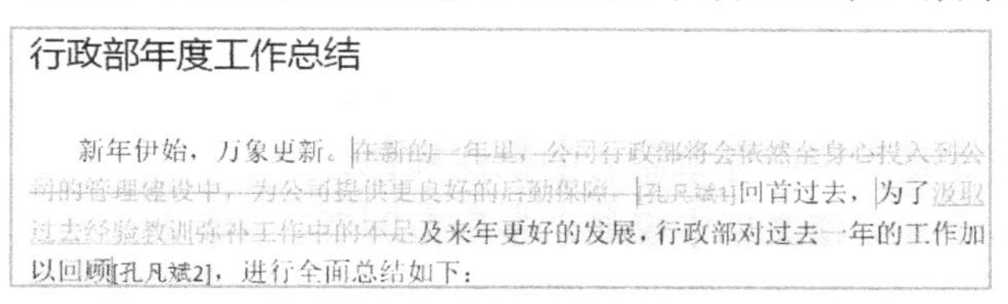

行政部年度工作总结
新年伊始，万象更新。在新的一年里，公司行政部将会依然全身心投入到公司的管理建设中，为公司提供更良好的后勤保障。[孔凡斌1]回首过去，为了汲取过去经验教训弥补工作中的不足及来年更好的发展，行政部对过去一年的工作加以回顾[孔凡斌2]，进行全面总结如下：

图 4-15 “以嵌入方式显示所有修订”显示方式

③ 仅在批注框中显示批注和格式。选择该方式，修订显示于正文中，批注显示于批注框中，效果如图 4-16 所示。

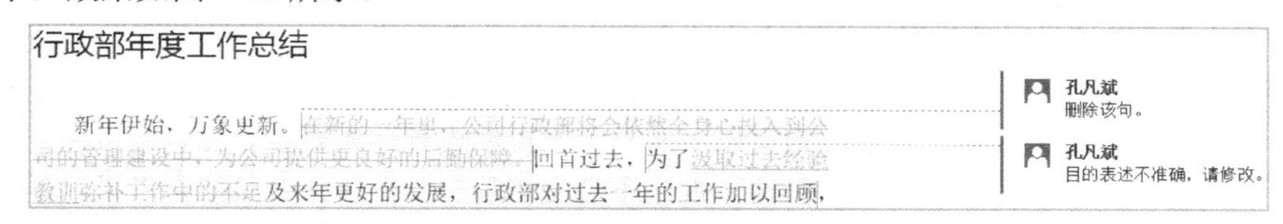

图 4-16 “仅在批注框中显示批注和格式”显示方式

3）设置批注和修订外观

单击【审阅】选项卡【修订】组右下方的对话框启动按钮，在打开的对话框中单击【高级选项】按钮，弹出【高级修订选项】对话框，可以根据个人对颜色的喜好，对批注和修订标记的颜色等进行设置，如图 4-17 所示。

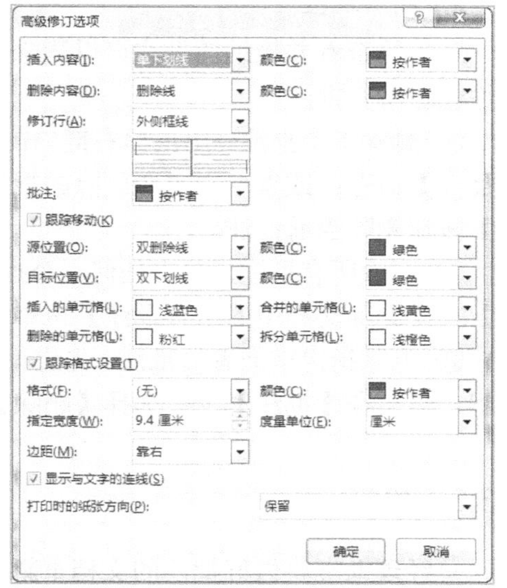

图 4-17 【高级修订选项】对话框

2. 添加与管理批注

1）插入批注

在文档中选择要进行批注的内容，单击【审阅】→【批注】→【新建批注】按钮，将在页面右侧显示一个批注框。直接在批注框中输入批注，再单击批注框外的任何区域，即可完成批注插入。对于同一文档，可以由多名审阅者同时添加批注。

微课

例如，对“行政部年度工作总结”文档内容添加批注，选中“在新的一年里，公司行政部将会依然全身心投入到公司的管理建设中，为公司提供更良好的后勤保障。”文本内容，单击【审阅】→【批注】→【新建批注】按钮，页面右侧显示批注框，在批注框中输入批注内容“删除该句。”，如图4-18所示。

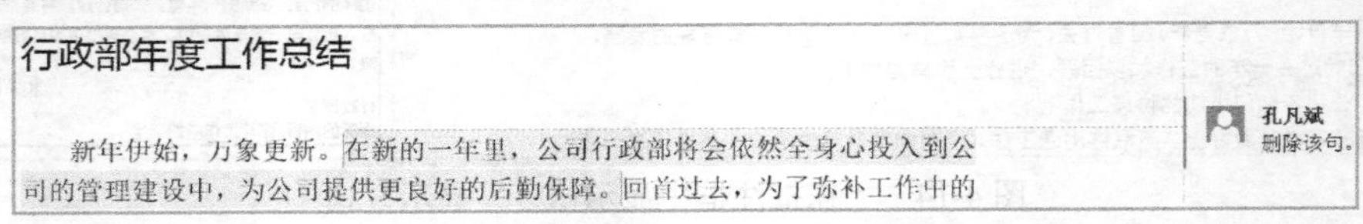

图4-18　插入批注

2）编辑批注

如果批注意见需要修改，单击批注框，进行修改后再单击批注框外的任何区域即可。

3）指定审阅者及查看批注

① 指定审阅者。Word中允许有多人参与批注或修订操作，文档默认状态是显示所有审阅者的批注和修订的。可以通过指定审阅者，使文档中仅显示指定审阅者的批注和修订，便于用户快速了解该审阅者的编辑意见。指定审阅者的方法：选择【审阅】→【修订】→【显示标记】→【特定人员】命令，选中指定审阅者前的复选框，如图4-19所示，指定审阅者为孔凡斌。

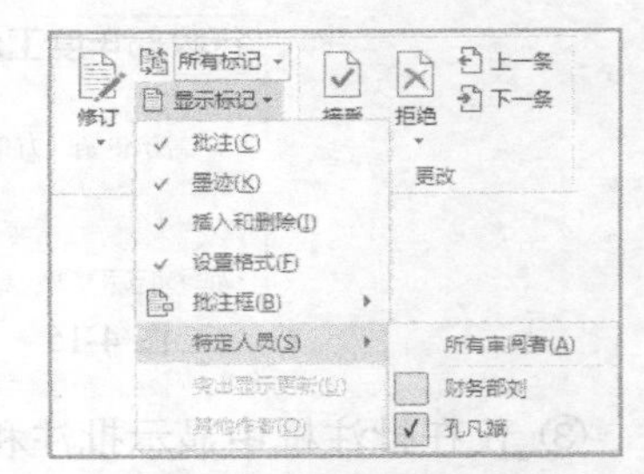

图4-19　指定审阅者

② 查看批注。对于加了许多批注的长文档，直接用鼠标翻页的方法查看批注，既费神又容易遗漏，Word提供了自动逐条定位批注的功能。在【审阅】选项卡的【批注】选项组中，单击【上一条】【下一条】按钮可以对所显示的批注进行逐条查看。在查看批注的过程中，作者可以采纳或忽略审阅者的批注。批注不是文档的一部分，作者只能参考批注的意见和建议，如果要将批注框内的内容直接用于文档，需要通过复制粘贴实现。

4）删除批注

对于已查看并接纳的批注可以删除。可以有选择性地进行单个或部分删除，也可以一次性删除所有批注。

① 删除单个批注。用鼠标右键单击需要删除的批注框，在弹出的快捷菜单中选择【删除批注】命令；或者单击需要删除的批注框，在【审阅】选项卡下【批注】组中单击【删除】按钮删除当前批注。

② 删除所有批注。单击任何一个批注框，在【审阅】选项卡下【批注】组中选择【删除】→【删除文档中的所有批注】命令，将文档中所有批注删除掉。

③ 删除指定审阅者的批注。先进行指定审阅者操作，使当前仅显示指定审阅者的批注内容，然后在【批注】组中选择【删除】→【删除所有显示的批注】命令即可。

4.3.3　修订

总经理助理将做好批注的文档重新分发给各部门，各部门收到后需要根据批注意见进行文档的修改订正。为了便于批注者（总经理助理）能够看到对文档都做了哪些修改操作，需要使用修订功能来标记这些操作，批注者也可以根据需要接受或拒绝每处的修订。只有接受修订，文档的编辑才能生效，否则文档将保留原内容。

微课

1. 打开/关闭文档修订功能

要想跟踪文档中所有修订的内容并标记下来，必须在“修订”状态下修改文档。所以在修订之前首先应打开修订功能。具体操作为：打开所要修订的文档，单击【审阅】→【修订】组下的【修订】按钮，这时修订按钮会加亮突出显示，这样就开启了文档的修订状态，如图 4-20 所示。

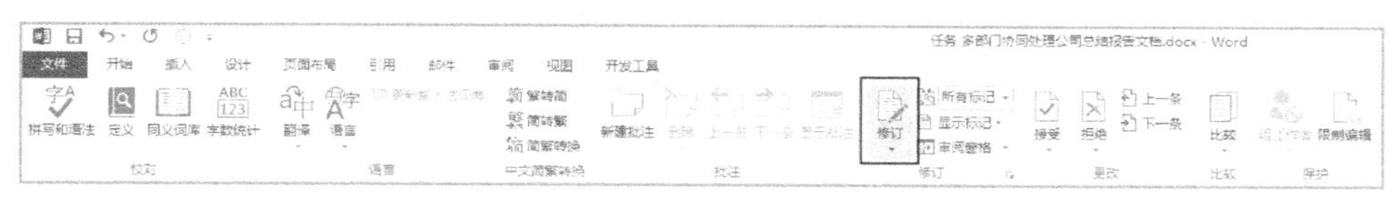

图 4-20　开启文档修订状态

启用文档修订功能后，作者或审阅者的每一次插入、删除、修改或更改格式，都会被自动标记出来。用户可以在日后对修订进行确认或取消操作，防止误操作对文档带来的损害，提高了文档的安全性和严谨性。

若想关闭修订功能，再单击一次图 4-20 中的【修订】按钮即可。

2. 各部门根据批注意见进行修订

打开修订功能后，就可以对文档进行修订操作了。以行政部的修订操作为例，修订后效果如图 4-21 所示。

具体操作步骤：选中“在新的一年里……后勤保障。”并删除这句文字，右侧批注框随即标记出“行政部李”所做的修改。删除“弥补工作中的不足”文字，并在此处输入“汲取过去经验教训”文字，则在文档中以下画线和带颜色的形式显示添加的内容，右侧框中也标记出删除的内容，如图 4-21 所示。

原内容、修订、修订后内容前后对比如图 4-22 所示。

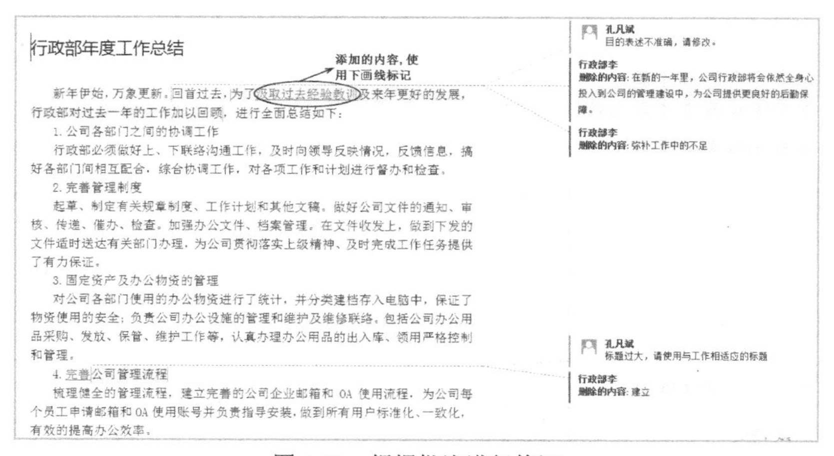

图 4-21　根据批注进行修订

财务部和行政部所做修订如图 4-23 和图 4-24 所示。注意：财务部的修订是由两个人（财务部王、财务部刘）合作完成的。

原内容	新年伊始，万象更新。在新的一年里，公司行政部将会依然全身心投入到公司的管理建设中，为公司提供更良好的后勤保障。回首过去，为了弥补工作中的不足及来年更好的发展，行政部对过去一年的工作加以回顾，进行全面总结如下：
批注与修订	新年伊始，万象更新。回首过去，为了汲取过去经验教训及来年更好的发展，行政部对过去一年的工作加以回顾，进行全面总结如下： 孔凡斌：目的表述不准确，请修改。 行政部李 删除的内容：在新的一年里，公司行政部将会依然全身心投入到公司的管理建设中，为公司提供更良好的后勤保障。
修订后内容	新年伊始，万象更新。回首过去，为了汲取过去经验教训及来年更好的发展，行政部对过去一年的工作加以回顾，进行全面总结如下：

图 4-22　原内容、修订、修订后内容前后对比

财务部年度工作总结

本年度公司财务部工作紧紧围绕公司的年度工作计划与工作重点展开，在高层管理者的支持和各部门的通力配合下，完成了各项日常财务工作及多项专项财务工作，为进一步提高财务工作做好下年度工作规划，现将本年度工作做简要回顾和总结。

一、日常工作

1. 对日常财务工作熟练掌握流程，及时完成对各种原始凭证单据的审核及相关财务处理。对会计凭证审核、复核、过账等系列基本工作，能够做到有条不紊、条理清晰、账实相符。

2. 加强对各项收支的管理，做到账账相符，账实相符；考虑各项支出的合理性，做到出有凭，入有据；严格执行各有关费用报销规定，并保证报销具有真实性和实效性，做到手续齐全，监督有力，对于不合理的开支完全予以杜绝。

3. 认真审核职工薪酬发放表，做到准确及时支付各项职工薪酬，较好完成了代扣代缴个人所得税的相关工作。

二、专项工作

1. 提前五个工作日完成系统新帐套的建账和启用工作，并能保证新账套的完善和完全运行，使财务工作上了一个新台阶。

2. 较好地完成与各兄弟单位在采购销售运输等有关业务的结算、款项收支等工作完成率为72%。

孔凡斌：减少口号式表述

财务部王 删除的内容：公司领导

财务部王 删除的内容：以务实、高效的工作作风，有序地

财务部王 删除的内容：有力地推动了财务管理在企业管理中的核心作用。

财务部王 删除的内容：完成

财务部王 删除的内容：各项财务核算及财务管理

孔凡斌：请用数据说话

财务部刘 删除的内容：完成各有关

图 4-23　财务部所做修订

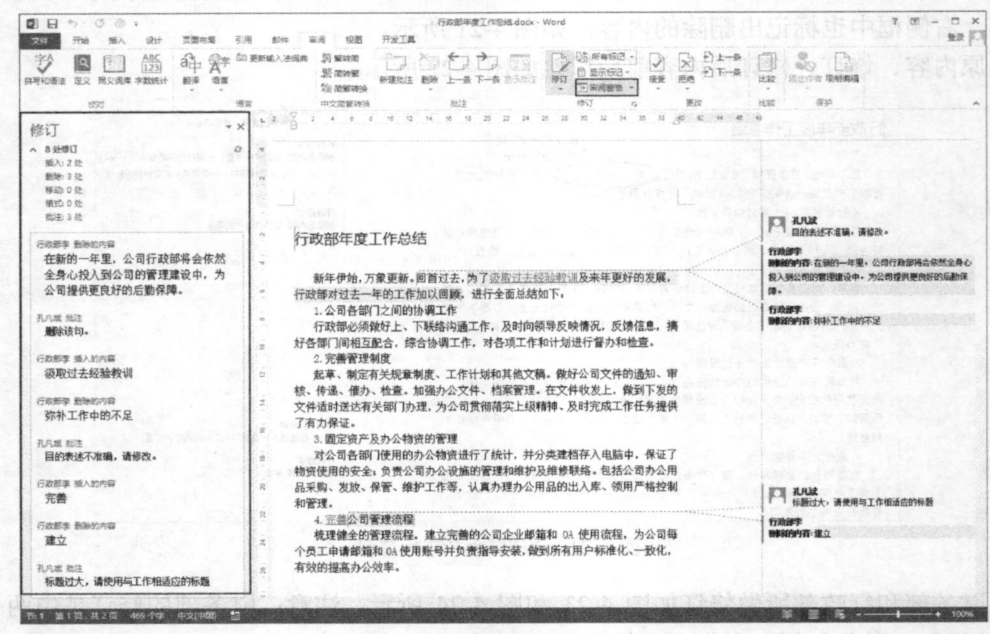

图 4-24　行政部所做修订

相关知识

审阅窗格。

审阅窗格可以分门别类地记录所有人对文档做的各种改动，这在多人同时修改或者批注一个文档时，可以很方便地帮阅读者定位到任何一处修改过或批注过的位置，如图 4-24 左侧框中所示。显示审阅窗格的方法：单击【审阅】→【修订】→【审阅窗格】按钮即可。

4.3.4 合并与比较文档

如果有多个修订者针对同一文档进行了修订处理工作，那么如何将所有修订者所做的修改组合到同一文档中，以及一定情况下如何比较修订前后文档都做过哪些修改？审阅中的合并与比较文档功能为此提供了很好的支持，利用它可实现对所有修订者所做修改的记录和标记，以方便阅读者进行查看。

1. 合并文档

微课

合并文档是将多位修订者的修订组合到一个文档中。例如本任务中，财务部小王和小刘分别对文档进行了修订，修订后文档分别为“王.docx”和“刘.docx”。怎样将两个修订文档合并为一个文档，这就用到了合并文档功能。

打开两个文档中的任意一个，如打开“刘.docx”，单击【审阅】→【比较】→【合并】按钮，打开【合并文档】对话框，如图 4-25 所示，设置“原文档”为“刘.docx”，“修订的文档”为“王.docx”，确定后，生成一个新文档“合并结果 1.docx”，即为合并的修订文档。关闭新文档，改文件名为“财务部年度工作总结.docx”。

2. 比较文档

微课

有时需要对同一篇文章进行多次修改，或者不同人对同一篇文章进行修改，修改的次数多了，难免会杂乱。有没有简单的方法比较两个文档的差异呢？Word 提供了比较文档功能。

本任务中，两个文档“财务部年度工作总结.docx”和“修后-财务部年度工作总结.docx”分别为原文档和修订后的文档，下面利用比较文档功能进行文档的比较。

打开“财务部年度工作总结.docx”文档，单击【审阅】→【比较】→【比较】按钮，打开【比较文档】对话框，设置“原文档”和“修订的文档”，如图 4-26 所示，确定后，生成一个新文档，如图 4-27 所示，所做修改一目了然。

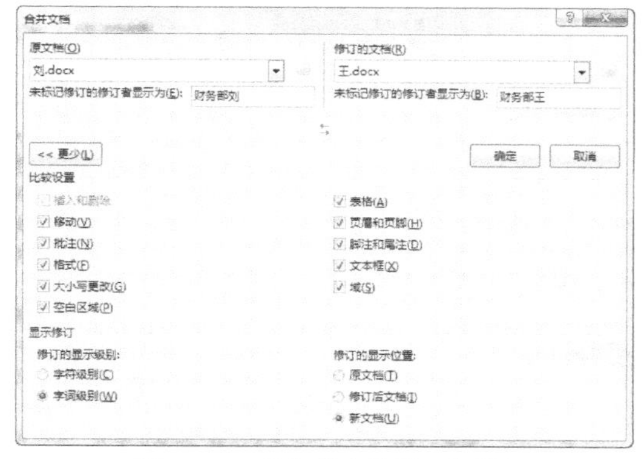

图 4-25 【合并文档】对话框

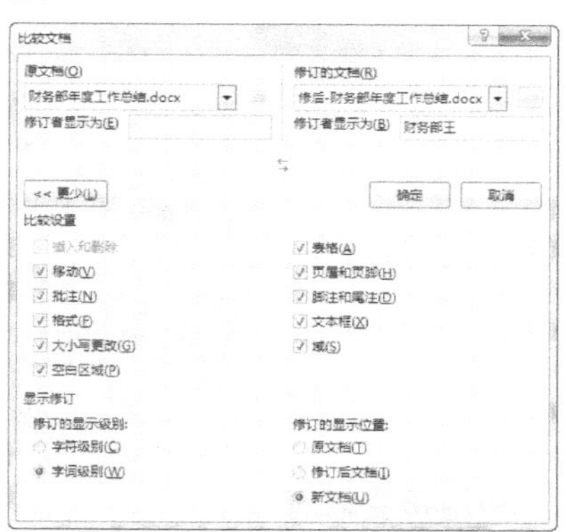

图 4-26 【比较文档】对话框

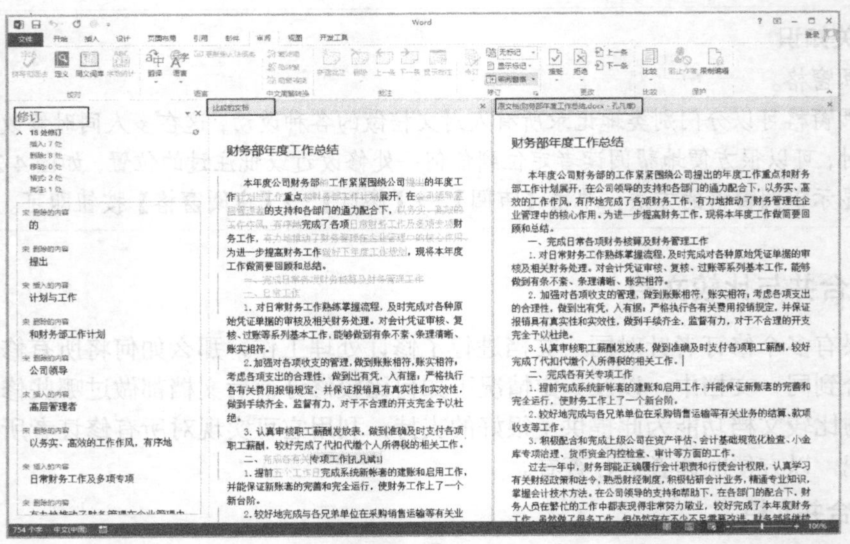

图 4-27　比较结果文档

4.3.5　接受或拒绝修订

总经理助理将各部门修订过的文档复制到原位置（生成子文档时的文件夹），覆盖原同名文件（注意一定要保持文件名不变）。接下来需要根据修订情况进行接受或拒绝修订处理。

1. 接受修订

打开文档，单击【审阅】→【更改】→【接受】按钮，选择【接受此修订】、【接受所有显示的修订】或【接受所有修订】等命令，分别接受单个修订、某个审阅者的修订或所有审阅者的修订。

接受修订后，Word 将修订转为常规文字或格式应用的最终文本，修订标记自动删除。接受修订前后效果如图 4-28 和图 4-29 所示。

财务部年度工作总结
本年度公司财务部工作紧紧围绕公司的年度工作计划与工作重点展开，在高层管理者的支持和各部门的通力配合下，完成了各项日常财务工作及多项专项财务工作，为进一步提高财务工作做好下年度工作规划，现将本年度工作做简要回顾和总结。
孔凡斌
减少口号式表述
财务部王
删除的内容: 公司领导
财务部王
删除的内容: 以务实、高效的工作作风，有序地
财务部王
删除的内容: 有力地推动了财务管理在企业管理中的核心作用。

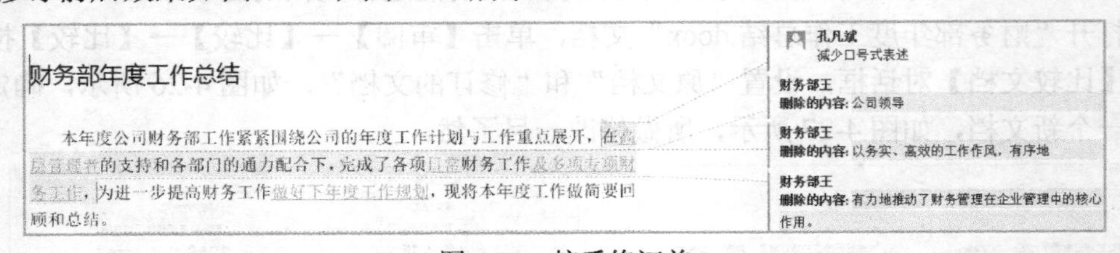

图 4-28　接受修订前

财务部年度工作总结
本年度公司财务部工作紧紧围绕公司的年度工作计划与工作重点展开，在高层管理者的支持和各部门的通力配合下，完成了各项日常财务工作及多项专项财务工作，为进一步提高财务工作做好下年度工作规划，现将本年度工作做简要回顾和总结。

图 4-29　接受修订后

2. 拒绝接受修订

单击【审阅】→【更改】→【拒绝】按钮，选择【拒绝更改】、【拒绝所有显示

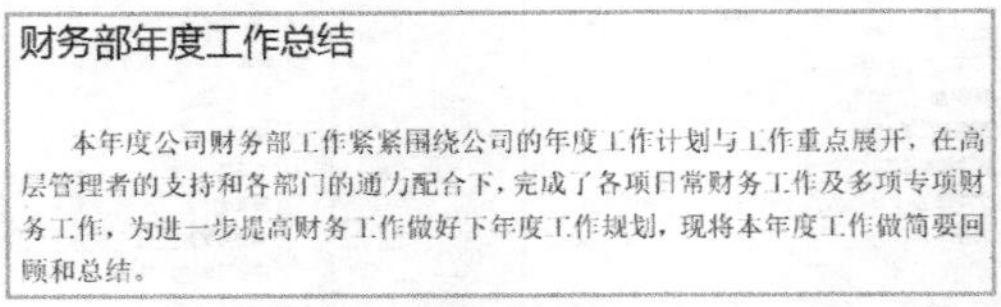

的修订】或【接受所有修订】等命令，分别拒绝单个修订、某个审阅者的修订或所有审阅者的修订。

4.3.6 转为普通文档

报告完成后需要交给总经理审阅，考虑到主文档打开时不会自动显示内容且必须附上所有子文档等问题，显然不宜直接上交主文档。因此还需要把编辑好的主文档转成一个普通文档再上交。

打开主文档“公司各部门年度工作总结.docx”，如图 4-30 所示。在大纲视图下，单击【大纲】选项卡中的【展开子文档】按钮以完整显示所有子文档内容。单击【大纲】选项卡中的【显示文档】按钮展开【主控文档】区，将光标依次放置在各个子文档中，单击【取消链接】按钮即可，如图 4-31 所示。最后将当前文档另存为一个新文件，即可得到合并后的普通文档，如图 4-32 所示。此时最好另存为而不要直接保存，毕竟原来的主文档以后再编辑可能还用得到。

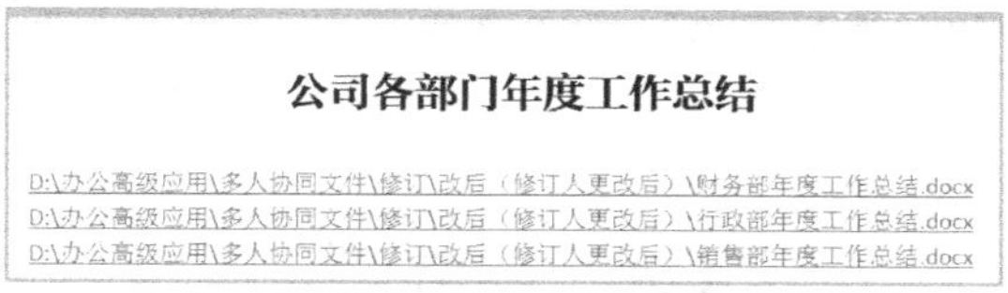

公司各部门年度工作总结

D:\办公高级应用\多人协同文件\修订\改后（修订人更改后）\财务部年度工作总结.docx
D:\办公高级应用\多人协同文件\修订\改后（修订人更改后）\行政部年度工作总结.docx
D:\办公高级应用\多人协同文件\修订\改后（修订人更改后）\销售部年度工作总结.docx

图 4-30　公司各部门年度工作总结主文档

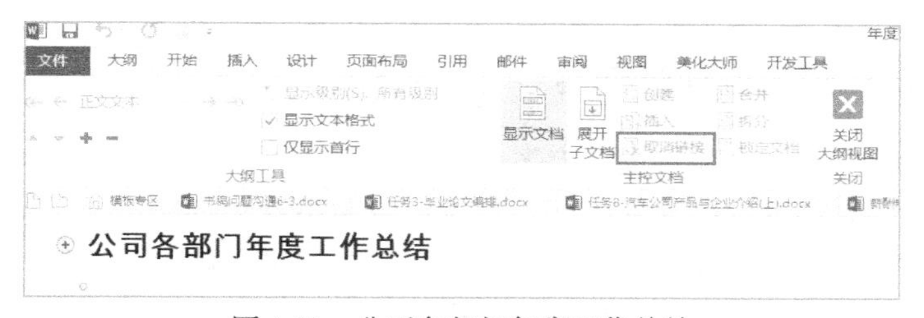

图 4-31　公司各部门年度工作总结

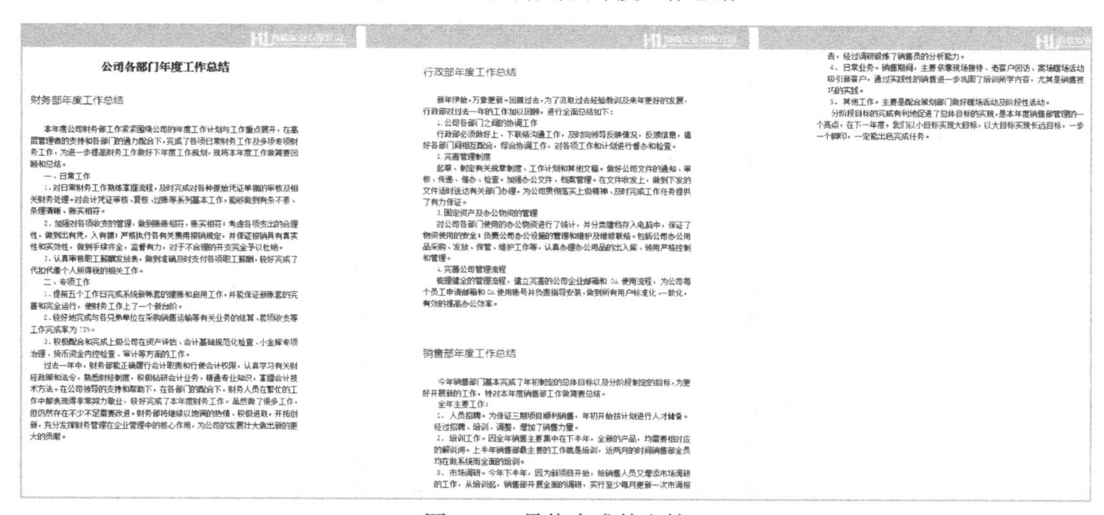

公司各部门年度工作总结

财务部年度工作总结

行政部年度工作总结

销售部年度工作总结

图 4-32　最终生成的文档

事实上，在 Word 中单击【插入】→【文本】→【对象】→【文件中的文字】按钮也可以快速合并多人分写的文档，操作还要简单得多。之所以要使用主控文档，主要在于主文档中进行的格式设置、修改、修订等内容都能自动同步到对应子文档中，这一点在需要重复修改、拆分、合并时特别重要。

4.3.7 标记文档的最终状态

如果文档已经确定修改完成，用户可以将文档标记成最终状态，即最终版本。该操作可以将文档设置为只读，并禁用相关的内容编辑命令。

将文档标记成最终状态的操作步骤如下：单击 Word 工具栏左上角【文件】→【信息】按钮，在打开的窗口中单击【保护文档】按钮，在弹出的下拉列表中选择【标记为最终状态】命令，完成设置，如图 4-33 所示。

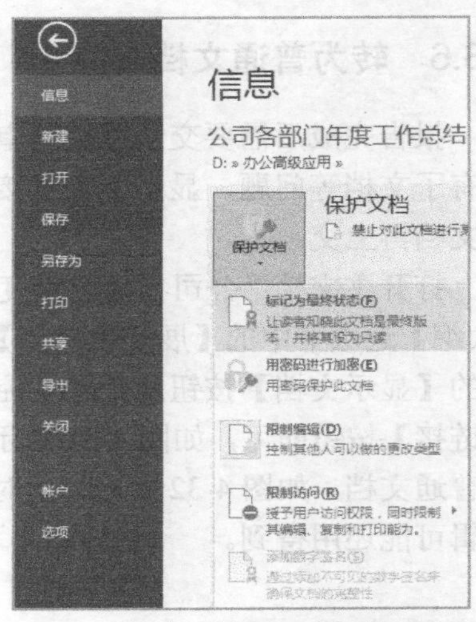

图 4-33　将文档标记成最终状态

4.4 拓展实训

实训 1：多人协作编辑商业计划书

最近策划部起草了一份项目设计方案，完成后交给项目组讨论。讨论会上，大家针对设计方案七嘴八舌地发表自己的意见，而负责记录的小雅根本来不及记录清楚。此时最好的解决方法就是组里的全体成员，自己动手对设计方案进行修改，添加自己的想法，并且保留修改痕迹，最后由小雅简单汇总整理就可以了。为了更真实地模拟这个情境，本实训设置了四个角色：记录人小雅、项目组小青、项目组小薛、项目组小文，并由四个学生充当这四个角色。

实训要求：

（1）由小雅把项目设计方案原稿分发给每个人。

（2）项目组成员各自使用不同颜色对设计方案进行批注和修订，表达自己的修改意见。

（3）小雅使用合并文档功能和审阅功能汇总修改意见，并完成终稿。

提示：修订人如果发现设计方案中有错字、漏字、多字等错误，建议使用修订功能进行标注；如果有不同的意见和想法，可以使用批注功能进行标注。

实训 2：云端在线文档协同处理

随着云计算、云存储等技术的发展，利用云端进行在线实时协作成为可能。Google Docs、UzerMe、一起写、石墨文档等都是目前比较流行的在线协作平台（软件）。本实训通过使用 UzerMe 进行多人在线协作文档处理，体验在云端进行实时在线协作的方法。

1. 什么是 UzerMe

UzerMe 是一款云端超级应用平台，能够在线使用 Office、Photoshop、Adobe Illustrator、AutoCAD、Firefox 等办公软件，软件无须安装，无插件，可在浏览器内直接运行，登录账号即可使用，运行不占用本地内存，采取分布式数据存储技术及网银级加密技术。UzerMe 为用户提供云端文档库，可随时打开，随时编辑，任何地点、任何设备，无需下载即可在线编辑。

2. 实训场景

项目组谭皓起草了《×××项目设计方案》文档，需要本单位产品组、设计组、运营组相关人员提出意见并协同修改。

操作提示

（1）输入网址“https//uzer.me”打开 UzerMe 主页，如图 4-34 所示。

图 4-34　UzerMe 主页

（2）注册。所有使用 UzerMe 的用户都必须注册一个账号，如图 4-35 所示。

（3）登录。个人账号登录，如图 4-36 所示。

图 4-35　用户注册

图 4-36　账号登录

（4）登录后打开文档库，上传文件“×××项目设计方案. docx”，如图 4-37 所示。

图 4-37　上传文件到文档库

（5）邀请好友一起协作。打开文件，页面左下方有【上传】【聊天】【参与人列表】【邀请好友】【控制屏幕】等按钮，如图 4-38 所示。单击【邀请好友】按钮，打开如图 4-39 所示链接页面，单击链接地址即可复制当前文档的链接，单击【发送邀请】按钮或使用微信、QQ、E-mail 将文档链接地址发送给一起协作的好友。好友收到链接后打开链接，即可在线打开当前文档。

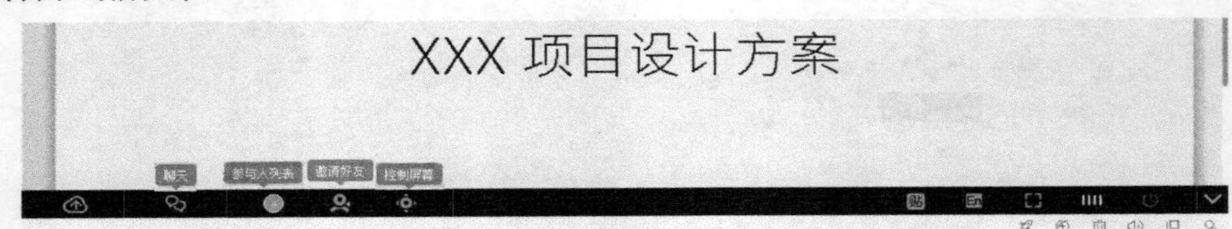

图 4-38　页面各功能按钮

（6）实时聊天互动。单击【聊天】按钮，在打开的互动窗口中输入聊天内容，即可与好友实时在线互动，如 4-40 所示。

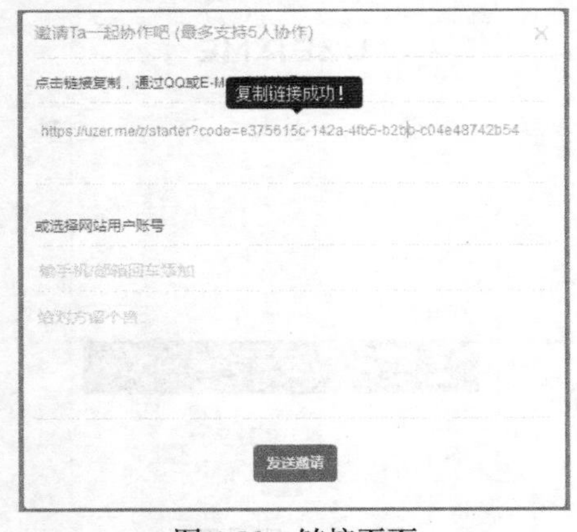

图 4-39　链接页面

图 4-40　聊天页面

（7）协作控制。要想你的好友能修改文档，好友必须先要获取协作控制权，单击【控制屏幕】按钮，在弹出的对话框中选择【我要控制】按钮，如 4-41 所示，即可获得文档控制权。

这样你和你邀请的好友就可以在线协同修改文档了。

（8）处理完毕，可以单击图 4-38 右下方的【退出】按钮 退出文档，弹出如图 4-42 所示退出通知页面。

UzerMe 还有许多功能，读者可尝试使用，在此不再介绍。

图 4-41　获取协作控制权

图 4-42　退出通知页面

4.5　综合实践

大学生社团是高等学校一种特殊的学生组织，是大学生依据个人兴趣、爱好、特长，或自身需要等为基础而组成的自主开展学生活动的志愿性团体。学生社团具有自我服务、自我教育、自我管理、自我发展和重要的社会教化功能，是校园文化的重要组成部分。为了进一步加强校园精神文明建设，促进学生社团的健康发展，规范社团的运行秩序，某社团计划制定该社团的管理条例。因为管理条例中涉及社团多个部门，所以需要他们协同编辑和处理才能完成，请利用所学知识完成管理条例的制作。

任务5

数据可视化分析

在办公过程中，无论是对高层管理人员还是对普通办公职员，数据可视化分析都是至关重要的，这是因为通过可视化将离散的数据拼合成了有用的信息，便于使用者直接识别和应用。数据可视化分析有两大类型，即报表和图形，二者分别从结构化角度细节呈现和从视觉上比对信息变化。报表和图形同时又是一份工作报告中数据信息的最重要的表现形式。

Excel 2013 提供了多种报表生成方法，同时也提供了各种类型图形的生成、编辑方法，可使用户方便、快捷地完成信息的收集和利用工作。下面以在一个实际办公中的应用场景中提取的任务为例，讲述如何利用 Excel2013 提供的工具和方法进行数据可视化分析。

5.1 任务情境

小卓大学毕业后进入一家厨房电器公司，在生产运营部门负责统计、整理和报告从生产预测、订单生产至客户交付的数据信息。小卓开始疲惫于生产运营过程中销售部门订单、本部门计划和生产数据的分析之中。在经过一阶段时间的无序工作之后，小卓对本职工作有了比较全面的认识，但是执行效率比较低，经常加班加点。因此，小卓准备通过以下几个数据分析提高自己的工作效率。

任务 1：生产交付情况的分区域按月份统计分析。

- 生产数量统计；
- 产品生产数量百分比；
- 产品生产趋势。

任务 2：产品订单、预测和实际交付等生产情况对比分析。

任务 3：交付率及交付缺陷率按产品变化趋势可视化。

小卓用到的原始数据表具有以下字段。

- 订单数量：销售部门每月各类产品的计划数量。
- 计划数量：生产部门预测并安排的各类产品的生产数量。
- 生产数量：生产部门实际生产的各类产品的数量。
- 交付数量：销售部门实际交付客户的各类产品的数量。
- 交付缺陷数量：各类产品交付后客户反馈存在问题的产品数量。

5.2 任务分析

第 1 项任务涉及到数据的分类、汇总和计算，步骤多而且复杂，因此需要自动化程度比较高的工具才能提高效率。Excel 提供的“表格”功能和“数据透视表”能够以多种不同的方式快速汇总数据并对其进行描述，因此采用“数据透视表”来实现这项任务是最佳选择。第 2 项任务涉及到多种项目的对比和可视化，可以采用 Excel 的“图表”功能来处理各个单项，但是可视化效果不太理想，希望将其组合起来更能突出对比效果，因此采用“组合”功能进行处理。第 3 项任务要按产品的变化趋势分析，应该体现产品之间的对比性，可以采用 Excel 中的“迷你图表”功能来实现。

知识目标

- 表格：掌握表格的基本原理、创建、编辑和基本操作。
- 数据透视表：掌握数据透视表的功能、用途、操作和基本技巧。
- 组合图表：掌握组合图表的使用原理和编辑策略。
- 迷你图表：掌握迷你图表的选择、使用和编辑。

能力目标

能够利用表格、数据透视表、组合图表及迷你图表等进行数据分类汇总和图表生成、动态更新和编辑等数据分析任务，为进一步熟练掌握 Excel、提高工作效率奠定基础。

5.3 任务实施

微课

5.3.1 生产交付统计分析

生产部门的原始数据一般为结构化的关系型数据库记录，在生成 Excel 工作表时，失去了原有的结构化关系，即失去了数据与记录和字段的关联信息，只保留了记录和字段对应关系的结构化信息，如图 5-1 所示。若不利用这些结构化信息，仅使用 Excel 的非结构化数据，常常会有大量的重复性操作，不但工作效率低，而且不易重复使用。为了提高工作效率，从 Excel 2013 开始为用户提供了结构化处理功能“表格”，可以将具有结构化信息的数据还原成结构化数据，即将数据与记录和字段重新建立关联。Excel 2013“表格”功能是工作表中被结构化的一块“区域”，利用【表格工具】选项卡可以独立于工作表中其他行和列的数据而操作表格。

将普通数据转化成“表格”的操作步骤如下。

（1）打开“生产数据.xlsx”文件，选择 sheet3 工作表，表中包含了豆浆机、电饭煲等五种产品 2013～2017 年“生产”与“交付”等数据。

（2）选中工作表中数据区任意单元格，在【插入】选项卡的【表格】选项组中单击【表格】按钮，打开【创建表】对话框，如图 5-2 所示。这时，Excel 会自动为表格选择数据源，即数据所占据的所有单元格，单击【确定】按钮，则将会创建如图 5-3 所示生产数据表格，同时 Excel 打开【表格工具】选项卡，如图 5-4 所示。

注意：在创建表格前，Excel 数据应当有标题行；若没有，在创建后 Excel 会自动为表格添加标题行。无论是原有的标题行还是自动创建的标题行，都可以通过编辑相应单元格进行修改。

日期	产品	周期	订单	计划	生产	交付	库存	交付缺陷
2013年1月8日	豆浆机	1	1100	1160	1104	1104	0	1
2013年1月8日	电饭煲	1	2000	1990	1970	2065	16	4
2013年1月8日	热水壶	1	2400	2530	2483	2424	59	12
2013年1月8日	压力锅	1	1200	1260	1212	1212	0	2
2013年1月8日	果汁机	1	1900	1960	1984	1937	87	1
2013年1月18日	豆浆机	2	1100	1150	1119	1129	0	1
2013年1月18日	电饭煲	2	2200	2240	2327	2282	115	7
2013年1月18日	热水壶	2	2600	2740	2764	2648	116	8
2013年1月18日	压力锅	2	1200	1230	1266	1244	53	5
2013年1月18日	果汁机	2	1700	1620	1579	1730	11	5
2013年1月28日	豆浆机	3	1300	1370	1309	1309	0	1
2013年1月28日	电饭煲	3	2000	1980	1927	2001	41	6
2013年1月28日	热水壶	3	2500	2500	2412	2540	0	8
2013年1月28日	压力锅	3	1300	1240	1260	1335	51	6
2013年1月28日	果汁机	3	1700	1770	1717	1703	34	1
2013年2月8日	豆浆机	4	1200	1240	1209	1201	33	0

图 5-1　生产数据

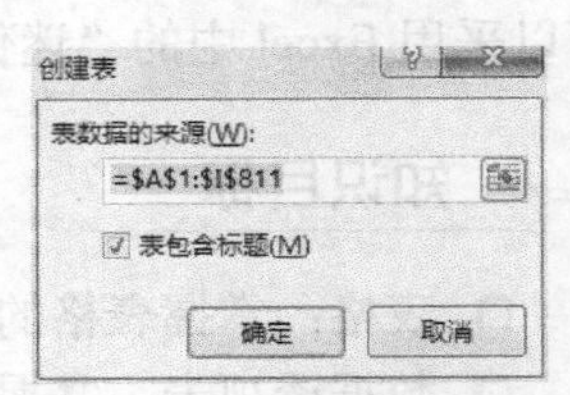

图 5-2　【创建表】对话框

日期	产品	周期	订单	计划	生产	交付	库存	交付缺陷
2013年1月8日	豆浆机	1	1100	1160	1104	1104	0	1
2013年1月8日	电饭煲	1	2000	1990	1970	2065	16	4
2013年1月8日	热水壶	1	2400	2530	2483	2424	59	12
2013年1月8日	压力锅	1	1200	1260	1212	1212	0	2
2013年1月8日	果汁机	1	1900	1960	1984	1937	87	1
2013年1月18日	豆浆机	2	1100	1150	1119	1129	0	1
2013年1月18日	电饭煲	2	2200	2240	2327	2282	115	7
2013年1月18日	热水壶	2	2600	2740	2764	2648	116	8
2013年1月18日	压力锅	2	1200	1230	1266	1244	53	5
2013年1月18日	果汁机	2	1700	1620	1579	1730	11	5
2013年1月28日	豆浆机	3	1300	1370	1309	1309	0	1
2013年1月28日	电饭煲	3	2000	1980	1927	2001	41	6
2013年1月28日	热水壶	3	2500	2500	2412	2540	0	8
2013年1月28日	压力锅	3	1300	1240	1260	1335	51	6

图 5-3　生产数据表格

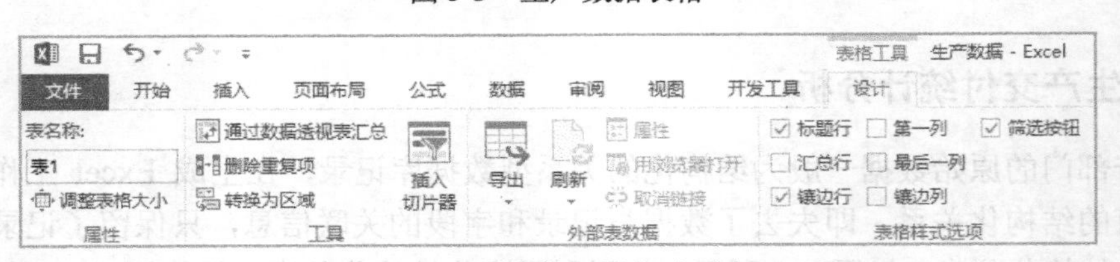

图 5-4　【表格工具】选项卡

（3）在【表格工具/设计】选项卡的【属性】选项组中【表名称】编辑框中更改“表 1”为“生产数据表”。

通过以上步骤，将普通 Excel 数据转换为类似于关系数据库的记录式数据，可以按整列（字段）或按整行（记录）进行结构化操作。

1. 汇总与展示

利用 Excel“表格”可以轻松实现数据汇总、动态编辑字段和数据切换，方便展示。

1）数据汇总

微课

在图 5-4【表格工具】选项卡【表格样式选项】选项组中勾选“汇总行”复选框，Excel 会将光标移动至生产数据表的最后并添加汇总行，如图 5-5 所示。

808	2017年8月18日 电饭煲	162	9500	9490	9744	9941	287	7
809	2017年8月18日 热水壶	162	10400	10800	10395	10457	74	6
810	2017年8月18日 压力锅	162	5400	5160	5029	5523	0	2
811	2017年8月18日 果汁机	162	7300	7450	7084	7310	0	7
812	汇总							2673

图 5-5　表格汇总行

“表格”功能提供了多种预置的“汇总方式”，方便用户快速进行汇总数据。要更改某一字段的汇总方式，需选中字段在汇总行中对应的单元格，单击右侧下拉按钮，在弹出的如图 5-6 所示的下拉列表框中选择相应的汇总函数即可完成汇总方式的更改。若该字段不需要汇总则选择“无”选项；若预置的汇总方式不能满足需要，可以选择“其他函数”选项进行手动设置。除“无”和“其他函数”选项外，“表格”将按照所选选项对该列进行相应公式计算，例如，“生产”“交付”“交付缺陷”列的求和计算如图 5-7 所示。

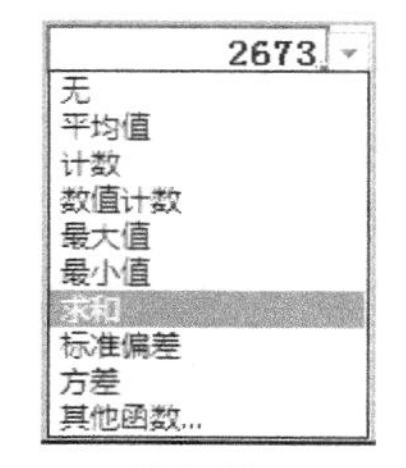

图 5-6　汇总行快速公式选项

2017年8月18日 电饭煲	162	9500	9490	9744	9941	287	7
2017年8月18日 热水壶	162	10400	10800	10395	10457	74	6
2017年8月18日 压力锅	162	5400	5160	5029	5523	0	2
2017年8月18日 果汁机	162	7300	7450	7084	7310	0	7
汇总				3318936	3316651		2673

图 5-7　“生产”“交付”“交付缺陷”列汇总

为了提升汇总效率，“表格”提供了筛选功能，帮助用户快速选择所需数据。筛选有两种方式，一是按照某一字段的所有不重复的字段值进行筛选；二是为字段值设置过滤表达式。如果要单独查看某一产品的汇总情况，选择产品字段标题行用“产品名称”进行筛选即可快速得到汇总结果，例如，计算豆浆机的汇总结果如图 5-8 所示。

2017年7月28日 豆浆机	160	5400	5230	5343	5531	241	0
2017年8月8日 豆浆机	161	5300	5520	5676	5480	256	3
2017年8月18日 豆浆机	162	4900	5110	5289	5084	248	1
汇总				450543	451130		349

图 5-8　豆浆机汇总结果

2）动态编辑字段

使用“表格”功能可以非常方便地添加一列数据，方式是增加一个字段，并在该列设置数据或计算公式完成数据填充。例如要计算“交付缺陷率”，只要在表格增添一列，在任意单元格输入计算公式即可完成整列计算。如图 5-9 所示，在标题行最右边空白单元格输入“交付缺陷率”并按“回车”键，该列自动转换成“表格”的列。

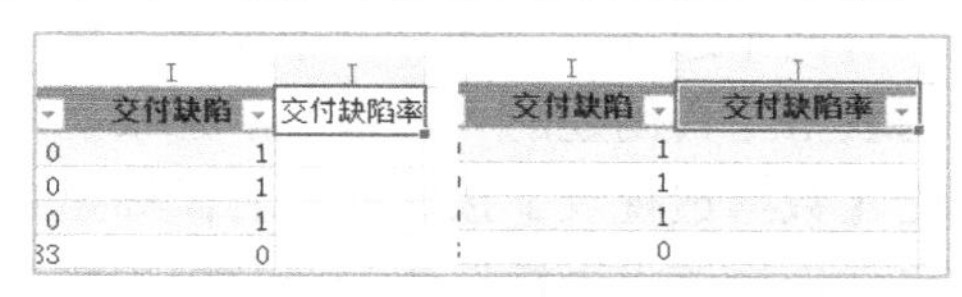

图 5-9　表格添加列

微课

在“交付缺陷率”单元格下方任意单元格输入公式“=[@交付缺陷]/[@交付]”并按“回车”键，则该列会自动计算所有行，如图 5-10 所示。可以看到，“表格”中单元格输入公式与其他使用表达式的方式不一样，不是引用单元格而是引用字段，从而可知“表格”操作是结构化的操作，而非针对某一个具体单元格的操作。

日期	产品	周期	订单	计划	生产	交付	库存	交付缺陷	交付缺陷率
2013年1月8日	豆浆机	1	1100	1160	1104	1104	0	1	0.000905797
2013年1月18日	豆浆机	2	1100	1150	1119	1129	0	1	0.00088574
2013年1月28日	豆浆机	3	1300	1370	1309	1309	0	1	0.000763942
2013年2月8日	豆浆机	4	1200	1240	1209	1201	33	0	0
2013年2月28日	豆浆机	5	1300	1260	1217	1318	0	5	0.003793627
2013年3月8日	豆浆机	6	1300	1300	1267	1333	0	2	0.001500375
2013年3月18日	豆浆机	7	1300	1350	1321	1337	3	3	0.002243829
2013年3月28日	豆浆机	8	1300	1260	1334	1358	76	3	0.002209131
2013年4月8日	豆浆机	9	1300	1330	1308	1349	0	4	0.002965159
2013年4月18日	豆浆机	10	1400	1430	1475	1428	91	4	0.00280112
2013年4月28日	豆浆机	11	1400	1430	1382	1425	0	2	0.001403509
2013年5月8日	豆浆机	12	1400	1430	1477	1434	88	1	0.00069735
2013年5月18日	豆浆机	13	1200	1250	1311	1225	99	2	0.001632653

图 5-10　计算“交付缺陷率”

微课

3）数据切换

为了快速过滤汇总结果，“表格”提供了“切片器”功能，该功能替代“筛选”功能，具有可视化、操作简易等特点。按产品型号进行汇总结果切换的操作步骤为：切换到【表格工具】选项卡，单击【工具】选项组中【插入切片器】按钮，弹出如图 5-11（a）所示【插入切片器】对话框，勾选“产品”字段，并单击【确定】按钮，得到图 5-11（b）所示关于“产品”字段的“切片器”。选择“切片器”中不同产品型号标签即可切换表格中显示的内容。

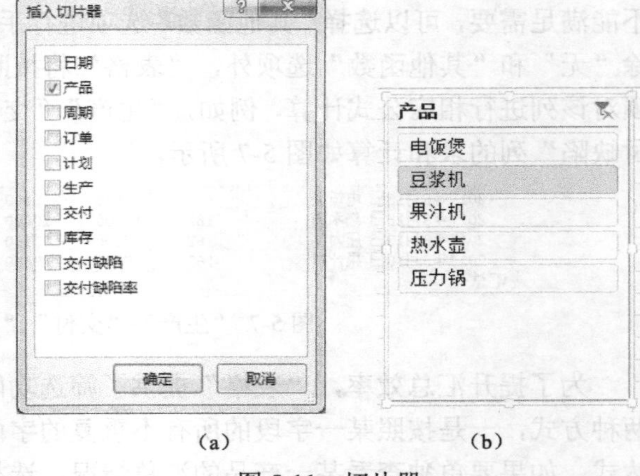

（a）　　（b）

图 5-11　切片器

2. 产品数量百分比

“数据透视表”是 Excel 提供的数据汇总的综合工具，是汇总、分析、浏览和呈现数据的集成式快捷方法。“数据透视表”灵活度高，可快速调整结果显示方式；还可创建“数据透视图”，当源数据更新时，“数据透视图”将随“数据透视表”同步更新。因此，本任务采用“数据透视表”功能进行产品数量百分比分析，具体步骤如下。

微课

1）创建数据透视表

选中工作表 sheet3 中表格数据区任意单元格，切换到【插入】选项卡，在【表格】选项组中单击【数据透视表】按钮，打开如图 5-12 所示【创建数据透视表】对话框。对话框共有三项设置。

- 选择要分析的数据。有两个选项：“选择一个表或区域”和“使用外部数据源”。这里的“表”就是用表格工具创建的“表格”，区域就是工作表中包含多个单元格的矩形区域。在单击【数据透视表】按钮前，若鼠标指针放置在“表格”中的单元格中，则 Excel 会自动选择该“表格”作为要分析的数据，如本例中 Excel 会自动选择“生产数据表”表作为要分析的数据；若鼠标指针放置在非“表格”的数据区内的单元格中，则 Excel 会选取整个数据区域作为要分析的数据；若鼠标指针既不在“表格”中，也不在数据区域中，则 Excel 不会自动填充，需要用户输入“表格”名称或数据区域表达式，或者用“数据选择器”进行数据区域选择。外部数据源是工作簿以外的其他文件或者数据库中的数据，可以通过创建相应的链接进行设置。

- ❒ 选择放置数据透视表的位置。有两个选项："新工作表"和"现有工作表"。"新工作表"表示需新建一个工作表，并将数据透视表放置其中。"现有工作表"表示在当前工作表中放置要创建的数据透视表，需要用户指定起始位置，可以直接输入表达式或者用"数据选择器"进行选择。本例选择在新工作表中创建数据透视表。
- ❒ 选择是否想要分析多个表。该项表示数据透视表数据是否来源于多个"表格"。当选择此项时，前面所选择的数据将添加到数据模型中。本例只分析单表格数据，所以不选择此项。

完成上述三项设置后，单击【确定】按钮，Excel 生成了一个新的工作表，并创建了一个空白数据透视表，如图 5-13 所示，同时打开【数据透视表工具/分析】和【数据透视表字段】窗格。

图 5-12 【创建数据透视表】对话框

【数据透视表字段】窗格分上、下两个分区，上分区用于处理数据透视表中的字段编辑；下分区用于数据透视表中的字段布局。字段布局区又分为四个子区，分别为：

- ❒ "筛选器"区域：对于拖入此区域的字段，可以轻松选取该字段取值的任意子集，从而让数据透视表仅显示基于该子集的计算结果；
- ❒ "列"区域：拖到此区域的字段会在数据透视表顶行列出它们的所有取值；
- ❒ "行"区域：拖到此区域的字段会在数据透视表最左边列出它们的所有取值；
- ❒ "值"区域：拖到此区域的字段会在数据透视表中进行汇总计算，默认计算为求和，可通过【值字段设置】菜单更改汇总方法。

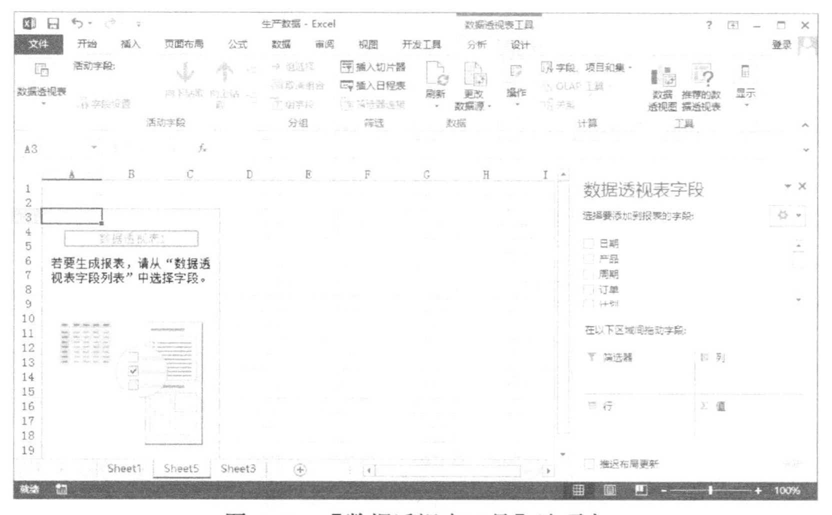

图 5-13 【数据透视表工具】选项卡

微课

2）计算产品数量百分比

（1）将"产品"字段拖入"行"区域。

（2）将“订单”“计划”“生产”“交付”字段拖入“值”区域。

如图 5-14 所示为数据透视表和字段列表初始状态。数据透视表中显示了订单、计划、生产和交付的总计数量。

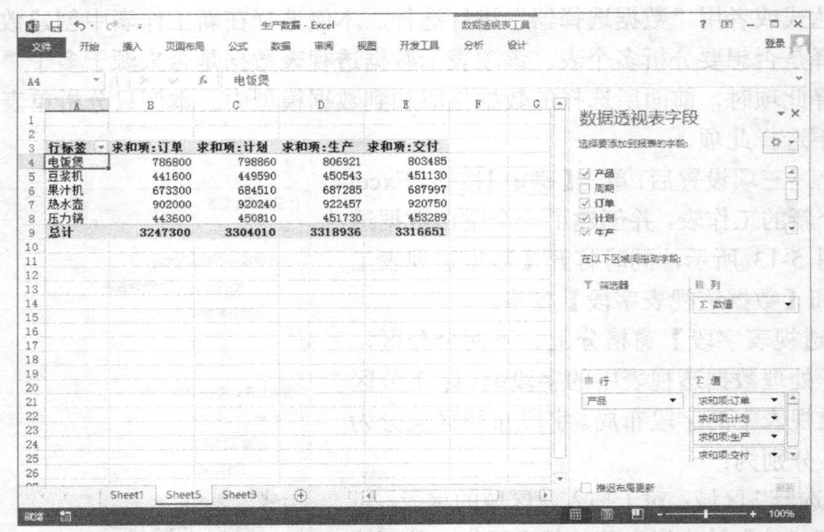

行标签	求和项:订单	求和项:计划	求和项:生产	求和项:交付
电饭煲	786800	798860	806921	803485
豆浆机	441600	449590	450543	451130
果汁机	673300	684510	687285	687997
热水壶	902000	920240	922457	920750
压力锅	443600	450810	451730	453289
总计	3247300	3304010	3318936	3316651

图 5-14　数据透视表初始状态

（3）要显示各产品数量所占百分比，需更改字段显示方式。操作步骤如下。

① 用鼠标右键单击“总计”行对应字段列单元格，在弹出的快捷菜单中选择【值字段设置】命令，打开【值字段设置】对话框。

② 选择【值显示方式】选项卡。

③ 单击“值显示方式”下拉列表框右侧的下拉箭头，选择“列汇总的百分比”选项，如图 5-15 所示。

④ 单击【确定】按钮，则数据透视表中相应列更新为百分比方式。

⑤ 重复以上步骤将其余字段更改为百分比方式。

经过以上步骤设置，数据透视表的结果如图 5-16 所示，显示了所有统计数据产品数量百分比占比。

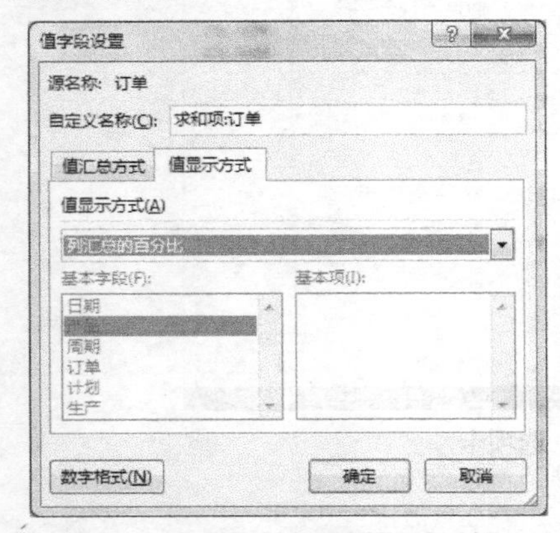

图 5-15 【值字段设置】对话框

行标签	求和项：订单	求和项：计划	求和项：生产	求和项：交付
电饭煲	24.23%	24.18%	24.31%	24.23%
豆浆机	13.60%	13.61%	13.57%	13.60%
果汁机	20.73%	20.72%	20.71%	20.74%
热水壶	27.78%	27.85%	27.79%	27.76%
压力锅	13.66%	13.64%	13.61%	13.67%
总计	100.00%	100.00%	100.00%	100.00%

图 5-16　所有统计数据产品数量百分比占比

3）设置日期过滤器

微课

为了统计不同时间段内的产品数量百分比占比，需要设置日期过滤器。一种方式可将“日期”字段拖到“筛选器”区域，然后在“数据透视表”顶部单击【日期筛选器】按钮进行日期过滤。但是，这种方式不具有可视化特点，选择后不知道是哪个时间段的统计分析，因此不推荐使用。另一种进行日期筛选的办法就是使用“日程表”功能，类似“切片器”功能可使日期筛选简易化和可视化。添加“日程表”步骤如下。

① 在【数据透视表工具/分析】选项卡的【筛选】选项组中单击“插入日程表”按钮。

② 在【插入日程表】对话框中选择“日期”字段，如图 5-17 所示，单击【确定】按钮。

③ 将如图 5-18 所示的“日程表”拖放到合适位置，即完成了日程表的添加。

图 5-17 【插入日程表】对话框

图 5-18 日程表

添加完日程表之后，可以根据展示需要选择时间区间。日程表提供了四级日期过滤器，即年、季度、月和日，设置方式如图 5-18 所示，选择日程表右上角下拉列表中对应过滤级别即可，本例将日期过滤器设置为“年”。另外也可通过【日程表工具】选项卡提供的功能更改日程表设置，如将标题更改为“统计日期区间”，如图 5-19 所示。

通过以上三个步骤，完成了产品数量百分比分析可视化。使用“日程表”的时间区段的选择功能，可以方便地查看相应时间段内各个产品数量的百分比占比情况。

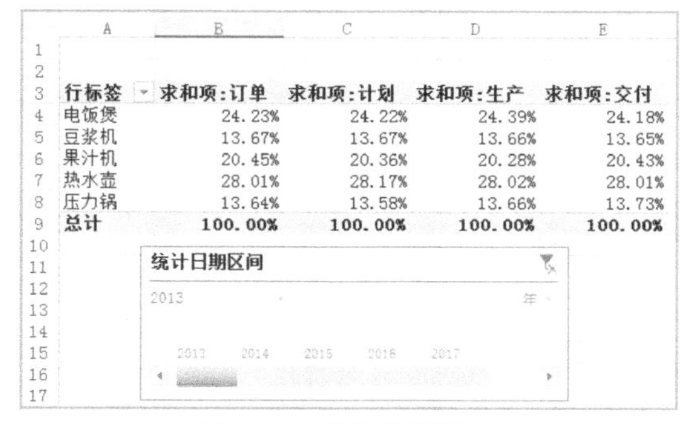

行标签	求和项:订单	求和项:计划	求和项:生产	求和项:交付
电饭煲	24.23%	24.22%	24.39%	24.18%
豆浆机	13.67%	13.67%	13.66%	13.65%
果汁机	20.45%	20.36%	20.28%	20.43%
热水壶	28.01%	28.17%	28.02%	28.01%
压力锅	13.64%	13.58%	13.66%	13.73%
总计	100.00%	100.00%	100.00%	100.00%

图 5-19 统计日期区间

3. 产品生产趋势图

要想了解产品生产情况趋势，仅靠每月的总计数量并不能直观地展现每种产品生产情况的变化状态。数据透视图可利用数据透视表生成图表，可以完美地利用“切片器”功能动态展示不同产品的图表。采用“数据透视图”创建“生产趋势图”的步骤如下。

微课

（1）新建一张数据透视表，将“日期”字段拖入“行”区域，将“计划”和“生产”字段拖入“值”区域，如图 5-20 所示。

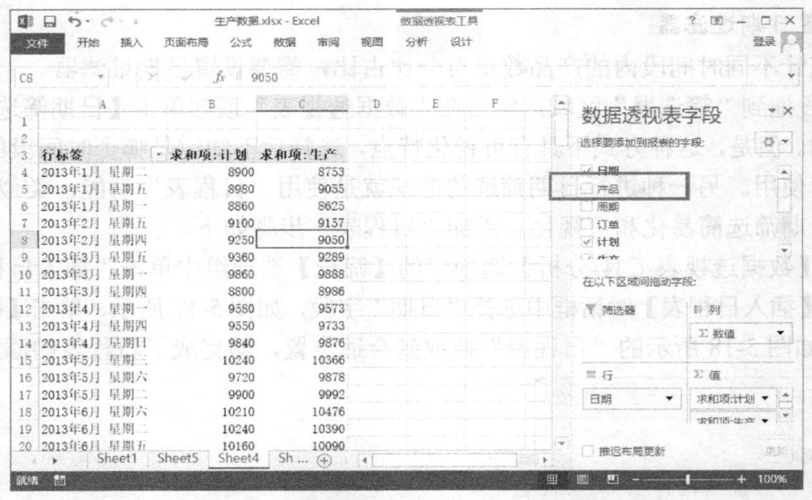

图 5-20　生产趋势数据透视表初始状态

（2）对“生产”进行按年、月分组。用鼠标右键单击任意“日期”，在弹出的快捷菜单中选择【创建组】命令，在弹出的【组合】对话框中选择“月”和“年”选项，如图 5-21 所示，单击【确定】按钮完成按年、月分组。

（3）添加产品“切片器”。用鼠标右键单击【数据透视表字段】窗格上分区列表中“产品”字段，在弹出的快捷菜单中选择【添加为切片器】命令，生成“产品”切片器。

（4）创建数据透视图。在【数据透视表工具/分析】选项卡【设置】选项组中单击【数据透视图】按钮，创建“数据透视图”。在【插入图表】对话框中选择“折线图”选项，如图 5-22 所示，其他保持默认设置，单击【确定】按钮，完成图表的创建。

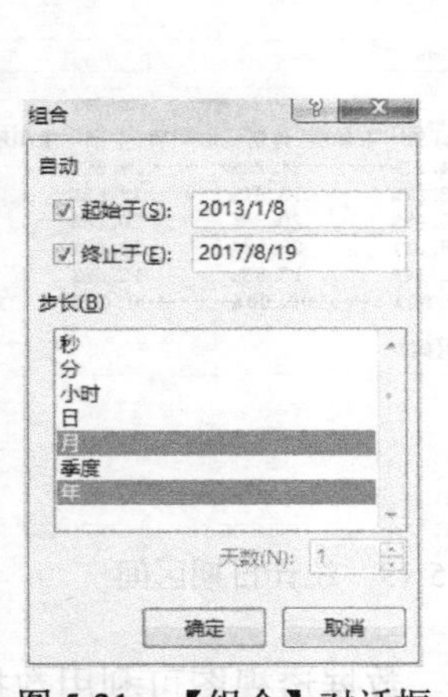

图 5-21　【组合】对话框

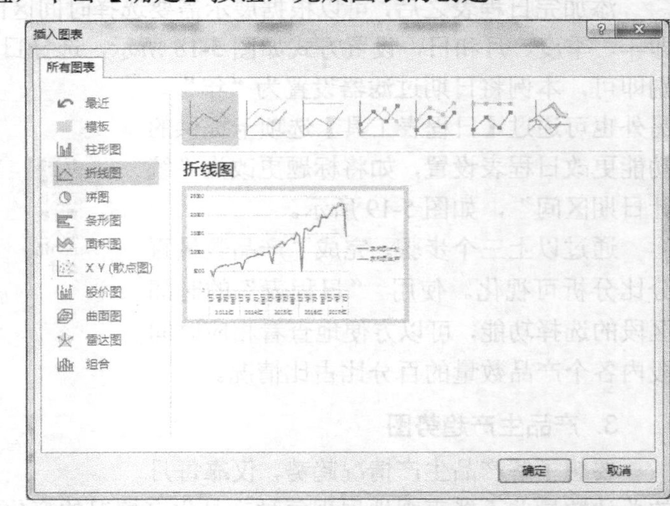

图 5-22　【插入图表】对话框

完成后的生产趋势图如图 5-23 所示，可以看出豆浆机 2013～2017 年“计划”和“生产”数量的走势。从中可以发现每年 2 月份数量都有明显的下降，这是因为 2 月份正好是春节放假工作时间少造成的。可通过“产品”切片器查看其他产品的生产趋势图。

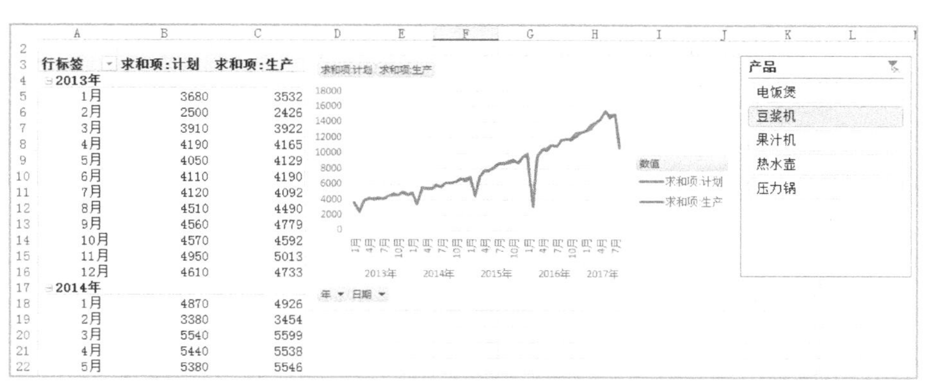

行标签	求和项:计划	求和项:生产
2013年		
1月	3680	3532
2月	2500	2426
3月	3910	3922
4月	4190	4165
5月	4050	4129
6月	4110	4190
7月	4120	4092
8月	4510	4490
9月	4560	4779
10月	4570	4592
11月	4950	5013
12月	4610	4733
2014年		
1月	4870	4926
2月	3380	3454
3月	5540	5599
4月	5440	5538
5月	5380	5546

图 5-23　生产趋势图

5.3.2　产品生产情况对比分析

在 5.3.1 节中给出的统计周期内单个产品的生产趋势图能够较好地展示每种产品在统计周期内的发展变化情况。如果将这些产品的生产趋势图放置在同一个图表中用不同的图形表示，就能清晰地对比各个产品生产情况。这种在同一个图表中用不同图形表示的方法称为“组合图”。下面为利用数据透视表创建组合图。

（1）新建一张数据透视表，将“日期”字段拖入“行”区域，将“生产”字段拖入“值”区域，将“产品”字段拖入“列”区域，如图 5-24 所示。

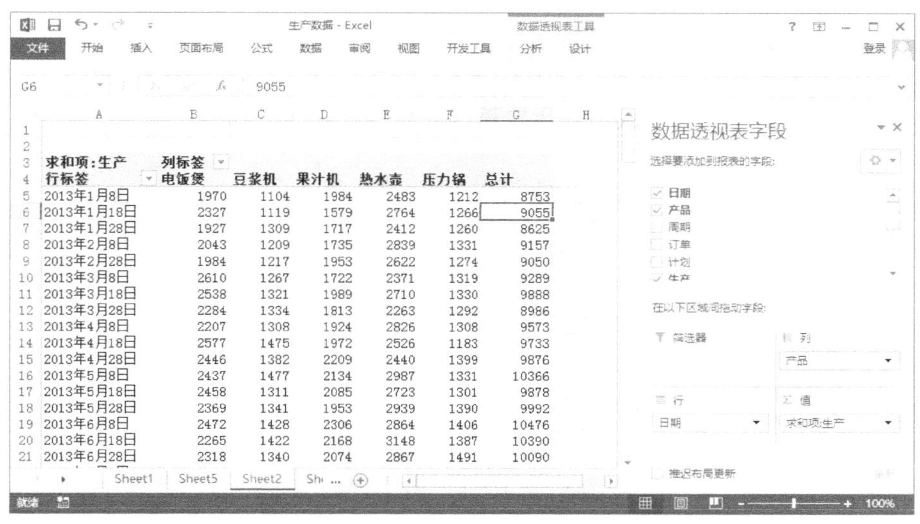

求和项:生产	列标签					
行标签	电饭煲	豆浆机	果汁机	热水壶	压力锅	总计
2013年1月8日	1970	1104	1984	2483	1212	8753
2013年1月18日	2327	1119	1579	2764	1266	9055
2013年1月28日	1927	1309	1717	2412	1260	8625
2013年2月8日	2043	1209	1735	2839	1331	9157
2013年2月28日	1984	1217	1953	2622	1274	9050
2013年3月8日	2610	1267	1722	2371	1319	9289
2013年3月18日	2538	1321	1989	2710	1330	9888
2013年3月28日	2284	1334	1813	2263	1292	8986
2013年4月8日	2207	1308	1924	2826	1308	9573
2013年4月18日	2577	1475	1972	2526	1183	9733
2013年4月28日	2446	1382	2209	2440	1399	9876
2013年5月8日	2437	1477	2134	2987	1331	10366
2013年5月18日	2458	1311	2085	2723	1301	9878
2013年5月28日	2369	1341	1953	2939	1390	9992
2013年6月8日	2472	1428	2306	2864	1406	10476
2013年6月18日	2265	1422	2168	3148	1387	10390
2013年6月28日	2318	1340	2074	2867	1491	10090

图 5-24　生产情况对比数据透视表初始状态

（2）对“生产”进行按年分组。用鼠标右键单击任意“日期”，在弹出的快捷菜单中选择【创建组】命令，在弹出的【组合】对话框中选择“年”选项，单击【确定】按钮完成按年分组。

（3）创建数据透视图。在【数据透视表工具/分析】选项卡【设置】选项组中单击【数据透视图】按钮，创建数据透视图。在【插入图表】对话框中选择“组合”选项，如图 5-25 所示，单击【确定】按钮，完成组合图创建。

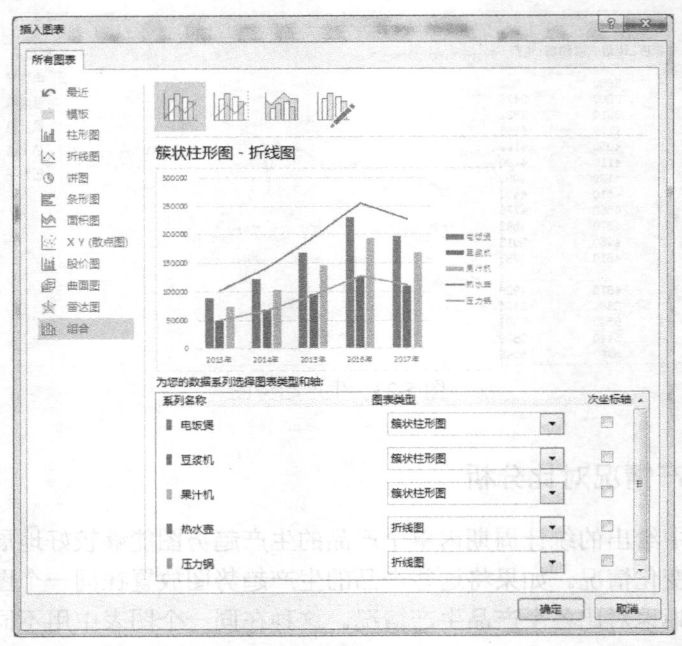

图 5-25 插入组合图

提示：在【插入图表】对话框中可根据实际需要设置图表类型，本例采用默认类型，即簇状柱形图和折线图。

（4）添加图表标题。在创建完图表后，选中图表，在图表右上角会出现+按钮，单击该按钮在弹出的菜单中选择【图表标题】命令。将图表中出现的“图表标题”文本框内容修改为“生产情况对比”。完成后的生产情况对比图如图 5-26 所示。

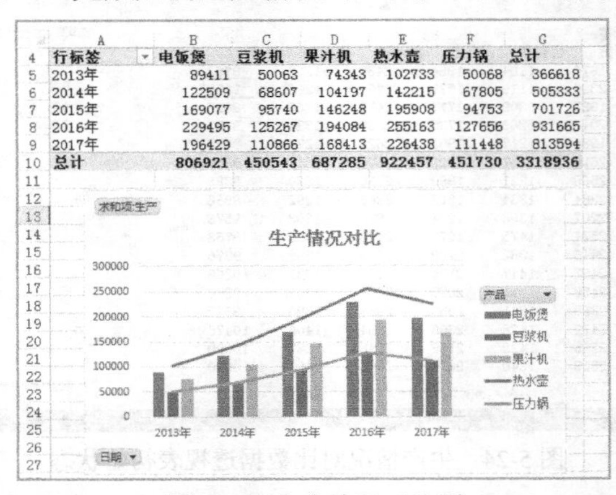

行标签	电饭煲	豆浆机	果汁机	热水壶	压力锅	总计
2013年	89411	50063	74343	102733	50068	366618
2014年	122509	68607	104197	142215	67805	505333
2015年	169077	95740	146248	195908	94753	701726
2016年	229495	125267	194084	255163	127656	931665
2017年	196429	110866	168413	226438	111448	813594
总计	806921	450543	687285	922457	451730	3318936

图 5-26 生产情况对比图

总体来看，五种产品的生产总量百分比占比在过去四个年度中没有明显的变化，近四年内五种产品的增长趋势基本一致。其中，压力锅和豆浆机生产总量相近，在五种产品中偏低；电饭煲和热水壶生产总量相近，在五种产品中偏高；果汁机处于生产总量的中等水平；生产总量最大的热水壶与生产量最低的豆浆机绝对产品差逐年拉大，电饭煲也同样存在这种趋势。

5.3.3 交付情况分析

通常，企业关心的交付问题涉及两个指标，一是交付率，二是交付缺陷率。交付率是指实际交付数量与订单数量的比值；交付缺陷率是交付后存在问题产品数量占交付总数量的比值。交付率是衡量满足客户需求能力的指标，交付缺陷率是衡量产品质量控制能力的指标。企业都希望交付率不断提高，交付缺陷率不断下降，这样才能说明企业在不断发展进步。因此，交付率和交付缺陷率分析主要涉及在统计时间区间内的发展趋势问题。

1. 交付率

微课

（1）新建一张数据透视表。将“日期”字段拖入“行”区域，将“产品”字段拖入“列”区域，按照5.3.1节中所述方法将“日期”字段按年建立分组。

（2）添加“交付率”字段。

① 在【数据透视表工具/分析】选项卡【计算】选项组中单击【字段、项目和集】右侧的按钮；

② 在下拉菜单中选择【计算字段】命令，如图5-27所示。

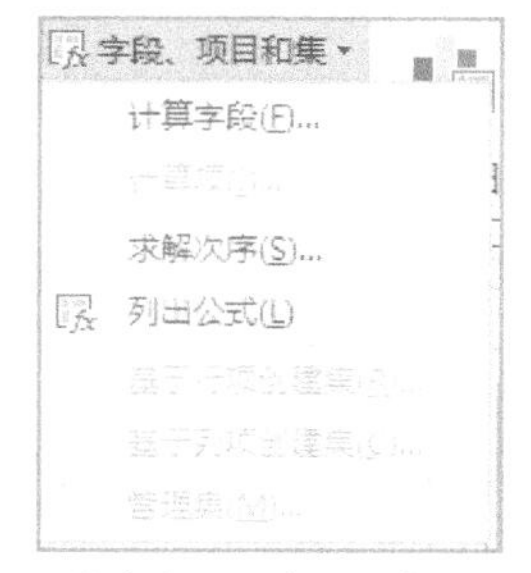

图 5-27 【字段、项目和集】下拉菜单

③ 在弹出【插入计算字段】对话框中，输入名称“交付率”，输入公式“=交付\订单”，单击【确定】按钮，如图5-28所示。“交付率”字段就添加到了字段列表中，同时被添加到了“值”区域中。在如图5-29所示【值字段设置】对话框中，选择【值汇总方式】选项卡下的“计算类型”列表中的“最小值”项。

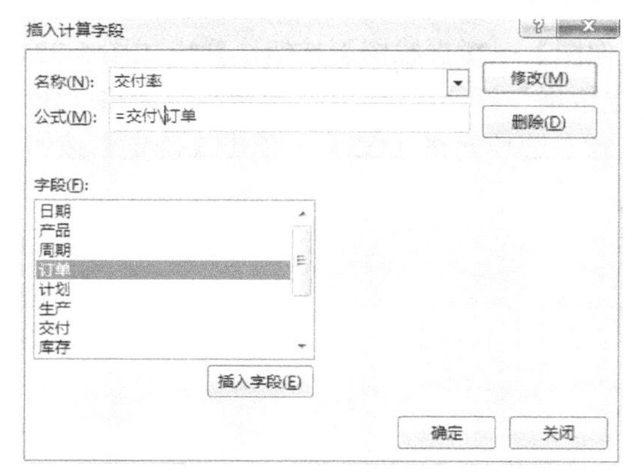

图 5-28 【插入计算字段】对话框

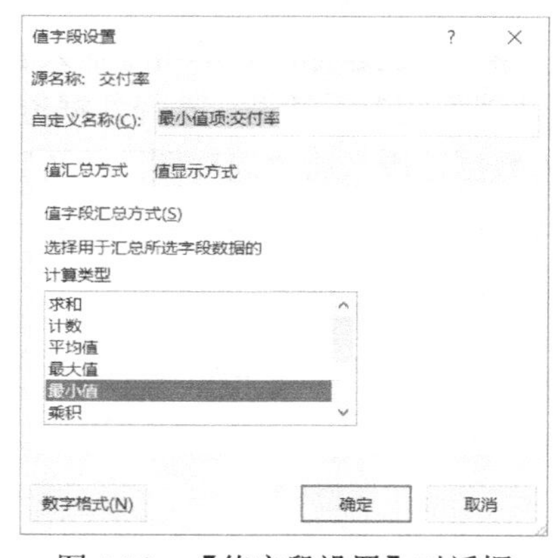

图 5-29 【值字段设置】对话框

（3）删除透视表总计。用鼠标右键单击透视表“总计”单元格，弹出如图5-30所示的快捷菜单，选择【删除总计】命令，即可删除总计行或列。

（4）生成雷达图。单击【数据透视图】按钮打开【插入图表】对话框，选中“雷达图”选项，如图5-31所示。

完成后的交付率对比情况如图5-32所示。从雷达图上可以看出，所有产品的交付率均大于1.01，这表明生产部门交付的产品总是大于销售部门所做的订单；从另一个角度来说，就是销售部门的预测总比实际销售情况保守。从2016年和2017年看，压力锅的交付率明显高于其他四种产品，这可显示两个信息，一是市场需求迅速增长，二是生产能力有了显著提升。

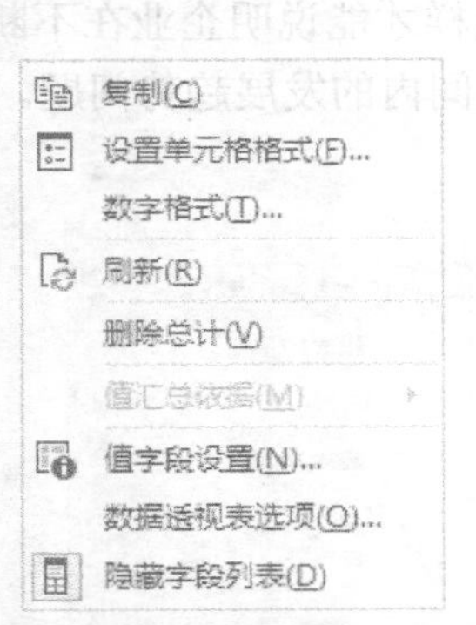

图 5-30 透视表右键快捷菜单

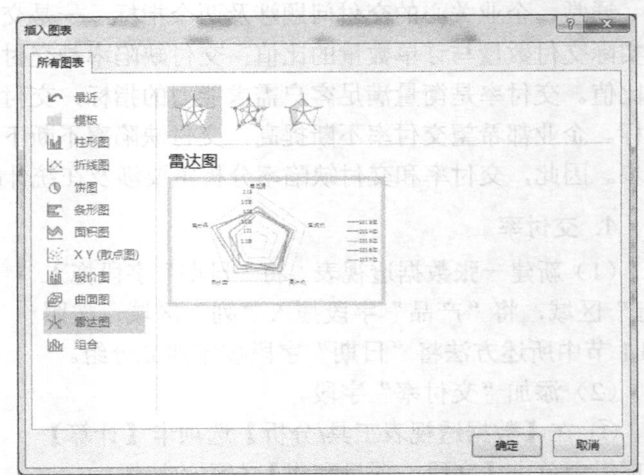

图 5-31 插入雷达图

2. 交付缺陷率

微课

（1）新建一张数据透视表，将“产品”字段拖入“行”区域，将“日期”字段拖入“列”区域；按照 5.3.1 节中所述方法将“日期”字段按年建立分组。

（2）将“交付缺陷率”字段拖入“值”区域，将值字段类型设置为“最大值”。

（3）删除总计行和列。

（4）创建迷你图。单击【插入】→【迷你图】→【折线图】按钮，弹出如图 5-33 所示【创建迷你图】对话框。选择数据透视表“电饭煲”行 2013～2017 年数据单元格（B5:F5）作为数据范围，将“迷你图”位置设定在该行右边单元格（G5），单击【确定】按钮，生成迷你图。

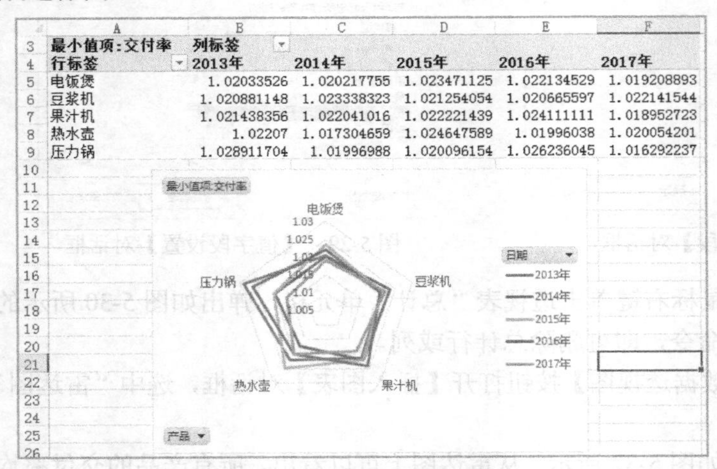

最小值项:交付率	列标签				
行标签	2013年	2014年	2015年	2016年	2017年
电饭煲	1.02033526	1.020217755	1.023471125	1.022134529	1.019208893
豆浆机	1.020881148	1.023338323	1.021254054	1.020665597	1.022141544
果汁机	1.021438356	1.022041016	1.022221439	1.024111111	1.018952723
热水壶	1.02207	1.017304659	1.024647589	1.01996038	1.020054201
压力锅	1.028911704	1.01996988	1.020096154	1.026236045	1.016292237

图 5-32 交付率对比图

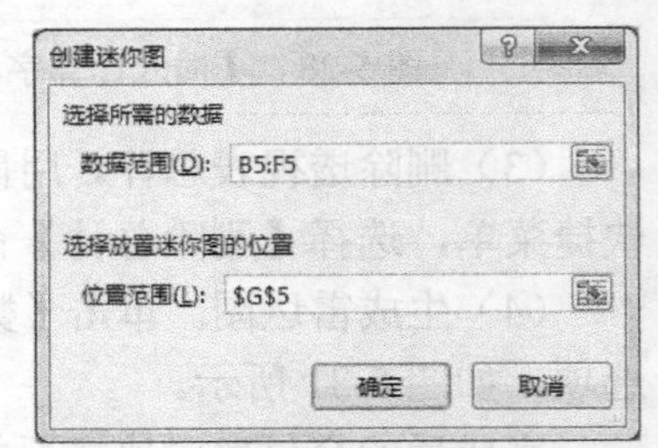

图 5-33 【创建迷你图】对话框

（5）更改迷你图显示样式。选中刚创建的迷你图，在【迷你图工具/设计】选项卡的【显示】选项组中勾选“标记”复选框，为每个数据点增加红色标记，如图 5-34 所示。

（6）完成其他产品迷你图的创建。拖动迷你图单元格右端“复制手柄”将格式应用到其他产品，完成迷你图的创建。

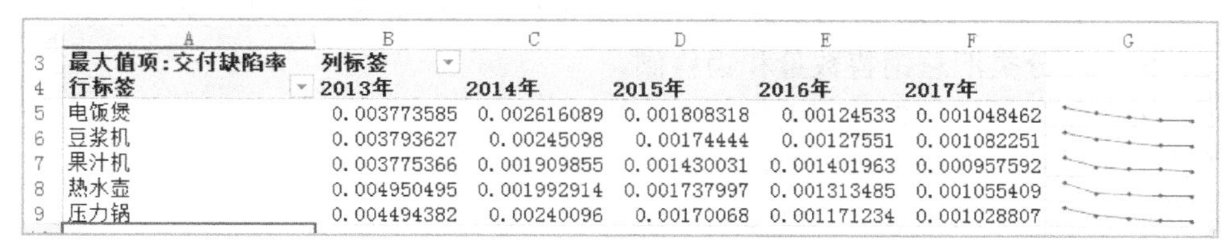

最大值项:交付缺陷率	列标签				
行标签	2013年	2014年	2015年	2016年	2017年
电饭煲	0.003773585	0.002616089	0.001808318	0.00124533	0.001048462
豆浆机	0.003793627	0.00245098	0.00174444	0.00127551	0.001082251
果汁机	0.003775366	0.001909855	0.001430031	0.001401963	0.000957592
热水壶	0.004950495	0.001992914	0.001737997	0.001313485	0.001055409
压力锅	0.004494382	0.00240096	0.00170068	0.001171234	0.001028807

图 5-34　交付缺陷率迷你图

完成后的交付缺陷迷你图如图 5-34 所示。可以看出全部产品的交付缺陷率都在逐年下降，表明企业质量水平不断上升。另外还可以看出这种下降并不是线性的，下降趋势在变缓，这也证实了质量水平的提高越来越难。

5.4　拓展实训

实训 1：结构化数据操作

使用表 5-1 的数据，利用“表格”工具创建 Excel 表格，并添加新字段“销售收入”用来统计总销售输入。统计结果如图 5-35 所示。

表 5-1　销售量与单价

产　品	销售量（单位：台）	单价（单位：元/台）
P1	450	250
P2	200	350
P3	150	325
P4	200	400
P5	250	450
P6	360	500

问题探索：

（1）为什么说 Excel“表格”中的数据是结构化的数据？

（2）Excel“表格”对于用户有哪些便利之处？

（3）Excel“表格”添加列与非表格添加列有什么不同？为什么？

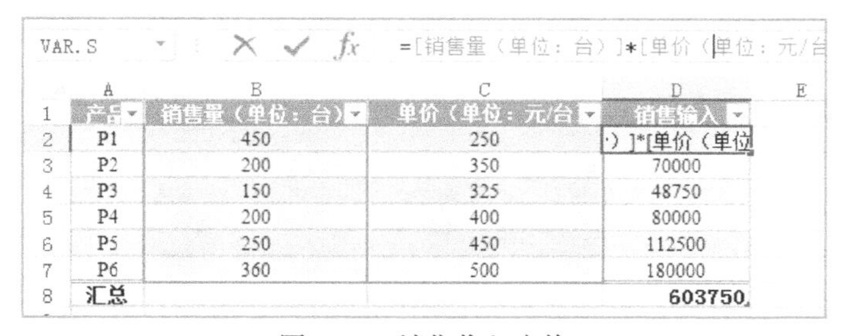

VAR.S　=[销售量（单位：台）]*[单价（单位：元/台

产品	销售量（单位：台）	单价（单位：元/台	销售输入
P1	450	250	·）]*[单价（单位
P2	200	350	70000
P3	150	325	48750
P4	200	400	80000
P5	250	450	112500
P6	360	500	180000
汇总			603750

图 5-35　销售收入表格

实训 2：应用数据透视表分析数据

利用素材中“销售数据 2015.xlsx”提供的销售数据制作数据透视表，要求完成如下项目。

（1）按产品分类汇总销售数量和销售额。

（2）按产品分析销售数量和销售额占比情况。

（3）插入日程表筛选 8 月份的销售情况。

分析结果参考如图 5-36 至图 5-38 所示。

问题探索：

（1）数据透视表中“值字段”设置都有哪些重要内容？

（2）使用“筛选器”区进行字段过滤有什么特点？

（3）“日程表”是“切片器”吗？它有什么特点？“切片器”与“筛选器”有什么区别？

3	行标签	求和项:数量	求和项:交易金额
4	电磁炉	10560	1995840
5	电饭锅	18980	5485220
6	电风扇	13554	2412612
7	加湿器	21514	5163360
8	微波炉	26077	9126950
9	吸尘器	28450	12802500
10	洗碗机	6260	2935940
11	消毒柜	12340	7268260
12	总计	137735	47190682

图 5-36　按产品分类汇总销售数量和销售额

3	行标签	求和项:数量	求和项:交易金额
4	电磁炉	7.67%	4.23%
5	电饭锅	13.78%	11.62%
6	电风扇	9.84%	5.11%
7	加湿器	15.62%	10.94%
8	微波炉	18.93%	19.34%
9	吸尘器	20.66%	27.13%
10	洗碗机	4.54%	6.22%
11	消毒柜	8.96%	15.40%
12	总计	100.00%	100.00%

图 5-37　按产品分析销售数量和销售额占比

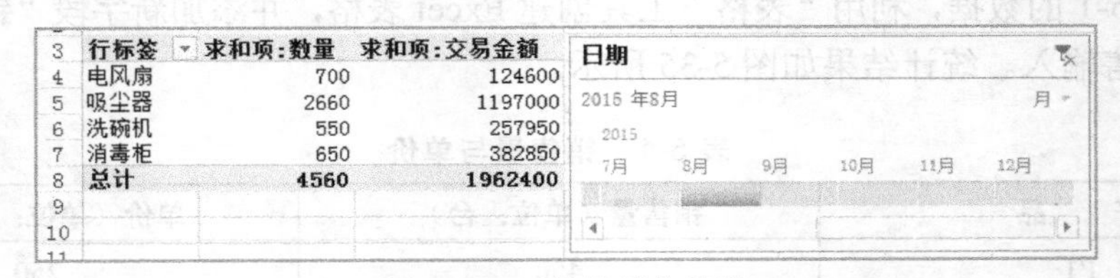

3	行标签	求和项:数量	求和项:交易金额
4	电风扇	700	124600
5	吸尘器	2660	1197000
6	洗碗机	550	257950
7	消毒柜	650	382850
8	总计	4560	1962400
9			
10			

图 5-38　8 月份销售情况

实训 3：可视化分析销售数据

利用可视化分析素材中“销售数据 2015.xlsx”提供的销售数据，要求完成如下项目。

（1）使用“图表”可视化产品的销售额趋势，并用“切片器”切换产品。

（2）使用“组合图”对比各产品销售数额趋势。

（3）使用 “迷你图”显示各产品销售数量趋势。

（4）使用“雷达图”显示各产品销售额。

分析结果参考如图 5-39 至图 5-42 所示。

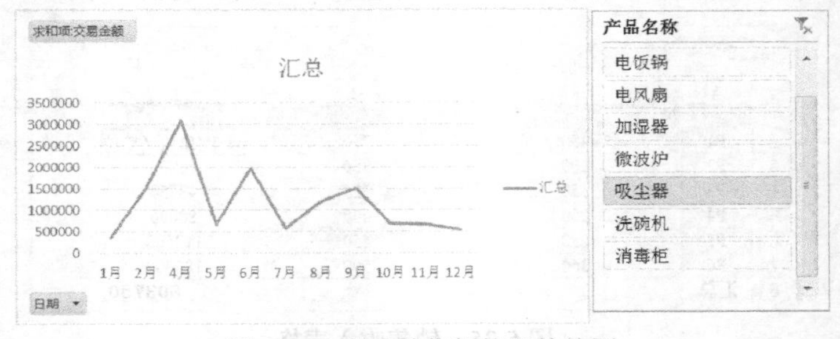

图 5-39　产品销售额按月趋势图

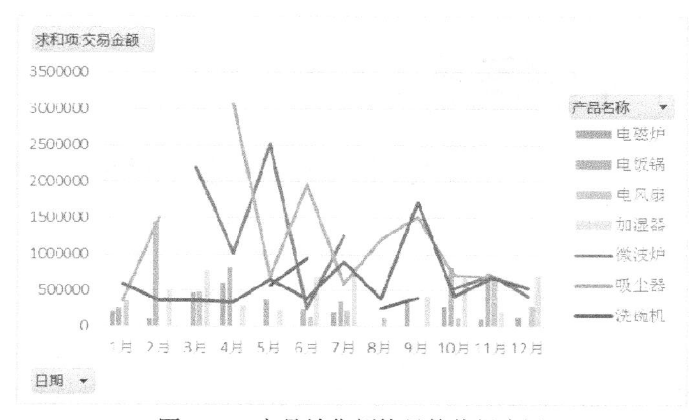

图 5-40　产品销售额按月趋势组合图

3	求和项:交易金额	列标签								
4	行标签	电磁炉	电饭锅	电风扇	加湿器	微波炉	吸尘器	洗碗机	消毒柜	总计
5	1月	207900	260100	356000		262500	364500		589000	2040000
6	2月	113400	1447890		504000		1507500		353400	3926190
7	3月		462400	482380	771360	2196950		469000	353400	4735490
8	4月	601020	809200		288000	1008000	3082500		329840	6118560
9	5月		375700		216000	2520000	675000	562800	647900	4997400
10	6月		231200	128160	672000	245000	1966500	938000	388740	4569600
11	7月	189000	346800	213600	720000	1253000	585000		895280	4202680
12	8月			124600			1197000	257950	382850	1962400
13	9月	366660			417600		1512000	398650	1708100	4403010
14	10月	272160	812090	120506	672000	521500	697500		424080	3519836
15	11月	113400	739840	702566	204000	700000	675000	309540	665570	4109916
16	12月	132300		284800	698400	420000	540000		530100	2605600
17	**总计**	**1995840**	**5485220**	**2412612**	**5163360**	**9126950**	**12802500**	**2935940**	**7268260**	**47190682**
18	销售趋势									

图 5-41　产品销售趋势迷你图

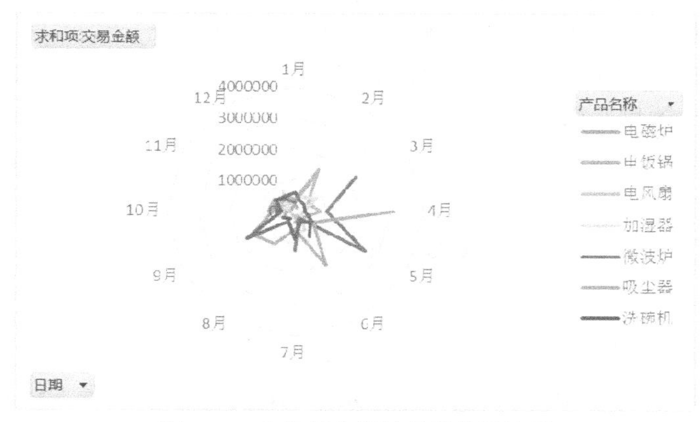

图 5-42　产品销售额按月趋势雷达图

问题探索：

（1）数据透视图与普通图表有什么不同？数据透视图最重要的特点是什么？

（2）“切片器”与“筛选器”能够刷新数据透视图的显示吗？

（3）组合图中“次坐标”是指什么？有什么作用？

5.5　综合实践

选取一家公司一定时期内生产或者销售的数据进行可视化分析。要求：将数据生成“表格”，采用“数据透视表”进行汇总分析，采用“数据透视图”及其他“图表”进行可视化分析，要求图表直观、易读、合理和实用。

任务6

优化与决策分析

决策是为了解决某一问题，达到一定目标而做出的决定。决策分析是从问题开始到做出决策前分析和研究最优方案的过程。很多决策问题都会涉及数学规划问题，如产品定价问题、生产计划问题等，即求解目标优化问题。Excel 为数学规划问题提供了一个计算工具，即“规划求解”，可以帮助用户进行线性规划、非线性规划和演化问题的求解。

6.1 任务情境

在一次行业交流会议上，小卓了解到几家公司经营过程中的优化经验，感觉这些公司初始情况与自己公司目前的状态相似。由于有了前一阶段对于生产预测的研究，小卓对本公司的生产计划系统有了很深入的了解。为了改进公司的生产计划系统，小卓决定借鉴同行的优化经验，采用 Excel 对现有生产计划安排系统进行优化，并使得：

- 所有生产系统投入最少；
- 公司销售收入达到最大。

6.2 任务分析

可以看到，小卓的目标实际上就是公司运营的全局目标，即获得最大的利润。这个目标不但涉及如何安排生产过程，也涉及产品定价问题。解决利润最大化问题的方法首选数学规划方法，因此，小卓要达到任务目的，需要以下工作步骤：

- 学习并掌握基本的优化方法；
- 运用线性规划方法进行生产计划；
- 运用非线性规划方法进行生产计划；
- 改进现有预测模型。

知识目标

- 掌握基本数学规划工作步骤；
- 掌握规划求解工作步骤；
- 掌握规划求解之线性规划方法；
- 掌握规划求解之非线性规划方法；

- 掌握规划求解之演化规划方法。

能力目标

通过任务学习能够对一些优化问题进行建模，并采用 Excel“规划求解”工具进行求解，包括：线性规划问题、非线性规划问题、非演化规划问题。

6.3 任务实施

数学规划是数学中的一个分支，它研究的主要目标是在给定的区域中寻找可以最小化或最大化某一函数的最优解，被广泛应用于自然科学、社会科学和工程技术中。数学规划虽然包含很多分支，如线性规划、非线性规划、多目标规划、动态规划等，但都遵循一个基本的问题解决流程，即建立优化模型和求解模型两个基本阶段。其中，第一阶段建立优化模型是数学规划中最重要的一步，它关系着对实际问题的抽象是否真实，是否能够反映实际问题的根本特质。第二阶段则是利用数学方法进行求解，可以手工计算或利用计算机进行求解。本任务采用 Excel “规划求解”来进行优化模型求解。

6.3.1 建立优化模型

微课

建立实际问题的优化模型通常包括四个基本步骤。

1. 识别决策变量

决策变量代表实际问题中影响最终优化值、需要做出取值决策的变量，是优化模型想要确定的量。识别决策变量就是识别所有对问题最终优化值有显著性影响的变量，对于最终优化值没有显著影响的变量不予考虑。一个问题有一个或多个决策变量，不同的问题有不同的决策变量，例如，将要生产的不同产品的数量、用于研究和开发项目的投入资金金额、化工中各种材料的配比等。

决策变量在数学上是目标函数的自变量，即决策变量的变化引起目标函数值的变化。

2. 确定目标函数

目标函数表示决策变量与问题中最优化值之间的变化关系。实际应用中，常常称代表最优值的变量为“目标函数”，例如，利润是公司期望取得最大化的变量，就是某些问题的目标函数。

3. 识别所有适合的约束

约束是实际问题中要取得最优化结果的前提条件和所受的限制，即对决策变量和优化变量的约束条件。约束多种多样，可能是实际的或技术上的限制，可能是各种管理规定，也可能是法律法规的规范要求。约束不但增加了优化问题求解的难度，而且也限制求解的范围。因此，必须识别所有适合的约束，否则就会得出错误的解。

4. 用数学形式表示目标函数和约束

为了对问题进行精确刻画和能够方便运用 Excel“规划求解”工具求解问题，需要将决策变量、目标函数和约束条件用数学语言进行描述。优化模型的一般数学形式如下：

$$\boldsymbol{Y} = \min \boldsymbol{F}(\boldsymbol{X})$$

$$s.t.\begin{cases}\boldsymbol{G}(\boldsymbol{X}) \leqslant 0, & \boldsymbol{G} = (g_1 \quad g_2 \quad \cdots \quad g_l)^T \\ \boldsymbol{H}(\boldsymbol{X}) = 0, & \boldsymbol{H} = (h_1 \quad h_2 \quad \cdots \quad h_q)^T\end{cases}$$

其中，$\boldsymbol{X} = (x_1 \quad x_2 \quad \cdots \quad x_n)^T$ 为决策变量矢量，$x_i(i = 1,2,\cdots,n)$ 为第 i 个决策变量，$\boldsymbol{Y} = (y_1 \quad y_2 \quad \cdots \quad y_m)^T$ 为最优变量矢量，$y_j(j = 1,2,\cdots,m)$ 为第 j 个优化变量，$\boldsymbol{F} = (f_1 \quad f_2 \quad \cdots \quad f_m)^T$ 为目标函数矢量，$f_j(j = 1,2,\cdots,m)$ 为第 j 个目标函数。$\mathbf{G}(\boldsymbol{X}) \leqslant 0$ 为不等式约束矢量，$\mathbf{H}(\boldsymbol{X}) = 0$ 为等式约束矢量。

6.3.2 线性规划

一般地，求线性目标函数在线性约束条件下的最大值或最小值的问题，统称为线性规划问题。线性规划是数学规划中，研究较早、发展较快、应用较多、方法较成熟、极具应用价值的一个重要分支，也是数学规划的最基本部分，它是辅助人们进行科学管理的一种数学方法。它所研究的问题主要有两类：第一类是用最少的资源满足确定目标，即当任务确定后，如何统筹安排，尽量做到以最少的人力、物力资源去完成任务；第二类则是用现有资源实现最佳输出，即如何安排使用已有的人力、物力资源，取得最佳输出结果。

凡是有明确的线性优化目标，且能用线性约束方程（等式或者不等式）组描述其内部运行规则的问题，都能够用线性规划的方法求解。只要能满足上述条件，无论这些问题属于哪个领域，都属于线性规划方法的应用范围。一些常见的领域有：企业营销策划、产品生产计划、采购与库存管理、工程设计优化、物流管理、人事管理、理财与投资、系统综合评价、宏观经济运行调控、城市管理、作战规划等。

在优化模型的基础上，根据线性规划的特点，可以得到线性规划模型如下：

$$y = \max \boldsymbol{C}^T \boldsymbol{X}$$

$$s.t.\begin{cases}\boldsymbol{GX} \leqslant 0 \\ \boldsymbol{HX} = 0\end{cases}$$

其中，$\boldsymbol{X} = (x_1 \quad x_2 \quad \cdots \quad x_n)^T$ 为决策变量矢量，$x_i(i = 1,2,\cdots,n)$ 为第 i 个决策变量，y 为优化变量，$\boldsymbol{C} = (c_1 \quad c_2 \quad \cdots \quad c_n)^T$ 为价值（成本）系数矢量或称为目标函数系数矢量，$\boldsymbol{G}$ 为不等式约束系数矩阵，$\boldsymbol{H}$ 为等式约束系数矩阵。一般应用中还有决策变量非负性约束，即 $\boldsymbol{X} \geqslant 0$。

1. 建立线性规划模型

微课

现在用线性规划方法来帮助小卓对公司生产计划进行优化。公司的产品生产过程包括分装、总装和检验 3 个阶段，分别由 3 个车间完成。分装车间有 50 名熟练工人，分 2 个班次，每人每天工作 8 小时。总装车间有 30 名熟练工人，1 个班次，每人每天工作 8 小时。检验车间有 10 名熟练工人，1 个班次，每人每天工作 8 小时。公司每周工作 6 天。根据过往数据的统计，公司单位产品制造工时和可能的净利润如表 6-1 所示。由于市场火爆，小卓公司的产品供不应求。公司为了实现最大利润，可以只生产某一种利润最高的产品，但是这样不利于规避市场风险。公司在追求最大利润的同时，对每种产品的最低日产量进行了限制，如表 6-1 所示。接下来小卓就要根据前面的学习开始进行线性优化模型构建。

表 6-1　单位产品制造工时、净利润和最低日产量

产品	分装（分钟）	总装（分钟）	检验（分钟）	净利润（元）	最低日产量（台）
豆浆机	6	3	1	85	500
电饭煲	3	2	1	65	900
热水壶	2	2	1	78	900
压力锅	5	3	2	100	500
果汁机	4	3	1	92	650

1）识别决策变量

小卓公司共生产 5 种厨房家电，并且想要通过合理安排日产量以实现最大利润化，因此可以看出每种产品的日产量就是对利润最大化起到决定性影响的变量，为决策变量。对应五种产品的日产量则有五个决策变量：豆浆机日产量、电饭煲日产量、热水壶日产量、压力锅日产量、果汁机日产量。

2）确定目标函数

很明显，利润最大化就是小卓公司希望实现的目标，因此各产品日产量与总利润之间的确定关系就是目标函数。该目标函数是各产品日产量的线性函数。

3）识别约束

显然，分装、总装和检验车间的工人数量和每天工作时间都限制了各个车间的可用生产时间。因此，所面临的约束如下：

分装车间：用于分装的总工时不能超过可以用的总工时数量。

总装车间：用于总装的总工时不能超过可以用的总工时数量。

检验车间：用于检验的总工时不能超过可以用的总工时数量。

除此之外，公司还对每种产品的最低日产量进行了限制，见表 6-1。

4）目标函数和约束数学公式化

令 x_1、x_2、x_3、x_4、x_5 分别表示豆浆机、电饭煲、热水壶、压力锅、果汁机的日产量，则每天实现的总利润为：

$$85x_1 + 65x_2 + 78x_3 + 100x_4 + 92x_5$$

令 y 表示实现的最大利润，就可得到完整的目标函数数学表达式：

$$y = \max\left(85x_1 + 65x_2 + 78x_3 + 100x_4 + 92x_5\right)$$

分装车间的可用工时为$50 \div 2 \times 8 \times 2 = 400$小时/天，总装车间的可用工时为$30 \times 8 = 240$小时/天，检验车间的总工时为$10 \times 8 = 80$小时/天。由于制造产品所用总工时不能超过车间所提供的可用工时，所以可用工时约束用数学公式表示如下：

$$\text{分装：} 6x_1 + 3x_2 + 2x_3 + 5x_4 + 4x_5 \leqslant 400 \times 60$$

$$\text{总装：} 3x_1 + 2x_2 + 2x_3 + 3x_4 + 3x_5 \leqslant 240 \times 60$$

$$\text{检验：} x_1 + x_2 + x_3 + 2x_4 + x_5 \leqslant 80 \times 60$$

各种产品最低日产量的约束表示为：

$$x_1 \geqslant 500$$

$$x_2 \geqslant 900$$

$$x_3 \geqslant 900$$

$$x_4 \geqslant 500$$

$$x_5 \geqslant 650$$

整理后，得到完整的线性规划模型：

$$y = \max\left(85x_1 + 65x_2 + 78x_3 + 100x_4 + 92x_5\right)$$

$$s.t.\begin{cases} 6x_1 + 3x_2 + 2x_3 + 5x_4 + 4x_5 - 24000 \leqslant 0 \\ 3x_1 + 2x_2 + 2x_3 + 3x_4 + 3x_5 - 14400 \leqslant 0 \\ x_1 + x_2 + x_3 + 2x_4 + x_5 - 4800 \leqslant 0 \\ x_1, x_4 \geqslant 500 \\ x_2, x_3 \geqslant 900 \\ x_5 \geqslant 650 \end{cases}$$

微课

2. 求解线性规划模型

规划求解是 Excel 中的一个加载宏，可求得工作表上目标单元格中公式的最优值，对与目标单元格中公式相关联的一组单元格中的数值进行调整，最终在目标单元格公式中求得期望的结果。规划求解有 3 种引擎：

- 单纯线性规划引擎，用于求解线性最优化问题；
- 非线性 CRG 引擎，用于求解非线性规划问题；
- 演化引擎，用于包含非平滑函数的优化问题。

求解线性规划问题使用单纯线性规划引擎，求解步骤如下。

1）建立电子表格模型

为了更好地运用电子表格模型，需要对工作表布局进行设计，设计原则为将数据、计算和输出分隔开，不要在计算公式中直接使用数据，而是通过引用其他单元格的数据来实现。

（1）在 Excel 工作表中输入数据，如图 6-1 所示。

（2）用单元格表示线性规划模型，如图 6-1 所示，其中，G21 单元格表示最大利润，B21、C21、D21、E21、F21 单元格分别表示豆浆机、电饭煲、热水壶、压力锅、果汁机的利润。

$$G21=B21+C21+D21+E21+F21$$
$$B21=B10*B14$$
$$C21=C10*C14$$
$$D21=D10*D14$$
$$E21=E10*E14$$
$$F21=F10*F14$$

2）求解模型

切换到【数据】选项卡，在【分析】选项组中单击【规划求解】按钮，弹出如图 6-2 所示的【规划求解参数】对话框。

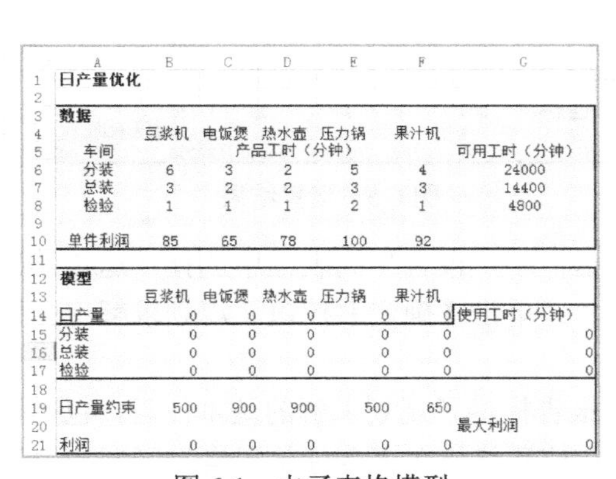

	A	B	C	D	E	F	G
1	日产量优化						
2							
3	数据						
4		豆浆机	电饭煲	热水壶	压力锅	果汁机	
5	车间			产品工时（分钟）			可用工时（分钟）
6	分装	6	3	2	5	4	24000
7	总装	3	2	2	3	3	14400
8	检验	1	1	1	2	1	4800
9							
10	单件利润	85	65	78	100	92	
11							
12	模型						
13		豆浆机	电饭煲	热水壶	压力锅	果汁机	
14	日产量	0	0	0	0	0	使用工时（分钟）
15	分装	0	0	0	0	0	0
16	总装	0	0	0	0	0	0
17	检验	0	0	0	0	0	0
18							
19	日产量约束	500	900	900	500	650	
20							最大利润
21	利润	0	0	0	0	0	0

图 6-1　电子表格模型

图 6-2　【规划求解参数】对话框

（1）在“设置目标”字段中输入“$G$21”引用单元格 G21，或用鼠标选择 G21 单元格，作为优化目标。

（2）在“到”一栏选择“最大值”单选按钮。

（3）在“通过改变可变单元格”中输入“$B$14:$F$14”，或用鼠标选择 B14 至 F14 的单元格，作为优化的决策变量。

（4）将模型约束条件添加到“遵守约束”列表中。单击列表右侧的【添加】按钮，弹出如图 6-3 所示的【添加约束】对话框。约束条件以不等式形式创建，左边“单元格引用”输入约束条件数学公式的左边项所在单元格，右边“约束”输入约束条件的右边项所在单元格或者数值，中间为不等关系选择列表。当选择完成后，单击【确定】按钮将会在“遵守约束”列表中添加一项约束条件。如果想修改添加的约束条件，将其选中并单击右侧【更改】按钮修改即可。

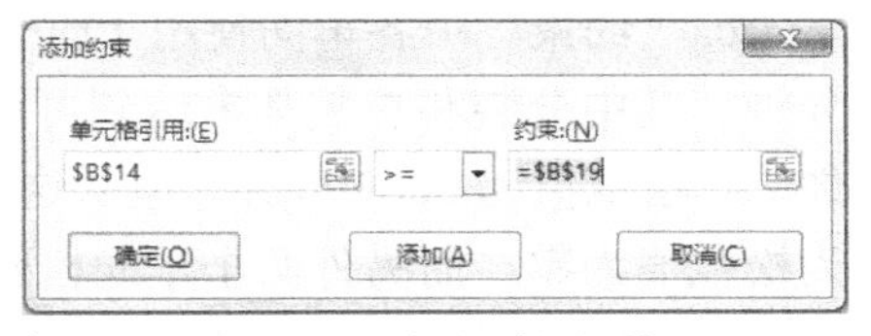

图 6-3　添加约束对话框

（5）勾选“使用无约束变量为非负数”复选框保证未约束的决策变量为非负数。

（6）选择“选择求解方法”为“单纯线性规划”。

（7）单击【求解】按钮求解模型，弹出如图 6-4 所示【规划求解结果】对话框。对话框中显示了“规划求解找到一解，可满足所有的约束及最优状况。”若没有找到可行解则会显示相应的信息通知用户，这说明优化模型出现了错误或者是约束条件相互冲突，需要重新检查优化模型，更正后再进行求解。

当对话显示“规划求解找到一解”时，在电子表格模型中已经自动添加了运算结果，如图 6-5 所示。

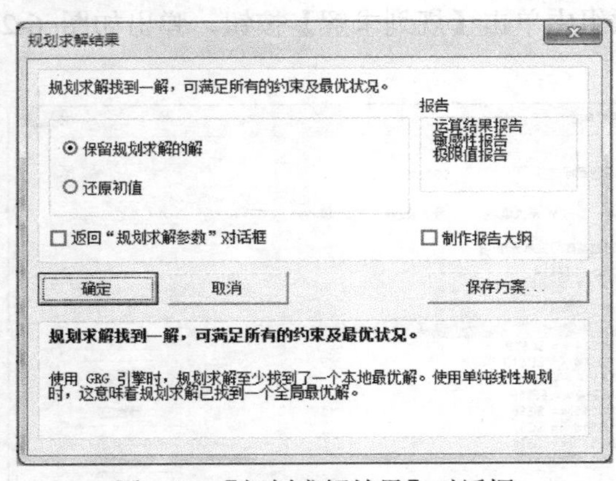

图 6-4 【规划求解结果】对话框

	A	B	C	D	E	F	G
1	日产量优化						
2							
3	数据						
4		豆浆机	电饭煲	热水壶	压力锅	果汁机	
5	车间		产品工时（分钟）				可用工时（分钟）
6	分装	6	3	2	5	4	24000
7	总装	3	2	2	3	3	14400
8	检验	1	1	1	2	1	4800
9							
10	单件利润	85	65	78	100	92	
11							
12	模型						
13		豆浆机	电饭煲	热水壶	压力锅	果汁机	
14	日产量	500	900	900	500	1500	使用工时（分钟）
15	分装	3000	2700	1800	2500	6000	16000
16	总装	1500	1800	1800	1500	4500	11100
17	检验	500	900	900	1000	1500	4800
18							
19	日产量约束	500	900	900	500	650	
20							最大利润
21	利润	42500	58500	70200	50000	138000	359200

图 6-5 运算结果

（8）生成优化报告。在【规划求解结果】对话框中“报告”列表框中选择“运算结果报告”、“敏感性报告”和“极限值报告”选项，并单击【确定】按钮。规划求解将分别新建 3 个工作表分别存放 3 种报告。

① 运算结果报告。如图 6-6 所示，运算结果报告提供了规划求解的基本信息，包括目标函数的初值和终值以及决策变量。目标函数的初值和终值在“目标单元格”区域。决策变量在“可变单元格”区域。“约束”区域中“单元格值”列表示使目标函数取得最优值的约束条件的取值；“状态”列表示约束是否达到了限制值；“松弛值”列表示取得最优解时，约束条件左边与右边之间的差值。从结果报告可以看出：

a. 目标函数的终值为 359200 元，即要实现各个产品的日产量的最大利润额。

b. “可变单元格”中给出了决策变量的终值，即各个产品的最终日产量：

豆浆机 500 台、电饭煲 900 台、热水壶 900 台、压力锅 500 台、果汁机 1500 台。

c. “约束”中各车间使用工时分别为：分装 16000 分钟，总装 11100 分钟，检验 4800 分钟。其中分装和总装都未达到可用工时极限，特别是分装车间仅使用了可用工时的三分之二，松弛值为 8000 分钟。但从这个结果上来看，检验车间将是小卓公司的瓶颈车间，因为松弛值为零，而另外两个车间松弛值有很大余量。

② 敏感性报告。如图 6-7 所示，敏感性报告分析参数变动对最优解的影响程度的报告，即关于最优目标值以及最优决策变量如何受到目标函数系数的变化影响，某些决策变量改变将产生怎样的影响，约束条件变化将产生怎样的影响的报告。一个模型参数每次的改变都将会引起敏感性报告内容的变化。

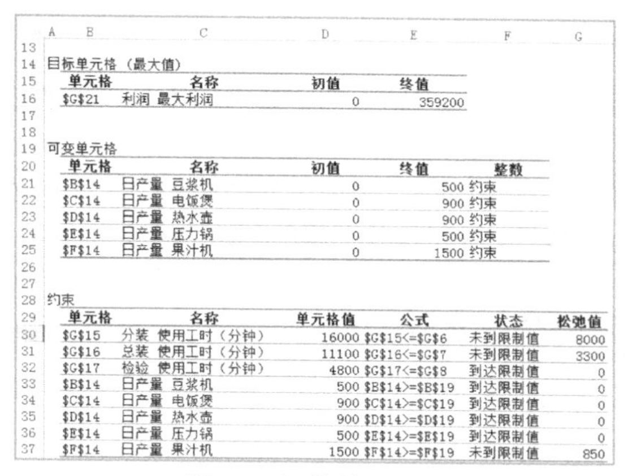

目标单元格（最大值）

单元格	名称	初值	终值
$G$21	利润 最大利润	0	359200

可变单元格

单元格	名称	初值	终值	整数
$B$14	日产量 豆浆机	0	500	约束
$C$14	日产量 电饭煲	0	900	约束
$D$14	日产量 热水壶	0	900	约束
$E$14	日产量 压力锅	0	500	约束
$F$14	日产量 果汁机	0	1500	约束

约束

单元格	名称	单元格值	公式	状态	松弛值
$G$15	分装 使用工时（分钟）	16000	$G$15<=$G$6	未到限制值	8000
$G$16	总装 使用工时（分钟）	11100	$G$16<=$G$7	未到限制值	3300
$G$17	检验 使用工时（分钟）	4800	$G$17<=$G$8	到达限制值	0
$B$14	日产量 豆浆机	500	$B$14>=$B$19	到达限制值	0
$C$14	日产量 电饭煲	900	$C$14>=$C$19	到达限制值	0
$D$14	日产量 热水壶	900	$D$14>=$D$19	到达限制值	0
$E$14	日产量 压力锅	500	$E$14>=$E$19	到达限制值	0
$F$14	日产量 果汁机	1500	$F$14>=$F$19	未到限制值	850

图 6-6　运算结果报告

可变单元格

单元格	名称	终值	递减成本	目标式系数	允许的增量	允许的减量
$B$14	日产量 豆浆机	500	-7	85	7	1E+30
$C$14	日产量 电饭煲	900	-27	65	27	1E+30
$D$14	日产量 热水壶	900	-14	78	14	1E+30
$E$14	日产量 压力锅	500	-84	100	84	1E+30
$F$14	日产量 果汁机	1500	0	92	1E+30	7

约束

单元格	名称	终值	阴影价格	约束限制值	允许的增量	允许的减量
$G$15	分装 使用工时（分钟）	16000	0	24000	1E+30	8000
$G$16	总装 使用工时（分钟）	11100	0	14400	1E+30	3300
$G$17	检验 使用工时（分钟）	4800	92	4800	1100	850

图 6-7　敏感性报告

报告中“可变单元格”区域列举了每个决策变量的终值、递减成本、目标式系数（目标函数中与决策变量对应的系数）、允许的增量和允许的减量的数值。递减成本表示目标式系数减少多少，相应决策变量取值才会大于约束值。例如，果汁机日产量终值大于日产量约束值 650，相应的递减成本为零。允许的增量和允许的减量表示目标函数取最优值时，保持该决策变量取值不变的情况下，相应目标式系数的最大变化范围。“1E+30”表示无限。例如，豆浆机日产量保持不变时，其利润变化范围为（0, 85+7）；电饭煲利润变化范围为（0,65+27）。

“约束”区域包含了约束式的左边终值、阴影价格、约束式右边值（约束限制值）、允许的增量和允许的减量等。阴影价格表示约束限制值增加 1 个单位时，目标函数会改变多少。当约束有正松弛值时，阴影价格恒为零。当约束条件涉及有限资源时，阴影价格表示该资源增加 1 个单位会带来多少利润。因此，阴影价格可以指导用户如何进行资源重新分配。允许的增量和允许的减量表示约束限制值变动的范围，约束限制值在该范围内变动时，不会引起其他决策变量终值的变化。这些变化范围也能够帮助用户进行资源重新分配。

可以看到，分装车间可用工时变化范围为（24000−8000, >24000），即分装车间的总工时可以降低到 16000 分钟，如果不考虑其他因素，公司可以减少用工人数。

③ 极限值报告。如图 6-8 所示，极限值报告包含了每个决策变量的可以接受的、满足所有约束条件的变化范围及相应的目标函数最优值。例如，果汁机日产量的变化范围为 650 台至 1500 台，相应的最大利润为 281000 至 359200 元。

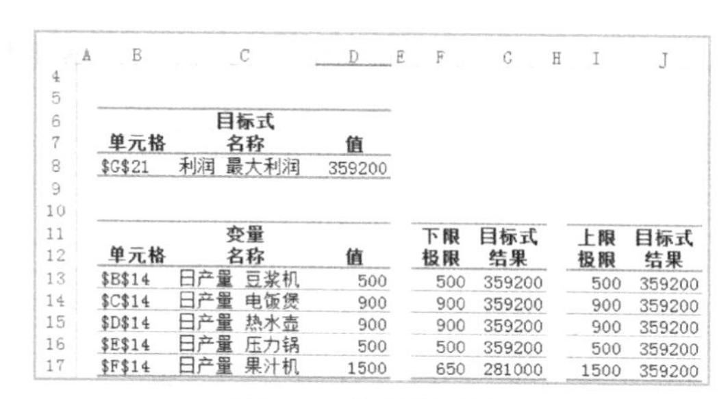

单元格	目标式名称	值
$G$21	利润 最大利润	359200

单元格	变量名称	值	下限极限	目标式结果	上限极限	目标式结果
$B$14	日产量 豆浆机	500	500	359200	500	359200
$C$14	日产量 电饭煲	900	900	359200	900	359200
$D$14	日产量 热水壶	900	900	359200	900	359200
$E$14	日产量 压力锅	500	500	359200	500	359200
$F$14	日产量 果汁机	1500	650	281000	1500	359200

图 6-8　极限值报告

结合运算结果报告和敏感性报告，小卓公司除了果汁机外其他 4 种产品在现有条件下与果汁机相比没有特别的利润优势。同时，可以看到，公司的检验车间是公司生产的瓶颈，如果要快速跟进市场，要么增加工人数量，要么提高现有产品的工艺水平，才能保证制造能力的提高，否则当前最大利润将是一个顶峰。

6.3.3 非线性规划

现实中，大部分优化问题都属于非线性问题，即优化问题中的变量之间不是简单的线性关系。这种非线性问题在优化模型中的表现就是其目标函数和/或约束条件是非线性表达式。非线性模型和线性模型最大的不同是，非线性模型没有一个通用的结构。因此，构建非线性优化模型比起构建线性优化模型更具有挑战性，需要具备更强的创造力和分析能力。非线性优化问题建模必须注意以下两点：

微课

- 模型仅是真实问题的有效表达，"完美模型"不可能存在。
- 模型现实性越高，模型的复杂度越高。

1. 建立非线性优化模型

在 6.3.2 节中，小卓用线性规划方法对生产计划进行了优化，得到了产品产量与公司资源之间的约束关系。然而，这种优化结论是在假定产品单位利润固定，公司总利润与产品销量呈正比关系下得出的。现实中，利润和销量并不存在简单的线性关系，因为销量受到包括价格在内许多因素的影响。小卓为了更加精准地进行生产计划优化，必须考虑产品的利润与产品销量和价格变化的关系。小卓从市场部门了解到，当前公司产品销量和定价之间近似符合乘幂需求曲线模型，即销量 q 是价格 p 的幂函数：

$$q = ap^{-b}$$

其中，a 为价格系统，b 为需求弹性系数。于是可以得到产品利润的模型：

$$\text{profit} = q(p-c) = ap^{-b}(p-c)$$

其中，profit 表示产品利润，p 表示产品价格，c 表示产品成本，q 表示销量。

注意：需求曲线是显示价格与需求量关系的曲线，是指其他条件相同时，在每一价格水平上市场愿意购买的商品量的曲线。

可以看到，产品利润 profit 是产品价格 p 和产品成本 c 的非线性函数。在不考虑其他因素的情况下，必然存在一个价格使得利润取得最大值，获得最佳产品销量。小卓从市场部门收集到公司 5 种产品需求模型参数及产品成本如表 6-2 所示，当前可以定价的范围如表 6-3 所示。

表 6-2 产品需求模型参数及产品成本

产品	成本 c（元）	价格系数 a	需求弹性系数 b
豆浆机	335	99846000	2.0
电饭煲	252	5455300	1.5
热水壶	315	51169900	1.8
压力锅	398	849200	1.2
果汁机	362	312522600	2.1

表 6-3　产品定价范围

产品	最低价（元）	最高价（元）
豆浆机	350	520
电饭煲	275	400
热水壶	335	480
压力锅	415	600
果汁机	380	500

根据收集到的数据，小卓重新构建了产品日产量的优化模型。这种情况下，优化模型的决策变量就变为产品的价格。优化问题由生产计划转变为产品定价问题，即在有限资源下，如何定价产品实现最大利润。

令 q_1、q_2、q_3、q_4、q_5 分别表示豆浆机、电饭煲、热水壶、压力锅、果汁机的日产量；p_1、p_2、p_3、p_4、p_5 分别表示豆浆机、电饭煲、热水壶、压力锅、果汁机的单位价格；c_1、c_2、c_3、c_4、c_5 分别表示豆浆机、电饭煲、热水壶、压力锅、果汁机的单位成本；a_1、a_2、a_3、a_4、a_5 分别表示豆浆机、电饭煲、热水壶、压力锅、果汁机的价格系数；b_1、b_2、b_3、b_4、b_5 分别表示豆浆机、电饭煲、热水壶、压力锅、果汁机的需求弹性系数，则每天实现的总利润为：

$$\sum_{i=1}^{5} q_i\left(p_i - c_i\right) = \sum_{i=1}^{5} a_i p_i^{-b_i}\left(p_i - c_i\right)$$

令 y 为实现的最大利润，就可得到完整的目标函数数学表达式：

$$y = \max \sum_{i=1}^{5} a_i p_i^{-b_i}\left(p_i - c_i\right)$$

可将工时约束用数学公式表达如下：

分装：$6q_1 + 3q_2 + 2q_3 + 5q_4 + 4q_5 \leqslant 400 \times 60$

总装：$3q_1 + 2q_2 + 2q_3 + 3q_4 + 3q_5 \leqslant 240 \times 60$

检验：$q_1 + q_2 + q_3 + 2q_4 + q_5 \leqslant 80 \times 60$

各种产品最低日产量的约束表示为：

$$q_1 \geqslant 500$$
$$q_2 \geqslant 900$$
$$q_3 \geqslant 900$$
$$q_4 \geqslant 500$$
$$q_5 \geqslant 650$$

各种产品的价格约束为：

$$350 \leqslant p_1 \leqslant 520$$
$$275 \leqslant p_2 \leqslant 400$$
$$335 \leqslant p_3 \leqslant 480$$

$$415 \leqslant p_4 \leqslant 600$$

$$380 \leqslant p_5 \leqslant 500$$

2. 求解非线性优化模型

求解非线性优化问题使用非线性 GRG 规划引擎，求解步骤如下。

1）建立电子表格模型

（1）新建工作表，并填入如图 6-9 所示数据。

	A	B	C	D	E	F	G
1	日产量优化						
2							
3	数据						
4		豆浆机	电饭煲	热水壶	压力锅	果汁机	
5	车间			产品工时（分钟）			可用工时（分钟）
6	分装	6	3	2	5	4	24000
7	总装	3	2	2	3	3	14400
8	检验	1	1	1	2	1	4800
9							
10				需求曲线			
11	价格系数	99846000	5455300	51169900	849200	312522600	
12	需求弹性系数	2	1.5	1.8	1.2	2.1	
13	单件成本	335	252	315	398	362	
14							
15	模型						
16		豆浆机	电饭煲	热水壶	压力锅	果汁机	
17	价格	350	275	335	415	380	
18	日产量	815.069	1196.24	1458.59	612.85	1194.912	使用工时（分钟）
19	分装	4890.42	3588.73	2917.18	3064.2	4779.647	19240.21541
20	总装	2445.21	2392.49	2917.18	1838.5	3584.736	13178.15728
21	检验	815.069	1196.24	1458.59	1225.7	1194.912	5890.511653
22							
23	日产量约束	500	900	900	500	650	
24	最低价格	350	275	335	415	380	
25	最高价格	520	400	480	600	500	
26							最大利润
27	利润	12226	27513.6	29171.8	10418	21508.41	100838.3053

图 6-9　非线性优化电子表格模型

（2）用单元格表示非线性规划模型如图 6-9 所示。其中，G27 单元格表示最大利润；B27、C27、D27、E27、F27 单元格分别表示豆浆机、电饭煲、热水壶、压力锅、果汁机的利润；B18、C18、D18、E18、F18 单元格分别表示豆浆机、电饭煲、热水壶、压力锅、果汁机的日产量；B13、C13、D13、E13、F13 单元格分别表示豆浆机、电饭煲、热水壶、压力锅、果汁机的单位成本。B17、C17、D17、E17、F17 单元格分别表示豆浆机、电饭煲、热水壶、压力锅、果汁机的单位价格。

G27=B27+C27+D27+E27+F27

B27=B18*(B17-B13)

C27=C18*(C17-C13)

D27=D18*(D17-D13)

E27=E18*(E17-E13)

F27=F18*(F17-F13)

2）求解模型

单击【数据】→【分析】→【规划求解】按钮，打开【规划求解参数】对话框。

（1）在“设置目标”字段中输入“$G$27”引用单元格 G27 或用鼠标选择 G27 单元格，作为优化目标。

（2）在“到”一栏选择“最大值”单选按钮。

（3）在“通过改变可变单元格”中输入“$B$17:$F$17”或用鼠标选择 B17 至 F17 的单元格，作为优化的决策变量。

（4）将模型约束条件添加到“遵守的约束”列表中。约束列表如下：

$B$18>=$B$23
$C$18>=$C$23
$D$18>=$D$23
$E$18>=$E$23
$F$18>=$F$23
$B$17>=$B$24 $B$17<=$B$25
$C$17>=$C$24 $C$17<=$C$25
$D$17>=$D$24 $D$17<=$D$25
$E$17>=$E$24 $E$17<=$E$25
$F$17>=$F$24 $F$17<=$F$25

（5）勾选“使用无约束变量为非负数”复选框保证未约束的决策变量为非负数。

（6）选择“选择求解方法”为“非线性 GRG 规划”。

（7）单击【求解】按钮求解模型，求解结果如图 6-10 所示。从结果中可以看出除果汁机外其余 4 种产品的日产量都是约束的日产量，且与线性优化的结果相同。不同的是，果汁机的日产量为 671 台比线性规划 1500 台小了很多，但是最大利润却比线性规划提高了 5.2%。并且，公司各车间使用工时都未成为实现最大利润的瓶颈。小卓认识到在有限资源下综合考虑各个因素可有效降低企业投入，并能够实现最大利润。为此，小卓决定抛弃日产量约束，重新求解模型。求解结果如图 6-11 所示。

从图 6-11 可以看出，5 种产品都达到了约束的最大价格，除果汁机外其他产品的日产量都低于日产量约束，但是最大利润额却是有日产量约束情况下的 1.235 倍，达到了 46.7 万元。

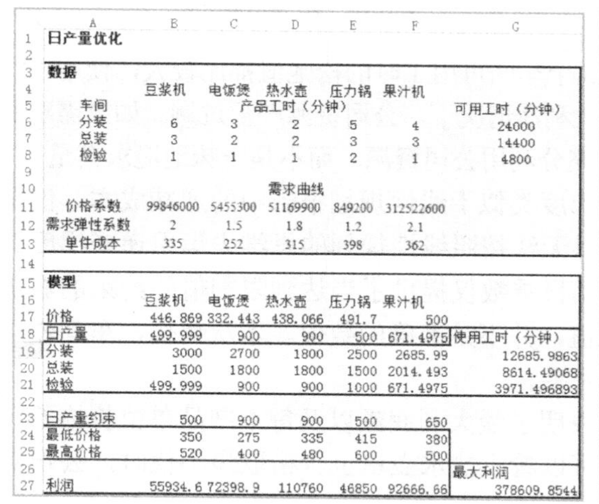

	A	B	C	D	E	F	G
1	日产量优化						
2							
3	数据						
4		豆浆机	电饭煲	热水壶	压力锅	果汁机	
5	车间			产品工时（分钟）			可用工时（分钟）
6	分装	6	3	2	5	4	24000
7	总装	3	2	2	3	3	14400
8	检验	1	1	1	2	1	4800
9							
10				需求曲线			
11	价格系数	99846000	5455300	51169900	849200	312522600	
12	需求弹性系数	2	1.5	1.8	1.2	2.1	
13	单件成本	335	252	315	398	362	
14							
15	模型						
16		豆浆机	电饭煲	热水壶	压力锅	果汁机	
17	价格	446.869	332.443	438.066	491.7	500	
18	日产量	499.999	900	900	500	671.4975	使用工时（分钟）
19	分装	3000	2700	1800	2500	2685.99	12685.9863
20	总装	1500	1800	1800	1500	2014.493	8614.49068
21	检验	499.999	900	900	1000	671.4975	3971.496893
22							
23	日产量约束	500	900	900	500	650	
24	最低价格	350	275	335	415	380	
25	最高价格	520	400	480	600	500	
26							最大利润
27	利润	55934.6	72398.9	110760	46850	92666.66	378609.8544

图 6-10　非线性 GRG 求解结果

	A	B	C	D	E	F	G
1	日产量优化						
2							
3	数据						
4		豆浆机	电饭煲	热水壶	压力锅	果汁机	
5	车间			产品工时（分钟）			可用工时（分钟）
6	分装	6	3	2	5	4	24000
7	总装	3	2	2	3	3	14400
8	检验	1	1	1	2	1	4800
9							
10				需求曲线			
11	价格系数	99846000	5455300	51169900	849200	312522600	
12	需求弹性系数	2	1.5	1.8	1.2	2.1	
13	单件成本	335	252	315	398	362	
14							
15	模型						
16		豆浆机	电饭煲	热水壶	压力锅	果汁机	
17	价格	520	400	480	600	500	
18	日产量	369.253	681.913	763.45	393.76	671.4975	使用工时（分钟）
19	分装	2215.52	2045.74	1526.9	1968.8	2685.99	10442.93036
20	总装	1107.76	1363.83	1526.9	1181.3	2014.493	7194.247095
21	检验	369.253	681.913	763.45	787.51	671.4975	3273.626893
22							
23	日产量约束	500	900	900	500	650	
24	最低价格	350	275	335	415	380	
25	最高价格	520	400	480	600	500	
26							最大利润
27	利润	68311.8	100923	125969	79539	92666.66	467409.6317

图 6-11　抛弃日产量约束求解结果

（8）分析优化报告。在【规划求解结果】对话框中“报告”列表框中选择“运算结果报告”、“敏感性报告”和“极限值报告”选项，并单击【确定】按钮。规划求解分别生成 3 个报告，分别如图 6-12 至图 6-14 所示。

14	目标单元格（最大值）			
15	单元格	名称	初值	终值
16	$G$27	利润 最大利润	100838.3053	467409.6317
17				
18				

19	可变单元格				
20	单元格	名称	初值	终值	整数
21	$B$17	价格 豆浆机	350	520	约束
22	$C$17	价格 电饭煲	275	400	约束
23	$D$17	价格 热水壶	335	480	约束
24	$E$17	价格 压力锅	415	600	约束
25	$F$17	价格 果汁机	380	500	约束
26					
27					

28	约束					
29	单元格	名称	单元格值	公式	状态	松弛值
30	$G$19	分装 使用工时（分钟）	10442.93036	$G$19<=$G$6	未到限制值	13557.06964
31	$G$20	总装 使用工时（分钟）	7194.247095	$G$20<=$G$7	未到限制值	7205.752905
32	$G$21	检验 使用工时（分钟）	3273.626893	$G$21<=$G$8	未到限制值	1526.373107
33	$B$17	价格 豆浆机	520	$B$17<=$B$25	到达限制值	0
34	$B$17	价格 豆浆机	520	$B$17>=$B$24	未到限制值	170
35	$C$17	价格 电饭煲	400	$C$17<=$C$25	到达限制值	0
36	$C$17	价格 电饭煲	400	$C$17>=$C$24	未到限制值	125
37	$D$17	价格 热水壶	480	$D$17<=$D$25	到达限制值	0
38	$D$17	价格 热水壶	480	$D$17>=$D$24	未到限制值	145
39	$E$17	价格 压力锅	600	$E$17<=$E$25	到达限制值	0
40	$E$17	价格 压力锅	600	$E$17>=$E$24	未到限制值	185
41	$F$17	价格 果汁机	500	$F$17<=$F$25	到达限制值	0
42	$F$17	价格 果汁机	500	$F$17>=$F$24	未到限制值	120

图 6-12　运算结果报告

6	可变单元格			
7			终	递减
8	单元格	名称	值	梯度
9	$B$17	价格 豆浆机	520	106.5158515
10	$C$17	价格 电饭煲	400	303.4519924
11	$D$17	价格 热水壶	480	291.0663524
12	$E$17	价格 压力锅	600	234.6797838
13	$F$17	价格 果汁机	500	282.2989843
14				
15	约束			
16			终	拉格朗日
17	单元格	名称	值	乘数
18	$G$19	分装 使用工时（分钟）	10442.93036	0
19	$G$20	总装 使用工时（分钟）	7194.247095	0
20	$G$21	检验 使用工时（分钟）	3273.626893	0

图 6-13　敏感性报告

6		目标式					
7	单元格	名称	值				
8	$G$27	利润 最大利润	467409.6317				
9							
10							
11		变量		下限	目标式	上限	目标式
12	单元格	名称	值	极限	结果	极限	结果
13	$B$17	价格 豆浆机	520	350	411324	520	467410
14	$C$17	价格 电饭煲	400	275	394000	400	467410
15	$D$17	价格 热水壶	480	335	370612	480	467410
16	$E$17	价格 压力锅	600	415	398289	600	467410
17	$F$17	价格 果汁机	500	380	396251	500	467410

图 6-14　极限值报告

① 运算结果报告。从图 6-12 可以看出，3 个车间可用工时的松弛值都比较大，使用工时仅占可用工时的 48.4%，这说明在已经实现最大利润情况下，公司资源严重过剩。如果需求曲线绝对可信的情况下，公司需要开发新产品以充分利用公司资源，而不是一味地追求销量。

② 敏感性报告。如图 6-13 所示，递减梯度类似于线性规划报告中的递减成本，但是由于每个决策变量系数由许多参数决定，所以无法按照线性规划的思维去运用递减梯度。拉格朗日乘数类似于阴影价格。不过，拉格朗日乘数仅提供了当达到限制值的约束的右边增加 1 个单位时，目标函数中变化的大概数值，并不是准确的数值。本次优化，车间使用工时均为达到限制值，所以拉格朗日乘数均为零。

③ 极限值报告。如图 6-14 所示，报告表明了最大利润额以及每个产品单位价格的可以接受的、满足所有约束条件的变化范围。可以看出热水壶单位价格取最小值时，公司实现的最大利润额最低。

结合运算结果报告和敏感性报告，小卓公司明白了目前要实现利润最大化不能盲目增加产量，而是研究定价和促销策略，或者是努力开发新产品，因为目前公司的制造能力已经远远超过了5种产品实现最大利润的制造能力。

6.3.4 非平滑规划

在实际的优化问题中，既存在非线性，又存在非连续取值（非平滑）变量，这样的问题很难用常规的方法来求解。如上一节的规划求解，如果限定产品的日产量为整数，非线性GRG求解无法得到可行解。为了克服这种限制，科研人员开发了许多启发式算法来求解这种非平滑规划，这些算法有遗传算法、神经网络和禁忌搜索等。

1. 建立演化求解模型

微课

由于小卓要优化的产品日产量属于整数型变量，所以需要对产品日产量增加整数约束。另外在给产品定价时，按照惯例也不应该有小数，所以产品的价格也要限定为整数约束。其他模型要求在6.3.3节已经叙述，在此不再赘述。整理后的模型为：

目标函数数学表达式：

$$y = \max \sum_{i=1}^{5} a_i p_i^{-b_i} \left(p_i - c_i\right)$$

整数约束表示为：q_1、q_2、q_3、q_4、q_5为整数，p_1、p_2、p_3、p_4、p_5为整数。

2. 求解演化规划

Excel规划求解中“演化求解”采用的算法是遗传算法。遗传算法是由美国密歇根大学计算机科学教授John Holland发明的，他借鉴生物进化理论中遗传和变异方法来寻求可行解。遗传算法首先选择50~200个可行解，通过变异和遗传产生新的可行解用于计算目标函数，并根据目标函数来选择最优的可行解用于下一次迭代计算和选择，直到目标函数值变化小于指定阈值，那些选择的满足目标函数的可行解即为演化规划的最优集合。使用演化求解需要遵循以下规则。

- 为决策变量设置上、下边界值。因为这种边界设置有利于遗传算法选择可行解，减少搜索范围。若优化问题没有对决策变量进行约束，当求解达到某一个决策变量边界时，需要放宽边界；否则约束值即决策变量的边界。
- 由于遗传算法属于慢速收敛算法，所以应当将执行时间尽量设置长一些，或者不进行任何设置。

1）修改电子表格模型

为每种产品“单位价格”单元格增加整数约束。在【添加约束】对话框的“单元格引用”文本框中输入需要约束的单元格，在中间符号下拉列表中选择“int”选项，右边“约束”文本框自动填充“整数”，如图6-15所示，单击【添加】按钮保存此约束，再添加其他产品单位价格整数约束。

图6-15　添加整数约束

由于规划求解不能为非决策变量单元格添加整数约束，所以手动为产品日产量添加整数约束如下。

B18=ROUND(B11*B17^(-B12),0)
C18=ROUND(C11*C17^(-C12),0)
D18=ROUND(D11*D17^(-D12),0)
E18=ROUND(E11*E17^(-E12),0)
F18=ROUND(F11*F17^(-F12),0)

2）求解模型

首先设置演化求解的参数。在【规划求解参数】对话框中，单击【选项】按钮，弹出如图 6-16 所示的【选项】对话框。其中，“收敛”表示目标函数变化的最小阈值，即当目标函数变化小于此值时，认为目标函数不再变化，“收敛”值的设定主要参考目标函数最小区别精度。“突变速率”表示可行解的变异速度，变异速度越快，产生最优解的可能性越大，但并不能保证产生最优解的速度越快，该值的设定通常参考同类问题求解速度进行调整。“总体大小”即种群大小，表示参与求解的可行解的个数，增大该值会加快求解速度。“随机种子”表示为算法产生伪随机数的初始化值，该值是为提高随机数真实性而设置的，一般用户不需要进行设置。“无改进的最大时间”表示目标函数达到收敛阈值后保持不变的时间长度，该值越大，求解所得到的可行解越接近优化问题的最优解，也就是说，该值越大，每次执行的结果越接近最优解，当时间长度达到一定时，则求解得到优化问题的最优解。

本例不更改默认的选项设置。单击【求解】按钮可得到如图 6-17 所示的求解结果。该结果与非线性 GRG 求解结果很相近，仅是日产量变成了整数。

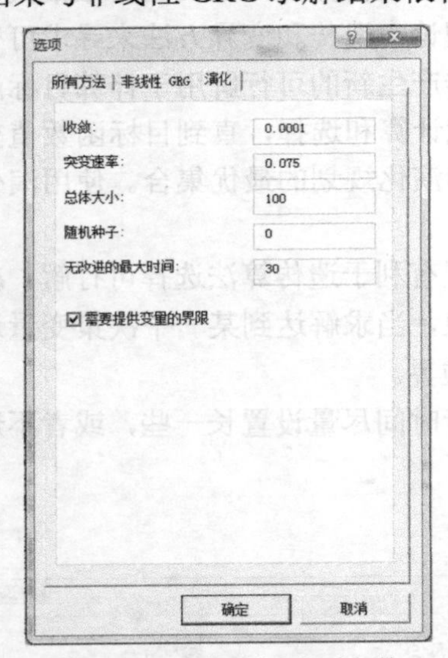

图 6-16　演化求解选项参数

	A	B	C	D	E	F	G
15	模型						
16		豆浆机	电饭煲	热水壶	压力锅	果汁机	
17	价格	520	400	480	600	500	
18	日产量	369	682	763	394	671	使用工时（分钟）
19	分装	2214	2046	1526	1970	2684	10440
20	总装	1107	1364	1526	1182	2013	7192
21	检验	369	682	763	788	671	3273
22							
23	日产量约束	500	900	900	500	650	
24	最低价格	350	275	335	415	380	
25	最高价格	520	400	480	600	500	
26							最大利润
27	利润	68265	100936	125895	79588	92598	467282

图 6-17　演化求解结果

3）结果分析

在【规划求解结果】对话框报告列表中选择“运算结果报告”和“总体”选项，如图 6-18 所示，生成的“运算结果报告”和“总体”分别如图 6-19 和图 6-20 所示。图 6-19

给出了演化“求解时间”、“迭代次数”和“最大子问题数目”，以及求解选项参数设置。其他内容与非线性 GRG 求解无区别。

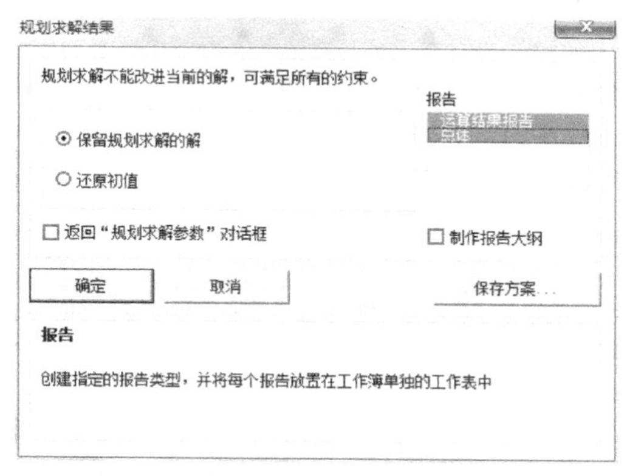

图 6-18 【规划求解结果】对话框

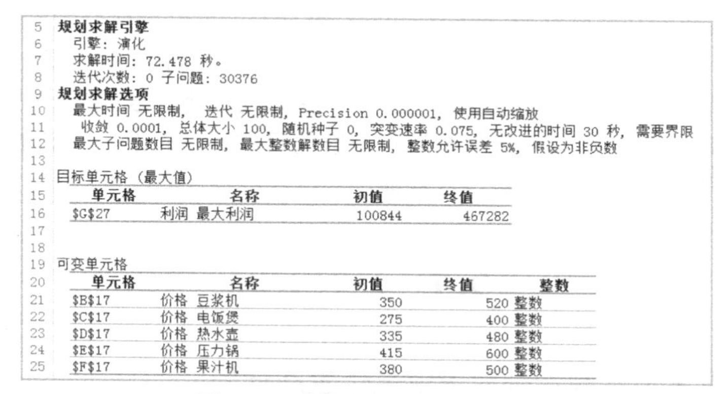

5 **规划求解引擎**
6 引擎：演化
7 求解时间：72.478 秒。
8 迭代次数：0 子问题：30376
9 **规划求解选项**
10 最大时间 无限制， 迭代 无限制，Precision 0.000001，使用自动缩放
11 收敛 0.0001，总体大小 100，随机种子 0，突变速率 0.075，无改进的时间 30 秒，需要界限
12 最大子问题数目 无限制，最大整数解数目 无限制，整数允许误差 5%，假设为非负数
13
14 目标单元格（最大值）

单元格	名称	初值	终值
$G$27	利润 最大利润	100844	467282

19 可变单元格

单元格	名称	初值	终值	整数
$B$17	价格 豆浆机	350	520	整数
$C$17	价格 电饭煲	275	400	整数
$D$17	价格 热水壶	335	480	整数
$E$17	价格 压力锅	415	600	整数
$F$17	价格 果汁机	380	500	整数

图 6-19 演化求解运算结果报告

6 可变单元格

单元格	名称	最佳值	中等值	标准偏差	最大值值	最小值值
$B$17	价格 豆浆机	520	517.2424242	1.27847892	520	516
$C$17	价格 电饭煲	400	390.3333333	31.31798727	400	275
$D$17	价格 热水壶	480	462.3434343	42.8262178	480	335
$E$17	价格 压力锅	600	592.030303	32.53897335	600	415
$F$17	价格 果汁机	500	496.3232323	18.74306853	500	380

15 约束

单元格	名称	最佳值	中等值	标准偏差	最大值值	最小值值
$G$19	分装 使用工时（分钟）	10440	10837.20202	781.0573678	13745	10440
$G$20	总装 使用工时（分钟）	7192	7506.292929	632.3692775	9633	7192
$G$21	检验 使用工时（分钟）	3273	3424.828283	306.1550908	4491	3273

图 6-20 演化求解总体

图 6-20 所示“总体”即“种群报告”，向用户提供演化求解结束后整个种群的基本信息，使用户可以洞察演化算法的性能和所建模型的特点，决定是否再次运行求解过程以获得更加理想的解。种群报告给出了遗传算法在整个求解过程中所发现的每个决策变量和约束的最优值、均值、标准差、最大值和最小值。对种群报告合理的解释很大程度依赖于对问题的理解和过去的求解经验。如果多次求解最优值非常相似，且标准差比较小，就有理由相信可行解接近全局最优。但是，如果多次求解最优值相差很大，小标准差则表示种群缺少多样性，应当提高突变速率并再次进行求解。

结合运算结果报告和总体可以看出产品单位价格已经达到了最大值。经多次求解，都得到了相同的单位价格，可以认定，这些价格和相应的日产量就是所求最优解。

4）展限分析

上面求解结果中决策变量已经达到了边界限制，为了验证演化求解，将决策变量上界拓展，经多次求解得到如图 6-21 求解结果。

15	模型						
16		豆浆机	电饭煲	热水壶	压力锅	果汁机	
17	价格	661	752	713	1598	688	
18	日产量	229	265	375	122	344	使用工时（分钟）
19	分装	1374	795	750	610	1376	4905
20	总装	687	530	750	366	1032	3365
21	检验	229	265	375	244	344	1457
22							
23	日产量约束	500	900	900	500	650	
24	最低价格	350	275	335	415	380	
25	最高价格	1520	1400	1480	1600	1500	
26							最大利润
27	利润	74654	132500	149250	146400	112144	614948

图 6-21　展限求解结果

从图 6-21 可以看出，在仅参考需求曲线的情况下，可以实现最大 614948 元利润，是有价格限制时的 1.31 倍。但是，这个结果仅是从求解角度做出的，因为它已经突破了价格限制。而实际优化中除了考虑需求曲线的适用范围，还要考虑长期市场占有率，因此，不能取消价格的限制。拓展决策变量限制进行求解的目的不是求解一个新的优化解，而是通过范围拓展确定先前所求优化结果是否合理。

6.4　拓展实训

实训 1：为汽车零部件制造公司求解最优生产计划

某汽车零部件制造公司以薄钢板为原材料，为两种型号的汽车生产引擎盖。每种型号引擎盖的生产都包括 5 个步骤：冲压、钻孔、组装、喷漆，以及最后的包装发货，然后将外壳发到其最终的组装厂。每个步骤由独立车间执行，每个车间单位生产率（以小时计）以及可用的工时数量如表 6-4 所示。

表 6-4　工时表

车间	A 引擎盖	B 引擎盖	可用工时（小时）
冲压	0.03	0.07	200
钻孔	0.09	0.06	300
组装	0.05	0.10	300
喷漆	0.04	0.06	220
包装	0.02	0.04	100

此外，制造一个 A 引擎盖需要 $3.2m^2$ 的薄钢板，制造一个 B 引擎盖需要 $3.5m^2$ 的薄钢板，而总共有 $5000m^2$ 的原材料可供使用。公司想在下一个生产计划期间实现引擎盖生产总数最大化。使用规划求解来构建并求解一个优化模型，提出你的生产计划建议，并提交敏感性分析报告。参考计算模型及结果如图 6-22 所示，敏感性报告如图 6-23 所示。

数据

车间	A引擎盖	B引擎盖	可用工时（小时）
冲压	0.03	0.07	200
钻孔	0.09	0.06	300
组装	0.05	0.1	300
喷漆	0.04	0.06	220
包装	0.02	0.04	100
			可用原料（平方米）
用料	3.2	3.5	5000

模型

	A引擎盖	B引擎盖	总产量
生产计划	2500	1250	3750
	使用工时		
冲压	75	87.5	162.5
钻孔	225	75	300
组装	125	125	250
喷漆	100	75	175
包装	50	50	100

图 6-22　生产计划优化电子表格模型

可变单元格

单元格	名称	终值	递减成本	目标式系数	允许的增量	允许的减量
$B$14	生产计划 A引擎盖	2500	0	1	0.5	0.5
$C$14	生产计划 B引擎盖	1250	0	1	1	0.333333333

约束

单元格	名称	终值	阴影价格	约束限制值	允许的增量	允许的减量
$D$14	生产计划 总产量	3750	0	5000	1E+30	1250
$D$16	冲压 总产量	162.5	0	200	1E+30	37.5
$D$17	钻孔 总产量	300	8.333333333	300	150	150
$D$18	组装 总产量	250	0	300	1E+30	50
$D$19	喷漆 总产量	175	0	220	1E+30	45
$D$20	包装 总产量	100	12.5	100	20	33.3333333

图 6-23　生产计划优化敏感性报告

问题探索：

（1）将要创建的优化模型是否为线性规划模型？

（2）建立数学规划模型，分析现有约束是否有可行解存在？

（3）所创建的优化模型，求解结果是最优解吗？

（4）敏感性报告中递减成本是否为零，为什么？

（5）阴影价格对生产计划有什么样的作用？

实训 2：为便民超市寻找最佳地址 1

某连锁便民超市拟在某个城区建设一个便民超市，为了方便附近居民购物，需要选取一个理想地址，使得附近各小区总购物距离最近。该城区各小区位置由 *X* 坐标和 *Y* 坐标确定。表 6-5 为各个小区的位置坐标和估计人口数量。

为了简便运算，该便民超市将用直线距离代替实际距离计算，小区总购物距离等于小区人口乘以到超市的直线距离。请采用优化求解方法帮助该便民超市选择一个最佳位置，使得总购物距离最短。参考计算模型及结果如图 6-24 所示，敏感性报告如图 6-25 所示。

问题探索：

（1）该优化问题是否必须应用非线性规划？

（2）非线性规划与线性规划在建模和求解中有什么重要的不同？

表 6-5　小区位置坐标和人口数量

小区代号	*X* 坐标	*Y* 坐标	小区人口
1	0	0	1000
2	200	180	900
3	160	130	1500
4	200	300	1200
5	270	210	2100

1	数据			
2	小区代号	X坐标	Y坐标	小区人口
3	1	0	0	1000
4	2	200	180	900
5	3	160	130	1500
6	4	200	300	1200
7	5	270	210	2100
8				
9	模型			
10	小区	距离	总购物距离	
11	1	269.0698	269069.8	
12	2	0.002702	2.431576	
13	3	64.02855	96042.82	
14	4	120.002	144002.4	
15	5	76.16019	159936.4	
16		总距离	669053.8	
17		X坐标	Y坐标	
18	位置	199.9982	179.998	

图 6-24　选址优化模型和优化结果

6	可变单元格			
7				
8	单元格	名称	终值	递减梯度
9	$B$18	位置 X坐标	199.9981723	0
10	$C$18	位置 Y坐标	179.9980102	0
11				
12	约束			
13	无			

图 6-25　选址优化敏感性报告

实训 3：为便民超市寻找最佳地址 2

利用直角距离代替直线距离重新考虑实训 2 的建模和求解过程。

问题探索：

1. 非平滑问题是如何产生的？如何处理非平滑问题？
2. Excel 中演化求解需要设置哪些参数？这些参数是如何影响计算过程的？

6.5　综合实践

选取一个公司产品的价格作为研究对象，根据产品需求曲线为产品定价。要求：采用数学规划方式建模，运用 Excel 规划求解工具进行求解，要求最优解可信、合理、实用。

任务7

汽车公司产品与企业宣传（上）

PowerPoint 作为一种信息时代进行展示和沟通的工具，被广泛应用于广告宣传、商务沟通、产品演示、项目报告、培训课件等工作场合，以及动画演示、休闲娱乐等多媒体领域。从当年的 PowerPoint 1.0 到现在的 PowerPoint 2019，PPT 走过了十数年的光辉岁月，PPT 具有了越来越强大的文字、图形、图像和动画的处理功能，以及丰富的展现力。

本任务为制作“汽车公司产品与企业宣传”演示文稿，分上、下两部分：上部分主要介绍内容的视觉化、文字表达与呈现方法、文字创意与特效制作、图片处理与美化、创意图表制作，以及灵活运用功能强大的形状布尔运算等内容；下部分主要介绍 PPT 中的动画制作、音视频编辑等内容。

“汽车公司产品与企业宣传”演示文稿如图 7-1 所示。

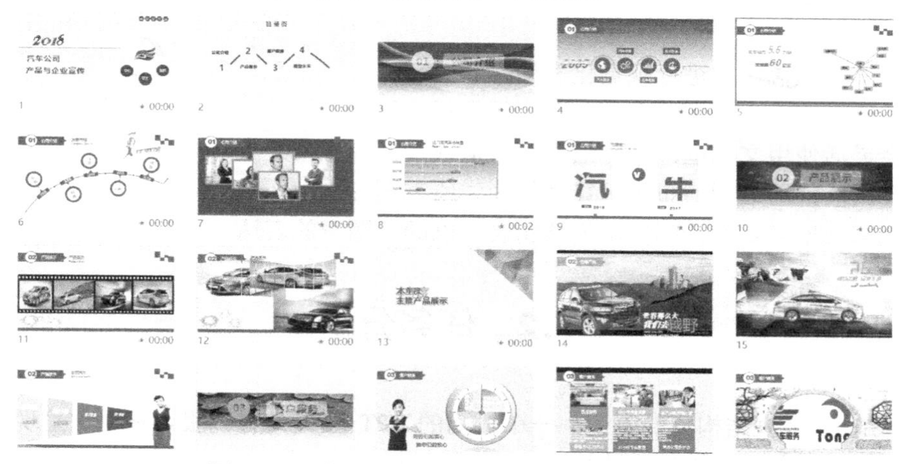

图 7-1 “汽车公司产品与企业宣传”演示文稿

7.1 任务情境

随着市场经济的飞速发展，市场竞争越来越激烈，企业宣传工作对企业的经营发展发挥着越来越重要的作用。可是，有部分企业在面对日益激烈的竞争时，只一味地追求利益最大化，而忽视了企业的宣传工作。因此，导致企业未能树立良好的企业形象，企业和员工之间缺乏有效的沟通，更不能调动员工的工作积极性和提升其对企业的归属感。姜凌所在企业则非常重视企业宣传工作，每季度都会根据企业发展和产品情况制作相关宣传片。宣传片有多种形式，其中，以幻灯片的形式进行宣传不失是一种低投入、高效率、信息量大的宣传方式。为迎接公司周年庆，姜凌接到制作公司产品与企业宣传幻灯片的任务，如何制作出表意新颖、构思独特、图文并茂、具有表现力的幻灯片是姜凌需要做的。

知识目标

- 了解演示文稿制作的一般步骤；
- 掌握文稿内容视觉化的步骤和方法；
- 了解衬线和非衬线字体，掌握演示文稿中字体的运用；
- 了解文字表达与呈现的作用，掌握几种常用文字表达与呈现的方法；
- 理解演示文稿中文字的创意，掌握几种文字创意的方法；
- 掌握图片处理与美化的方法（艺术效果处理、分割图片、图片多层处理、图片矢量化、图片遮罩效果、抠图、图片样式设置、图片裁剪、版式设置等）；
- 深入了解文本框，掌握文本框的更多应用；
- 了解形状布尔运算的概念，灵活使用布尔运算的联合、组合、拆分、相交、剪除功能制作各种图形；
- 掌握图表的创意与制作方法。

能力目标

- 能够对文稿内容进行视觉化表达；
- 能够对演示文稿中的文字、图片等素材进行处理与美化；
- 会灵活使用文本框，制作炫幻文本框效果；
- 会灵活使用形状的布尔运算功能制作所需图形；
- 能够根据需要设计制作出创意图表，以助于图表的表达。

7.2 任务分析

PPT 是视觉化+结构化的表达，一个成功的 PPT 应该具有说服力和视觉呈现艺术。那么如何设计与制作一个具有说服力和良好视觉呈现力的 PPT 呢？

1. 做好整个 PPT 的谋篇布局

从整体结构而言，一个 PPT 的谋篇布局是提高演示文稿说服力的基础。要打好这个基础，应该遵循以下几点：内容不在多，贵在精当；色彩不在多，贵在和谐；动画不在多，贵在需要。同时还要做到：目标明确、形式合理、配色美观、逻辑清晰。

2. 让 PPT 更具表达力和呈现力

随着 PPT 版本的不断升级，其功能也越来越强大，这就为保证 PPT 更具有表达力和呈现力奠定了基础。制作一个具有良好视觉呈现力的演示文稿，应该考虑以下几个问题：

- 大段文字如何提炼简化？
- 逻辑结构如何提升？

- ❐ 图片如何能出效果？
- ❐ 是否需要使用表格，如何表达？
- ❐ 图表如何做才具说服力？
- ❐ 动画特效为什么不出彩？

针对以上问题，本任务将着重介绍“如何进行内容视觉化”“文字表达与呈现方法”“文字的创意与特效”“图片的处理美化”“创意图表”“形状布尔运算的神奇运用”等内容。

7.3 任务实施

7.3.1 演示文稿制作一般步骤

演示文稿制作大致可以分为：设计、排版与美化、动画设定、计时排练等步骤，如图 7-2 所示。其中，如何对文稿内容进行结构化和视觉化是决定 PPT 质量和效果的关键环节，下面将通过实例对比说明文稿内容视觉化的重要性，讲解进行演示文稿内容视觉化的过程。

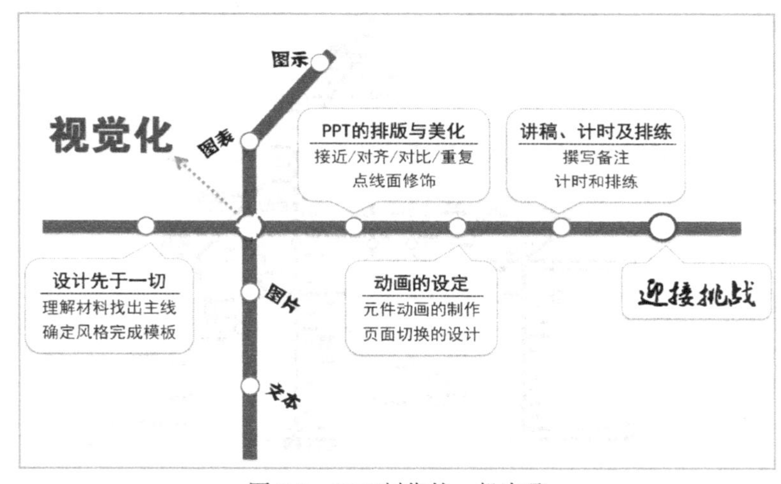

图 7-2　PPT 制作的一般步骤

7.3.2 内容视觉化

视觉化就是通过具体形象展现主观意图、思想，努力激活受众的形象思维，使其头脑里呈现出视觉化的图像，多感官参与接收信息，从而达到提升传播效果的目的。PPT 中的视觉化主要是指将需要展示的文字提炼成图形、图片、图表等图示形式，使得幻灯片内容更好地呈现和表达，以便于受众理解、接受和记忆演示文稿。

1. 文稿内容常见错误——文字搬家

经常见到由大量文字罗列而成的演示文稿，如图 7-3 所示。这类演示文稿无重点、无层次，很难达到演示文稿的展现目的。如何将文字内容更好地表达和呈现是制作幻灯片的必备技能。视觉化优化呈现后的幻灯片如图 7-4 所示。

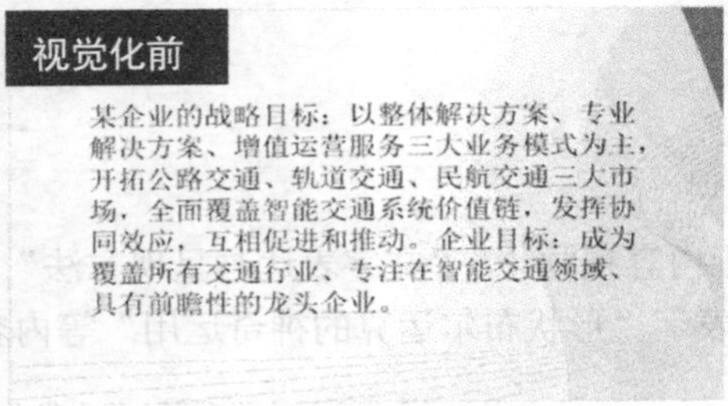

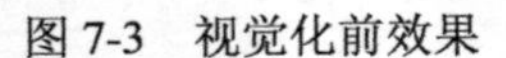

视觉化前
某企业的战略目标：以整体解决方案、专业解决方案、增值运营服务三大业务模式为主，开拓公路交通、轨道交通、民航交通三大市场，全面覆盖智能交通系统价值链，发挥协同效应，互相促进和推动。企业目标：成为覆盖所有交通行业、专注在智能交通领域、具有前瞻性的龙头企业。

图 7-3　视觉化前效果

视觉化后
企业战略目标
三大业务模式
三大
业务模式
三大市场
三大
市场
全面覆盖智能交通系统价值链
发挥协同效应，互相促进推动
成为覆盖所有交通行业、专注在智能交通领域、具有前瞻性的 龙头企业

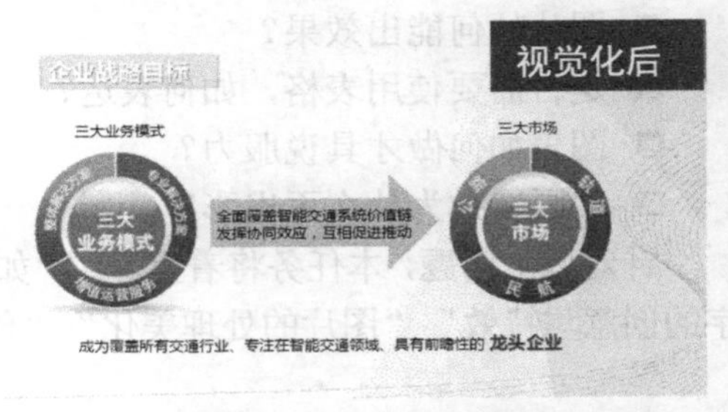

图 7-4　视觉化后效果

2．文稿内容视觉化的一般步骤

如何将文稿内容视觉化，可以按照如图 7-5 所示的步骤实现。

理解文稿内容
划分段落层次
提炼核心观点
剥离次要信息
分析逻辑关系
充分运用图示
设计美化版面
创意化视觉化

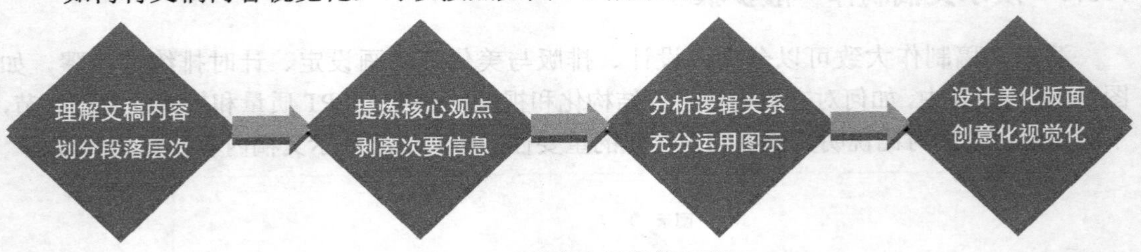

图 7-5　文稿内容视觉化步骤

第 1 步：理解分析文稿内容，划分段落层次，如图 7-6 所示。

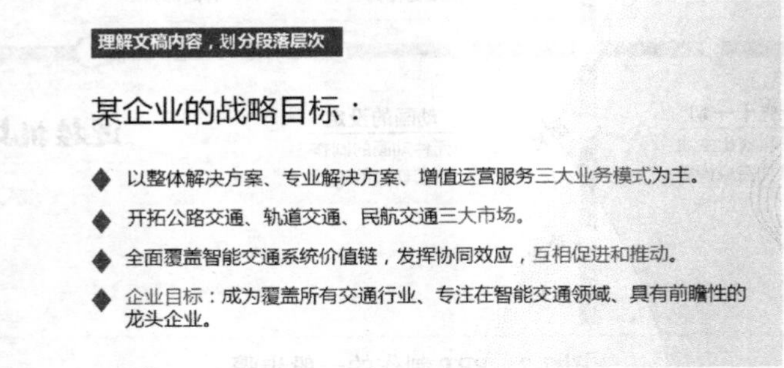

理解文稿内容，划分段落层次
某企业的战略目标：
以整体解决方案、专业解决方案、增值运营服务三大业务模式为主。
开拓公路交通、轨道交通、民航交通三大市场。
全面覆盖智能交通系统价值链，发挥协同效应，互相促进和推动。
企业目标：成为覆盖所有交通行业、专注在智能交通领域、具有前瞻性的龙头企业。

图 7-6　第 1 步：理解分析文稿内容，划分段落层次

第 2 步：提炼核心观点，精减文字，剥离次要信息，如图 7-7 所示。

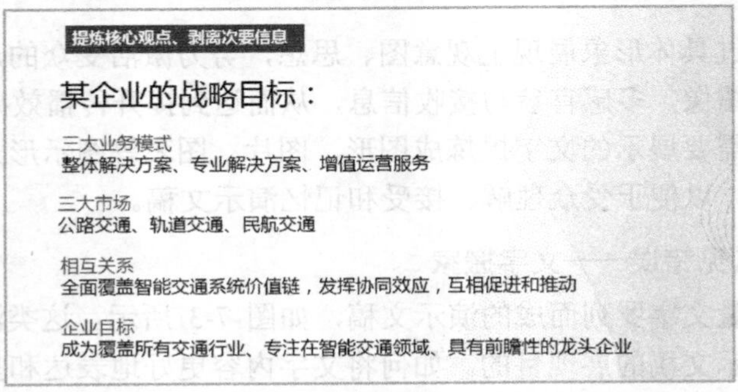

提炼核心观点、剥离次要信息
某企业的战略目标：
三大业务模式
整体解决方案、专业解决方案、增值运营服务
三大市场
公路交通、轨道交通、民航交通
相互关系
全面覆盖智能交通系统价值链，发挥协同效应，互相促进和推动
企业目标
成为覆盖所有交通行业、专注在智能交通领域、具有前瞻性的龙头企业

图 7-7　第 2 步：提炼核心观点，剥离次要信息

第 3 步：分析句子之间的逻辑关系，充分运用图示，优化呈现，如图 7-8 所示。

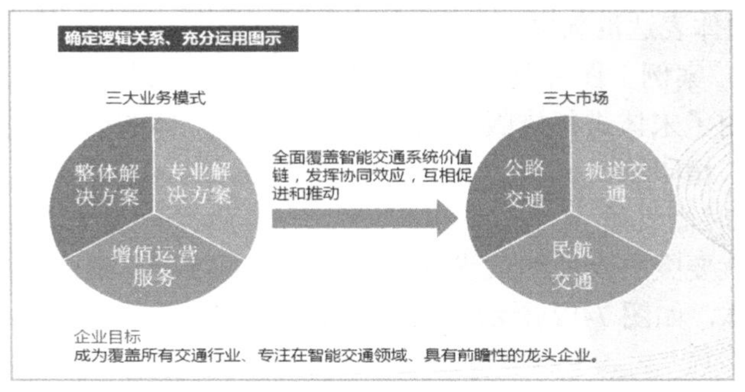

图 7-8　第 3 步：确定逻辑关系，充分运用图示

第 4 步：设计美化版面，创意化，视觉化，如图 7-9 所示。

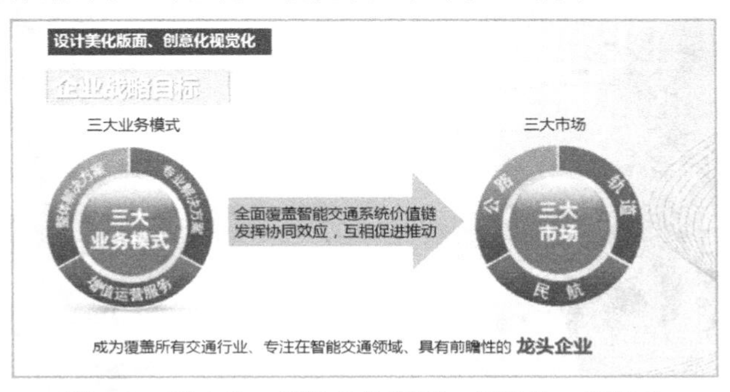

图 7-9　第 4 步：设计美化版面，创意化，视觉化

3. 视觉化之字体选择

PPT 中，文字、图、表是三个主要构成元素。文字不只能够传达信息，还可以通过精心的排版设计来传递情感，文字的字体、大小、排列都直接影响着 PPT 版面构成。如今形形色色的字体日增月盛，不同的字体表达着不同的性格和气质，在选择字体时，除了考虑它的易读性之外，也要考虑这款字体能否准确地表达当前语境的气质和性格。

1）衬线字体和非衬线字体

衬线字体是指有些偏艺术设计的字体，在每笔的起点和终点有很多修饰效果。衬线字体一般会很漂亮，但因为装饰过多，文字稍小就不容易辨认。所以只适合采用大字号来做大标题。

非衬线字体是指粗细相等、没有修饰的字体。非衬线字体一般笔画简洁，不太漂亮，但很有冲击力，容易辨认。衬线字体和非衬线字体举例如图 7-10 所示。

非衬线字体	衬线字体
微软雅黑	宋体
黑体	华文仿宋
华文细黑	华文楷体
幼圆	华文隶书
方正大黑简体	华文新魏
方正粗圆简体	华文行楷
方正综艺简体	华文中宋

图 7-10　衬线字体与非衬线字体举例

在 PPT 中，一般建议多用非衬线字体。标题可用衬线字体，正文用非衬线字体。

2）字体选择举例——选择符合主题气氛的字体、字形

案例 1　使用宋体表达清新文艺气质

如图 7-11 所示，案例 1 图片是电影《匆匆那年》宣传海报。《匆匆那年》是一部文艺爱情片，海报中运用了宋体进行排版，既清新又文艺。宋体的衍生有很多，有长有扁，有胖有瘦，一般用于书籍印刷。

案例 2　女性&时尚气质

表达女性气质就要突出女性细致优雅、苗条细长的特点。案例 2 中采用了细致、圆润的细线体、衬线字体，如图 7-12 所示，该类字体常被用作化妆品、女性杂志、艺术等女性主题领域。

图 7-11　宋体表达的具文艺气质的电影海报

图 7-12　使用细线体、衬线字体制作的时尚杂志封面

案例 3　男性气质

作为强现代感的无衬线字体——黑体，给人感觉粗壮紧凑，颇有力量感，可塑性很强，此类字体能够表现阳刚有力的男性气质，如图 7-13 所示。

案例 4　历史文化气质

书法字体具有很强的设计感与艺术表现力。各式各样的书法字体有着自己独特的细腻的特点，把握好这一点，可为海报增加文化内涵，如图 7-14 所示。

图 7-13　使用黑体表现男性气质

图 7-14　使用书法字体表现电影海报

3）常用中西文字体

推荐几款常用的中西文字体，如图 7-15 和图 7-16 所示。

中文字体	
微软雅黑	方正华隶简体
方正兰亭纤黑	方正小标宋简体
方正兰亭超细黑简体	方正卡通简体
方正幼线简体	方正细等线简体
方正古隶简体	方正铁筋隶书简体
方正粗谭黑简体	方正硬笔行书简体
方正大黑简体	叶根友刀锋黑草
方正中雅宋简	汉仪细等线简
方正北魏楷书简体	晨光大字
方正综艺简体	张海山锐线体简

图 7-15　常用中文字体

图 7-16　常用西文字体

4．本任务“公司介绍”内容视觉化（如图 7-17 所示）

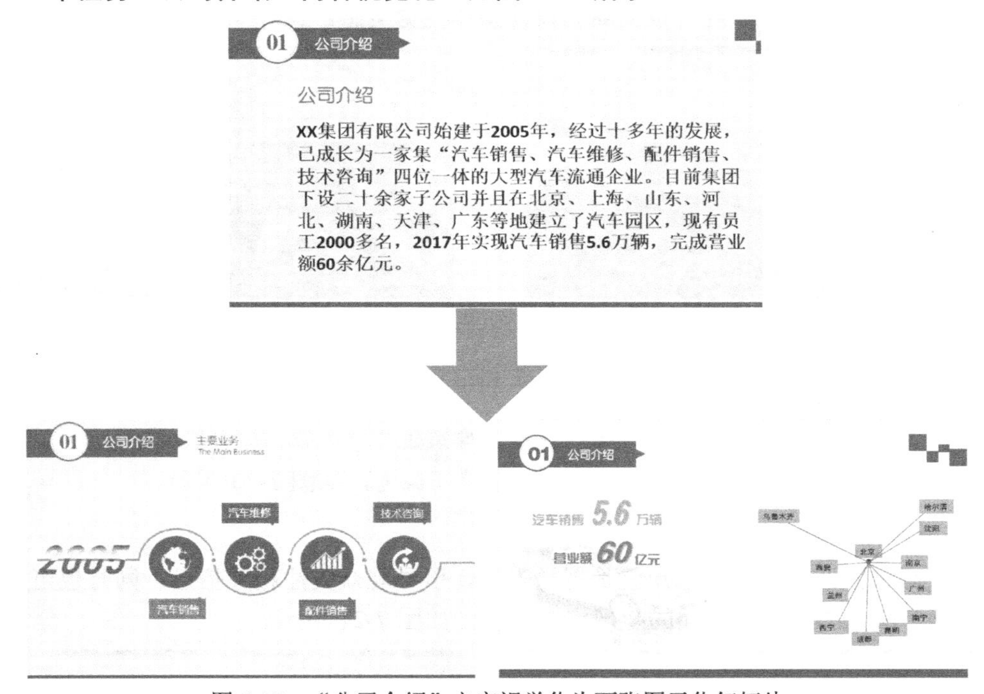

图 7-17　“公司介绍”文字视觉化为两张图示化幻灯片

注意：下面将要介绍的“文字表达与呈现”“文字创意与特效”“图片处理与美化”“炫幻文本框”“形状布尔运算”“创意图表”也都属于视觉化范畴。

7.3.3　文字表达与呈现

文字是构成 PPT 的主要元素之一，如何准确地表达出文字所要表达的意境、情感以及层次，是 PPT 中文字的表达与呈现问题。无对比，无设计，文字的表达与呈现一般是通过文字大小、颜色、文字粗细等的对比来表现的。下面通过对本任务中“主推产品”描述文字的排版设计，介绍文字表达、排版与呈现的几种常用方法。

1．字体大小和色彩对比法

大小对比就是在同一画面里利用大小两种字体，以小衬大，或者以大衬小，突出主体，使意境得到表达。如图 7-18 所示，通过不同字体、字的大小、字的颜色突出核心词“越野”二字，强调显示主推产品越野车，同时也增强了画面排版的视觉冲击感和层次感。

2．辅助图形装饰法

在文字表达中添加适当的辅助图形，有助于增加受众对文字意义的直观识别性、增加设计要素的适应性以及提高视觉美感等。辅助图形设计比较灵活，设计表现富有弹性，可根据设计主题需要进行图形选择，具有广阔的表现空间。辅助图形的设计不应该只是一种纯粹的装饰符号，而应当具有一定的意念内涵，以丰富整个基本设计要素的文化底蕴与美学价值。如图 7-19 所示，添加绿色地球图形，增加了文字表现（世界那么大）的直观识别性，增强了画面平衡感，同时也提高了设计感和视觉美感。

图 7-18　字体大小和色彩对比法

图 7-19　辅助图形装饰法

3．文字艺术化设计法

打破中规中矩汉字常规，设计使用艺术化文字表现文字内容。优点是：画面更加活泼，增加画面平衡感和装饰效果，为页面添加一定的艺术感染力，如图 7-20 所示。

4．首字夸张强调法

首字夸张强调法的主要思想就是视觉引导，引导观众关注相关信息，同时也可以增加画面美感和层次感，使得画面的呈现比较丰满，如图 7-21 所示。

图 7-20　文字艺术化设计法

图 7-21　首字夸张强调法

5. 前后对比法

前后对比法就是利用文字的明暗度对比、大小对比、层次对比、颜色对比等，增加画面层次感，强调相应文字信息，如图 7-22 所示。

6. 色块衬托法

色块衬托法能更好地展现文字信息，降低背景等因素的干扰，突出文字，对比强烈，可以增加画面的层次感。这种方法一般适用于背景图像较复杂，或者需要特别强调某些文字的情况，如图 7-23 所示。

图 7-22　文字前后对比法

图 7-23　色块衬托法

文字的表达与呈现没有固定的方法，要靠设计者用心去发现和创新。这就需要设计者平时在浏览时多加关注、观察、发现、总结和应用，才能有自己的创新、创意。

7.3.4　文字创意与特效

PPT 中的文字除了排版之外，还有文字的创意和特效，缤纷多彩的特效文字可以为 PPT 增色不少。常见的文字特效有填充文字、分割文字、镂空文字、文字形象化、矢量变形文字等。

1. 填充文字

文本填充可以填充纯色、渐变色、图片、纹理、图案等，不同的填充可以展现不同的效果，如图 7-24 和图 7-25 所示。

微课

图 7-24　图片填充效果

图 7-25　质感和纹理填充效果

本任务第 1 张幻灯片中文字“2018”使用了图片填充效果，如图 7-26 所示。以它为例介绍文字的图片填充效果制作。

图 7-26 “2018”文字的图片填充效果

操作步骤

① 插入文本框，输入文字“2018”，设置字体为“Colonna MT”，字号为“96 磅”，设置加粗、倾斜、阴影。

② 如图 7-27 所示，选择【文本填充】→【图片】命令，窗口右侧会显示【设置形状格式】窗格，如图 7-28 所示，在【文本选项】选项卡下，选择“文本填充”→“图片或纹理填充”选项，单击【文件】按钮，选择需要填充的图片文件。

③ 选中该文本框，按“Ctrl+D”组合键复制一个文本框，设置其文本颜色为浅灰色，置于底层，拖至适当位置。

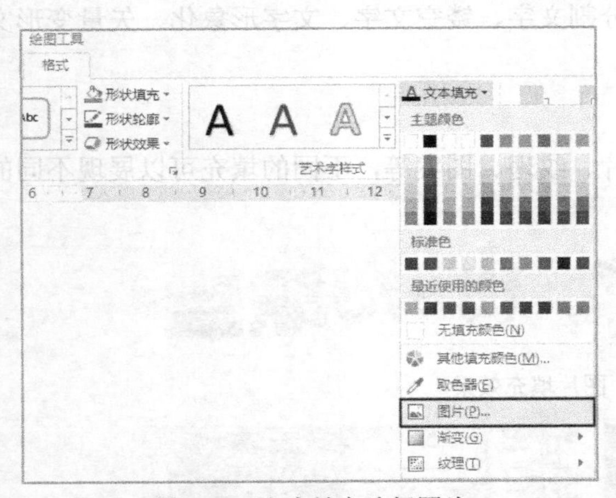

图 7-27 文本填充选择图片

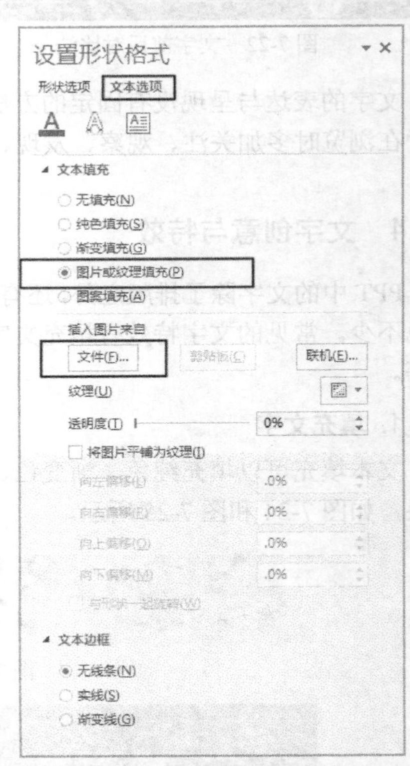

图 7-28 文本选项相关设置

相关知识

PPT 为文本提供了阴影、映像、发光、棱台、三维旋转、转换等文本效果，如图 7-29 至图 7-34 所示，利用这些效果可以制作出精美的文字效果。

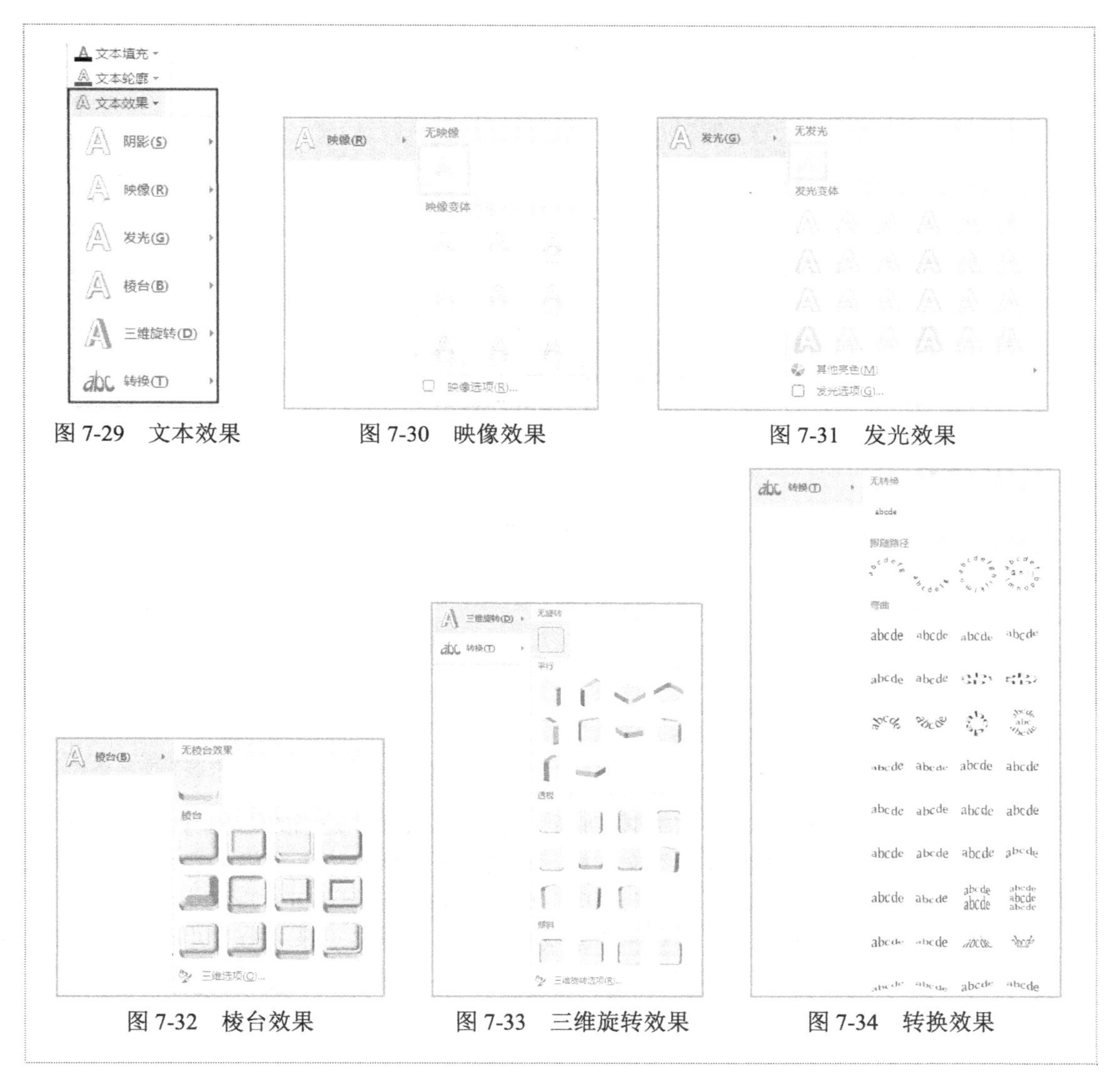

图 7-29　文本效果　　图 7-30　映像效果　　图 7-31　发光效果

图 7-32　棱台效果　　图 7-33　三维旋转效果　　图 7-34　转换效果

2. 分割文字

字中字、文字劈裂、文字分块填充等都是文字分割效果，如图 7-35 所示。分割文字效果可以直观地表达文字的意境。

微课

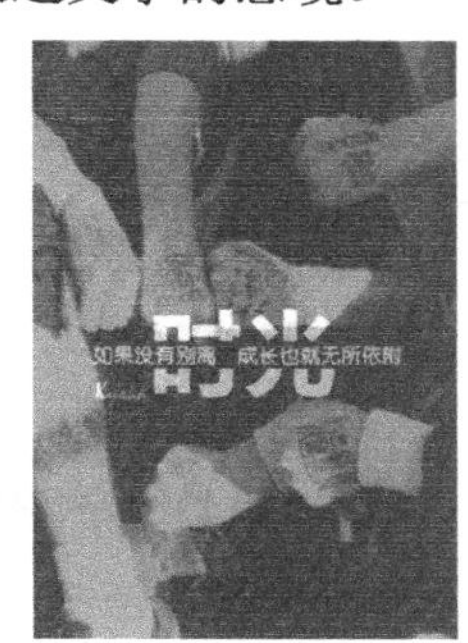

图 7-35　文字分割效果

1）字中字效果

本任务第 15 张幻灯片使用了字中字效果，如图 7-36 所示。

图 7-36　字中字效果

操作步骤

① 插入两个文本框，分别输入文字“强”和“特别优惠　强势来袭”，设置文字格式如图 7-37 和图 7-38 所示。

图 7-37　“强”字格式

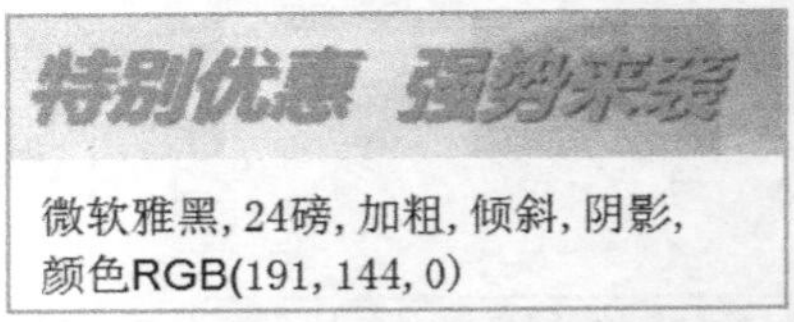

特别优惠　强势来袭

微软雅黑, 24磅, 加粗, 倾斜, 阴影,
颜色RGB(191, 144, 0)

图 7-38　“特别优惠 强势来袭”文字格式

② 将“特别优惠 强势来袭”文本框拖放至“强”字文本框中适当的位置，如图 7-39 所示。

③ 选中“特别优惠 强势来袭”文本框，在【设置形状格式】窗格中，选择“形状选项”→“填充”→“幻灯片背景填充”选项，如图 7-40 所示，即可实现字中字效果。

注意：灵活使用形状格式的幻灯片背景填充功能，可以实现很多幻灯片特效。下面还会讲到其应用。

图 7-39　拖放文本框位置

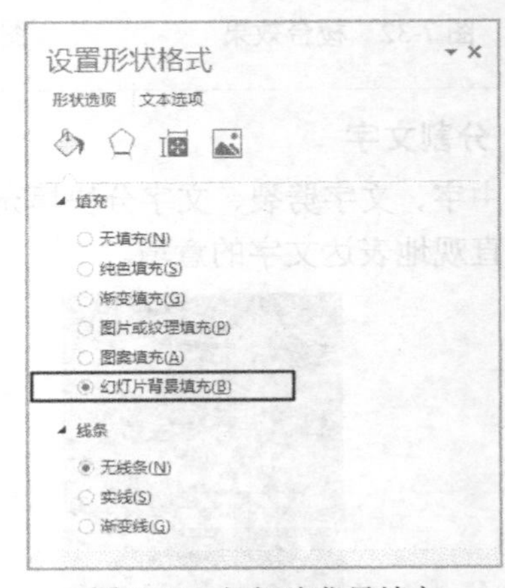

图 7-40　幻灯片背景填充

2）分割文字，实现文字分块填充

本任务第 4 张幻灯片使用了文字分割效果，如图 7-41 所示。

操作步骤

① 插入一个文本框，输入文字“2005”，设置合适的字体、字号，字体颜色随意。

② 使用【插入】→【形状】→【自由曲线】绘图工具，在文本框上画一段曲线，如图 7-42 所示。

图 7-41　文字分割效果

图 7-42　绘制自由曲线

③ 按“Shift”键的同时单击文本框，同时选中曲线和文本框。

④ 选择【绘图工具/格式】→【插入形状】→【合并形状】→【拆分】命令，如图 7-43 所示，将上面所选两个形状拆分，拆分后效果如图 7-44 所示。

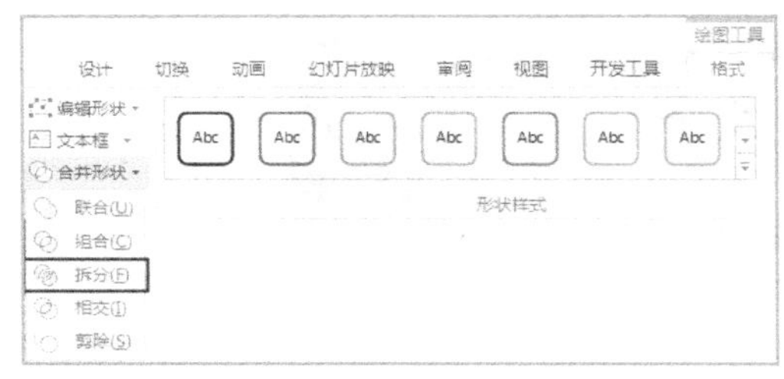

图 7-43　合并形状之拆分

图 7-44　拆分后效果

⑤ 选择多余线段，按“Delete”键依次删去，如图 7-45 所示。

⑥ 按住“Shift”键依次单击，同时选中文字上半部分形状，如图 7-46 所示。

⑦ 在【设置形状格式】窗格中选择“形状选项”→“填充”→“渐变填充”选项，如图 7-47 所示，设置由红至白的渐变填充，填充后效果如图 7-48 所示。

图 7-45　删去多余线段后效果

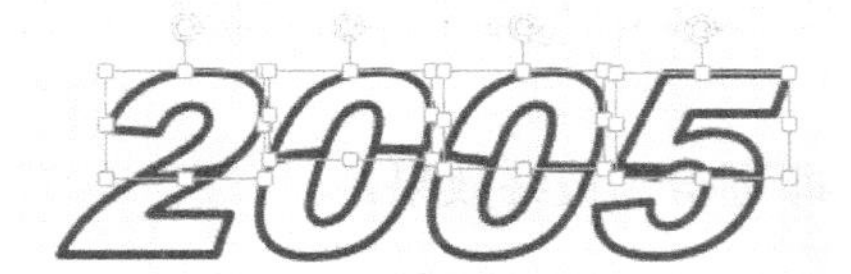

图 7-46　同时选中上半部分形状

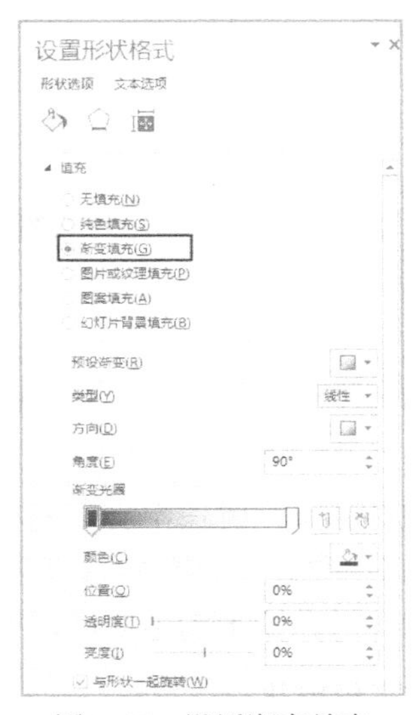

图 7-47　设置渐变填充

⑧ 同样的方法设置下半部分填充为红色。

注意：使用这个方法也能实现文字劈裂效果，读者可尝试完成。

图 7-48　填充后效果

3. 镂空文字

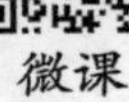

微课

文字镂空效果可以使文字与背景意境相融、浑然一体，效果如图 7-49 所示。

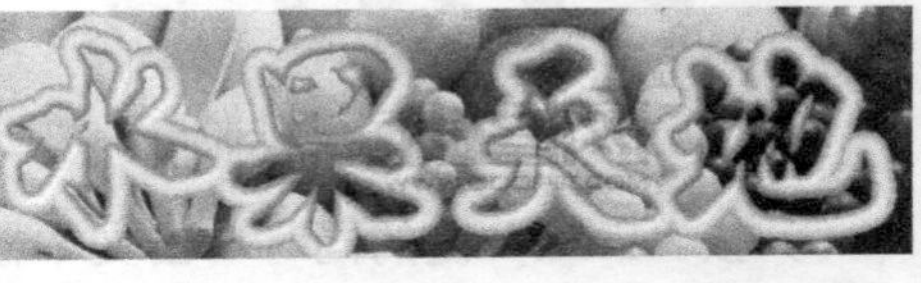

图 7-49　文字镂空效果

本任务在小标题幻灯片中使用了镂空效果，如图 7-50 所示。

图 7-50　幻灯片中镂空文字效果

操作步骤

① 新建“产品展示”文本框，在其上绘制一个能覆盖它的圆角矩形，设置圆角矩形无轮廓，填充白色，如图 7-51 所示。

② 为方便选择，需要将背景图片隐藏。方法：选择【开始】→【编辑】→【选择】→【选择窗格】选项，右侧出现【选择】窗格，单击“图片 1”对应的 ，关闭其显示，如图 7-52 所示。

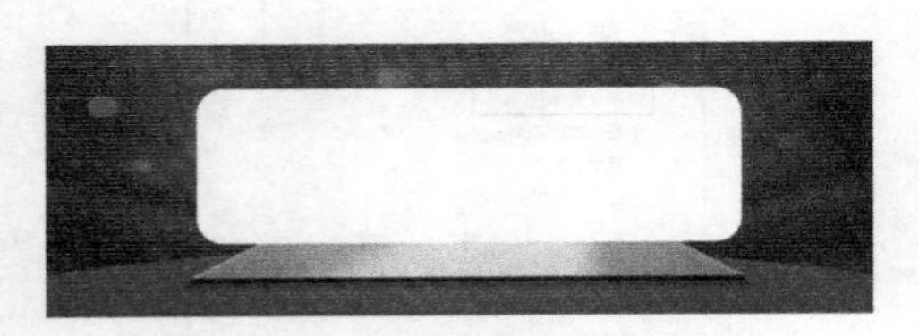

图 7-51　插入圆角矩形

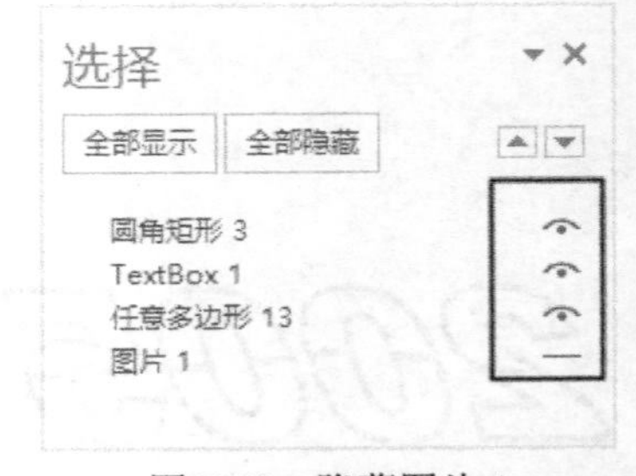

图 7-52　隐藏图片 1

③ 拖动鼠标同时选中文本框和圆角矩形，在图 7-43 中选择【合并形状】→【组合】命令，得到镂空效果如图 7-53 所示。

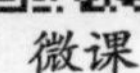

微课

④ 增加圆角矩形的透明度，如图 7-54 所示，即可得到最终效果。

4. 文字形象化

文字形象化设计效果如图 7-55 所示。

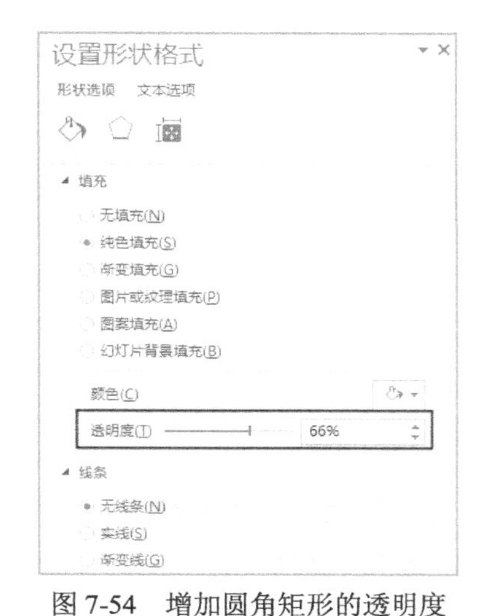

图 7-53 镂空效果

图 7-54 增加圆角矩形的透明度

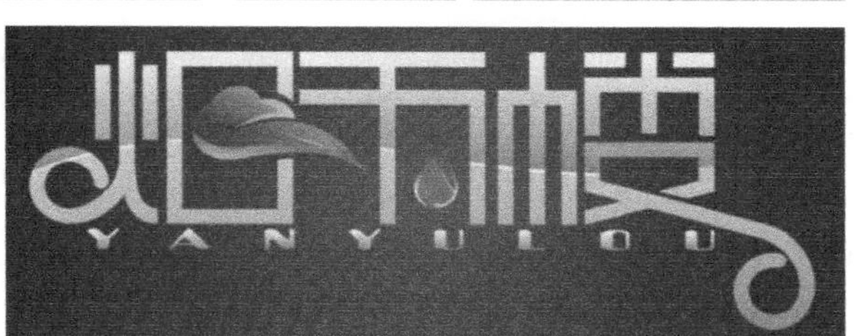

图 7-55 文字形象化设计效果

本任务在第 6 张幻灯片中对“勇往直前”文字设计了文字形象化效果，如图 7-56 所示。

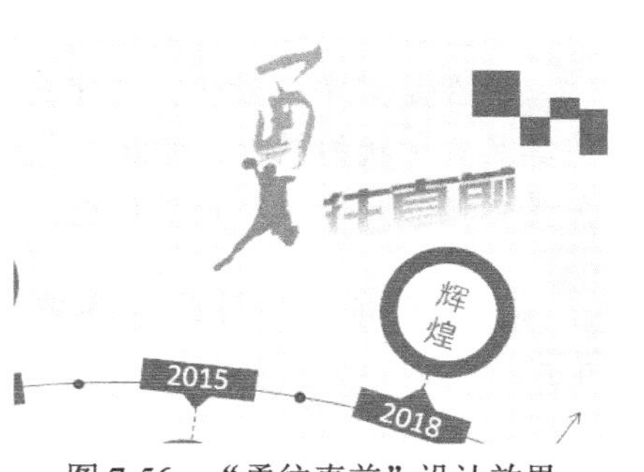

图 7-56 “勇往直前”设计效果

操作步骤

1）“勇”文字处理

① 插入两个文本框，分别输入文字“勇”和“往直前”。设置“勇”字体为“晨光大字”，颜色随意，大小适中。设置“往直前”字体为“方正综艺简体”，灰色，大小适中。

② 插入一个矩形使其覆盖“勇”字下半部分（可适当调整矩形的方向），如图 7-57 所示。按住“Shift”键同时选中文本框和矩形，使用【合并形状】→【剪除】功能剪除矩形覆盖部分，剪除后效果如图 7-58 所示。

③ 插入图片，放置到勇字下半部分，调整勇字上半部分的宽度、图片大小及位置，效果如图 7-59 所示。

图 7-57　用矩形覆盖“勇”字下半部分　　图 7-58　剪除后效果　　图 7-59　放置图片后效果

2）“往直前”文本处理

（1）文字矢量化。

① 插入一个能完全覆盖住“往直前”文本框的矩形，在【选择】窗格中关闭其他对象。

② 拖动鼠标同时选中文本框和矩形，如图 7-60 所示。

③ 使用【合并形状】→【相交】功能得到可编辑的图形，如图 7-61 所示。

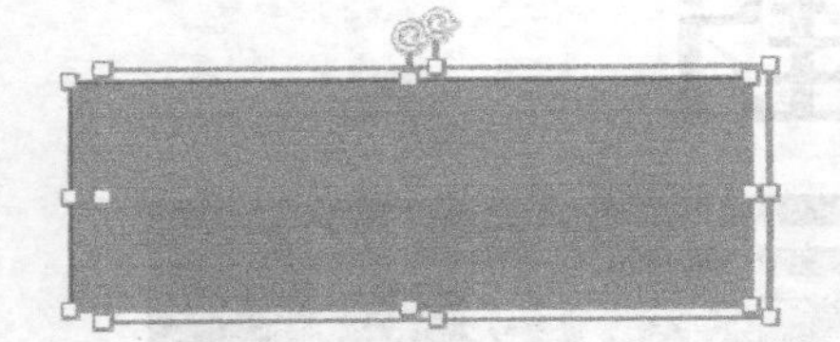

图 7-60　同时选中矩形和文本框

图 7-61　两个形状相交后效果

④ 选中相交后得到的图形，选择【绘图工具/格式】→【插入形状】→【编辑形状】→【编辑顶点】命令，如图 7-62 所示。

相关知识

以上过程为文字矢量化过程。

什么是文字矢量化？文字矢量化也可以理解为文字形状化，即将文字转化为形状，使其具备形状的属性，可以任意对其编辑顶点、填充颜色、设置阴影及三维格式等。文字矢量化能够赋予文字无限可能，并增加其设计感。

⑤ 拖动顶点设计想要的效果（此处设计为手拉手一往直前效果），效果如图 7-63 所示。

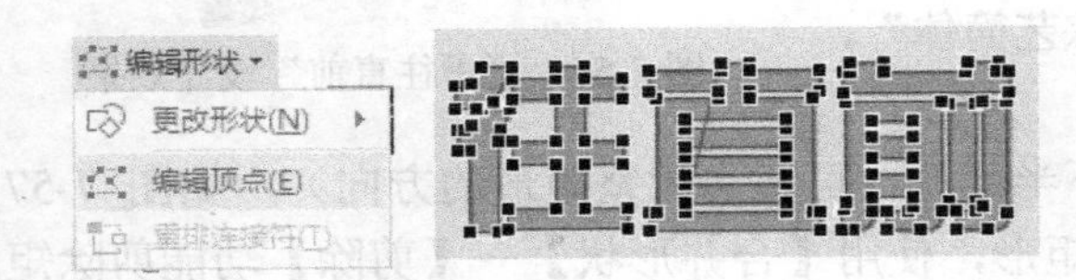

图 7-62　编辑顶点

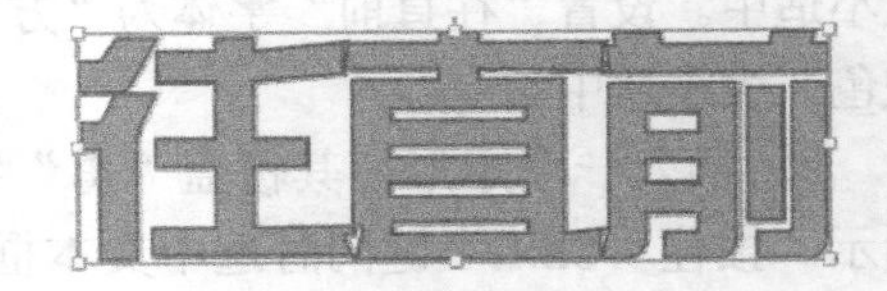

图 7-63　编辑顶点后效果

⑥ 将形状颜色设置为灰色至白色渐色填充，无线条，效果如图 7-64 所示。

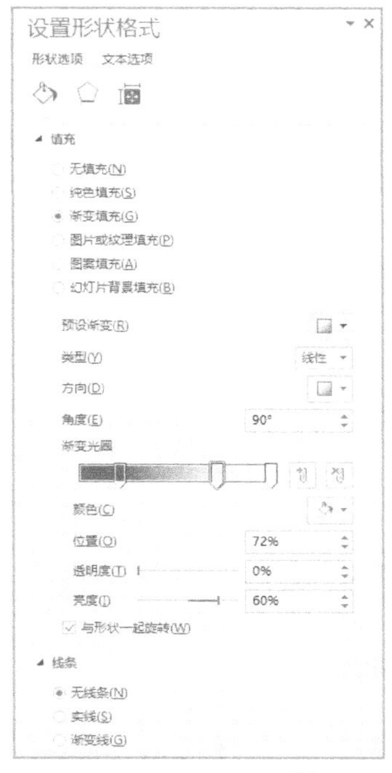

图 7-64　“往直前”设计效果

（2）形状转为图片

① 选中“往直前”图形并按“Ctrl+X”组合键剪切，选择【开始】→【剪贴板】→【粘贴】→【选择性粘贴】命令，在弹出的【选择性粘贴】对话框中选择“图片（Windows 元文件）”选项，如图 7-65 所示。

② 确定后，即可将图形转换成图片，然后就可以进行图片相关属性的设置了。

本任务中，此处进行了以下设置：【图片工具/格式】→【图片样式】→【图片效果】→【三维旋转】→【透视】→【极右极大透视】效果。最终效果如图 7-66 所示。

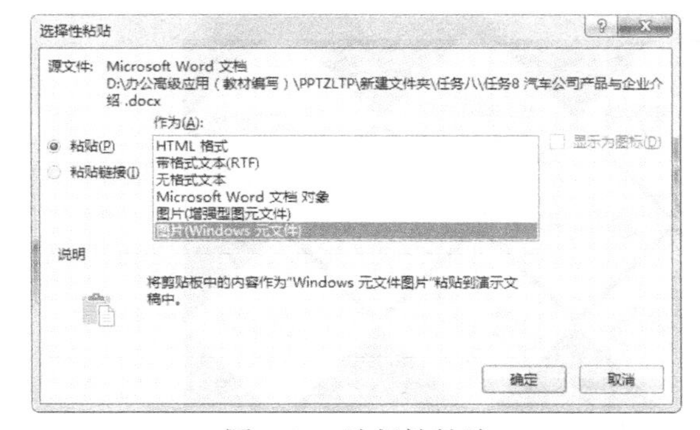

图 7-65　选择性粘贴

图 7-66　最终效果

7.3.5　图片处理与美化

图片处理与美化主要内容包括：图片对齐与美化、分割图片、图片多图层处理和图片遮罩效果。

1. 图片对齐与美化

先看三种图片对齐与美化的对比效果，如图 7-67 至图 7-69 所示。通过对比可以看出图片经过对齐与美化后的作用。

图 7-67　对齐的图片

图 7-68　对齐与加边框后的效果

图 7-69　对齐与美化后的效果

1）设置图片统一尺寸

使用“Shift”键或鼠标拖选等方法选中需要对齐的多张图片，在【设置图片格式】窗格中设置图片统一大小，取消勾选“锁定纵横比”和“相对于图片原始尺寸”复选项，如图 7-70 所示。

2）图片对齐设置

选中需要对齐的图片，在【图片工具/格式】→【排列】→【对齐】列表中选择对齐方式即可，如图 7-71 所示。

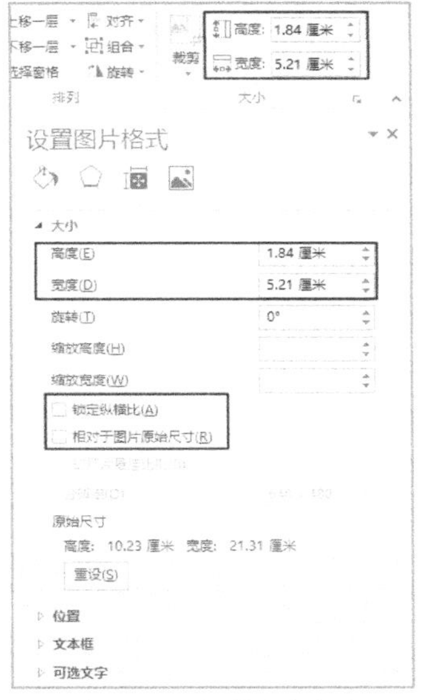

图 7-70　设置图片大小

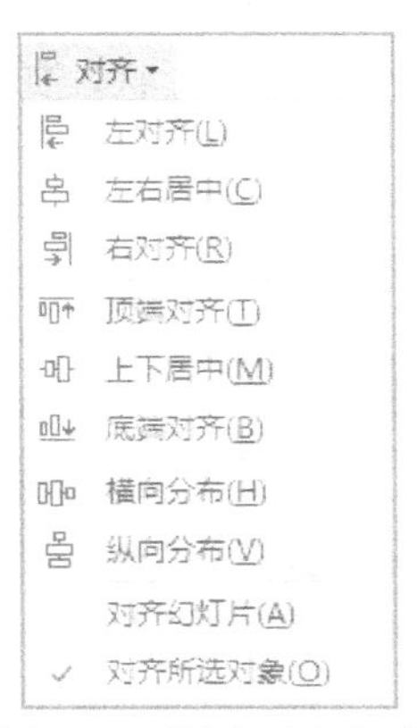

图 7-71　图片对齐方式

相关知识

为方便对齐可以设置网格和参考线。

方法：勾选【视图】→【显示】选项组中的“网格线”或“参考线”复选项。若想进行其参数设置，单击【显示】选项组右下方的对话框启动器，打开【网格和参考线】对话框，如图 7-72 所示，根据需要进行相关设置。

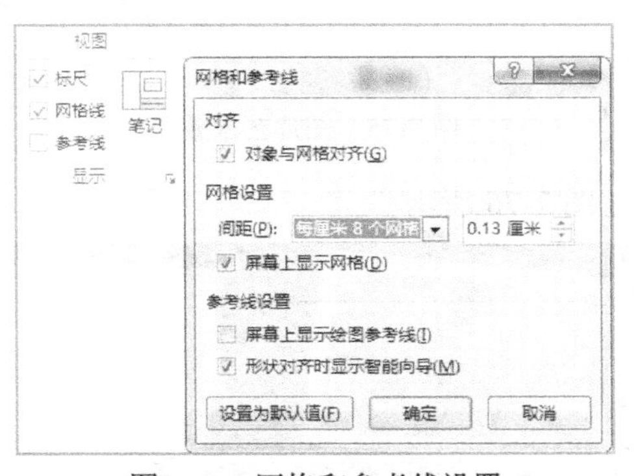

图 7-72　网格和参考线设置

3）图片简单美化

图片通常可以进行以下几种美化。

① 统一图片亮度。

② 加背景底纹衬托图片，如图 7-73 所示。

图 7-73　底纹衬托图片效果

③ 将图片裁剪为形状，如图 7-74 所示。

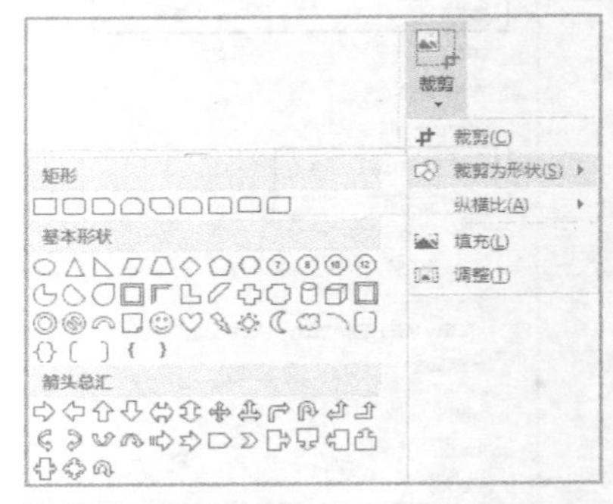

图 7-74　图片裁剪为形状效果

④ 图片艺术效果的处理，如图 7-75 所示。

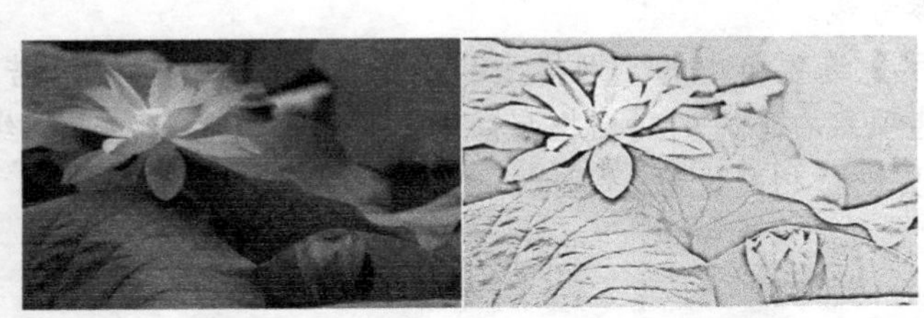

图 7-75　图片艺术效果

⑤ 设置图片样式，如图 7-76 所示。

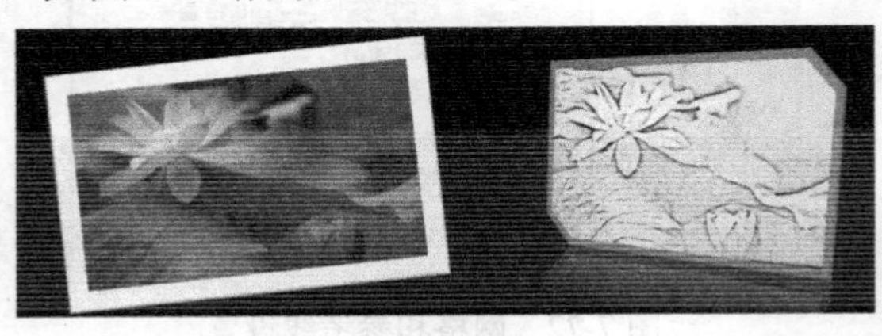
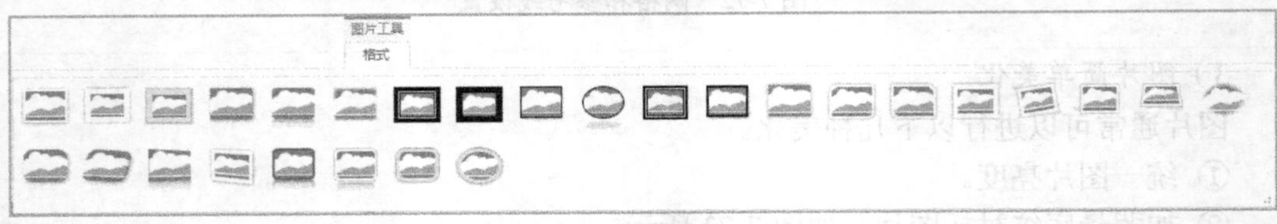

图 7-76　设置图片内置样式

⑥ 图片版式美化，如图7-77所示。

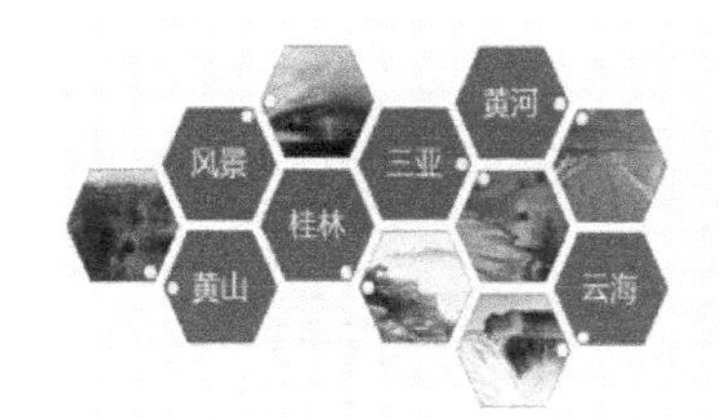

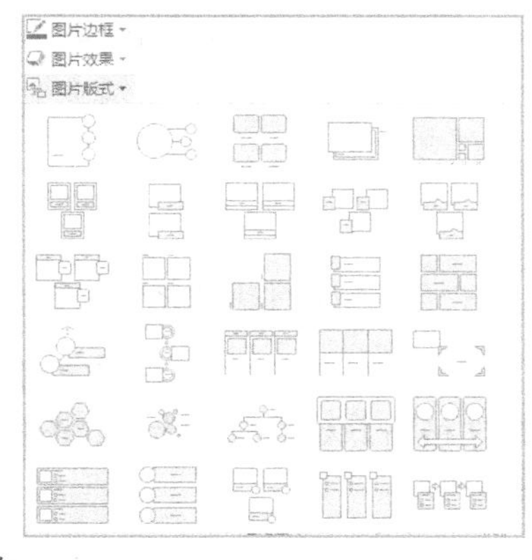

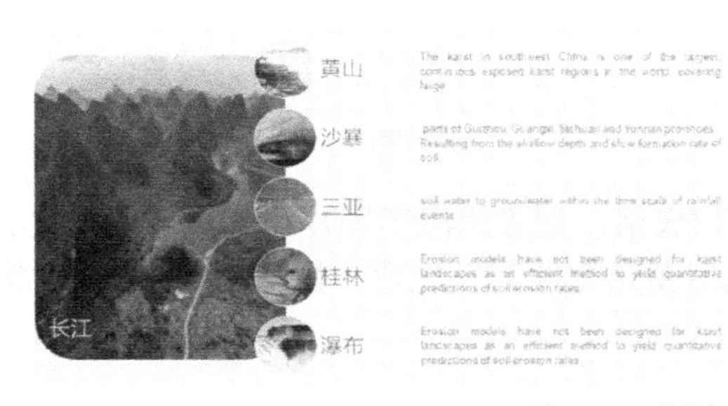

图7-77　图片版式美化

2. 分割图片

PPT中将图片分割成多个部分，不仅可以增加美感，还能做出异彩纷呈的动画效果。图片分割效果如图7-78所示。

微课

图7-78　图片分割效果

本任务在第14张幻灯片中对汽车图片进行了分割处理，为后面的动画制作做好准备。

操作步骤

① 插入汽车图片，按“Ctrl+C”组合键将其复制到剪贴板。

② 插入一个表格，行、列数根据实际设置，此处插入了一个3行3列的表格。

③ 拖动表格调整其大小和位置，使其正好覆盖汽车图片，如图7-79所示。

④ 选中表格，打开【设置形状格式】窗格，进行如下设置：选择“填充”→“图片或纹理填充”单选项；单击【剪贴板】按钮，将之前复制到剪贴板的汽车图片填充到表格中，勾选“将图片平铺为纹理”复选框，如图7-80所示。

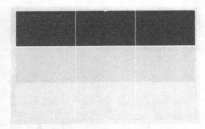

图 7-79　使用表格覆盖图片

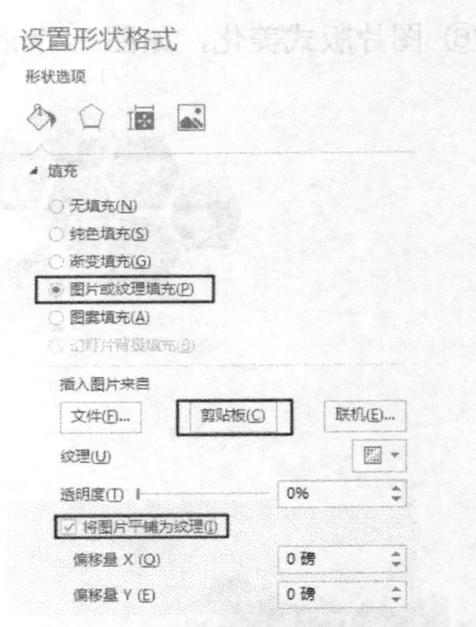

图 7-80　设置形状格式

⑤ 选中表格，按“Ctrl+X”组合键剪切表格，删除原汽车图片，如图 7-81 所示。在【选择性粘贴】对话框中选择“图片（增强型图元文件）”选项，如图 7-82 所示，将表格转换为图片。

图 7-81　表格中填充图片

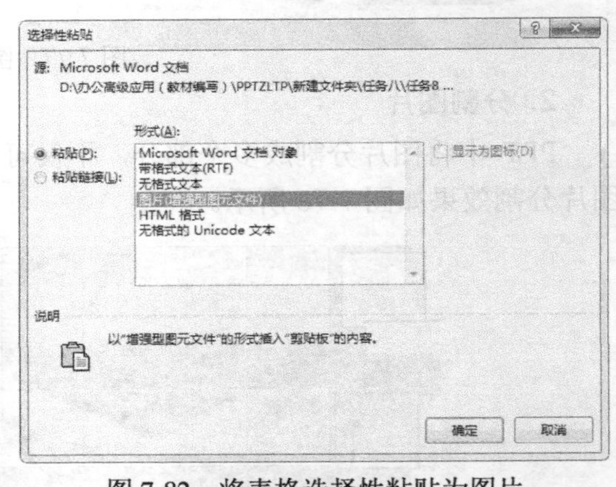

图 7-82　将表格选择性粘贴为图片

⑥ 用鼠标右键单击图片，在弹出的快捷菜单中执行两次【组合】→【取消组合】命令，即可将图片分割为表格对应的 9 张图片。这时还可以对所有图片进行边框、图片效果、图片版式等的设置，效果如图 7-83 所示。

图 7-83　分割图片美化效果

微课

3. 图片多图层处理

图层是图像处理软件、动画制作软件，以及 PPT 中一个非常重要的概念，它能实现图像层叠成像、图层内容单独编辑处理等功能。PPT 中灵活运用图层也能呈现意想不到的效果，如图 7-84 所示。

图 7-84　多图层效果

本任务在第 14 张幻灯片中设置了高楼大厦半隐藏在山峰中的效果，如图 7-85 所示。

操作步骤

① 将图片“田野.jpg”设置为幻灯片背景。

注意：此处必须将图片设置为当前幻灯片的背景，由母板创建的幻灯片背景图片不能实现此功能。用鼠标右键在幻灯片空白处单击，在弹出的快捷菜单中选择【设置背景格式】命令，右侧显示【设置背景格式】窗格。选择“填充”→“图片或纹理填充”单选项，单击【文件】按钮，选择图片文件将其设置为当前幻灯片的背景，如图 7-86 所示。

图 7-85　图片半隐藏效果

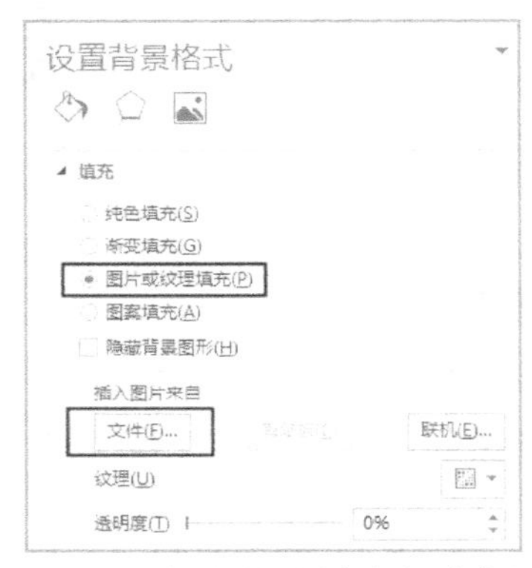

图 7-86　将图片设置为幻灯片背景

② 使用【插入】→【形状】→【自由曲线】工具，沿背景图片中的线条绘制一块封闭区域，如图 7-87 所示。

图 7-87　绘制封闭区域

③ 选中绘制的区域图形，在【设置形状格式】窗格中选择“形状选项”→“填充”→“幻灯片背景填充”选项，将“线条”设置为“无线条”，如图 7-88 所示。

④ 插入“高楼.png”图片，将其放置在绘制图形下方。若高楼图片在绘制图形上方，

将绘制图形置于顶层即可。

微课

4. 图片遮罩效果

遮罩的概念通常出现在 Flash 中，它是 Flash 二维动画制作中一个很重要的动画技术。例如，水波、百页窗、放大镜、探照灯等许多效果丰富的动画都是通过遮罩来实现的。在 PPT 中，利用遮罩原理也能实现很多遮罩效果的动画。遮罩动画的制作将在任务 8 中详细介绍，本任务只实现图片的遮罩效果，为后面制作遮罩动画做好准备。

本任务第 20 张幻灯片中使用了图片遮罩效果进行客户展示，如图 7-89 所示。

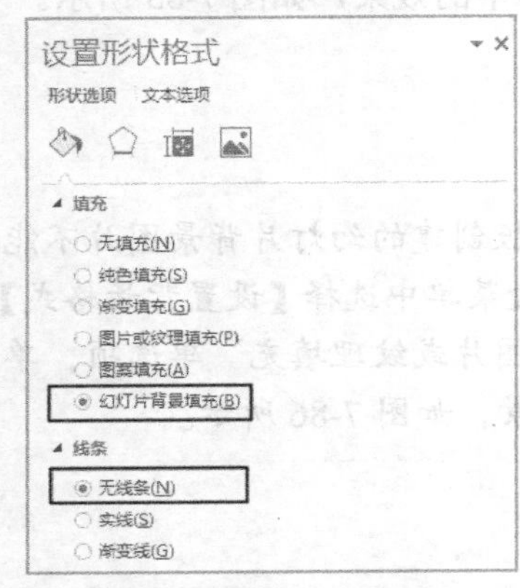

图 7-88 幻灯片背景填充

图 7-89 图片遮罩效果

操作步骤

1）抠图

抠除素材“圆门.jpg”门内的图像内容，如图 7-90 所示。

图 7-90 抠除图片部分内容

① 插入一个圆，边框线设置为无，覆盖住需要抠除的部分，如图 7-91 所示。可以看到圆形不能完全覆盖需抠除的图像，两边还留有两个三角区域。

② 插入一个矩形，覆盖住两边的剩余部分，如图 7-92 所示。

③ 同时选中矩形和圆形，使用【合并形状】→【联合】功能将两个图形合并成一个图形，如图 7-93 所示。

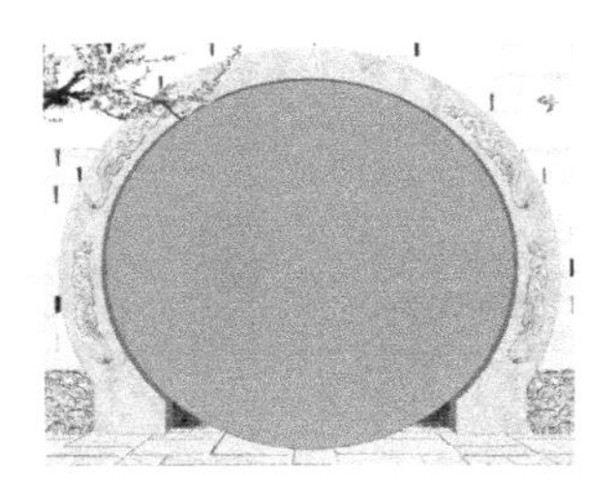

图 7-91　插入圆形覆盖圆形门

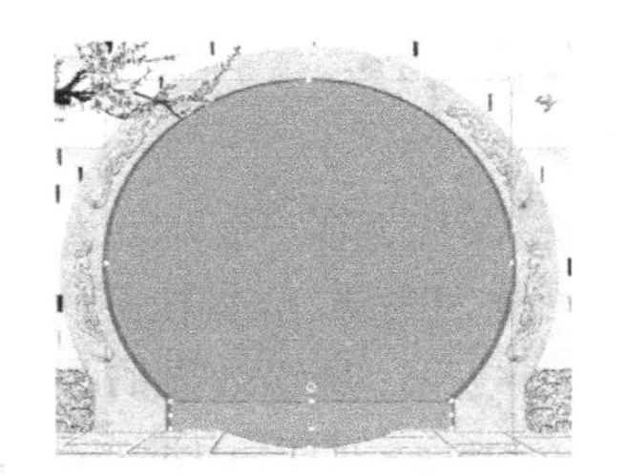

图 7-92　插入矩形覆盖剩余部分

④ 选中合并后的图形，选择【绘图工具/格式】→【插入形状】→【编辑形状】→【编辑顶点】命令编辑图形顶点，将下方多出圆弧的部分调整成直线，如图 7-94 所示。

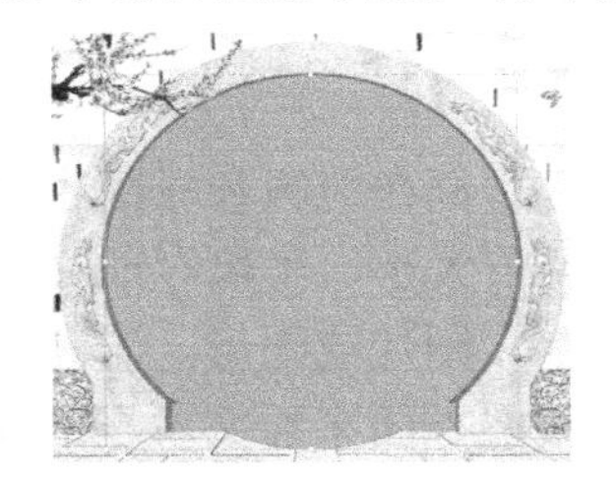

图 7-93　矩形和圆形联合

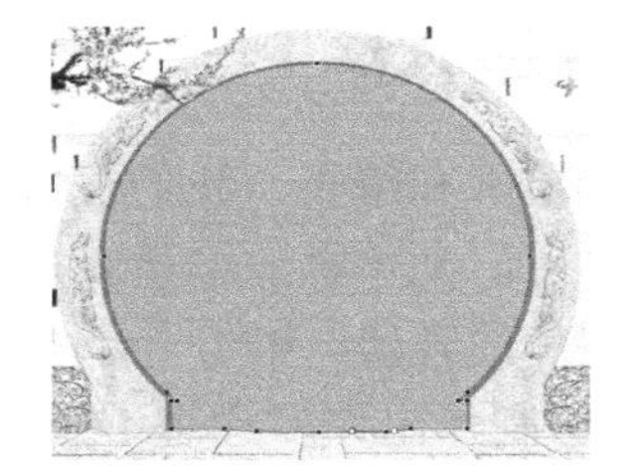

图 7-94　编辑顶点调整下边线

⑤ 绘制一个跟图片同等大小的矩形，拖动鼠标同时选中两个图形，如图 7-95 所示。

⑥ 使用【合并形状】→【组合】功能将两个图形组合成如图 7-96 所示图形。

图 7-95　选中两个图形

图 7-96　组合后的图形

⑦ 选中图 7-96 中的图形，将图片“圆门.jpg”填充到图形中，如图 7-97 所示。最终抠图后效果如图 7-98 所示。

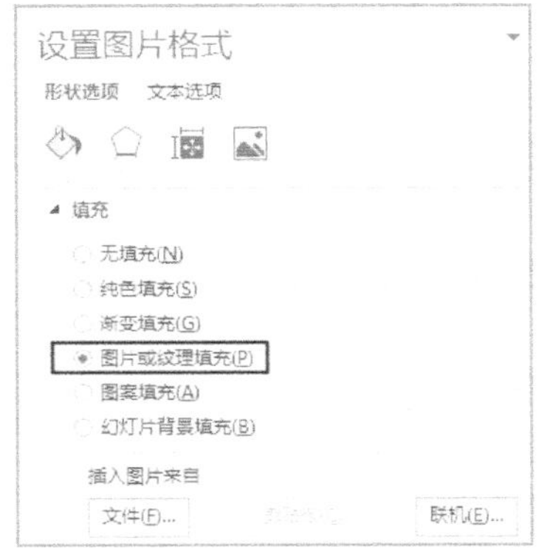

图 7-97　将图片填充到图形中

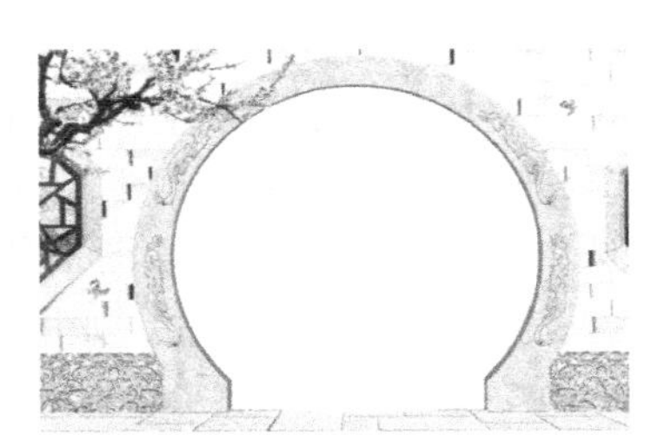

图 7-98　抠图后效果

微课

2）遮罩

插入素材图片“客户展示.png”，调整图片大小，将其设置为底层，放置在圆门图片的后面，生成两层遮罩效果，最终效果如图 7-89 所示。

本任务第 9 张幻灯片中汽车销量比较也使用了遮罩效果，如图 7-99 所示。请读者根据上面所学内容自行完成。

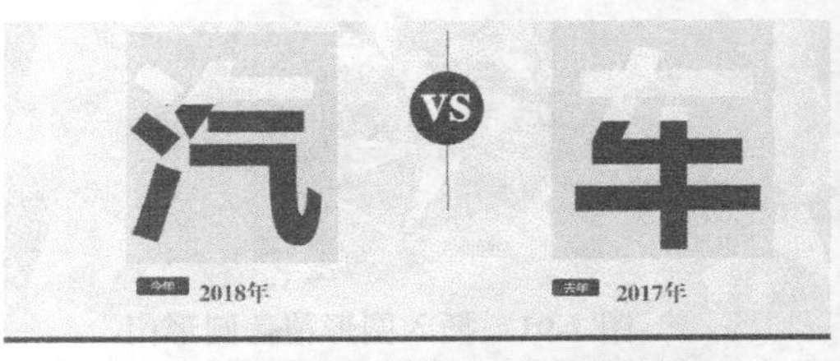

图 7-99　汽车销量比较遮罩效果

7.3.6　炫幻文本框

一说到输入和编辑，我们很自然就会想到文本框，文本框在编辑和排版中的确有着非常重要的作用。文本框的本质就是一种可以移动、可以调节大小、可以存放文字、绘制图形、存放图片的容器。PPT 中，文本框不仅用来存放文字、图片或图形，若和其他功能相结合，还能够制作出许多意想不到的文本和动画效果。从某些方面来看文本框的使用为 PPT 排版提供了更多的方法。

微课

1．文本转换效果

在本任务产品展示幻灯片中使用文本框制作了如图 7-100 所示图片效果，这种处理效果不仅增加了图片展示的美感，而且也有助于后期对图片进行动画处理。

图 7-100　使用文本框实现的图片效果

操作步骤

① 插入一个文本框，输入多个减号“-”（减号的多少决定了图片被分割的片数），并适当增大字号，如图 7-101 所示。

② 选中文本框，在【绘图工具/格式】→【艺术字样式】→【文本效果】→【转换】选项下选择一种文本效果，如图 7-102 所示。

③ 选中文本框，选择【绘图工具/格式】→【艺术字样式】→【文本填充】→【图片】选项，为文本框填充一张图片，如图 7-103 所示。

注意：此处一定是文本填充，而不是形状填充。

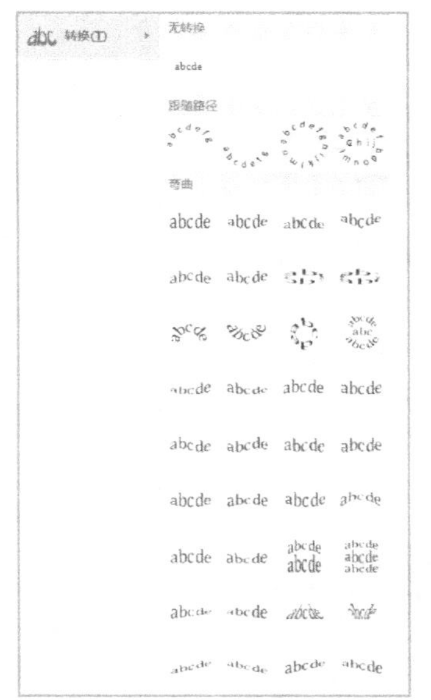

图 7-101　插入文本框

图 7-102　选择文本效果

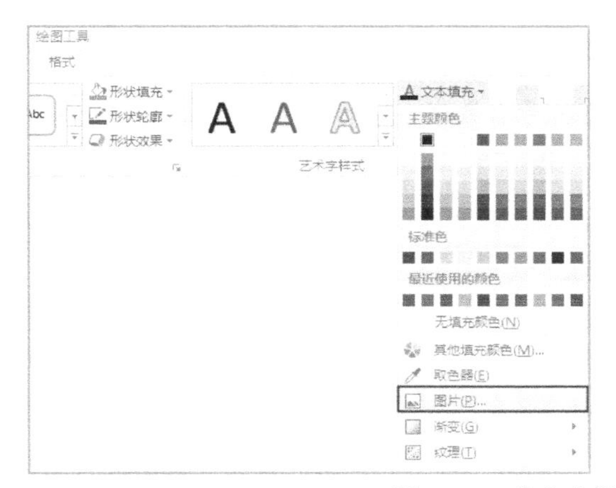

图 7-103　为文本框填充图片

相关知识

（1）增加或删除文本框中的减号数量就可以改变图片被分割的数量，如图 7-104 所示。

图 7-104　增减文本框中减号数量前后效果对比

（2）改变文本框中减号的“字体”，就可得到不同效果的文本框，如图 7-105 所示。

图 7-105　改变文本框内文字“字体”前后效果对比

（3）改变文本框中内容的字间距，可以调整分割图片之间的缝隙，如图 7-106 所示。

图 7-106　改变字间距前后效果对比

（4）将文本框中的“-”减号改为其他符号、数字、字母或文字可得到更丰富的效果。

2. 图示效果

除图片填充效果外，利用文本框的文本转换功能还可以制作文本框图示效果，如图 7-107 所示。制作方法与上面基本相同，区别之处是此处不是填充图片，而是在其上面又设置了文本框并输入文字。

图 7-107　文本框图示效果

文本框的神奇之处还有许多，有待于读者进一步探索和应用。

7.3.7　形状的布尔运算

布尔运算是指通过对两个以上的物体进行并集、差集、交集等运算，从而得到新物体形态的一种逻辑运算方法。在图形处理操作中引用这种逻辑运算方法可以使简单的基本图形组合产生新的形体，PPT 中形状的布尔运算主要包括：联合、组合、拆分、相交、剪除。

1. 布尔运算

形状布尔运算含义如图 7-108 至图 7-113 所示。

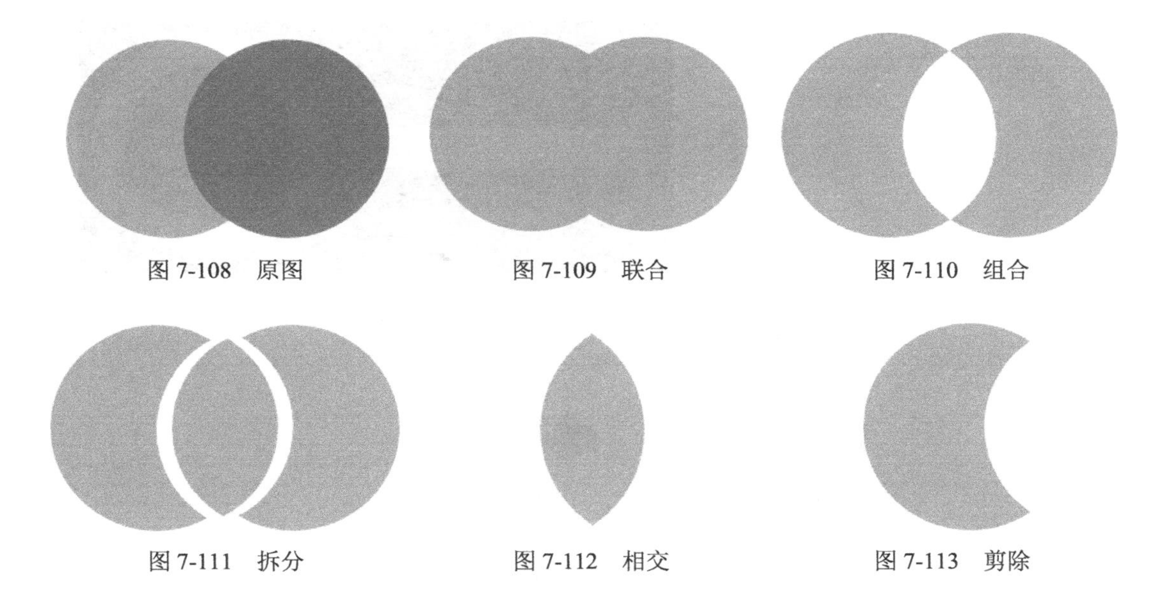

图 7-108　原图　　图 7-109　联合　　图 7-110　组合

图 7-111　拆分　　图 7-112　相交　　图 7-113　剪除

- 联合：两个形状所有部分完全合并为一个形状。
- 组合：将两个形状合并，并且将重叠部分删除得到一个组合后的形状。
- 拆分：将两个形状与其合并部分都拆分开，运算后得到三个独立的形状。
- 相交：保留两个形状相交的部分，运算后得到一个重叠部分的形状。
- 剪除：先选择的形状被后选择的形状剪除，运算后得到先选择形状的非重叠部分。

注意：运算前的形状选取是有先后顺序的，先选谁后选谁将会影响合并后的颜色、形状等属性。合并后形状的属性均继承先选中的形状。

2. 布尔运算的应用

（1）联合。形状联合应用举例如图 7-114 所示。

（2）组合。形状组合应用举例，如图 7-115 所示。

图 7-114　形状联合例子

图 7-115　形状组合例子

（3）拆分。形状拆分应用举例，如图 7-116 所示。

（4）相交。形状相交应用举例，如图 7-117 所示。

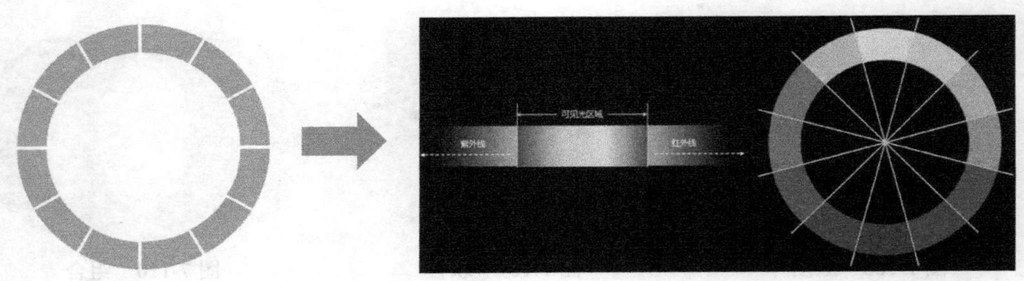

图 7-116　形状拆分例子

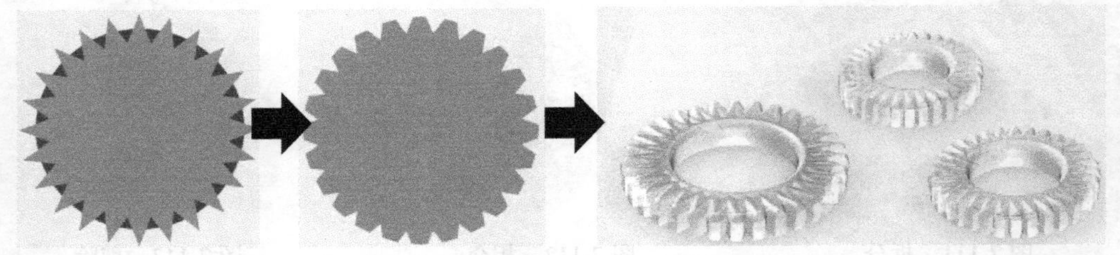

图 7-117　使用形状相交功能制作齿轮

（5）剪除。形状剪除应用举例，如图 7-118 至图 7-120 所示。

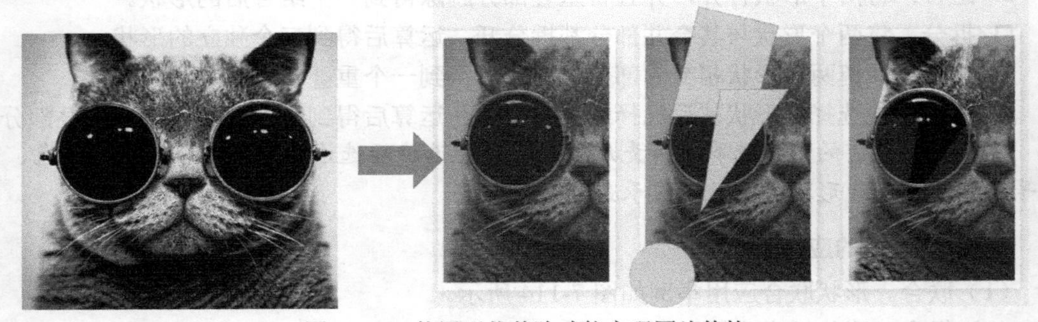

图 7-118　使用形状剪除功能实现图片修饰

图 7-119　苹果公司标志

图 7-120　镂空效果

注意：前面讲到的文字分割、镂空文字、文字矢量化、图片多图层处理、图片遮罩效果等都用到了形状的布尔运算，在此不在赘述。表 7-1 为 PowerPoint 2010 版与 2013 版布尔运算功能的比较。

表 7-1　PowerPoint 2010 版与 2013 版布尔运算功能比较

功　能	2010 版	2013 版
形状联合、组合、相交、剪除	✓	✓
形状拆分	×	✓
带文字形状与形状布尔运算	×	✓
开放路径形状布尔运算	×	✓
文字布尔运算	×	✓
图片布尔运算	×	✓
形状与文字布尔运算	×	✓
图片与文字布尔运算	×	✓
形状与图片布尔运算	×	✓

3. 胶片制作

本任务在产品展示幻灯片中使用了黑白胶片效果对汽车产品进行展示，如图 7-121 所示。

微课

图 7-121　黑白胶片制作

操作步骤

① 插入一个无线条黑色填充的矩形长条，在其上插入一个无线条白色填充的小正方形，如图 7-122 所示。

② 选中白色正方形，按住“Ctrl+Shift”组合键的同时拖动鼠标复制一个正方形，这样复制出来的图形能够保证顶部对齐。按“F4”功能键重复上面的动作，直到填满长条为止，如图 7-123 所示。

图 7-122　绘制胶片长条

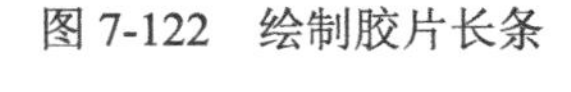

图 7-123　绘制白色小正方形

③ 拖动鼠标选中黑色长条和所有白色小正方形，选择【合并形状】→【剪除】命令将白色小正方形部分剪除，生成镂空效果，如图 7-124 所示。按“Ctrl+D”键再复制一个放在汽车产品照片的下方即可。

图 7-124　剪除后效果

4. 齿轮制作

在产品展示幻灯片中使用图形的布尔运算功能制作了齿轮图形，效果如图 7-125 所示。

微课

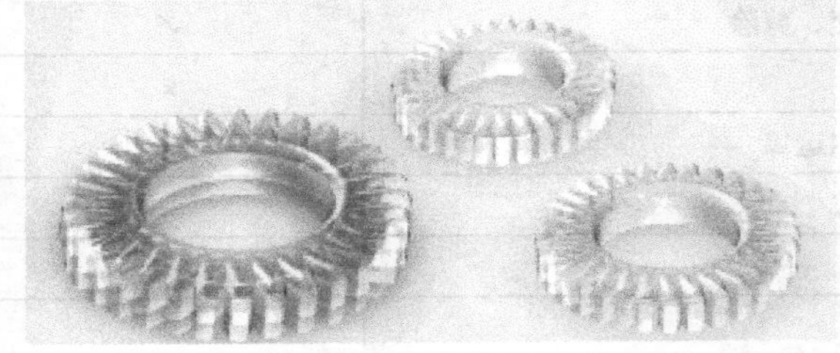

图 7-125　齿轮

操作步骤

① 通过图形相交和剪除得到平面齿轮图形，如图 7-126 所示。

图 7-126　齿轮制作过程

② 通过“形状效果”对齿轮进行美化，如图 7-127 所示。

图 7-127　齿轮美化

5. 表盘制作

在客户服务幻灯片中使用表盘实现公司客户服务的介绍，效果如图 7-128 所示。

微课

图 7-128　使用表盘实现公司客户服务介绍

操作步骤

1. 表盘制作过程如图 7-129 所示

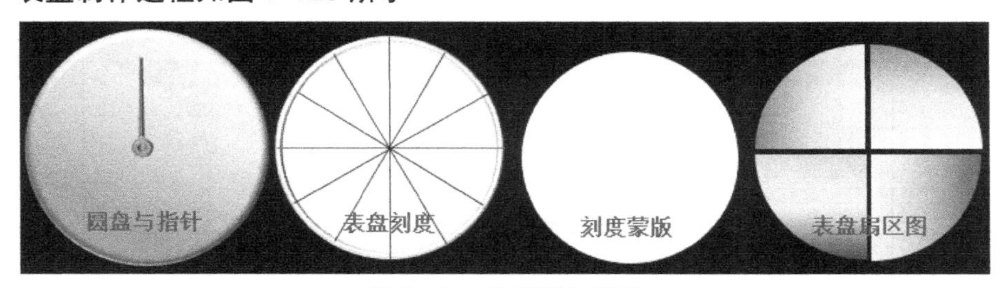

图 7-129　表盘制作过程

2. 圆盘制作

插入一个圆形，设置灰白渐变填充，在【形状效果】→【棱台】列表中设置一种棱台效果，再设置一种阴影效果。形状效果可根据读者的设计自由选择。

3. 指针制作：

（1）指针补位。因为后面要为指针制作陀螺旋转动画，需要围绕中心点旋转，所以要增加一个对称的补位，如图 7-130 所示。图中左、右两图的区别是右侧图下方指针设置了无线条无填充，即虽有指针但隐藏显示了。这样，旋转时仿佛只有上面指针旋转，实际是整个上下指针围绕中心一起旋转，这样就实现了表盘指针旋转效果。

（2）指针制作。插入一个细长梯形，填充颜色，设置图形棱台效果（此处设置了斜面棱台效果），如图 7-131 所示。

插入一个圆形，填充颜色，跟上面步骤一样也设置斜面棱台效果。

选中制作好的梯形（指针），按“Ctrl+D”组合键另外复制一个，使用【绘图工具/格式】→【排列】→【旋转】→【垂直翻转】进行垂直翻转，放置到下方对称位置，将其设置为无线条、无填充即可。

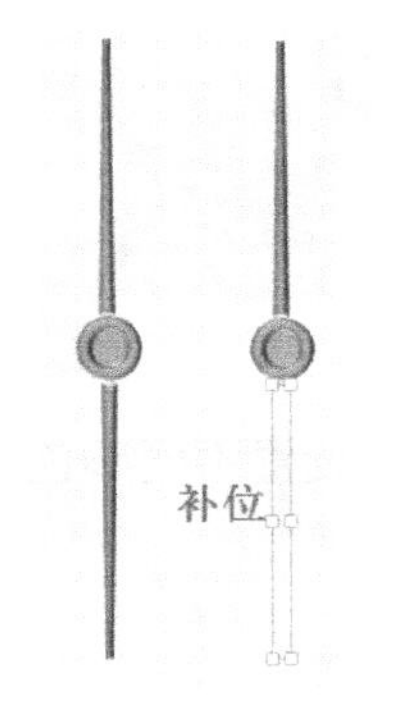

图 7-130　指针补位

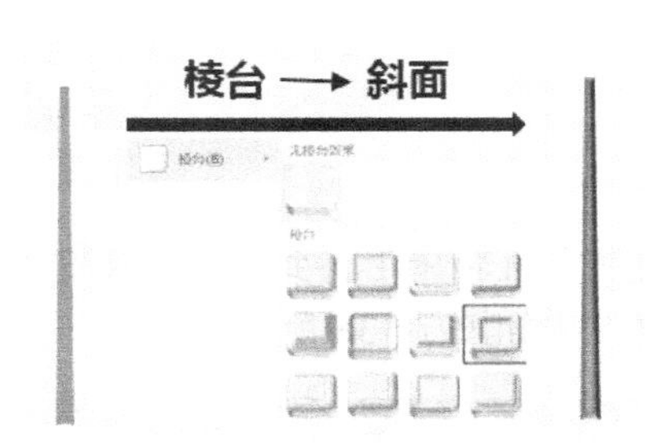

图 7-131　斜面棱台效果

4. 表盘刻度制作

绘制一个圆盘和两条横竖垂直的线段，将竖直线段再复制一条并与其重合，如图 7-132 所示。

选中复制的竖直线段，在【设置形状格式】窗格中，在“大小属性”→“大小”→“旋转”选项中设置旋转度数“30°”，得到一条旋转 30°的线段，如图 7-133 所示。同样方法依次复制和旋转线段（旋转度数依次为 60°、90°、120°、150°）得到表盘原始刻度图形，如图 7-134 所示。

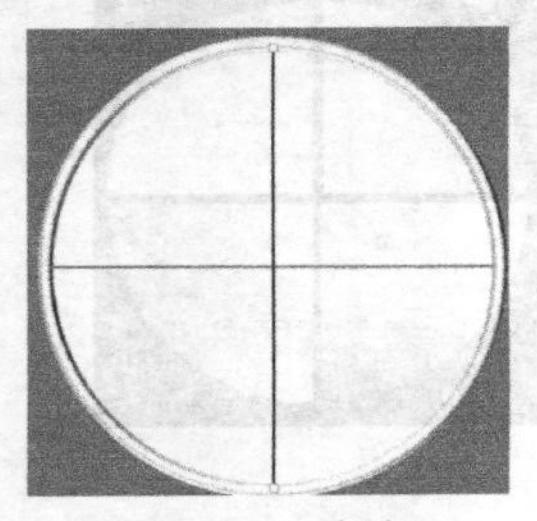

图 7-132　表盘

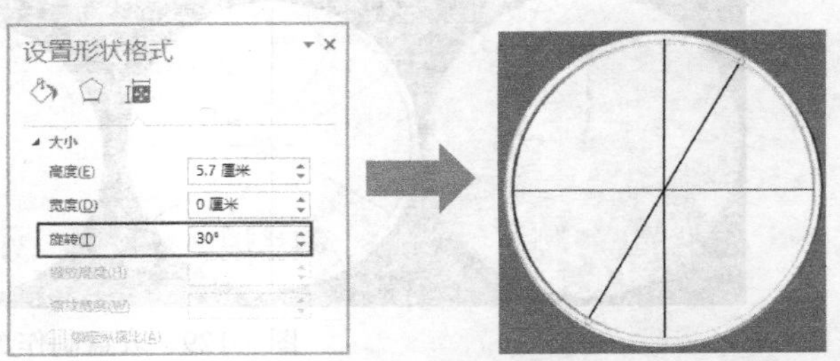

图 7-133　通过旋转设置刻度线

绘制一个白色填充、无线条、比表盘稍小的圆形，保证其在顶层，将其拖至表盘之上合适位置，如图 7-135 所示。表盘刻度效果制作完成。

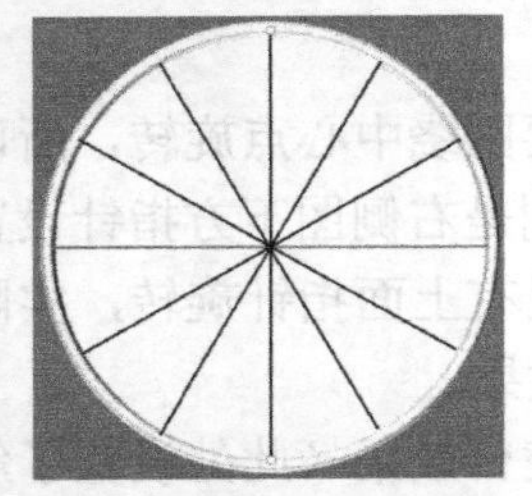

图 7-134　表盘刻度线段

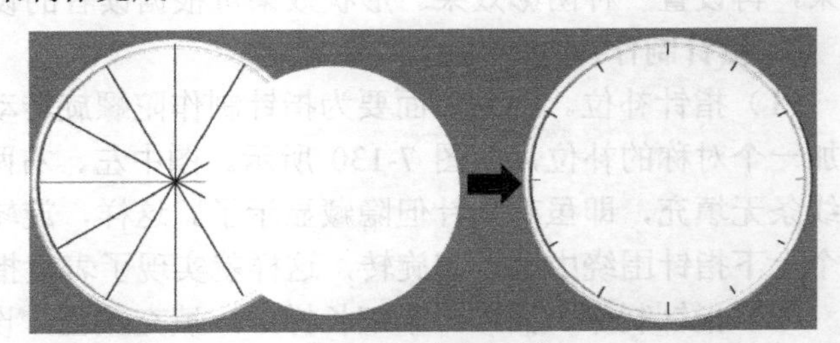

图 7-135　表盘刻度效果

4．表盘扇区制作

如图 7-136 所示，使用剪除功能制作出一个扇形。

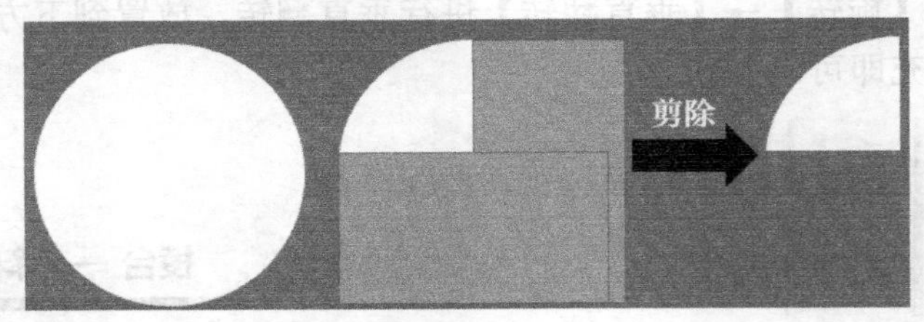

图 7-136　制作一个扇形

复制并旋转扇形得到如图 7-137 所示图形，对每个扇形设置不同颜色的渐变填充。表盘最终效果如图 7-138 所示。

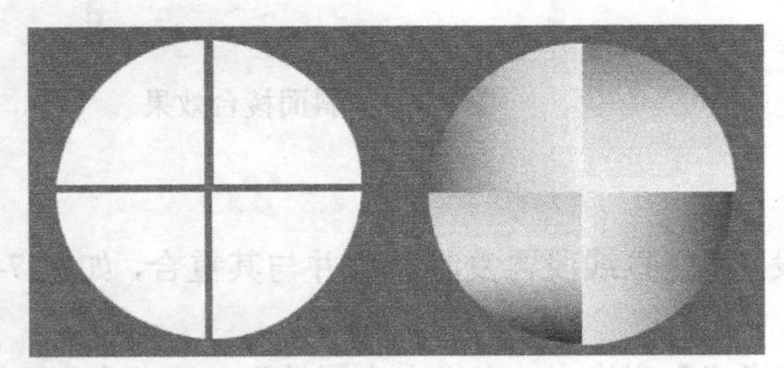

图 7-137　扇形美化

图 7-138　表盘最终效果

注意： 制作过程中注意使用“Ctrl+G”组合键进行图形组合，以方便整体操作。

7.3.8 创意图表

微课

图表就是将数据转化为直观、形象的可视化的图像、图形。用图表表达各种数据信息，能让用户更清晰、更有效率地处理烦琐的数据，从而帮助用户快速且直观地得到想要表现的内容。

如图 7-139 所示是公司近几年汽车销售数量情况，分别使用文本、表格、图表表示。不难看出，图表表示更加直观、清晰。

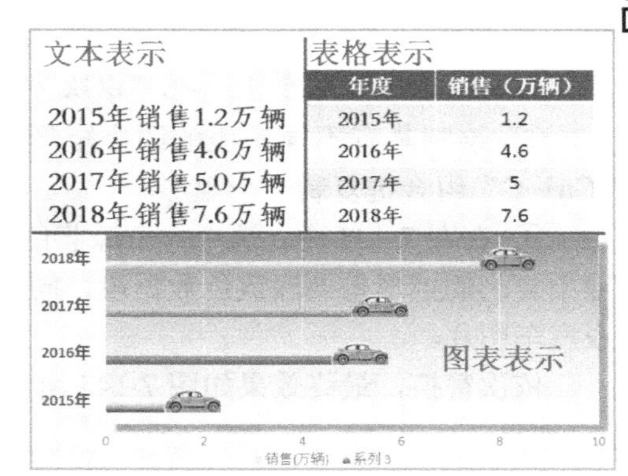

图 7-139 三种表示方式比较

操作步骤

① 堆积条形图。选择【插入】→【插图】→【图表】选项，弹出【插入图表】对话框，选择【条形图】→【堆积条形图】选项，如图 7-140 所示。生成的图表与对应的表格如图 7-141 所示。

② 单击图 7-141 下方表格中的“在 Microsoft Excel 中编辑数据”按钮，进入 Excel 编辑图表数据，如图 7-142 所示。设置数据后得到的图表如图 7-143 所示。

图 7-140 堆积条形图

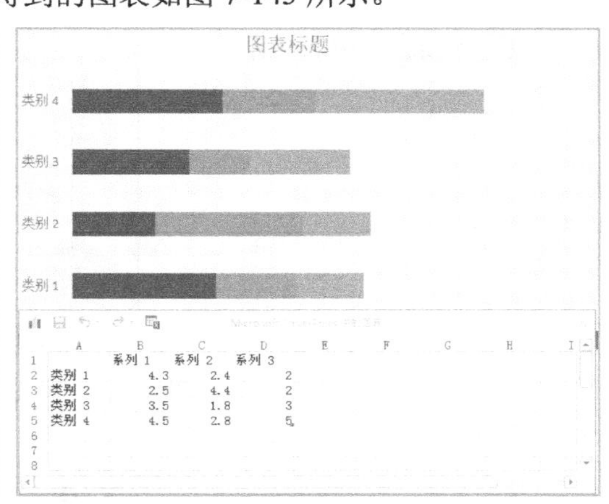

	系列 1	系列 2	系列 3
类别 1	4.3	2.4	2
类别 2	2.5	4.4	2
类别 3	3.5	1.8	3
类别 4	4.5	2.8	5

图 7-141 生成的图表与对应的表格

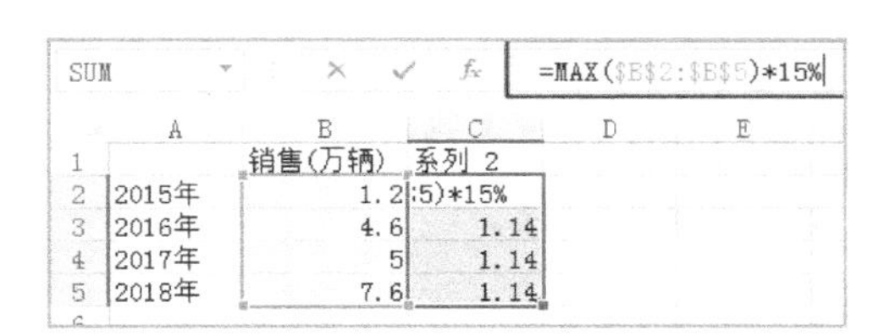

=MAX($B$2:$B$5)*15%

	A	B	C
1		销售(万辆)	系列 2
2	2015年	1.2	:5)*15%
3	2016年	4.6	1.14
4	2017年	5	1.14
5	2018年	7.6	1.14

图 7-142 在 Excel 中编辑图表数据

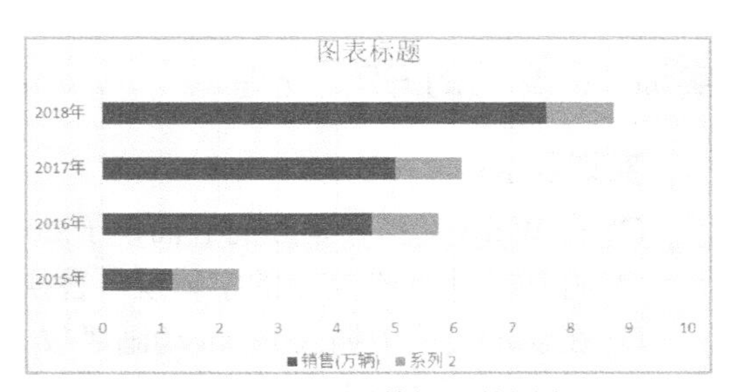

图 7-143 设置数据后的图表

说明：图 7-142 所示 Excel 工作表中有三列：

A 列为年份。

B 列为年销售值，对应生成图表（如图 7-143 所示）中的深蓝色数据线段长度。

C 列对应生成图表中绿色数据线段长度，它的值此处设置为 =MAX($B$2:$B$5)*15%，此公式的意义是“B2 到 B5 单元格中数据的最大值*15%”，也就是绿色数据线段长度是深蓝色数据线段长度的 15%。这个 15%也可以改为其他比例值，请读者自行尝试设置。

③ 绘制具有不同颜色的四个矩形，插入一个汽车图片素材，如图 7-144 所示。按“Ctrl+C”组合键复制一个矩形。

④ 在图 7-143 中，选中一个深蓝色数据段，按“Ctrl+V”组合键用上一步骤中复制的矩形替换深蓝色数据段。同样方法，将深蓝色数据段后面的蓝绿色数据段替换成汽车图片。

依次替换，最终效果如图 7-145 所示。与之前图表对应效果如图 7-146 所示。

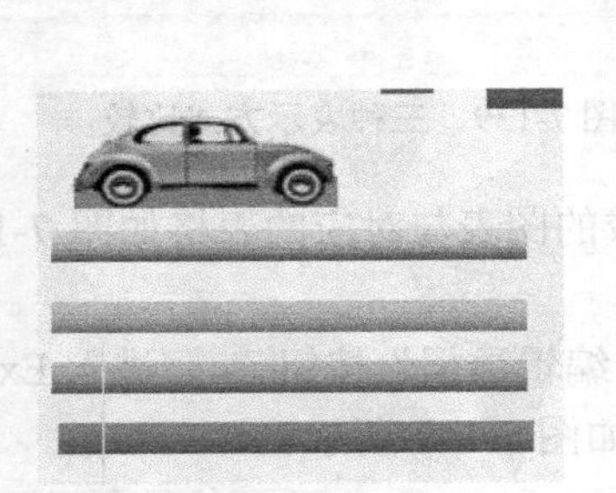

图 7-144 矩形与汽车

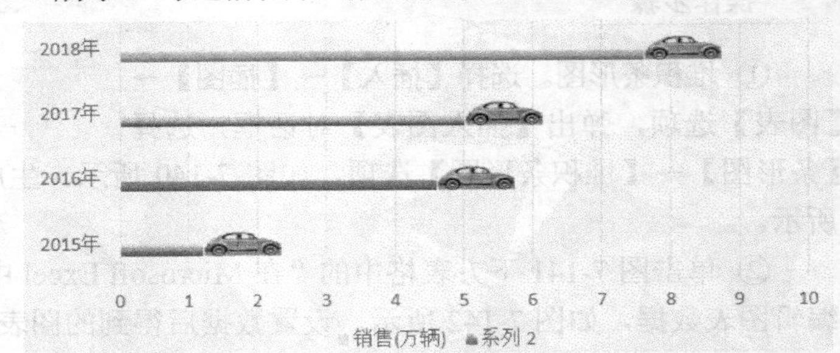

图 7-145 创意图表效果

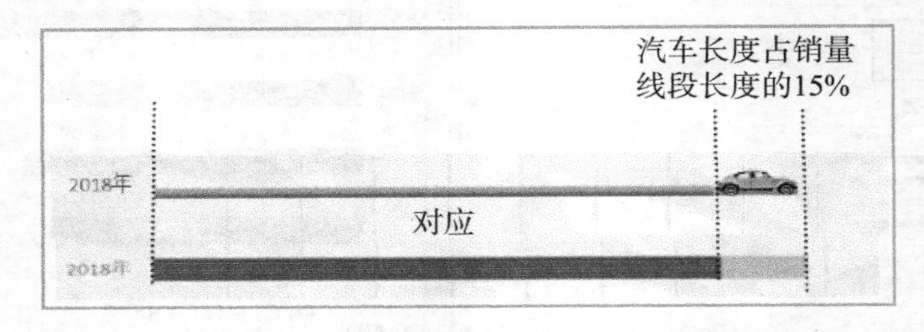

图 7-146 图表图示化前后对应情况

7.4 拓展实训

实训 1：文档的 PPT 处理

实训要求：

- 将 Word 文档（企业的五面镜子.docx）转换为 PPT 演示文稿文件。
- 将 PPT 中所有文字的字体统一替换为“微软雅黑”字体。
- 在演示文稿中插入 Flash 动画“放大镜.swf”。
- 为 PPT 插入背景音乐。

❒ 提取出 PPT 中的图片、视频、声音等素材。

操作提示

1. Word 转 PPT

① 打开 Word 文档“企业的五面镜子.docx”。

② 单击【视图】→【视图】→【大纲视图】按钮，如图 7-147 所示，文档切换到大纲视图。

③ 设置文档中各文字的大纲级别，如图 7-148 所示。设置为 1 级时，则在转换的 PPT 中另起一张幻灯片，即设置几个 1 级就生成几张幻灯片。设置好后保存 Word 文件。

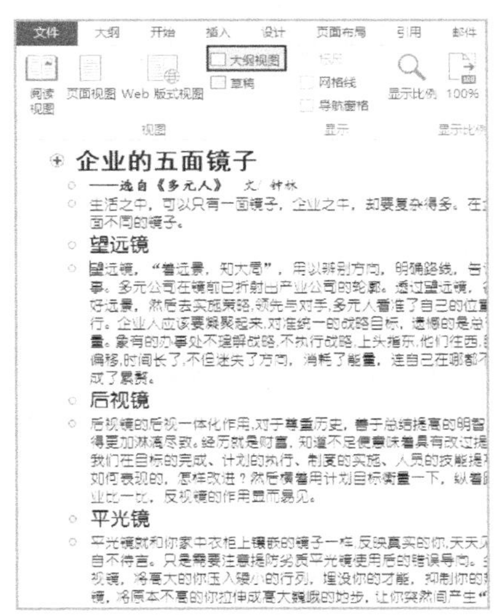

图 7-147 切换到大纲视图

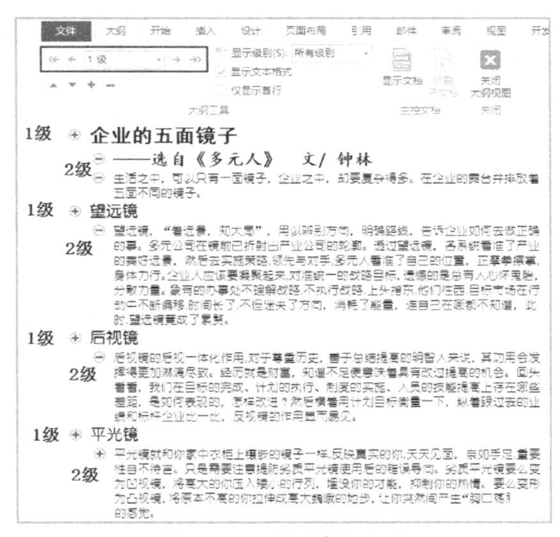

图 7-148 设置大纲级别

④ 启动 PPT，在【打开】对话框中找到上面保存文档所在位置（注意文档类型应设置为“所有文件”，否则系统默认只显示 PPT 文件），打开已设置好级别的 Word 文档，如图 7-149 所示。打开文档后可以看到转换为 PPT 的初始状态如图 7-150 所示。

图 7-149 打开设置好级别的 Word 文档

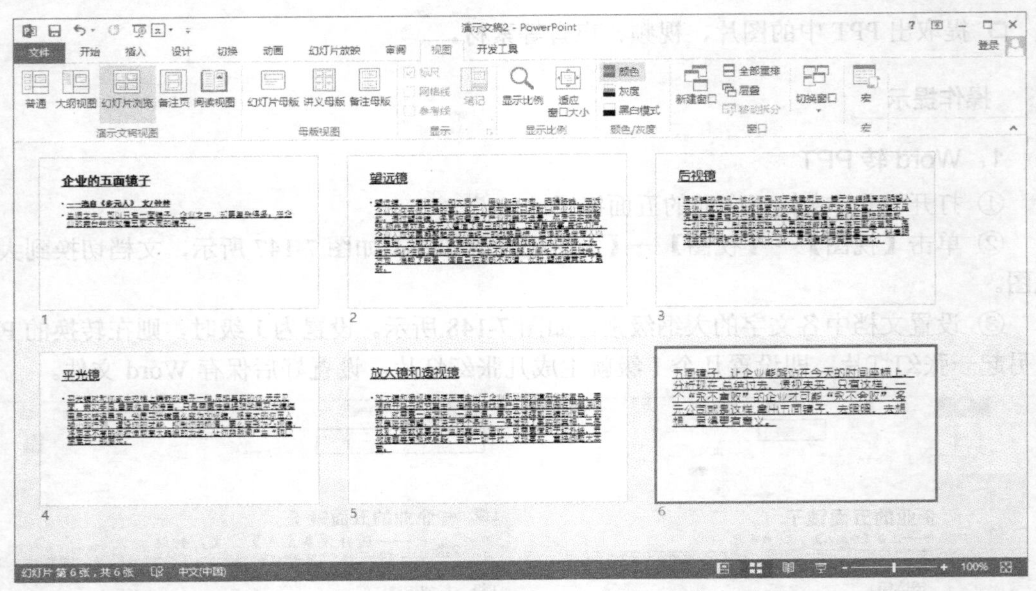

图 7-150　转换为 PPT 后的初始状态

2. PPT 中文字格式设置

单击【视图】→【演示文稿视图】→【大纲视图】按钮切换到大纲视图，如图 7-151 所示。按“Ctrl+A”组合键全选内容，即可以对内容进行格式设置，如取消下画线、设置字体字号等。

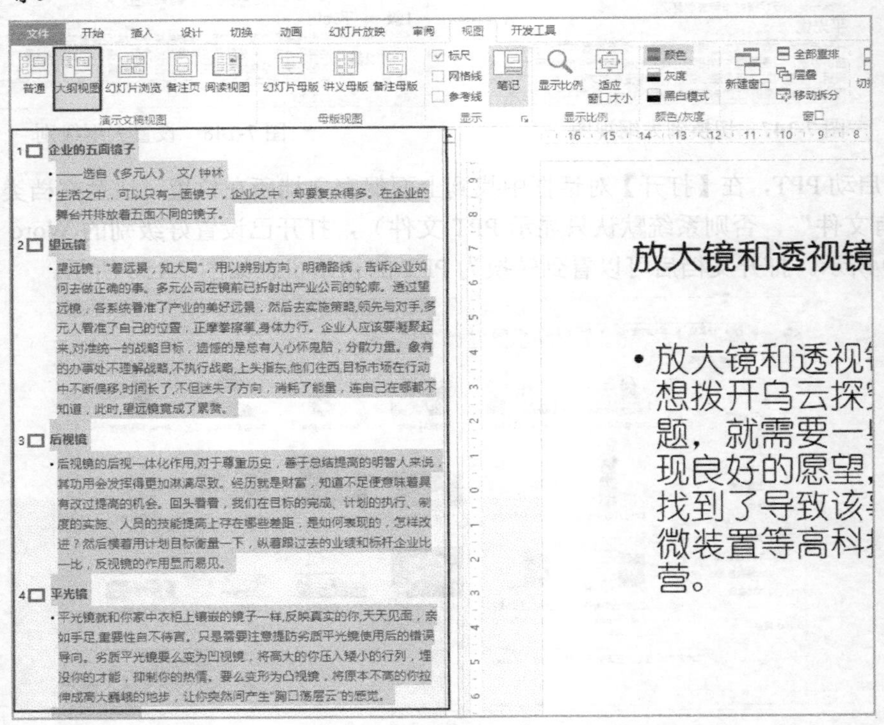

图 7-151　大纲视图

相关知识

还可以使用“替换字体”功能对 PPT 中文字进行字体更改。方法：单击【开始】→【编辑】→【替换】→【替换字体】按钮，在打开的【替换字体】对话框中进行字体替换，如图 7-152 所示。

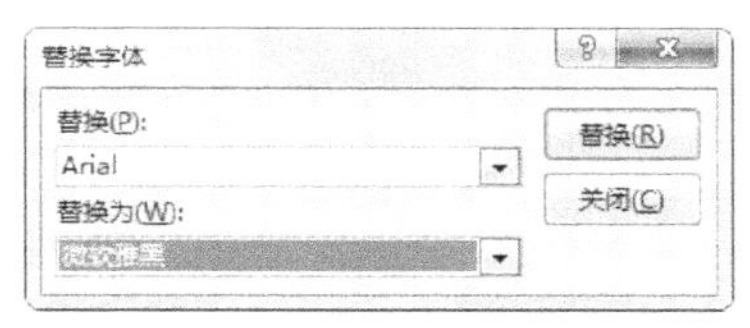

图 7-152　替换字体

3. 插入 Flash 动画

① 首先将需要插入的 Flash 文件和 PPT 演示文稿放在同一路径下，这是为了方便之后给 Flash 文件定位。

② 在【PowerPoint 选项】对话框中勾选“开发工具”复选框，如图 7-153 所示。

图 7-153　在【PowerPoint 选项】对话框中勾选“开发工具”复选框

③ 单击【开发工具】→【控件】→【其他控件】按钮 ，在打开的【其他控件】对话框中找到“Shockwave Flash Object”控件，如图 7-154 所示。单击【确定】按钮后，在需要插入 Flash 的位置拖动鼠标画一个 Flash 控件，用鼠标右键单击该控件，在弹出的快捷菜单中选择【属性】命令，打开【属性】对话框，设置“Movie”属性为“放大镜.swf”，如图 7-155 所示，这样放映幻灯片时即可播放动画效果。

4. 插入背景音乐

（1）选择【插入】→【媒体】→【音频】→【PC 上的音频】选项，插入音频文件“Lyphard Melody. mp3”。

图 7-154 “Shockwave Flash Object”控件

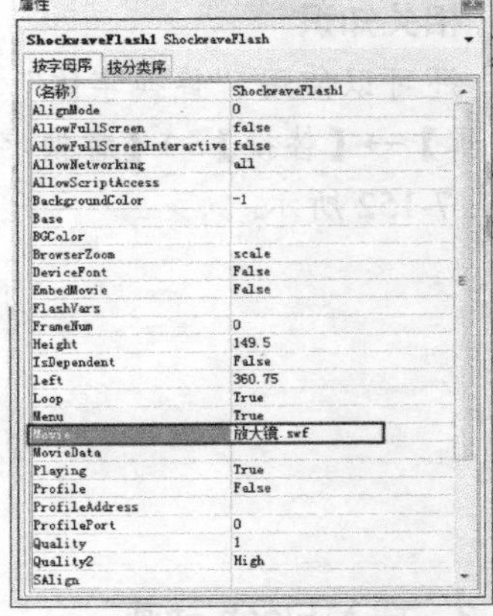

图 7-155 设置“Movie”属性

（2）在图 7-156 中设置“在后台播放”音频样式。

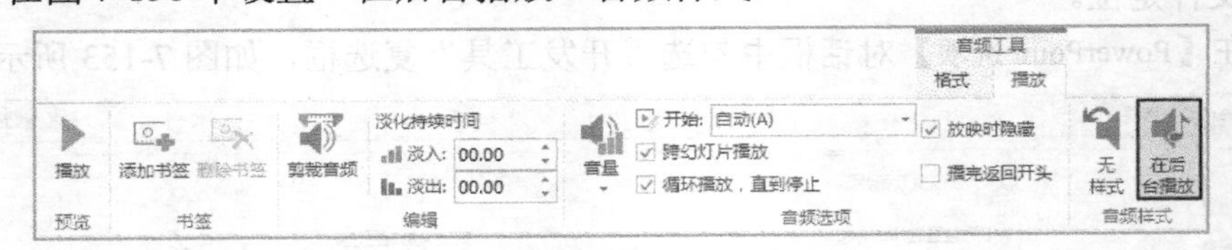

图 7-156 在后台播放

5. 提取 PPT 中素材

保存处理好的 PPT 文件并复制一份，将其文件后缀改为“.rar”，即可提取出 PPT 中的素材，如图 7-157 所示。

图 7-157 PPT 改为 RAR 文件后提取 PPT 中素材

实训 2：青春毕业相册设计（上）

又到了栀子花开的季节，离别的盛夏，我们用数码相机为这即将逝去的浪漫青春留下了许多回忆，一张张照片记录了几许芳华正茂的年少、激扬文字的岁月，将这些照片配上动听的毕业季歌曲，加上注释文字、转场特效，装裱制作成毕业电子相册，成为了毕业季最流行的纪念方式。本实训任务就以青春毕业相册为例，制作一个精美的毕业相册视频，效果如图 7-158 所示。

图 7-158　青春毕业相册效果图

实训技能点：

- ❒ 文字特效化——文字矢量化图形，文字变形。
- ❒ 文字特效化——创意文字。
- ❒ 文字特效化——文字入草堆效果。
- ❒ 图片处理——邮票齿效果图片。
- ❒ 图片处理——图片样式与美化。
- ❒ 电影胶片效果制作。
- ❒ 抠图。
- ❒ 人物剪影。
- ❒ 网格化纹理背景。

操作提示

1.“致青春”文字特效制作

文字特效制作过程如图 7-159 所示。

青 → 合并形状相交，得到矢量图形 → 青 → 去掉多余笔画 → 青

致 → 矢量化 → 致 → 编辑顶点 → 致 → 文字变形 → 致青春 → 形状美化 → 致青春

春 → 矢量化 → 春 → 编辑顶点 → 春

图 7-159　文字变形特效制作过程

2．创意文字制作

创意文字制作过程如图 7-160 所示（注意过程中要适时使用组合功能，按“Ctrl+G”组合键进行形状组合，以方便整体操作）。

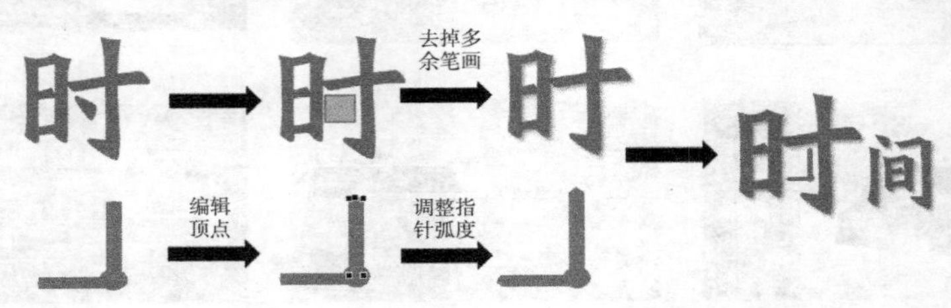

图 7-160　创意形象文字制作过程

3．文字入草堆效果制作

文字入草堆效果如图 7-161 所示。

① 将图 7-162 所示草丛图片设置为该幻灯片的背景，然后插入一个矩形。

图 7-161　文字入草堆效果

图 7-162　将草丛图片设置为幻灯片背景

② 将矩形设置为“幻灯片背景填充”形状格式，如图 7-163 所示。

③ 设置矩形形状效果为“柔化边缘 25 磅”，如图 7-164 所示。

④ 将“岁月无痕”文本放置于矩形适当位置，效果如图 7-165 所示。

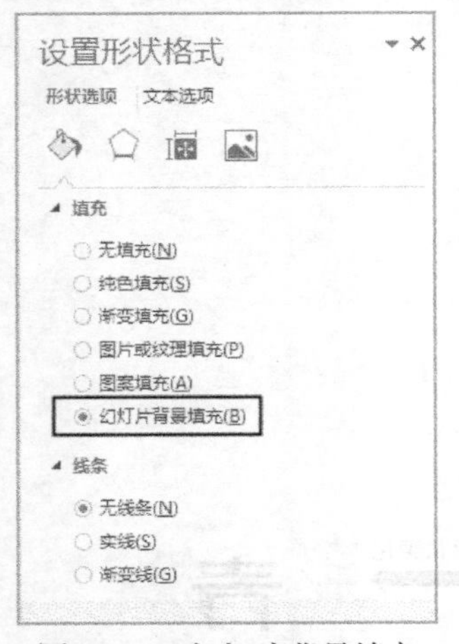

图 7-163　幻灯片背景填充

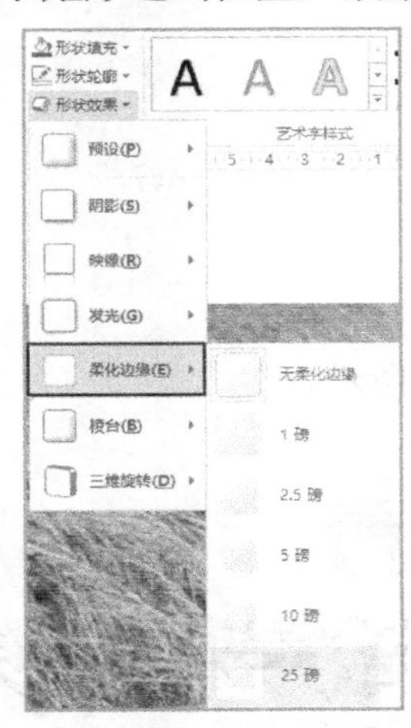

图 7-164　柔化边缘

图 7-165　效果图

4．邮票齿效果制作

邮票齿制作过程如图 7-166 所示。

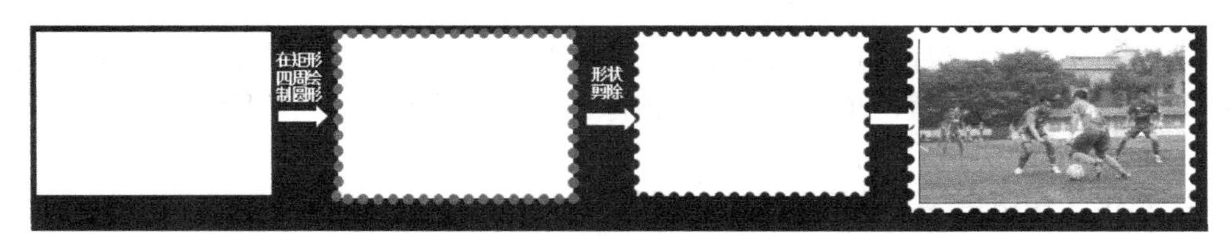

图 7-166　邮票齿效果制作过程

5. 抠图

以抠出图 7-167 中人物图像为例介绍 Office 自带抠图方法，抠图后效果如图 7-168 所示。

图 7-167　原图

图 7-168　抠图后效果

① 选中原图，在【图片工具/格式】选项卡中单击【删除背景】按钮，如图 7-169 所示。

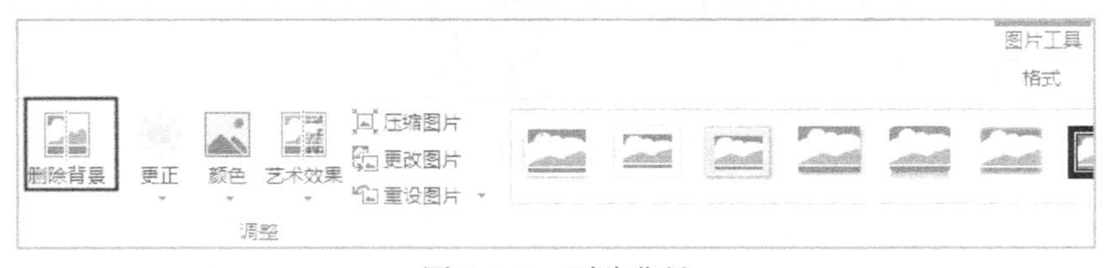

图 7-169　删除背景

② 图片上会出现如图 7-170 所示调整框，拖动 8 个白色方块进行调节以括住要抠出的图像，这时图片有两种类型颜色，紫色部分是被抠出的，还有一些部分没被显示抠出状态，如图 7-171 所示。

图 7-170　调整框

图 7-171　抠出与未抠出部分

③ 单击【标记要保留的区域】按钮，如图 7-172 所示；鼠标变为铅笔形状，在要保留区域处单击或者画直线；单击【标记要删除的区域】按钮标记要删除的区域，直到图像被抠出为止，如图 7-173 所示。

④ 单击【保留更改】按钮即可抠出图像。

图 7-172 标记选项

图 7-173 标记要保留区域图示

6. 人物剪影

人物剪影效果如图 7-174 所示。

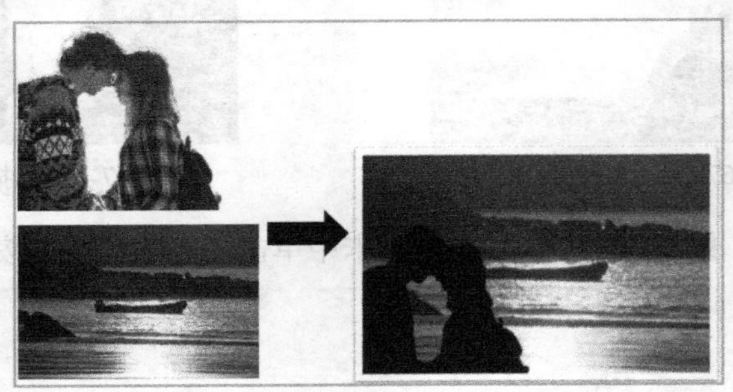

图 7-174 人物剪影效果

① 选中被抠出的人物图像。

② 在【设置图片格式】窗格中将“图片”→“图片更正”→“亮度”设置为“-100%”，得到黑色剪影，如图 7-175 所示。

③ 设置“亮度”为“100%”，可得到白色剪影，如图 7-176 所示。

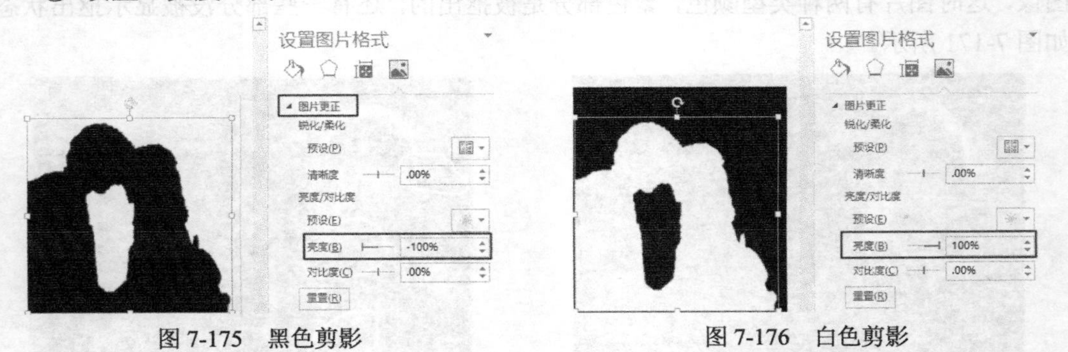

图 7-175 黑色剪影　　图 7-176 白色剪影

7. 网格化纹理背景

加纹理可使图片更有质感，网格化纹理背景前后效果对比如图 7-177 所示。

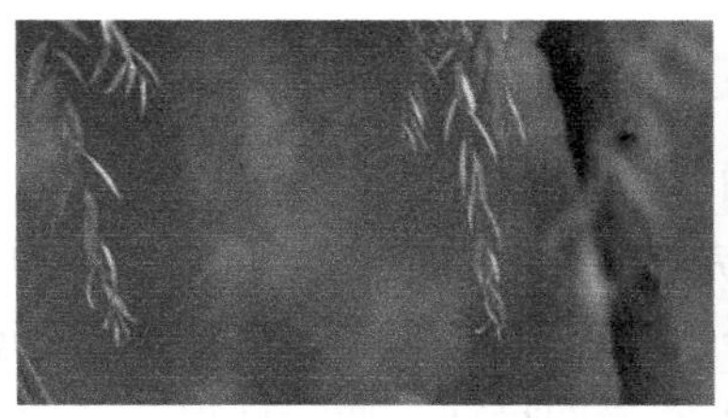

图 7-177　网格化纹理背景前后效果对比

① 将一幅图片设置为当前幻灯片的背景图片。

② 插入一个同样大小的矩形，设置灰色填充，无边线，设置一定透明度，如图 7-178 所示。

图 7-178　在背景图片之上设置一个灰色透明矩形

③ 在工作区外绘制一条竖线，并为其设置一种较浅的颜色（如白色或灰色等）和较细些的粗度。选中直线，按住“Ctrl+Shift”组合键水平拖动鼠标复制一条同样的竖线，两条竖线有较近距离。

④ 选中并复制两条竖线。

⑤ 选中透明矩形，在图 7-179 中设置“图片或纹理填充”，用复制在剪贴板中的两条直线填充，然后勾选“将图片平铺为纹理”复选框，再设置适当的“透明度”值。填充后效果如图 7-180 所示。

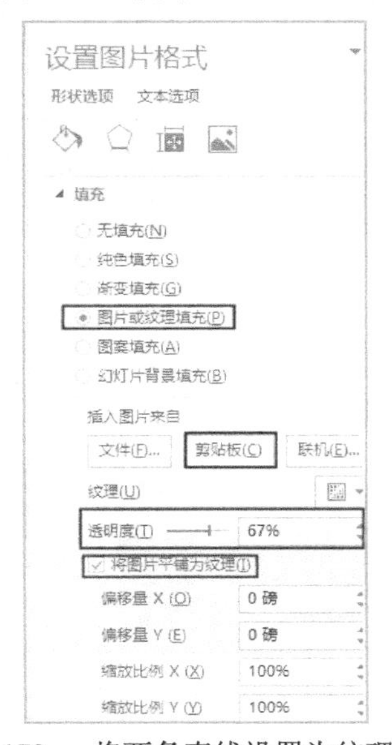

图 7-179　将两条直线设置为纹理填充

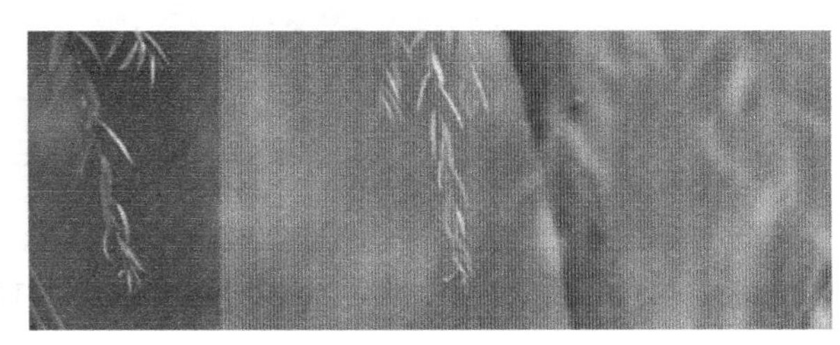

图 7-180　填充后效果

实训 3：扁平化设计及案例

近年来扁平化设计趋势风生水起，软件和应用界面设计从 3D 及拟物化风格向扁平化和极简风格快速转变，很多 APP 界面设计都完成了这样的转变，包括苹果的 iOS 系统等，都体现了扁平化设计思路。那么，什么是扁平化设计？扁平化设计（Flat Design）是一种设计风格术语，它抛弃任何能使得作品突显 3D 效果的特性，通俗地说，就是设计中不使用透视、纹理、阴影等效果。

现如今的扁平化设计并不是单纯的一种风格，而是涵盖了诸多常见风格、具备多种不同目标或任务的一个设计集合体，还被广泛应用于数字设计领域，并且常常同简约或者极简的视觉表达方式结合起来运用。由于移动端设计风格的演变历程的原因，扁平化设计常常被视作拟物化设计的对立面。

扁平化设计最基本、最突出的特征包括：

- 简单的元素和形状；
- 极简风格；
- 强功能性；
- 大胆而易读的排版；
- 清晰而严谨的视觉层次；
- 关注细节；
- 明亮的色彩和对比度，明显的视觉感知；
- 避免使用纹理、渐变和复杂的样式。

扁平化设计风格如图 7-181 所示。

图 7-181　扁平化设计风格

1. 扁平化设计的特点

扁平化设计风格干净利索、简洁高效、现代气息浓郁，善于用最少的元素表达最多的意境。下面从5个角度进一步了解扁平化设计的特点。

（1）拒绝特效。扁平化最核心的一点就是放弃一切装饰效果，诸如阴影、透视、纹理、渐变等能做出3D效果的元素一概不用。所有元素的边界都干净利落，没有任何羽化、渐变或者阴影，如图7-182所示。

图7-182　拒绝特效

（2）界面元素。扁平化设计通常采用许多简单的用户界面元素，如按钮或图标等。设计者通常坚持使用简单的外形（如矩形或者圆形），并且尽量突出外形，如图7-183所示。

图7-183　扁平化设计中的界面元素

（3）优化排版。因为扁平化设计要求元素更简单，排版的重要性就更为突出了。字体的大小应该匹配整体设计，高度美化的字体会与极简设计原则相冲突。字体选择上可以使用简单的非衬线字体，通过字体大小和比重来区分元素，同时也可以使用新奇的字体作为点缀。字形上应该使用粗体。文案要求精简、干练，最终保证产品在视觉上和措辞上的一致性，如图7-184所示。

图7-184　扁平化排版

（4）关注色彩。任何设计中，配色都是非常重要的，扁平化设计也不例外。扁平化设计通常采用比其他风格更明亮、炫丽的色彩。同时，扁平化设计中的配色还意味着更多的色调。比如，其他设计最多只包含两三种主要颜色，但是扁平化设计中会平均使用六到八种。而且扁平化设计中，往往倾向于使用单色调，尤其是纯色，并且不做任何淡化或柔化处理（最受欢迎的颜色是纯色和二次色）。另外还有一些颜色也较受欢迎，如复古色（浅橙、紫色、绿色、蓝色等）。扁平化设计中色彩的运用如图 7-185 所示。

图 7-185　扁平化设计色彩的运用

（5）极简主义。扁平化设计生而简单，整体上趋近极简主义设计理念。设计中应该去除任何无关元素，尽可能地仅使用简单的颜色与文本。如果一定需要视觉元素，可以添加简单的图形。设计者要尽量简化设计方案，避免出现不必要的元素。扁平化设计尤其对一些做零售的网站帮助巨大，它能把商品有效地组织起来，以简单但合理的方式排列。扁平化极简设计举例如图 7-186 所示。

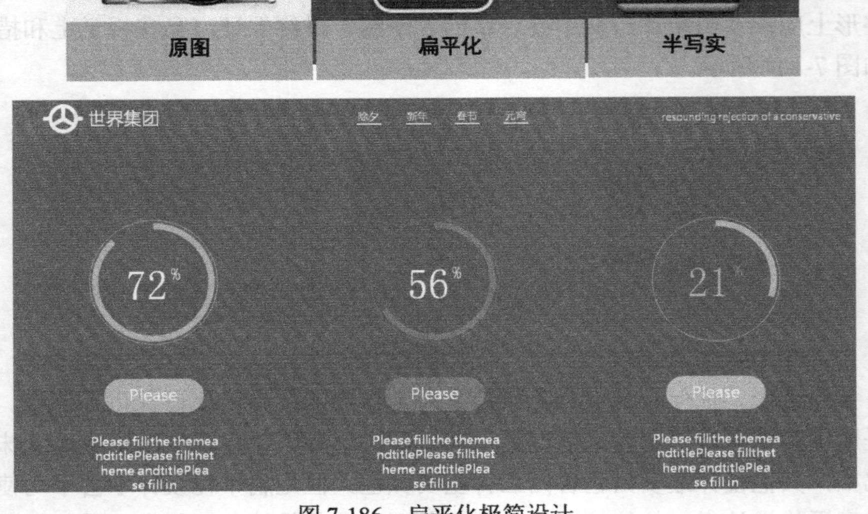

图 7-186　扁平化极简设计

图 7-186　扁平化极简设计（续）

2. 扁平化设计实用技巧

（1）关于高光、渐变和投影。上面讲到扁平化设计中应去掉高光、渐变、阴影等特效，其实这个说法有点绝对了，应该是去掉过渡式高光、过渡式渐变、过渡式阴影。一般情况下，扁平化高光、阶梯式渐变以及长投影是允许的，其比较如图 7-187 所示。

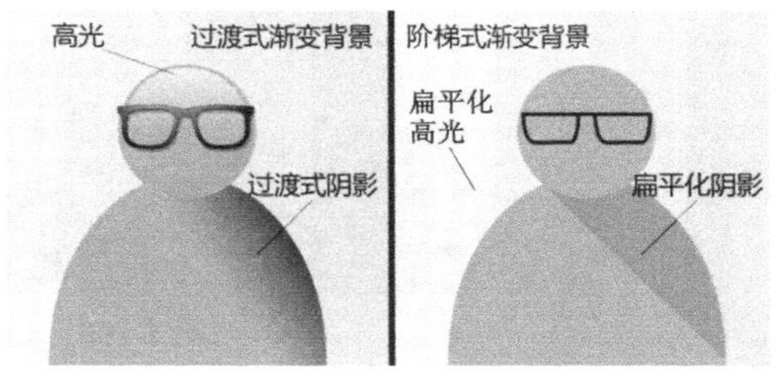

图 7-187　传统与扁平化中高光、渐变、阴影比较

（2）使用扁平化图标。使用有明确含义的图标可以让设计不那么单调并且耐看，如图 7-188 所示。推荐一个可搜索扁平化图标的网站 https://www.easyicon.net/，如图 7-189 所示，右图为搜索到的扁平化“手机”图标。

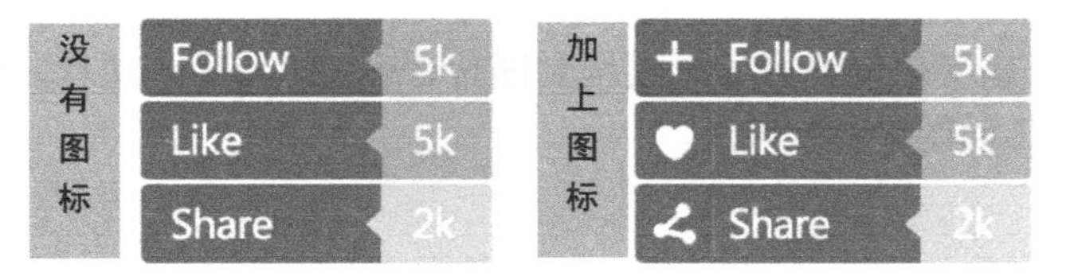

图 7-188　在设计中善用扁平化图标

图 7-189　扁平化图标搜索网站

（3）色块的形状、颜色和色块组合。色块在扁平化设计中占据很重要的地位，几乎所有扁平化设计都离不开色块。

① 色块的形状。色块的基础形状包括圆形、三角形、四边形、五边形等，建议不要使用超过六条边的形状。

② 色块的颜色。关于色块的颜色没有特别的要求，有的设计者喜欢使用饱和度不高的、温和的颜色，有的喜欢鲜艳刺眼的颜色，有的善于使用复古色等。在扁平化设计中，三原色是很少见的，即正红、正蓝、正黄。如果想快速配色，应选择相似的色调和饱和度，如图 7-190 所示。

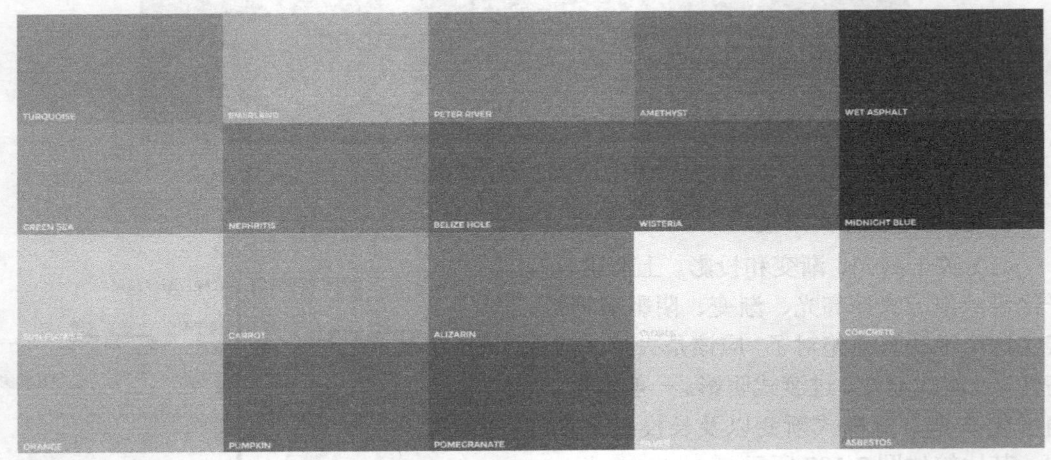

图 7-190　相似色调和饱和度举例

推荐一个可以免费选择和下载色值的网站 FlatUIColors（http://flatuicolors.com/）。

③ 色块的组合。除了基础形状外，可以由基础形状衍生出更多的组合形状。但是建议不要超过三种不同的基础形状组合，这样会让设计脱离扁平化简约的初衷。色块组合如图 7-191 所示。

（4）图片的使用。扁平化设计中如果要用到图片，常见的使用方法有三种：图片+文字，模糊处理，压暗处理。如图 7-192 所示。

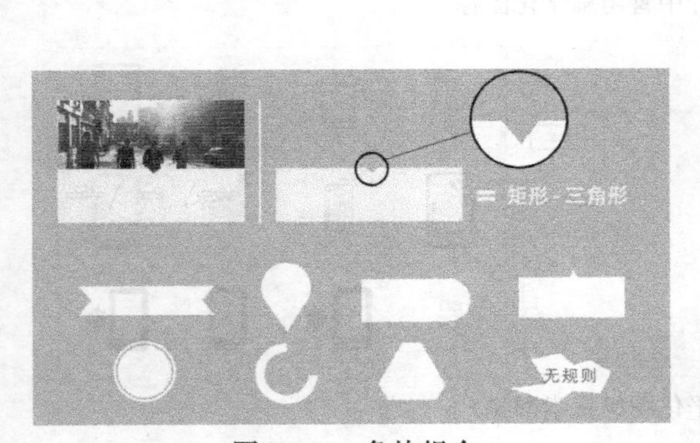

图 7-191　色块组合

图 7-192　扁平化设计中的图片处理

（5）使用不同色块组合伪立体感。扁平化、拟物化、长阴影、低多边形（LowPoly）

是目前比较流行的设计风格。其中 LowPoly（如图 7-193 所示）和长投影（如图 7-194 所示）属于“似扁平化”设计。实现似扁平化最常见的手段是使用不同饱和度的色块打造伪光影效果，给人立体感。

图 7-193 LowPoly 风格

图 7-194 长阴影风格

3. 扁平化设计风格在 PPT 中的应用举例

对扁平化设计进行简要了解之后，下面通过一个 PPT 案例（“大学生职业生涯规划”演示文稿）感受一下扁平化风格在演示文稿中的展现效果，如图 7-195 所示。

图 7-195 “大学生职业生涯规划”演示文稿

对于扁平化设计作者只是抛砖引玉、投砾引珠，感兴趣的读者可以继续关注、学习和使用，由于篇幅原因在此不再做详细介绍。

7.5 综合实践

梳理一年来工作任务及完成情况，比对岗位各项计划绩效指标，生成绩效完成情况分析图表；根据完成情况分类综述各类工作总体状况；分析工作不足，制订整改计划；分析下年度工作任务和绩效指标，制订下年度本岗位工作计划，总结形成汇报 PPT。

任务8

汽车公司产品与企业宣传（下）

文字、图片、排版、配色、动画是演示文稿制作的五大要素。在任务 7 中介绍了 PPT 中文字表达与呈现的方法、文字创意与特效、图片处理美化以及扁平化设计等内容，通过学习与运用这些知识和技能，企业宣传演示文稿已初具规模。但是只有精美的幻灯片内容，演示文稿还略显平淡，在 PPT 中添加恰当的动画效果可以加强幻灯片视觉效果，帮助观众理解内容，起到起承转合、增加亮点、表达态度的作用。本任务在任务 7 的基础上，介绍 PPT 中一些常用动画，包括时间轴动画、跑马灯动画、文本框动画、遮罩动画、触发器动画、补位动画、组合动画、页面切换动画，以及 PPT 中的音视频编辑。

“汽车公司产品与企业宣传”演示文稿如图 8-1 所示。

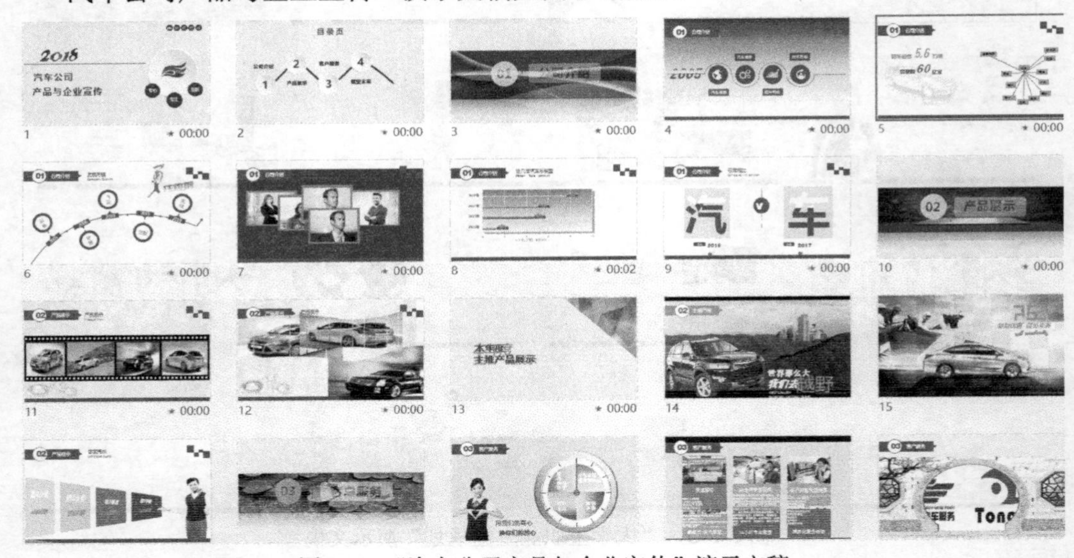

图 8-1　“汽车公司产品与企业宣传”演示文稿

知识目标

- ❐ 了解动画在幻灯片中的作用；
- ❐ 了解动画的四种类型，掌握动画的基本设置；
- ❐ 了解几种常用动画的表现形式，掌握其适合的应用场景；
- ❐ 掌握时间轴动画、跑马灯动画、文本框动画、遮罩动画、触发器动画、补位动画、组合动画的实现方法；
- ❐ 掌握页面切换动画的实现方法；

- 掌握 PPT 中音频和视频的编辑和使用方法。

能力目标

- 会根据实际需要选择合适的动画；
- 能够灵活运用所学知识实现各种类型动画制作；
- 能够进行幻灯片中音视频对象的插入、编辑与美化。

8.1 PPT 中的动画

8.1.1 解密动画

1. 动画的作用

PPT 中的动画可以吸引受众目光、引发受众思考、加深受众印象、突出演示重点，辅助演示者准确传递信息，让受众更简单直接地接受和理解要传达的信息，使演示内容更具表现力和说服力。动画的作用有很多，大概可归纳为以下三点。

（1）准确表达。制作演示文稿的目的是辅助演示者准确传递和表达信息， PPT 中的文字、图片、图表等内容都是为这一目的服务的，作为 PPT 中的动画也应该起到这样的作用。

（2）突出强调。在演示文稿中包含了很多信息，这其中有些内容是需要提醒观众特别注意的，就可以通过字体、色彩、排版等手段加以区别强调，而相对于以上手段，用动画效果表现更容易吸引观众的注意力，实现对内容突出强调的作用。但在应用动画时也要注意适当和适度，并非越绚丽的动画效果越好，也并非动画越多越好，要根据内容的需要合理使用动画，才能实现想要的效果，否则会使得 PPT 杂乱无章，画蛇添足。

（3）装饰美化。制作演示文稿是为了有效沟通，能否达到这个效果，取决于多个方面的因素，内容很重要，但外在的形式也不能忽略。设计精美、赏心悦目的演示文稿，更能有效表达精彩的内容。通过排版、配色、插图等手段来进行演示文稿的装饰美化可以起到立竿见影的效果，而搭配上适当的动画效果进行美化则可以起到画龙点睛的作用。小而精的动画效果可以有效增强 PPT 的动感与美感，为 PPT 的设计锦上添花。

动画添加原则

合理应用 PPT 动画，可以达到更好的演示效果。但动画的应用要坚持少而精的原则。

“少”是指在 PPT 中动画通常不需要贯穿始终，在需要的地方合理添加，避免滥用导致喧宾夺主。

“精”是指效果运用要合理，炫酷复杂的动画单看效果很好，但放在整个 PPT 中未必合适。动画效果要符合 PPT 整体风格和基调，不显突兀又恰到好处。

明确动画效果在 PPT 中的作用，在作品中合理运用，可以让动画效果成为 PPT 的点睛之笔。

2. 动画的四种类型

PPT 动画的类型有进入、强调、退出、动作路径。假如把动画看作是人物上台表演，则这一过程可以描述如下：

- 进入动画是设置“人物”如何上场的动画，是飞入、弹跳还是空翻。进入动画使用绿色五角星标记。
- 强调动画是设置“人物”上台后做哪些表演，是放大/缩小、陀螺旋还是跷跷板。强调动画使用黄色五角星标记。
- 退出动画是设置“人物”如何退场的动画，是飞出、旋转还是擦除。退出动画使用红色五角星标记。
- 动作路径是为上面三种动画或组合动画设置运动路径的。动作路径动画使用路径形状标记。

可以单独使用一种动画，也可以将多种效果组合在一起使用。例如，可以对一行文本应用“飞入”进入效果及“放大/缩小”强调效果，使它在从左侧飞入的同时逐渐放大。通常只有运用组合动画才能实现更加丰富和精美的动画效果。

四种类型动画包含的动画效果如图 8-2 所示。

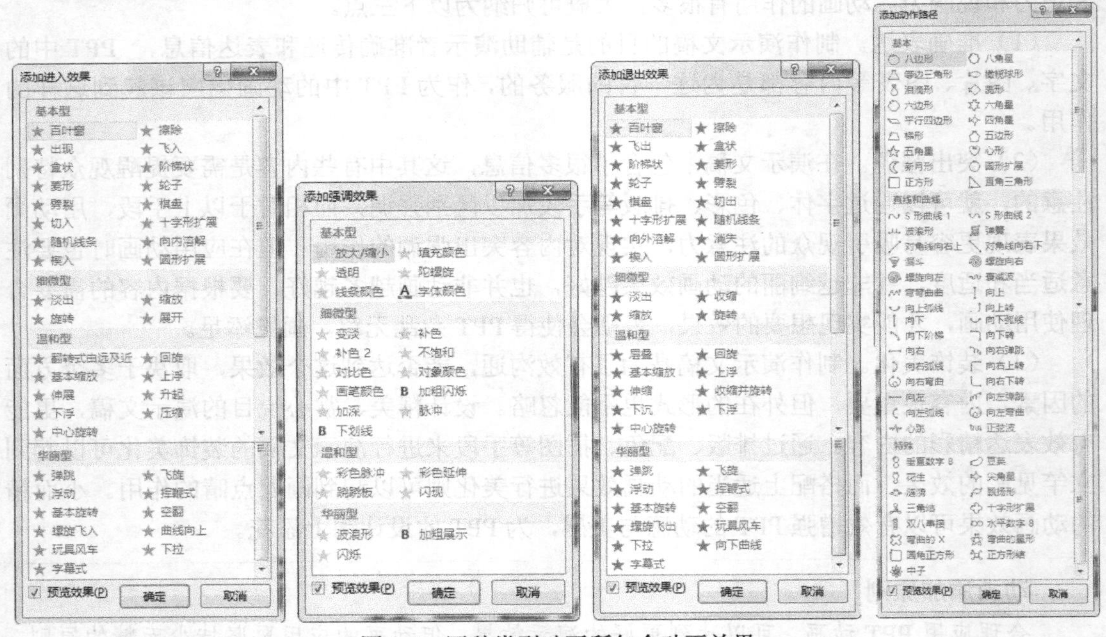

图 8-2　四种类型动画所包含动画效果

3. 动画的基本设置

【动画】选项卡各选项如图 8-3 所示。

图 8-3　【动画】选项卡

1）添加动画

选定需要设置动画的一个或多个对象，在【添加动画】列表中选择某类型下的某动画效果，如图 8-4 所示。注意：此处为添加一个新的动画，不能修改动画。

2）效果选项

【效果选项】列表是对设定动画的补充设置，不同动画的效果选项根据动画的特点其内容也不一样。如图 8-5 左图所示为“飞入”进入动画的效果选项，可以在此设置该动画的方向和序列；右图为“放大/缩小”强调动画的效果选项，可以在此设置该动画的方向、数量、序列等。可见，效果选项可以使动画设置更加灵活，动画效果更加丰富多彩。

图 8-4　添加动画

图 8-5　效果选项举例

3）动画窗格

【动画窗格】中按照动画的播放顺序列出了当前幻灯片中所有动画效果。使用【动画窗格】能够对幻灯片中对象的动画效果进行设置，包括播放动画、设置动画播放顺序和调整动画播放的时长等，如图 8-6 所示。

图中动画名称前标有绿色五角形 ★ 的动画为进入类型动画，黄色五角星 ★ 为强调类型动画，红色五角星 ★ 为退出类型动画，路径符号 ∞ 为动作路径类型动画。每个动画后面对应的长方形框 ，其长度代表了该动画的持续时间，其前后位置代表该动画在哪一时刻播放。

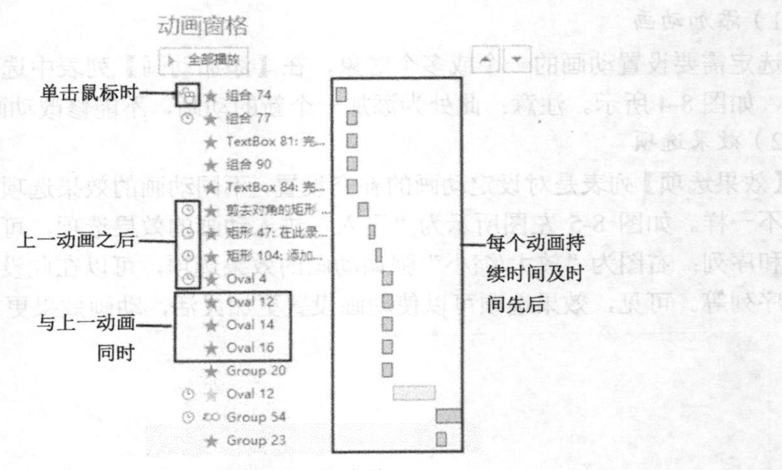

图 8-6　动画窗格

4）动画计时设置

一张幻灯片中通常有多个动画，每个动画什么时候播放、持续播放多长时间、与上一动画之间有无延迟等都需要设置。如图 8-7 所示，在“开始”下拉列表中选择当前动画开始播放的方式，可以是“单击时”、“与上一动画同时”或者“上一动画之后”；在“持续时间”文本框中设置动画持续时间；在“延迟”文本框中设置与上一动画的延迟时间。

5）动画预览

设置好动画后，想快捷地预览动画效果，可单击动画选项卡最左侧的【预览】按钮进行动画预览，如图 8-8 所示。如果勾选“自动预览”选项，则可以在设置某一动画时即时预览这一动画的效果。除此之外，还可以单击图 8-6 所示【动画窗格】中的“全部播放”按钮进行预览。

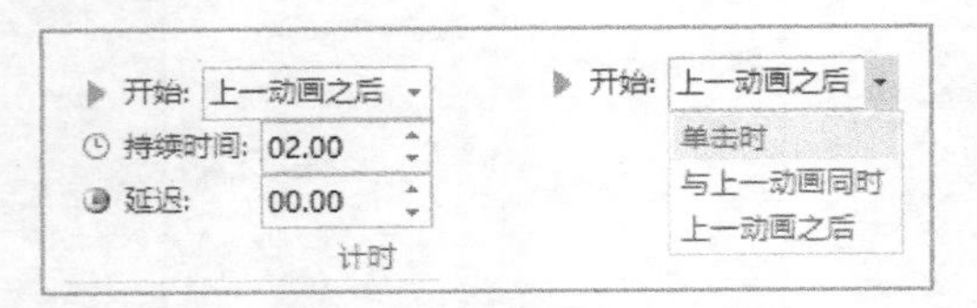

图 8-7　动画计时设置

图 8-8　动画预览

8.1.2　时间轴动画

演示文稿中经常需要展示诸如“发展历程”“流程图示”“过程描述”等体现时间发展过程的内容，这类内容用动画实现既形象又直观。在此将此类动画称为时间轴动画，时间轴动画一般使用“擦除”动画效果实现。

1. 公司“发展历程”幻灯片时间轴动画

“发展历程”幻灯片的动画设置如图 8-9 和表 8-1 所示。

（1）动画描述。以圆弧形线条为时间线主轴，自左向右擦除显示；随后缩放显示年份图形；然后同时显示虚线线条（擦除动画）和圆环图形（旋转动画）。

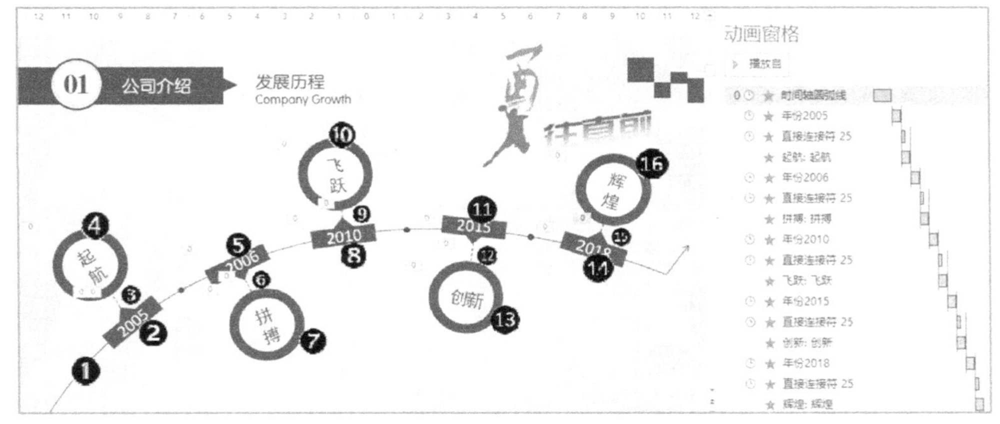

图 8-9 “发展历程”幻灯片的动画设置

表 8-1 时间轴动画设置

动画播放顺序：	按从❶～⓰所示顺序播放				
序号❶～⓰	动画效果	效果选项	开 始	持续时间	延迟
1（时间轴圆弧线）	进入→擦除	自左侧	上一动画之后	1 秒	无
2,5,8,11,14（年份）	进入→缩放	对象中心	上一动画之后	0.5 秒	无
3,6,9,12,15（虚线）	进入→擦除	自底部/自顶部	上一动画之后	0.25 秒	无
4,7,10,13,16（圆环）	进入→旋转	作为一个对象	与上一动画同时	0.5 秒	无

（2）动画实现。时间轴圆弧线动画的实现步骤如下：

选中圆弧线，选择【动画】→【高级动画】→【添加动画】→【进入】→【擦除】选项，即可添加擦除动画。

选择【动画】→【动画】→【效果选项】→【自左侧】选项，设置动画自左侧擦除。

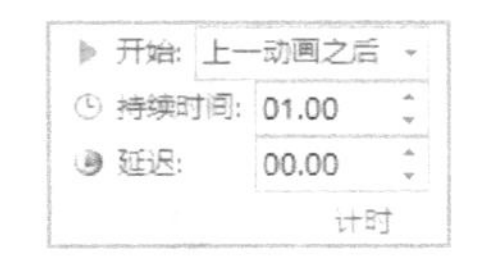

图 8-10 时间控制选项

如图 8-10 所示设置动画时间控制选项。

同样，按照表 8-1 所示依次为“年份”“虚线”“圆环”等对象添加动画。动画相同的对象可使用“动画刷”完成动画设置。“动画刷”的使用为初级内容，在此不在讲述。

相关知识

通常每张幻灯片中都有多个对象，系统默认的对象名称不便于识别，怎样为幻灯片中的对象自定义名称，是做动画之前必须做的一项工作。

方法：选择【开始】→【编辑】→【选择】→【选择窗格】选项，打开【选择】任务窗格。选中需要命名的对象，然后在【选择】任务窗格中单击该对象，输入对象名称即可，如图 8-11 所示。养成为对象命名的习惯，便于幻灯片的编辑和修改，增加其可读性。

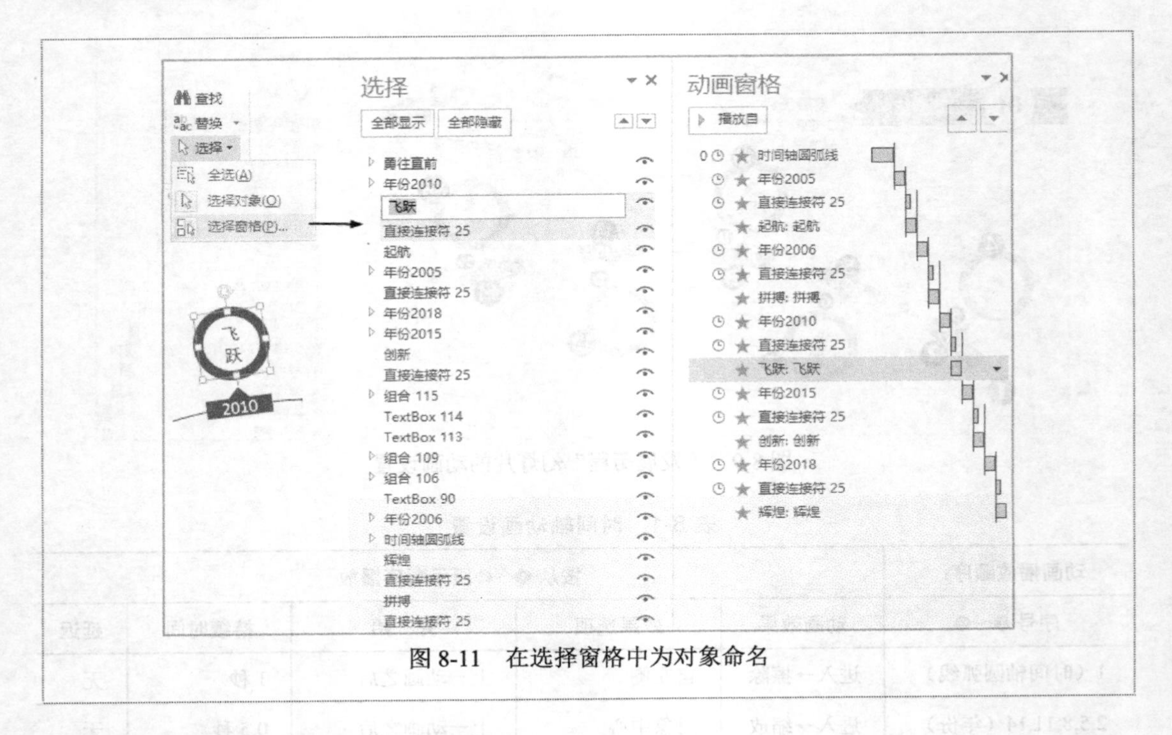

图 8-11　在选择窗格中为对象命名

2. “目录页”幻灯片时间轴动画

“目录页”幻灯片的动画设置如图 8-12 和表 8-2 所示。

动画描述：以红色波浪线为时间线主轴，自左向右擦除显示；显示的同时，数字圆盘和文本说明依次以缩放和浮入动画显示。波浪线完成显示时最后一个文本“展望未来”也正好显示完成。

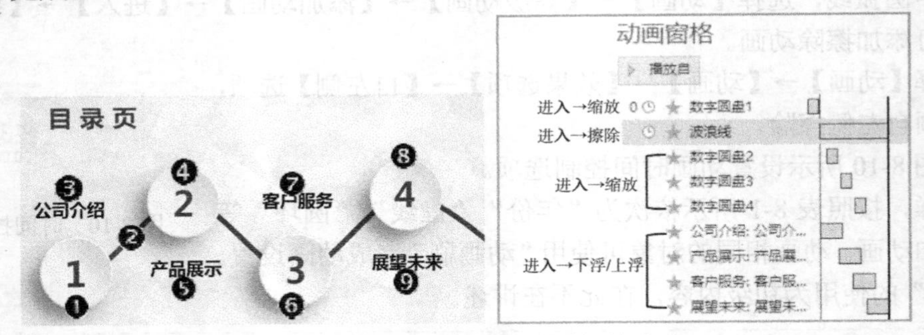

图 8-12　“目录页”幻灯片时间轴动画

表 8-2　时间轴动画设置

动画播放顺序：	按从❶～❾所示顺序播放				
序号❶～❾	动画效果	效果选项	开　始	持续时间	延迟
1（数字圆盘 1）	进入→缩放	对象中心	上一动画之后	0.5 秒	无
2（波浪线）	进入→擦除	自左侧	上一动画之后	3 秒	无
4（数字圆盘 2）	进入→缩放	对象中心	与上一动画同时	0. 5 秒	0. 3 秒

续表

动画播放顺序：	按从❶～❾所示顺序播放				
序号❶～❾	动画效果	效果选项	开　始	持续时间	延迟
6（数字圆盘 3）	进入→缩放	对象中心	与上一动画同时	0.5 秒	0.9 秒
8（数字圆盘 4）	进入→缩放	对象中心	与上一动画同时	0.5 秒	1.5 秒
3（公司介绍）	进入→浮入	上浮	与上一动画同时	1 秒	无
5（产品展示）	进入→浮入	下浮	与上一动画同时	1 秒	0.8 秒
7（客户服务）	进入→浮入	上浮	与上一动画同时	1 秒	1.4 秒
9（展望未来）	进入→浮入	下浮	与上一动画同时	1 秒	2.0 秒

注意：表中所有“与上一动画同时”都是针对“2（波浪线）”动画而言的，此处没有使用“上一动画之后”来表示动画先后，而是使用“与上一动画同时”+“延迟”的方法（体会这两种方法的不同），数字圆盘和文本框各动画之间延迟均相隔 0.6 秒，整个时间轴动画共持续 0.5+3=3.5 秒。

3．辐射效果动画

辐射效果动画设置如图 8-13 所示。

动画描述：动画用于展示该公司在全国销售及遍布情况。以公司所在地为中心点，使用直线擦除显示的方式展示公司销售业务辐射到的城市。

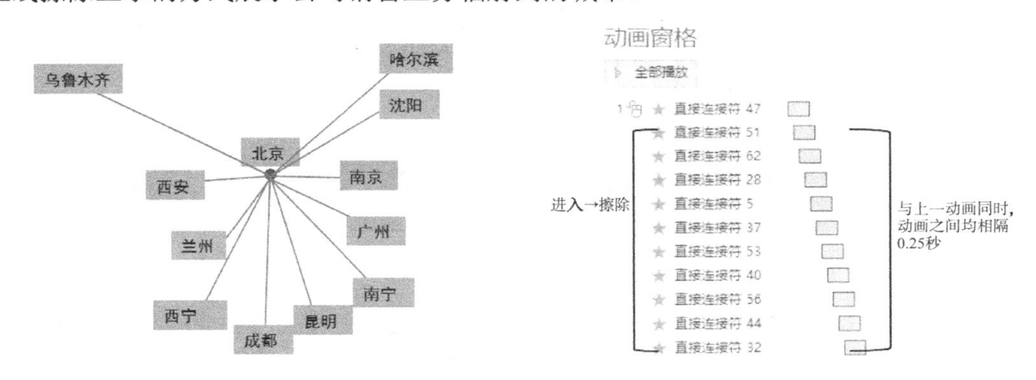

图 8-13　辐射效果动画

4．销量图表擦除效果动画

图表是 PPT 中比较特殊的对象，为了形象直观地演示图表数据的对比和变化，可以为图表添加擦除效果动画。如图 8-14 左图所示，整个图表可分为 9 个对象：图表灰色背景、四个年份（每个年份有两个对象分别表示数据的线条和汽车图片），如图中❶至❾所示。

（1）动画描述。首先是图表背景自左向右擦除显示，然后按照年份先后从底部到顶部依次擦除显示数据线条和汽车图片，动画显示顺序从❶至❾。

（2）动画实现。选中整个图表，添加进入→擦除动画。

在【效果选项】中设置【方向】→【自左侧】选项，和【序列】→【按类别】选项。

若【效果选项】中设置的是【序列】→【按系列】选项，则动画效果是先显示❷❹❻❽，再显示❸❺❼❾。

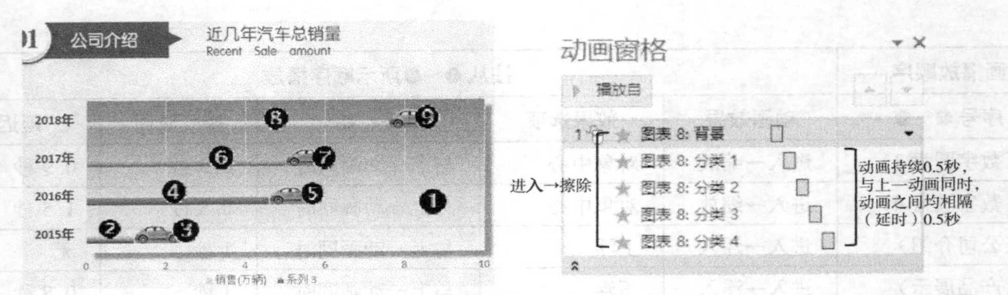

图 8-14　图表擦除效果动画

8.1.3　跑马灯动画

跑马灯动画是一种首尾相连并且能循环播放的动画，常用来轮播展示信息，例如，在电视新闻中屏幕下方插播的图文信息、网页信息中的公告信息等都常常使用跑马灯效果。在演示文稿中添加跑马灯动画可以增强视觉流动感，有效地展示多图片内容。跑马灯效果动画有多种，下面介绍其中两种。

微课

1. 用于图片流动展示的跑马灯动画

使用跑马灯动画展示公司管理团队的效果如图 8-15 所示，动画设置如图 8-16 所示。

（1）动画描述。此处共 4 张图片，每张图片都有 4 个动作：飞入（进入）、放大（强调）、飞出（退出）、缩小（强调）。第 1 张图片从左侧飞入的同时放大显示，延时 0.75 秒后，自右侧飞出并缩小图片；第 1 张图片飞出的同时第 2 张图片自左侧飞入，依次类推。4 张图片展示完成后再依次淡出。

图 8-15　公司管理团队图片展示

（2）动画实现。

选中第 1 张图片，依次添加以下 4 个动画：

❶ 进入→飞入→自左侧；

❷ 强调→放大/缩小→放大 140%；

❸ 退出→飞出→自右侧；

❹ 强调→放大/缩小→缩小 70%

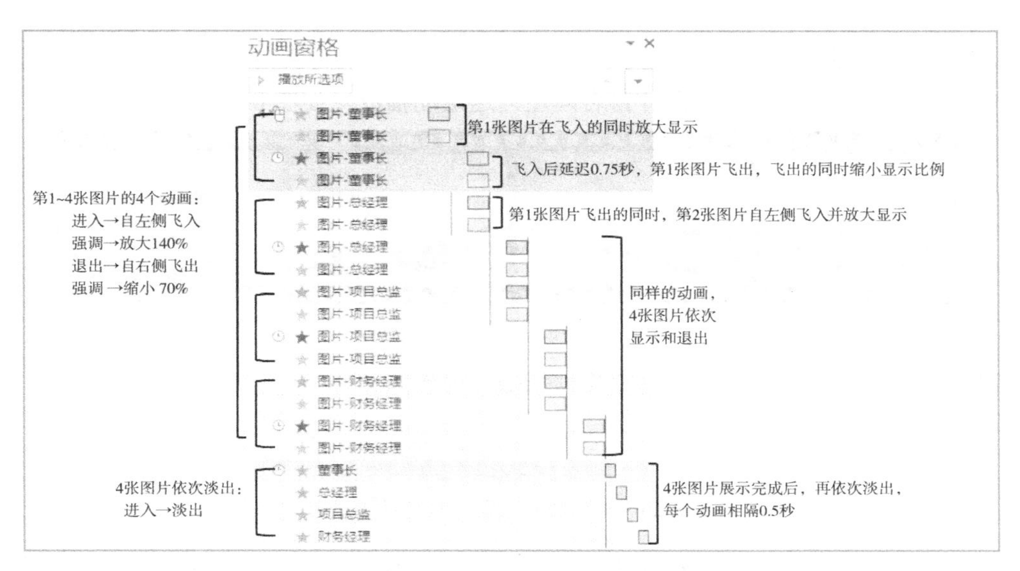

图 8-16　跑马灯动画解析图

提示：

动画❷中的“放大 140%显示”设置方法：如图 8-17 所示，在【动画窗格】中单击对象“图片-董事长”（即第 1 张图片）后面的下拉按钮（或双击 图片-董事长 ），在菜单中选择【效果选项】命令；在打开的【放大/缩小】对话框中设置“效果”→“设置”→“尺寸”为“140%”。缩小比例设置方法同样。

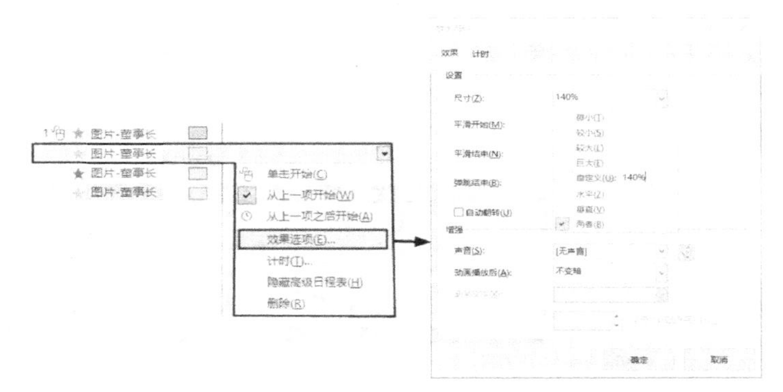

图 8-17　放大/缩小比例设置

同时选中 4 个动画，将其动画持续时间都设置为“1 秒”。

根据动画设定，依照图 8-16 中所示，设置动画的开始播放和延迟时间，如图 8-18 所示。

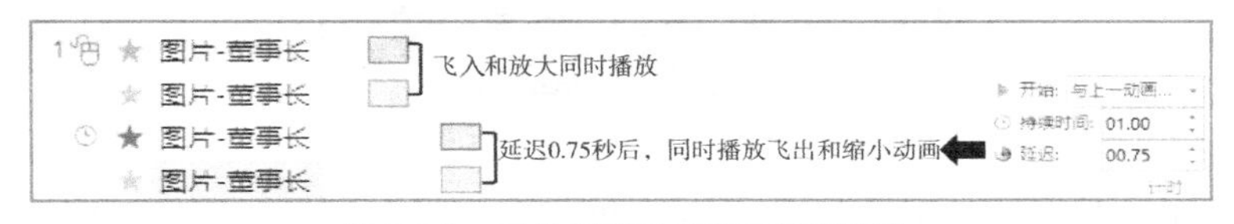

图 8-18　开始播放和延迟时间设置

同样方法，依照图 8-16 中所示，设置其余图片的动画。

微课

2．电影胶片效果的跑马灯动画

（1）动画描述。胶片中的图片自右向左匀速滚动播放，如图 8-19 所示。

图 8-19　电影胶片跑马灯动画

（2）动画实现。电影胶片效果跑马灯动画设置如图 8-20 所示。

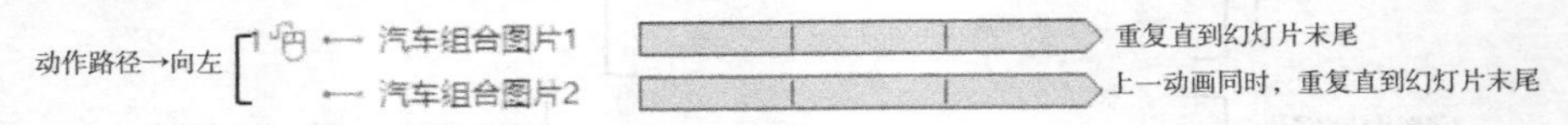

图 8-20　电影胶片效果跑马灯动画设置

将汽车图片组合并与幻灯片等宽，因为需展示的图片较多，所以需要生成两张组合图片，如图 8-21 所示。

图 8-21　两张汽车组合图片

选中左侧图片，添加“动作路径→向左”动画，按住“Shift”键拖动动画终点标志，使得整个动画距离等于幻灯片宽度，如图 8-22 所示。按住“Shift”键是为了保证沿水平直线拖动。

图 8-22　动画起点终点图示

同样方法为右侧图片添加同样的路径动画，设置路径长度为幻灯片等宽，形成首尾相连的路径动画，如图 8-23 所示。

图 8-23　首尾相连路径动画

为保证动画匀速运动，在图 8-24 中将“平滑开始”和“平滑结束”都设置为“0 秒”，这两项表示动画的加速度和减速度。

将两个动画的“重复”项设置为“直到幻灯片末尾”，“期间”为“慢速（3 秒）”，将右侧图片的“开始”项设置为“上一动画同时”，如图 8-25 所示，这样就可以实现首尾相连循环播放了。

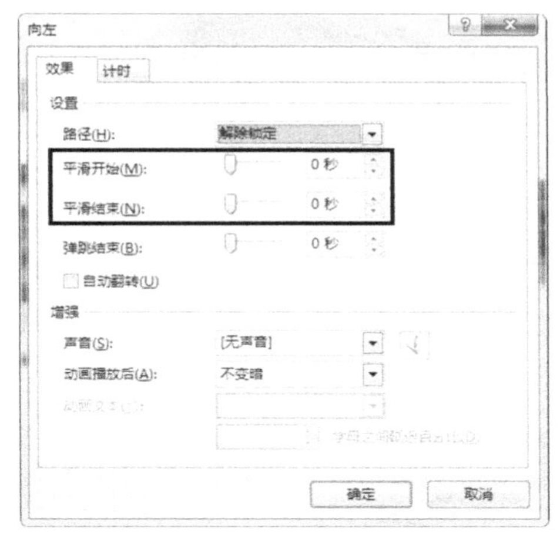

图 8-24　设置为平滑开始和平滑结束

图 8-25　设置为重复直到幻灯片末尾

8.1.4　文本框动画（含逐帧动画）

1．文本框图表动画

此类动画设置比较简单，下面主要介绍使用文本框制作图表及动画显示方法。文本框图表如图 8-26 所示，动画设置如图 8-27 所示。

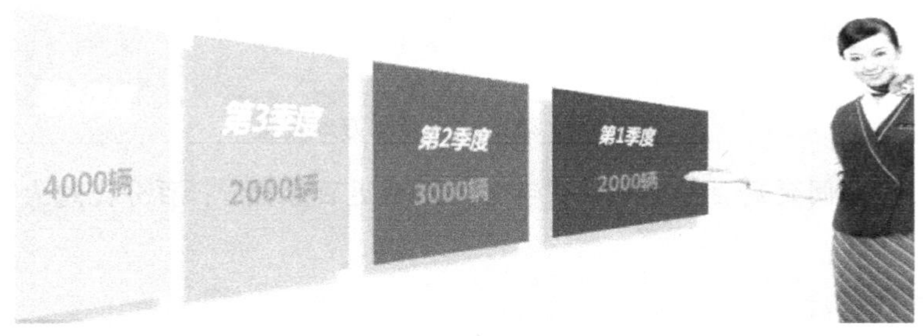

图 8-26　文本框图表

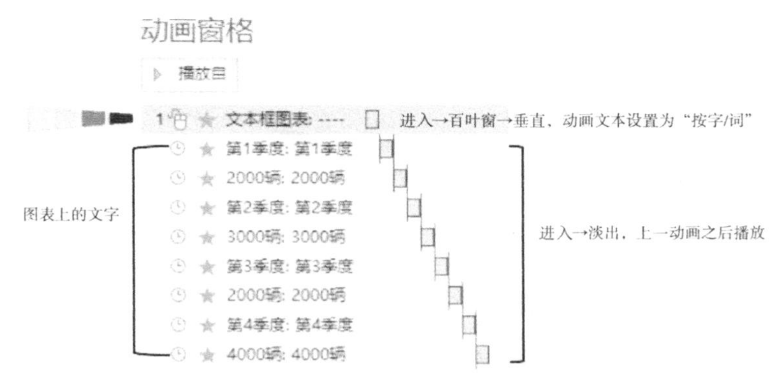

图 8-27　文本框图表动画设置

文本框■■■■进入时为垂直百叶窗动画效果，“动画文本”设置为“按字/词”方式，设置方法如图 8-28 所示。

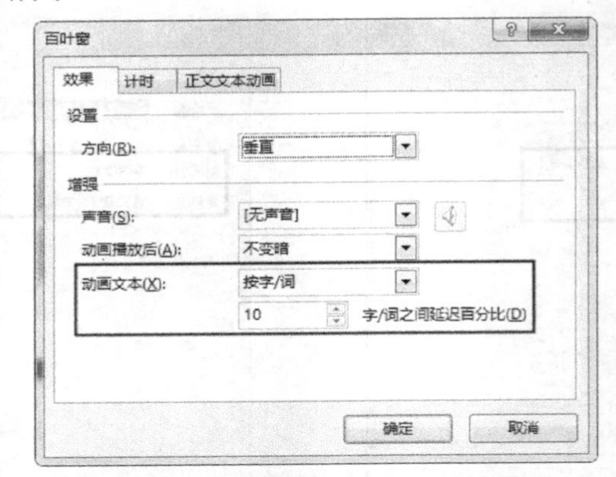

图 8-28 “动画文本”效果设置

相关知识

（1）“动画文本”显示效果有三个：“整批发送”“按字/词”“按字母”，如图 8-29 所示。

“整批发送”：全部文本一个整体播放。

“按字/词”：按字或词为单位播放，就是一个字一个字或一个词一个词的播放。

“按字母”：按字母为单位播放，就是一个字母一个字母的播放，仿佛打字效果。

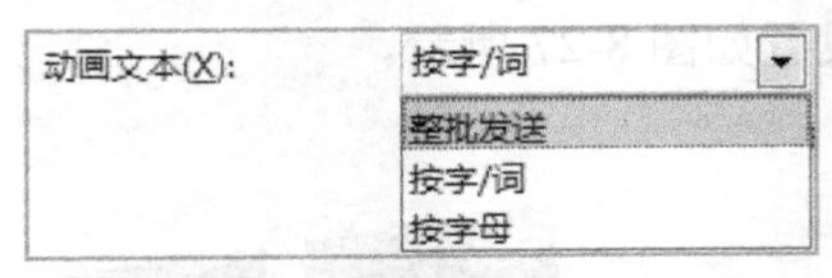

图 8-29 动画文本显示方式设置

（2）“字/词之间延迟百分比”或“字母之间延迟百分比”：百分比越大字出现得越慢。

2. 逐帧动画

使用文本框实现逐帧动画，如图 8-30 所示。大雁飞翔逐帧动画实现步骤如下。

微课

图 8-30 大雁飞翔逐帧动画

① 插入一个文本框，在西文标点状态下输入三个下画线“_”（因为大雁飞翔动画由三帧画面组成，所以此处插入三个下画线）。

② 选中文本框，单击【绘图工具/格式】→【艺术字样式】→【文本效果】→【转换】→【正方形】选项，将下画线转换为“正方形”文本效果，如图 8-31 所示。

③ 准备好三张大雁飞翔的分解动作的图片，如图 8-32 所示。

图 8-31 “正方形”文本效果

图 8-32 大雁飞翔动作分解图片

④ 选中第一个下画线，在图 8-33 所示【设置形状格式】窗格中，将“文本填充”设置为图 8-32 中第一张图片。依次将第二、第三个下画线文本填充为图 8-32 中第二、第三张图片。填充后效果如图 8-34 所示。

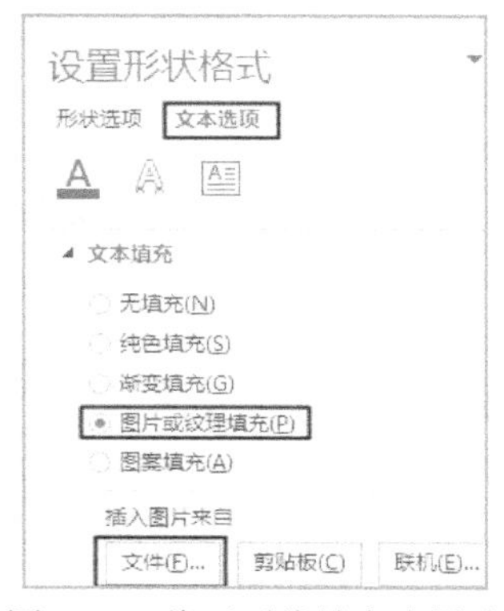

图 8-33 将下画线填充为图片

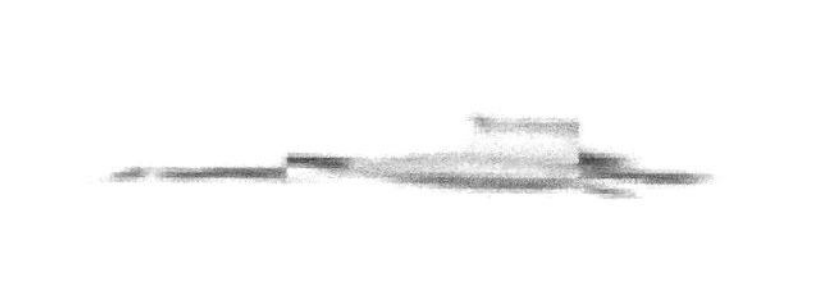

图 8-34 填充后效果

⑤ 将三张图片重合。方法：选中文本框中三个已填充为图片的下画线，在【字体】对话框中将【字符间距】选项卡中设置“紧缩”“10 磅”，如图 8-35 所示。

⑥ 打开素材“闪烁一次动画效果.ppt”文件，将如图 8-36 所示矩形复制到当前 PPT 文件中。

说明：因为 PowerPoint 2013 版本中已去除“闪烁一次”动画效果，所以需要将其复制过来使用。

图 8-35 设置字符紧缩

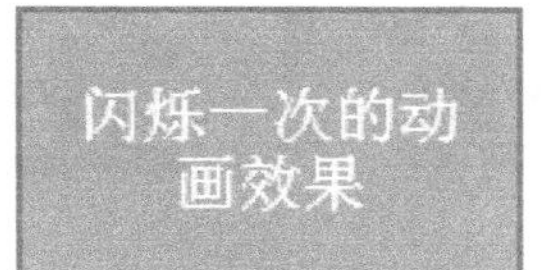

图 8-36 闪烁一次动画

⑦ 选中复制过来的矩形，使用“动画刷”将文本框设置为闪烁一次动画效果。

⑧ 设置如图 8-37 所示动画文本效果和计时。

⑨ 播放动画效果，发现大雁是分段显示的。

解决方法：选中文本框，使用减小字号 A 按钮减小字号，直到图片重合为止，如图 8-38 所示。逐帧动画制作完成。

⑩ 使用“Ctrl+D”组合键复制多个文本框，排成一定形状即可。

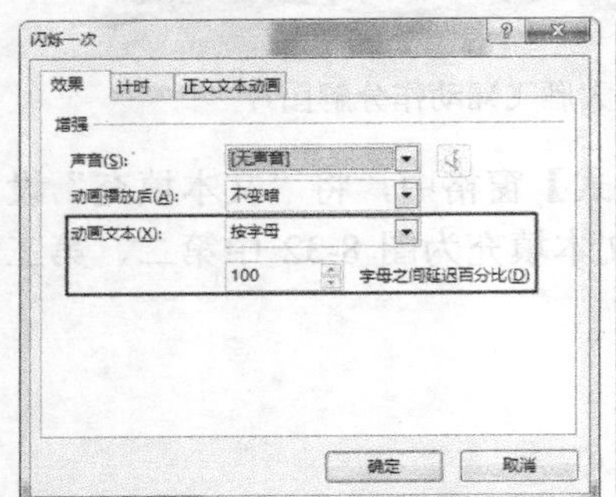

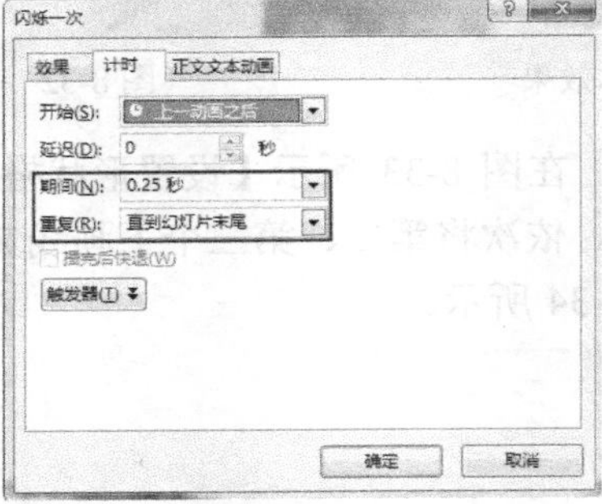

图 8-37 动画文本效果和计时设置

图 8-38 减小文本框字号

相关知识

逐帧动画。人眼看物体时，能把物体的影像暂时留在视觉中一小会儿，叫“视觉暂留”。动画片中的连续动作画面一秒钟大约放送 24 帧或 48 帧，画面在视觉中不断地闪烁变化，看上去画面就会动起来。逐帧动画的原理是逐一创建出每一帧上的动画内容，然后顺序播放各动画帧上的内容，从而实现连续的动画效果。

8.1.5 遮罩动画

遮罩动画是动画制作（如 Flash）中一个非常重要的动画类型，很多效果丰富的动画都是通过遮罩动画来完成的。遮罩动画中有两个图层：一是遮罩层，二是被遮罩层。遮罩动画可以比喻为面部所带的面具，面具是遮罩层，脸是被遮罩层，只有面具有窟窿的部分才能显示下面的脸部。也就是说为了得到特殊的显示效果，可以在遮罩层上创建一个任意形状的“视窗”，遮罩层下方的对象可以通过该“视窗”显示出来，而“视窗”之外的对象将不会显示。

1. 文字逐字显示动画

在“客户服务”幻灯片中，文字“企业客户”逐字显示，如图 8-39 所示。

微课

图 8-39 逐字显示遮罩动画

逐字显示遮罩动画实现步骤如下。

① 插入一个文本框，输入文字“企业客户”。

② 在文本框之上绘制一个矩形，大小正好能覆盖住文本框。

③ 为矩形添加路径动画（直线，向右），动画距离不小于文本框宽度，如图 8-40 所示。

④ 在图 8-41 中将“平滑开始”“平滑结束”“弹跳结束”均设置为“0 秒”；设置动画持续时间，此处设置了“3 秒”。

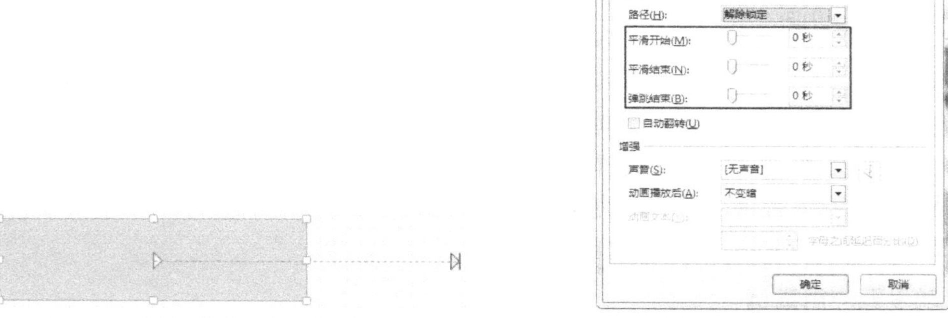

图 8-40　添加直线，向右路径动画　　图 8-41　取消加速度

⑤ 将矩形填充色设置为当前幻灯片的背景色。制作完成。

2. 图片遮罩显示动画

这类动画比较简单，意在介绍一种遮罩应用。

动画描述：如图 8-42 所示，上层为中间（半圆形门）镂空的花墙图片，下层为企业客户组合图片。下层图片自右向左移动，在镂空的半圆形门中展示。

动画实现：将花墙图片设置为顶层，将企业客户图片设置为底层。为企业客户图片设置路径动画，动画设置参照“电影胶片效果的跑马灯动画”。

3. 图表擦除效果动画

动画描述：使用图表擦除效果动画演示去年和今年企业的汽车销量情况。如图 8-43 所示，模仿注水过程，在“汽”和“车”文字中自底向上擦除显示红色矩形，表现销量增长过程和两年销量对比。动画实现步骤如下。

图 8-42　图片遮罩显示动画

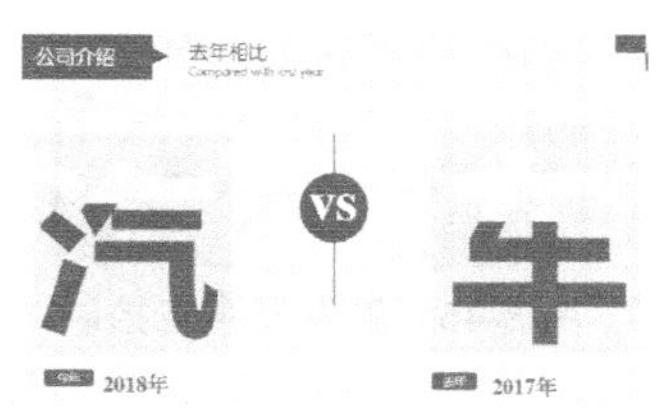

图 8-43　图表擦除效果动画

① 如图 8-44 所示，有镂空文字的矩形为遮罩层，红色矩形为被遮罩层。

② 选中红色矩形，设置如图 8-45 所示动画（自底向上擦除显示，然后加一个跷跷板动画）。

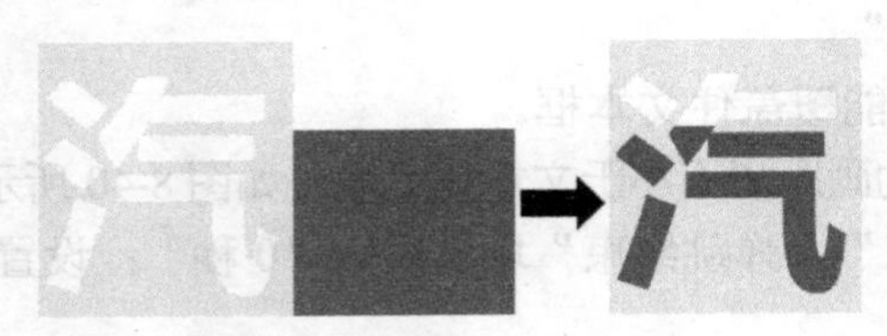

图 8-44 遮罩层与被遮罩层

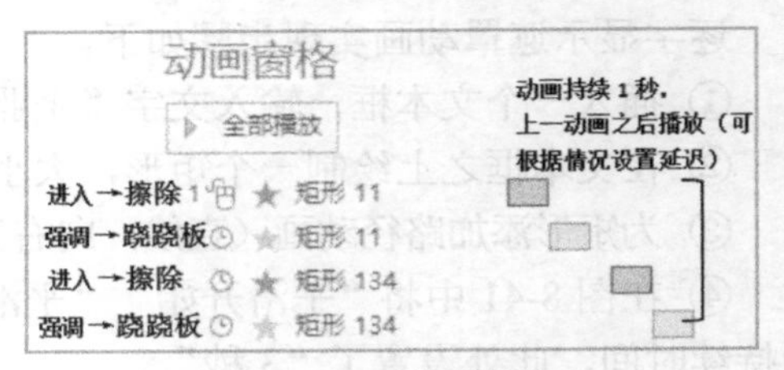

图 8-45 动画设置

8.1.6 触发器动画

1. 触发器

触发器是 PPT 的一项功能，它可以是一个图片、图形、按钮，甚至可以是一个段落或文本框。它相当于是一个按钮，设置好触发器功能后，单击触发器会触发一个操作，该操作可以是播放多媒体音乐、影片、动画等。简单地说，触发器就是通过按钮单击控制 PPT 页面中已设定动画的执行。

微课

2. 触发器应用举例

（1）使用触发器控制声音。通过单击按钮，实现对声音的播放、暂停和停止操作，如图 8-46 所示。动画实现步骤如下。

① 绘制如图 8-46 所示的播放、暂停、停止按钮，分别命名为“Play”“Pause” “Stop”。

② 插入素材中的声音文件“一起走过的日子.mp3”。

③ 添加触发动画。选中声音图标，选择【动画】→【高级动画】→【添加动画】→【媒体】→【暂停】选项，添加暂停动画，如图 8-47 所示，然后再添加停止动画。播放动画不用再添加了，因为上一步插入声音文件过程中就已经插入了播放动画。添加后【动画窗格】如图 8-48 所示。

图 8-46 触发器声音控制

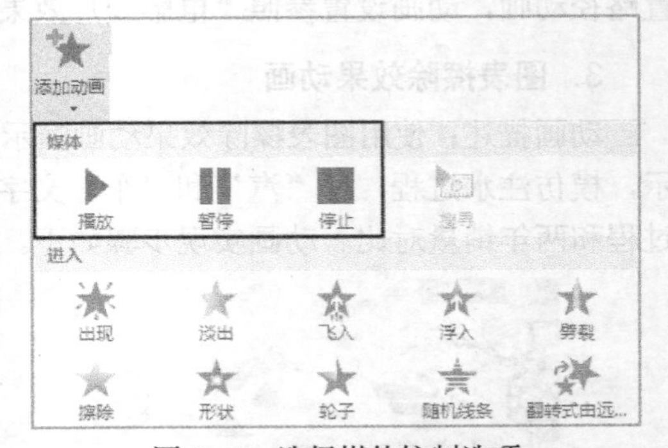

图 8-47 选择媒体控制选项

④ 设置触发对象。选中 1 ▶ 一起走过的日子 ...，单击【动画】→【高级动画】→【触发】→【单击】→【Play】选项，如图 8-49 所示，即可为该动画添加触发对象，单击【播放】按钮即可播放声音文件。

⑤ 同样的方法设置“暂停”和“停止”触发器动画。设置完成后效果如图 8-50 所示。

图 8-48　插入的媒体动画

图 8-49　设置触发对象

图 8-50　设置后效果

（2）使用触发器弹出窗口。如图 8-51 所示为一个少儿单词识读页面，单击英文单词就会弹出相应图片窗口，再单击图片就会关闭图片窗口。动画实现步骤如下。

微课

① 按图 8-51 设置单词文本框和图片，并在【选择窗格】中分别为其命名。

② 选中“图片-猫”图片，为其添加进入→劈裂（中央向左右展开）和退出→劈裂（左右向中央收缩）动画。

③ 在【动画窗格】中选中 1★ 图片-猫 ，在【动画】→【高级动画】→【触发】→【单击】列表中选择“文本框-Cat”对象，如图 8-52 所示。

④ 选中 2★ 图片-猫 动画项，同样方法在图 8-52 所示列表中选择“图片-猫”对象。

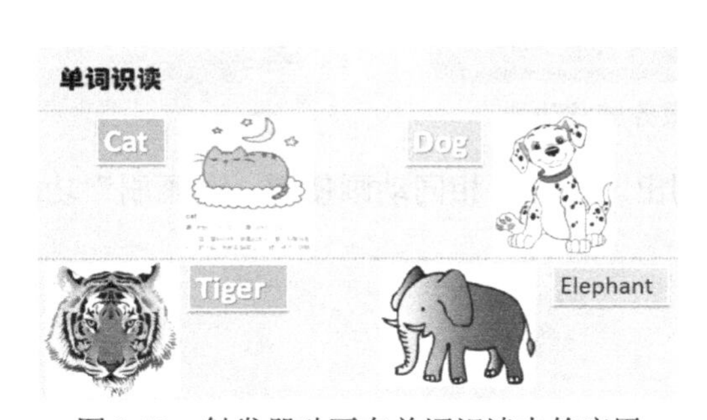

图 8-51　触发器动画在单词识读中的应用

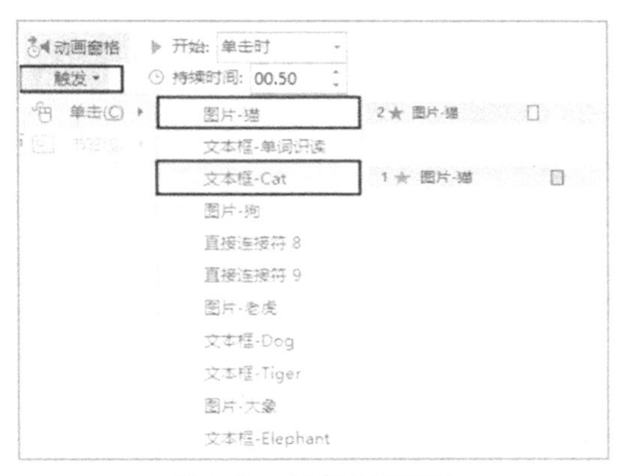

图 8-52　触发动画设置

提示：上面动画还可以这样实现，在 Cat 文本框上面设置一个透明矩形，触发对象也设置为“透明矩形”。设置透明矩形的好处是可以将触发效果运用到页面中的任意位置和任何对象上。

（3）图片单击放大效果。如图 8-53 所示为景点展示页面，单击左侧景点按钮就会出现对应景点放大的图片。

实现方法与上面类似，请读者自己尝试完成。

图 8-53　景点展示页面

3．本任务中触发器的使用

动画描述：幻灯片中列有六项客户售后服务，由于版面比较拥挤，所以采用触发方式展开显示。单击图片，显示相应服务内容介绍；再单击图片，收回展示内容。幻灯片布局及触发动画设置如图 8-54 所示。

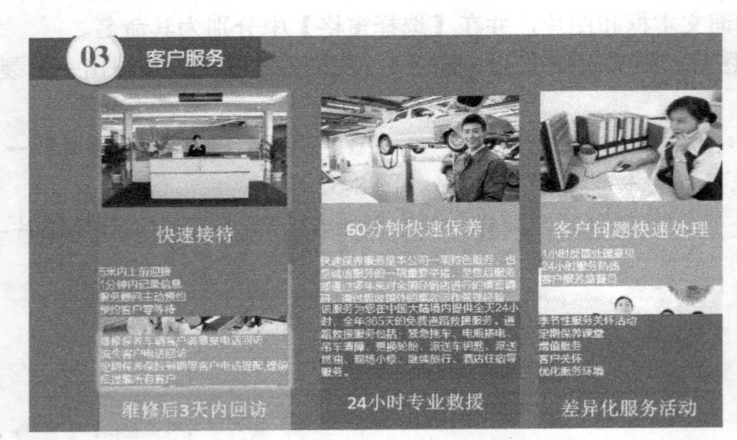

图 8-54　客户售后服务触发动画

动画制作方法与上面类似，此处不再详细列出。注意，相同动画使用“动画刷”功能更加方便快捷。

8.1.7　补位动画

在 PPT 中做旋转动画时，一般会使用强调动画里的陀螺旋动画，但陀螺旋只能做到自转，无法做到公转，怎样解决这个问题呢？解决方法就是做一个补位，让陀螺旋的旋转轴位置发生变化，从而改变对象的中心位置，实现公转效果。

1．补位动画应用举例——加载页面动画

微课

通过添加补位实现如图 8-55 所示加载页面动画，两架飞机围绕屏幕中心点旋转。

首先分析下补位在本动画中的作用：如图 8-56 所示，未添加补位和添加补位后的动画效果对比。陀螺旋动画是绕着形状的中心进行旋转的，形状的中心也就是动画中心。只要改变形状的中心，就可以灵活地运用动画，方法就是添加补位。

补位动画实现步骤如下。

① 制作飞机图形，并组合成一个图形。

② 制作补位。插入一个无边框、无填充色的矩形（也可以是一个空的文本框），调整其大小和位置，使其中心点在屏幕中心，如图 8-57 所示。将飞机与矩形组合成一个图形，

并复制该图形。将两个组合图形分别命名为“飞机 1”和“飞机 2”，调整飞机 2 的位置使其与飞机 1 对称，如图 8-58 所示。

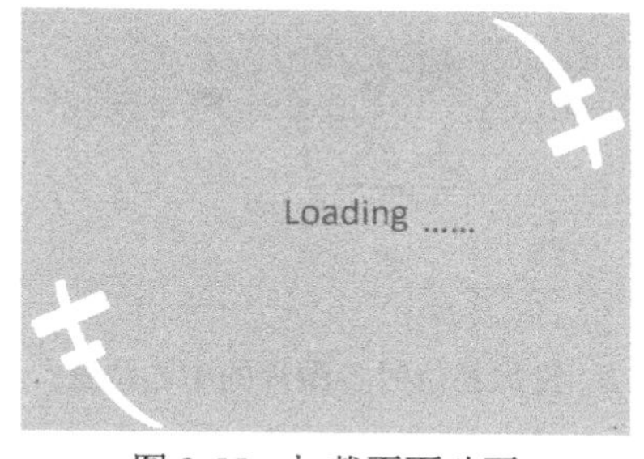

图 8-55　加载页面动画

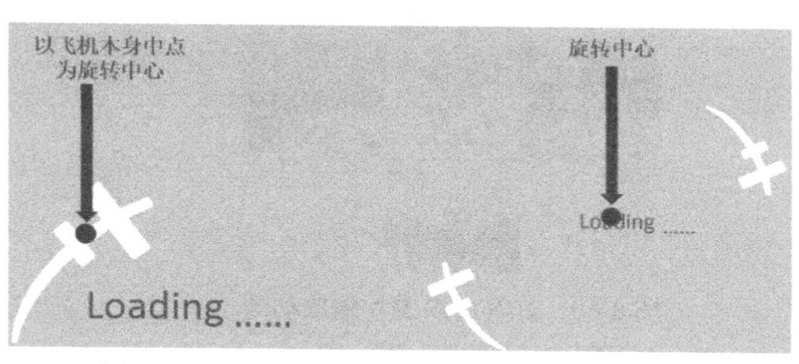

图 8-56　未添加补位和添加补位后中心点对比

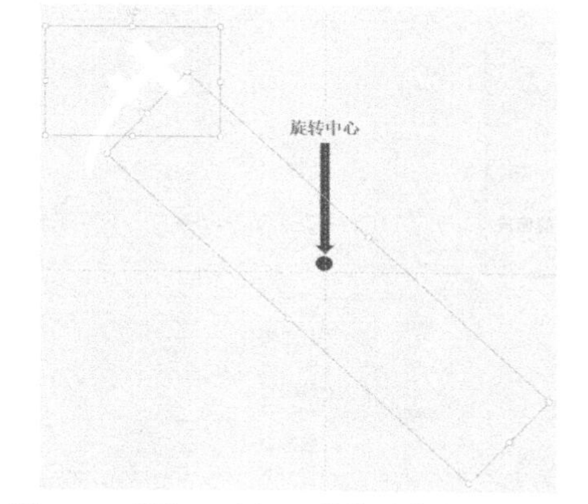

图 8-57　添加一个矩形补位改变中心点位置

图 8-58　对称的飞机

③ 添加动画。为“飞机 1”添加一个强调→陀螺旋动画，设置重复播放直到幻灯片末尾，如图 8-59 所示。使用“动画刷”为“飞机 2”设置同样的动画，并设置“与上一动画同时”播放。

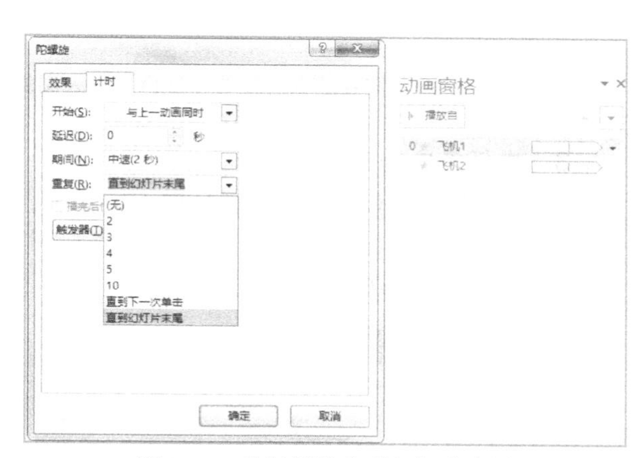

图 8-59　重复播放直到幻灯片末尾

2. 补位动画应用举例——图片缩放动画

为图 8-60 中“好客山东”周围的四幅图片设置缩放效果动画。缩放动画默认以对象中心为动画中心进行缩放，如图 8-61 所示。若想制作出更多缩放效果，可以通过添加补位的方法改变对象的中心位置，如图 8-62 所示。

动画实现步骤如下。

① 按图 8-60 插入并处理图片。

微课

② 依次为“好客山东”周围四张图片设置正方形补位，使得添加补位后的中心点为动画缩放点。补位添加方法同上面。

图 8-60　好客山东图片缩放动画

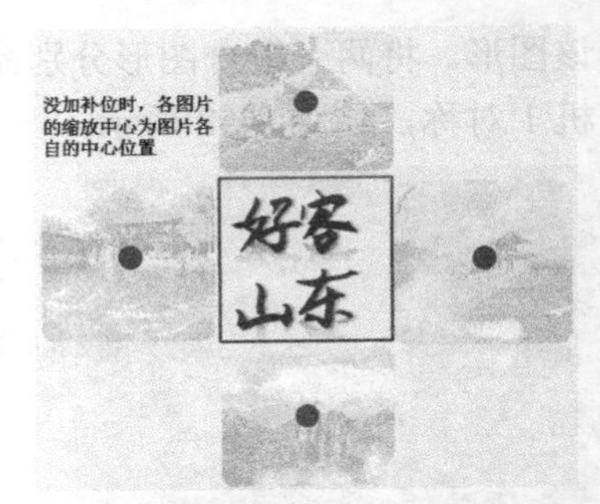

图 8-61　没加补位时各图片的中心位置

图 8-62　加补位后各图片的中心位置（红色方框为添加的补位）

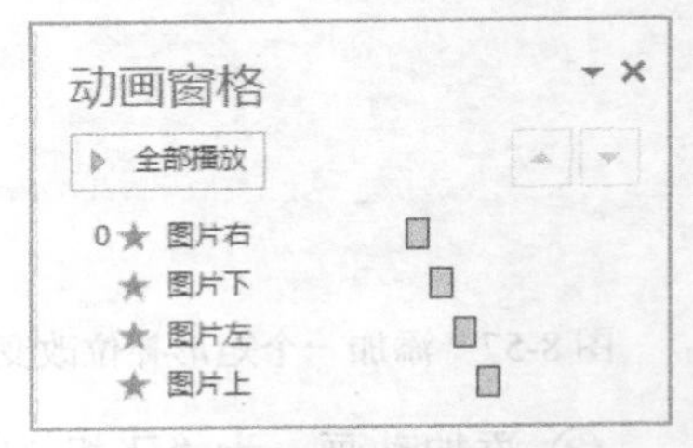

图 8-63　四张图片的进入→缩放动画

3．本任务中的补位动画

动画描述：将客户服务项目放置在表盘上，利用指针旋转动态显示出客户服务项目，如图 8-64 所示。动画实现步骤如下。

① 制作指针补位，如图 8-65 所示。

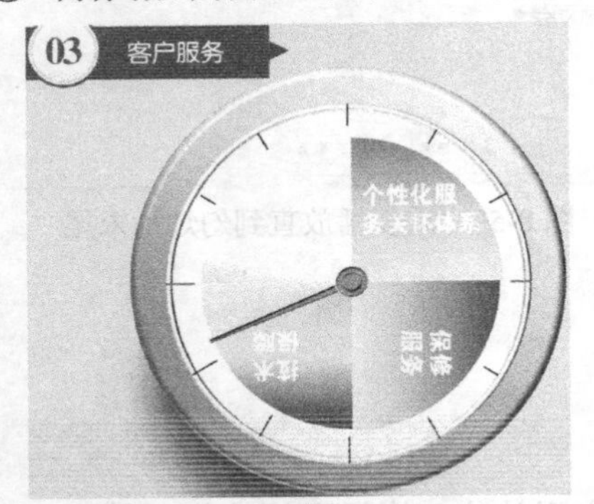

图 8-64　表盘指针补位动画

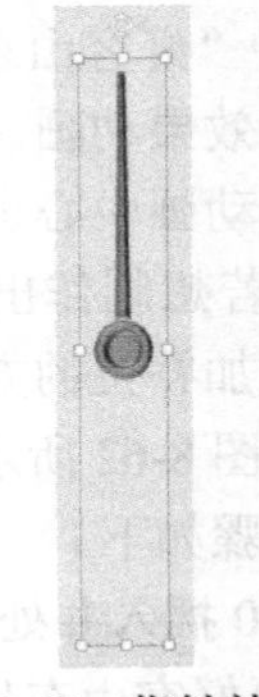

图 8-65　指针补位

② 动画设置，如图 8-66 所示。设置两个动画同时播放且持续时间相同。

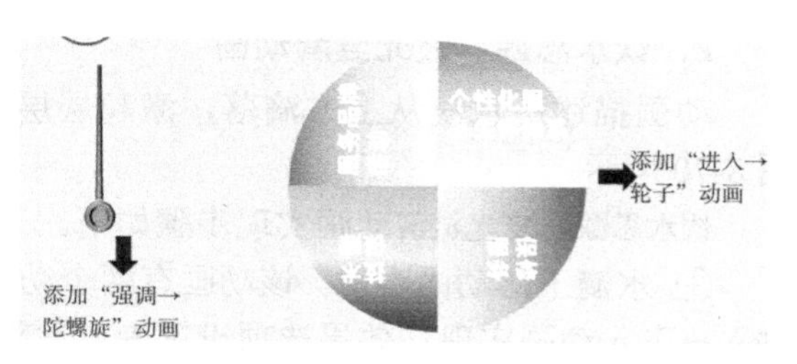

图 8-66　动画设置

8.1.8　组合动画

PPT 提供了多种单一动画，但在实际应用中，动画需求千姿百态，使用单一动画很难满足需求。要想实现丰富多彩的动画效果，必须使用多种动画组合。本任务中使用到两个组合动画。

1．突出句子效果的组合动画

动画描述：为了能够引起观众对页面上某句话的重视，通常会为那句话添加动画。动画的逻辑很简单，无非就是加强这一句话的出场方式：从远至近或从近至远出场。此处为了突出显示幻灯片中文字“本年度主推产品展示”，设置了从近至远、从小到大缩放显示，并依次淡出的组合动画。

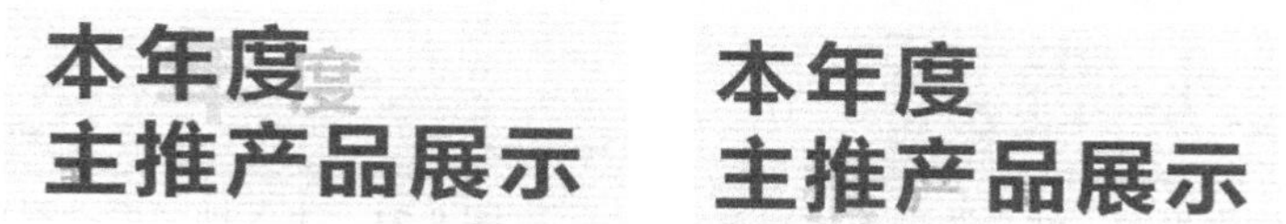

本年度
主推产品展示　　本年度
主推产品展示

图 8-67　突出句子效果的组合动画

突出句子效果的组合动画实现步骤如下。

① 设置如图 8-68 所示两层文字。上层文字设置透明度为“46%”，字号比下层文字略大，字间距设置紧缩 3 磅。

② 选中上层文字，设置进入→基本缩放动画，“缩放”选项为“放大”，如图 8-69 所示设置动画文本效果。

③ 设置退出→淡出动画，与上一动画同时，设置适当的持续时间和延迟时间（读者自己测试调整）。两层文字重叠调试动画效果。

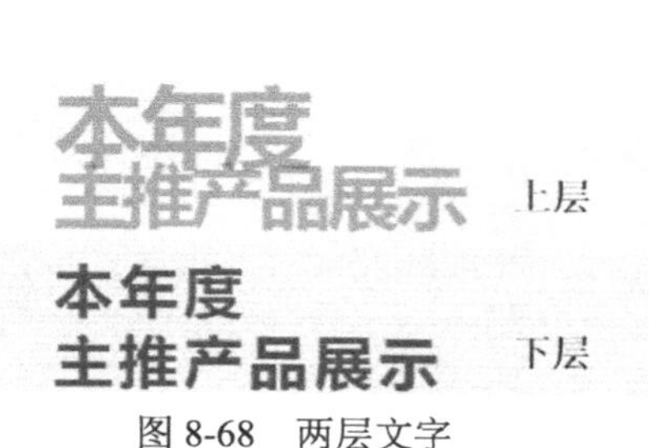

图 8-68　两层文字

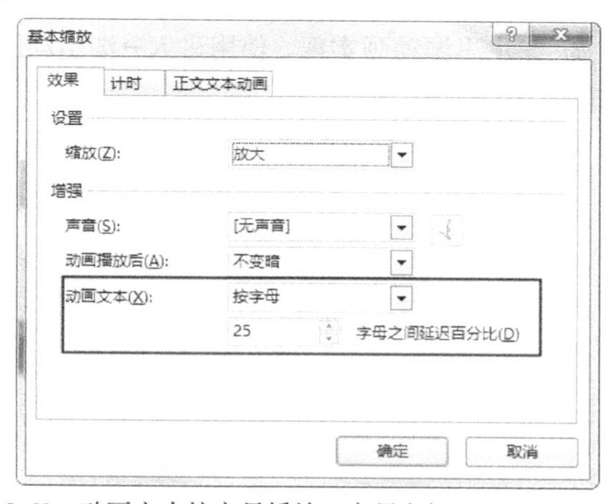

图 8-69　动画文本按字母播放，字母之间延迟百分比为 25

2．饮水思源、波光涟漪动画

动画描述：水滴从上方滴落，激起层层微波，随后淡出显示“饮水思源”文字，如图 8-70 所示。

饮水思源、波光涟漪动画实现步骤如下。

微课

① 水滴下落动画实现。该动画有两个动作，一是自上至下滴落，二是消失。滴落使用进入→飞入动画实现，效果选项设置为自顶部；为增加下落的真实感和动感，设置平滑开始时间，如图 8-71 所示。消失使用退出→消失动画实现，与上一动画同时。两个动画设置持续时间为 1.5 秒。

图 8-70 饮水思源、波光涟漪动画

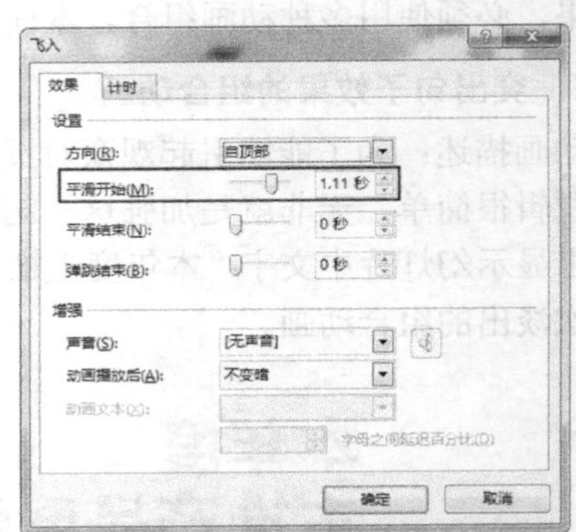

图 8-71 飞入动画中设置平滑开始时间

② 波光涟漪动画实现。

波光涟漪动画原理分析：涟漪一般都是从中心开始，逐渐向四周扩散，慢慢变大、变淡，最后消失。

第一步，从中心出现，向四周扩散，这种效果使用进入→缩放动画实现。效果选项设置为对象中心，保证从这个波纹的中心开始出现并扩散，持续时间可以设置长一些，此处设置了 2 秒。

第二步是逐渐变淡消失。这里要叠加一个强调→放大动画和退出→淡出动画，这两个动画的持续时间设置为 1 秒，同时叠加在缩放的动画效果之后。

③ 饮水思源动画实现。使用进入→淡出动画实现，动画持续时间为 2 秒，与上一动画同时。

动画设置如图 8-72 所示。

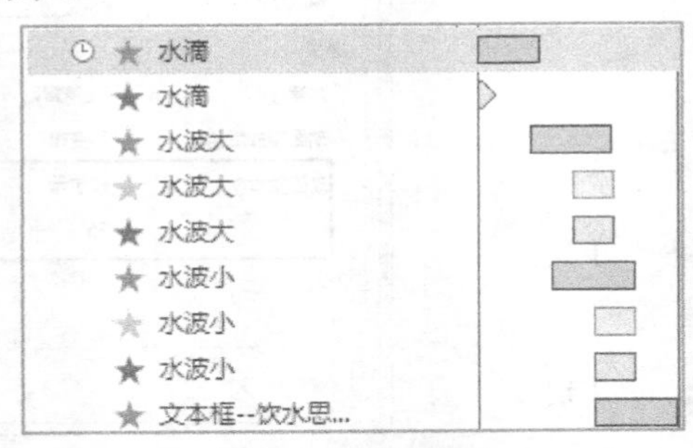

图 8-72 动画设置

8.1.9 页面切换动画

严格来说，PPT 有两种动画效果。一种是针对元素的动画效果，另一种是针对页面的翻页效果。为幻灯片页面添加切换效果，可以使演示文稿放映过程中幻灯片之间的过渡衔接更为自然。上面介绍的动画都是针对对象的动画，下面简要介绍页面切换动画。

1. 切换动画基本设置

（1）切换效果。PowerPoint 2013 内置的幻灯片切换效果如图 8-73 所示，可划分为细微型、华丽型、动态内容三种类型。

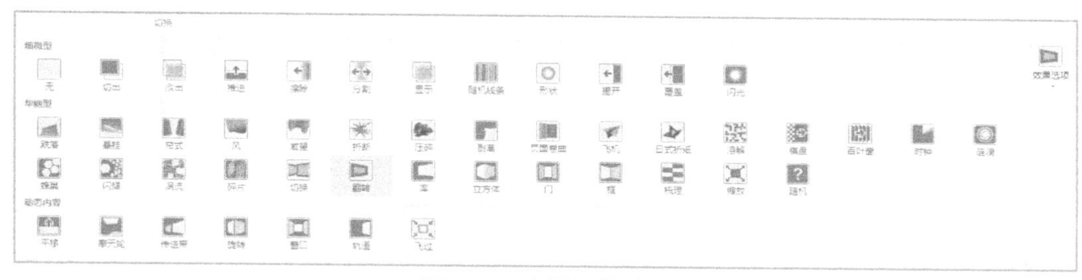

图 8-73　内置切换效果

（2）效果选项。基本上每种切换效果都有其对应的效果选项，设置不同的效果选项可灵活地呈现切换效果，举例如图 8-74 所示。

（3）计时。页面切换动画的计时设置，如图 8-75 所示，主要进行“声音”“持续时间”“换片方式”等的设置。

图 8-74　切换效果及其对应效果选项

图 8-75　计时设置

2. 自定义切换动画

幻灯片之间的切换动画有两类：一是内置的切换效果，如图 8-73 所示；二是自定义的切换效果。

举例，在“第一张幻灯片”和“第二张幻灯片”之间自定义切换动画，实现步骤如下。

① 复制“第一张幻灯片”至需切换的两张幻灯片之间，如图 8-76 所示。

② 将复制页的“换片方式”设置为“设置自动换片时间：0:00.00”，如图 8-77 所示。这步为关键步骤。

③ 为该复制页中所有元素添加一个退出动画（此处设置了缩放动画）。注意：一定是

退出动画。

④ 将下一张幻灯片（最后一张）中的所有内容复制到复制页中，如图 8-78 所示。

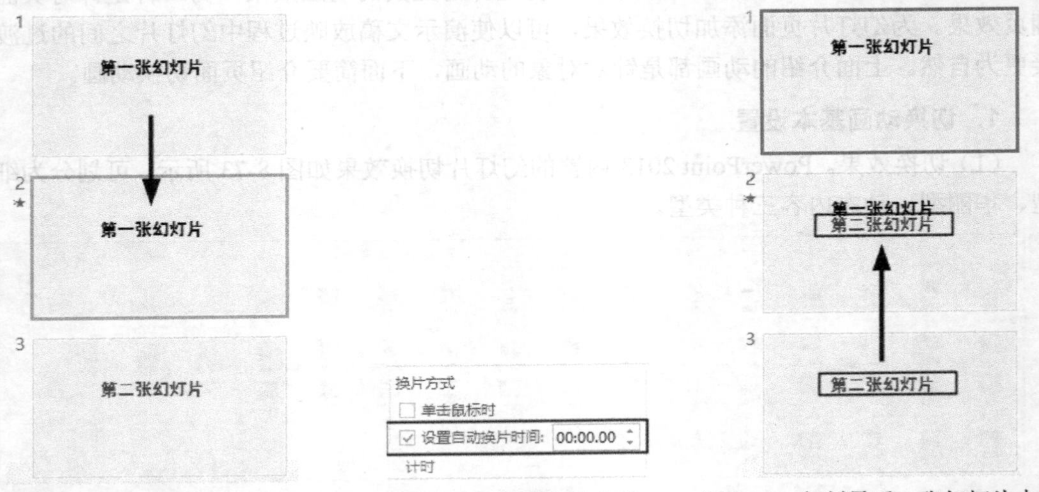

图 8-76　三张幻灯片顺序　　图 8-77　设置换片方式　　图 8-78　复制最后一张幻灯片内容至复制页中

⑤ 为刚复制的元素设置进入动画（此处设置了空翻动画），如图 8-79 所示。这样就形成了以上述新建复制页为基础的页面过渡动画。

图 8-79　中间幻灯片动画设置

8.2　PPT 中的音频与视频

8.2.1　音频编辑

PowerPoint 2013 提供了对音频的编辑功能，用户能够为音频添加淡入/淡出效果、剪辑以及添加书签等操作。【音频工具/播放】选项卡如图 8-80 所示。

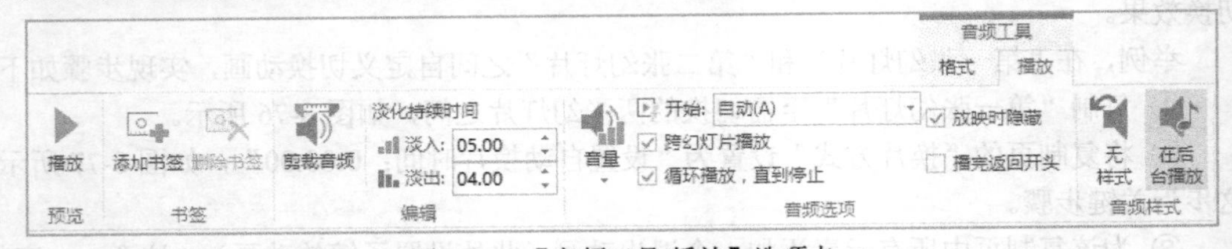

图 8-80　【音频工具/播放】选项卡

1. 插入音频

单击【插入】→【媒体】→【音频】按钮，弹出如图 8-81 所示列表，可见，可以插入三种音频：联机音频、PC 上的音频、录制音频。

选择图 8-81 中的“录制音频”选项，在打开的【录制声音】对话框中自己录制声音，如图 8-82 所示。

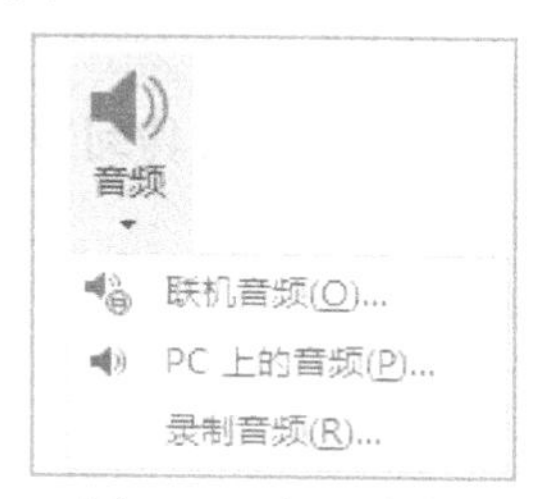

图 8-81　插入音频

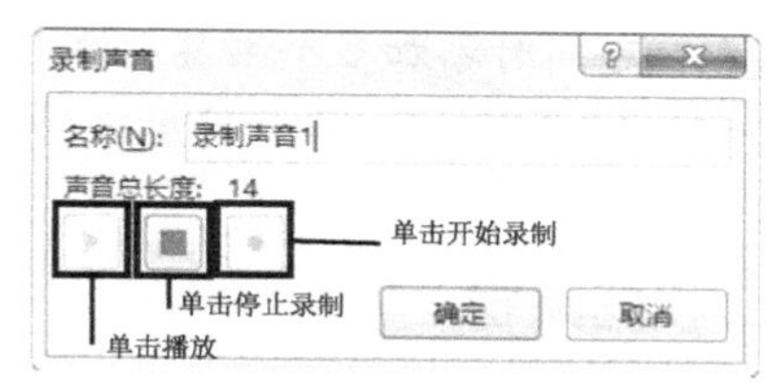

图 8-82　录制声音

2. 音频剪裁与淡入/淡出设置

背景音乐可以为幻灯片增加情境和气氛，许多用户喜欢用一首歌曲的精彩部分作为背景音乐，但是剪出来的音乐比较生硬，还需要做一个淡入/淡出的效果。

① 剪裁音频。选择音频图标，单击【音频工具/播放】→【编辑】→【剪裁音频】按钮，打开如图 8-83 所示【剪裁音频】对话框，拖动绿色“起始时间滑块”和“结束时间滑块”设置音频的开始和结束时间，单击【确定】按钮后，滑块之间的音频将保留，其余音频将被裁剪掉，如图 8-84 所示。

图 8-83　拖动滑块设置开始和结束时间

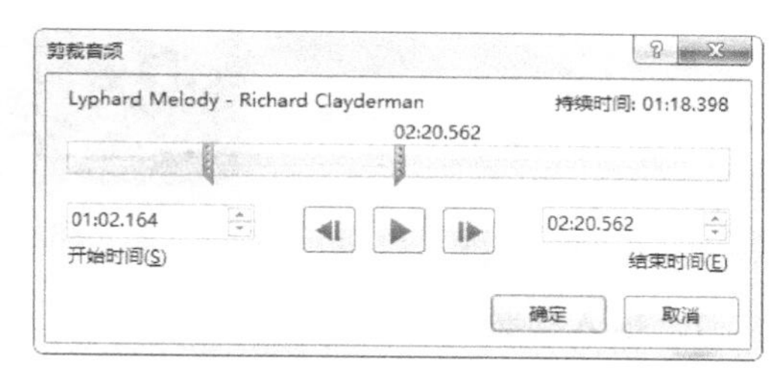

图 8-84　剪裁音频

② 淡入/淡出。在如图 8-85 中的“淡入”“淡出”微调框中分别输入时间值，在声音开始和结束播放时添加淡入/淡出效果。此处输入的时间值表示淡入/淡出效果持续的时间。

3. 音频选项和音频样式

在如图 8-86 所示【音频选项】选项组中，可以进行“音量”“跨幻灯片播放”“循环播放，直到停止”“放映时隐藏”等的设置。单击【音频样式】中的【在后台播放】按钮。图 8-86 中设置表示：跨幻灯片播放+循环播放+放映时隐藏。

图 8-85　淡入/淡出时间设置

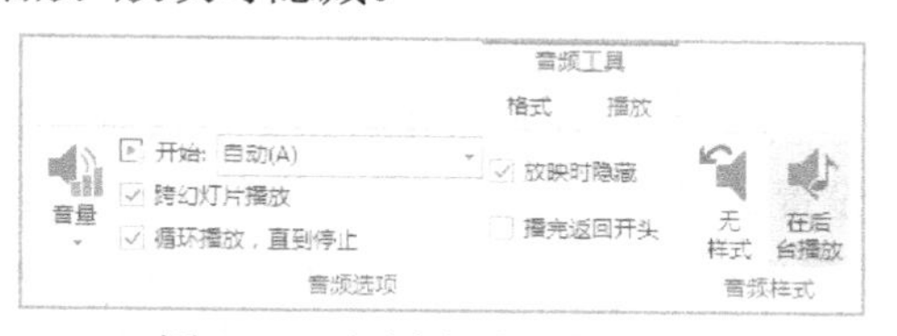

图 8-86　音频选项和音频样式

4．音频书签

书签可以帮助用户在音频播放时快速定位播放位置。在音频播放时，单击图 8-80【书签】选项组中的【添加书签】按钮可在当前播放位置添加一个书签，如图 8-87 所示。在播放进度条上选择书签后，单击【删除书签】按钮将删除选择的书签。

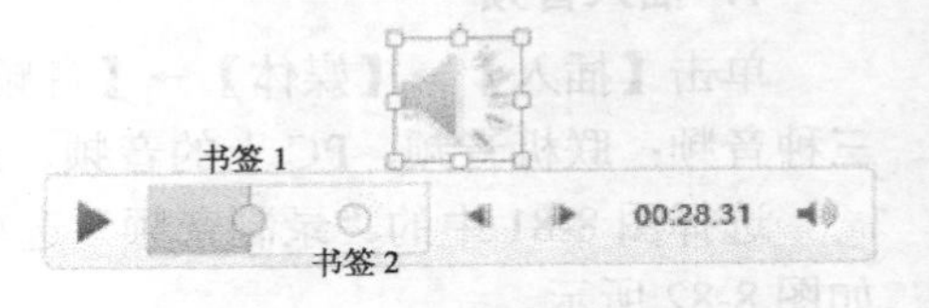

图 8-87　为音频添加书签

注意：可同时添加多个书签，按“Alt+Home”组合键，播放进度跳转到下一个书签处；按“Alt+End”组合键，播放进度跳转到上一个书签处。

8.2.2　视频编辑

视频管理和编辑与音频相似，重复部分不再赘述。在此通过制作一个视频点播页面介绍视频在幻灯片中的使用。视频点播页面如图 8-88 所示。

图 8-88　视频点播页面

1．插入视频

单击【插入】→【媒体】→【视频】→【PC 上的视频】按钮，插入素材库中的视频文件“邓丽君曲目.mp4”。

2．设计视频点播页面

设计制作如图 8-88 所示视频点播页面，并为每个对象命名，如图 8-89 所示。

3．添加书签，设置触发动画

添加书签的方法与音频书签设置相同。此案例有 3 首歌典所以设置了 3 个书签，如图 8-90 所示。设置触发动画步骤如下。

① 将光标置于如图 8-90 所示歌曲“月亮代表我的心”书签处，单击【动画】→【高级动画】→【添加动画】→【媒体】→【搜寻】按钮，如图 8-91 所示。

② 设置该书签的触发对象，单击“文本框—月亮代表我的心”文本框对象即可从该书签处开始播放。方法：选择【动画】→【高级动画】→【触发】→【单击】选项，在其列表中选择“文本框—月亮代表我的心”对象，如图 9-92 所示。其他书签用同样方法添加。

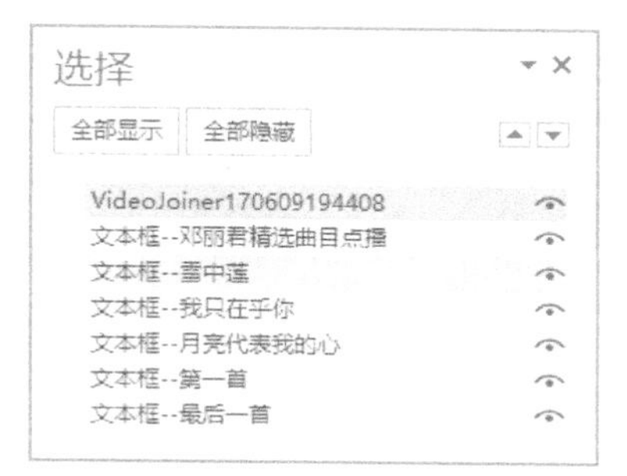

图 8-89　命名对象

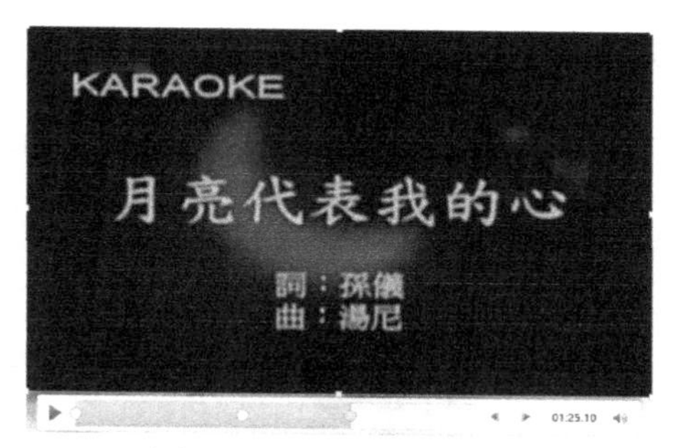

图 8-90　为视频添加书签

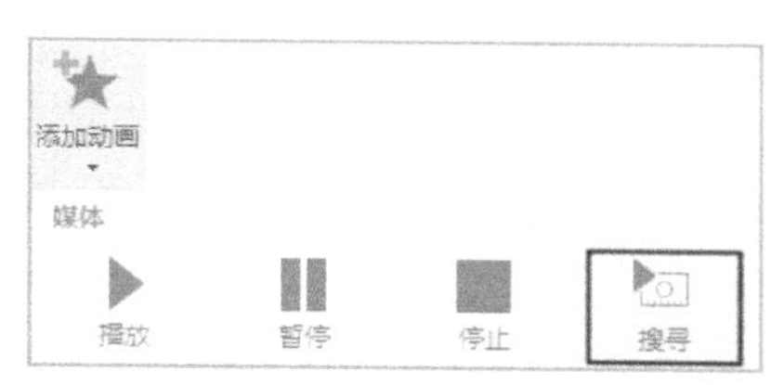

图 8-91　添加搜寻媒体动画

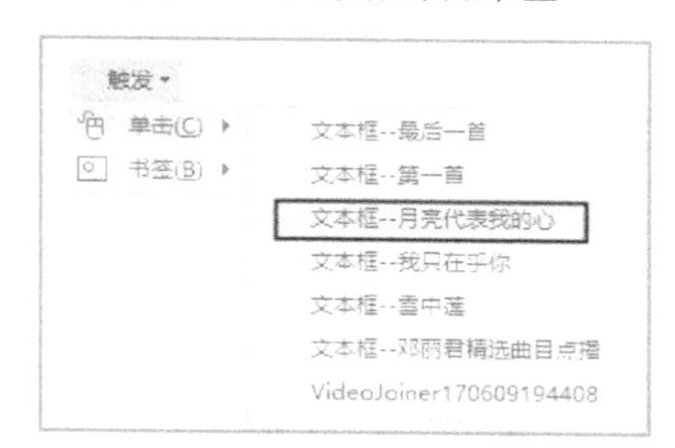

图 8-92　设置触发对象

8.3　拓展实训

实训 1：老唱片音乐播放页面

使用 PPT 制作如图 8-93 所示老唱片音乐播放页面。

实训技能点：

- ❒ 黑胶唱片旋转动画；
- ❒ 唱片头补位陀螺旋动画；
- ❒ 控制音乐播放触发器动画；
- ❒ 进度条路径动画；
- ❒ 歌词动态播放遮罩动画。

操作提示

1．页面设计与插入音频

页面各对象如图 8-94 所示。注意各个对象的图层次序，图中显示顺序为自顶至底的图层顺序。

2．黑胶唱片旋转动画制作

① 对素材进行处理，制作黑胶唱片图片，如图 8-95 所示。

② 为唱片添加“强调→陀螺旋”动画，设置播放方式为重复直到幻灯片末尾，与上一动画同时。为插入的音频设置媒体→播放动画，并设置单击【播放】按钮时触发该音频

播放动画，设置结果如图 8-96 所示。

图 8-93　老唱片音乐播放页面

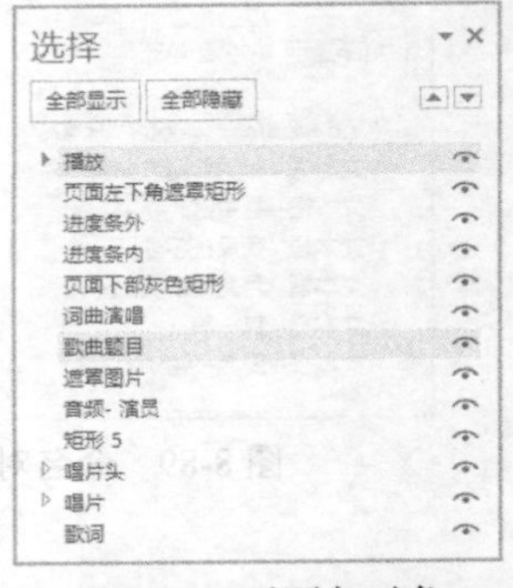

图 8-94　页面各对象

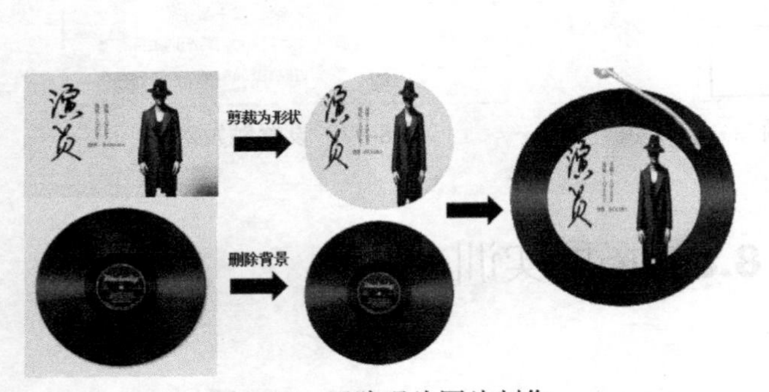

图 8-95　黑胶唱片图片制作

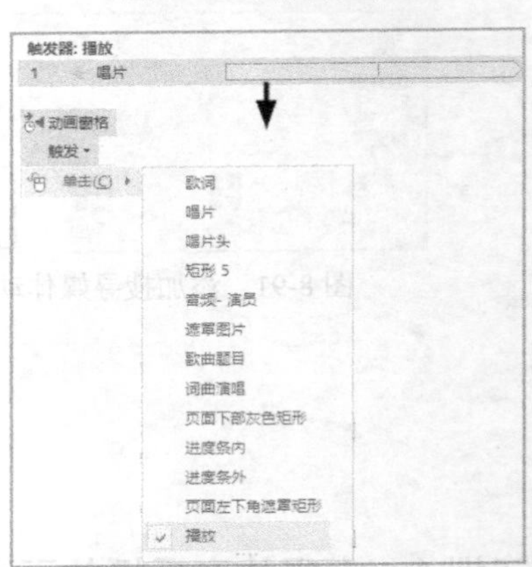

图 8-96　播放触发设置

3．唱片头补位陀螺旋动画

要想实现唱片头旋转，可通过添加补位设置陀螺旋动画来实现。

① 制作唱片头补位，如图 8-97 所示。

② 为添加补位后的唱片头图片添加强调→陀螺旋动画，并设置顺时针旋转 30°，与上一动画同时，以及单击【播放】按钮时触发该动画，如图 8-98 所示。

图 8-97　添加补位　　　　图 8-98　陀螺旋动画设置

4．进度条路径动画

① 绘制两个长宽相等、一个有填充一个无填充的圆角矩形。

② 为有填充色的矩形添加直线路径动画，拖动鼠标设置其起点和终点，如图 8-99 所示。

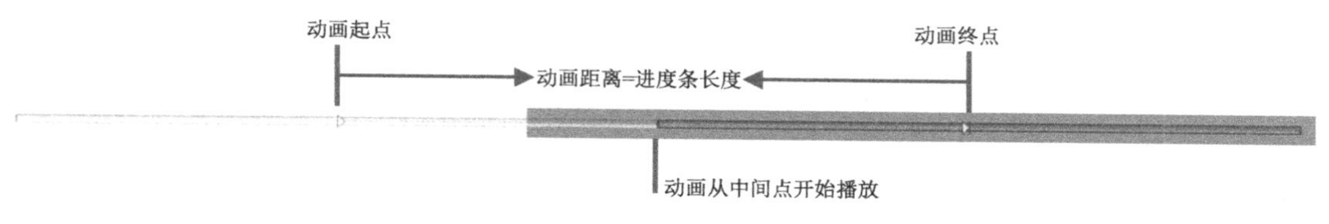

图 8-99　直线路径动画

③ 因为进度条动画持续时间应该等于整个音频播放用时，所以此处关键是设置动画的持续时间。整个音频用时 260 秒，但是正常系统只允许设置动画最大持续时间为 59 秒，如何将该动画的持续时间设置为 260 秒呢？在图 8-100 中“期间”后面输入“04:20 秒”或输入“260 秒”都可以。设置单击【播放】按钮触发该动画。

5．歌词动态播放遮罩动画

① 遮罩实现。在需要遮罩动画的部分抓图，如图 8-101 所示，然后使其大小位置与背景对齐重合，并使其位于歌词文本框上层。设置歌词文本框位于进度条和灰色矩形下层，如图 8-102 所示。

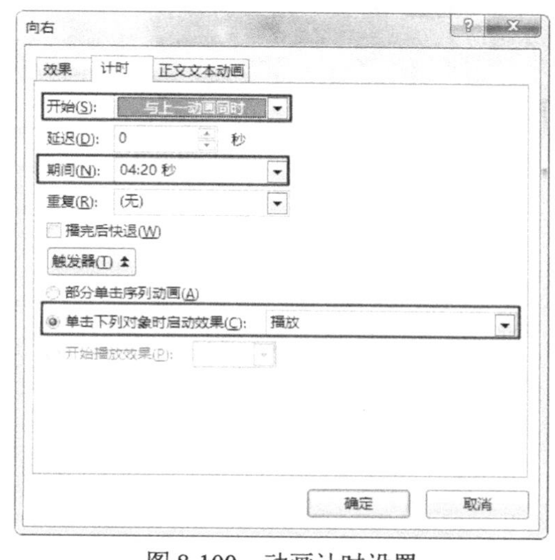

图 8-100　动画计时设置

图 8-101　抓图

（2）歌词动态播放实现。与进度条动画相似，为歌词文本框添加向上的直线路径动画。此处关键是设置动画持续时间，持续时间应该与音频播放用时差不多，经过多次实际试验，此处设置持续时间为 3 分 40 秒 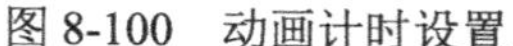

；因为该音频有 21 秒钟的前奏，所以设置该动画延迟 21 秒播放。同样设置单击【播放】按钮触发该动画。

最后整个动画设置如图 8-103 所示。

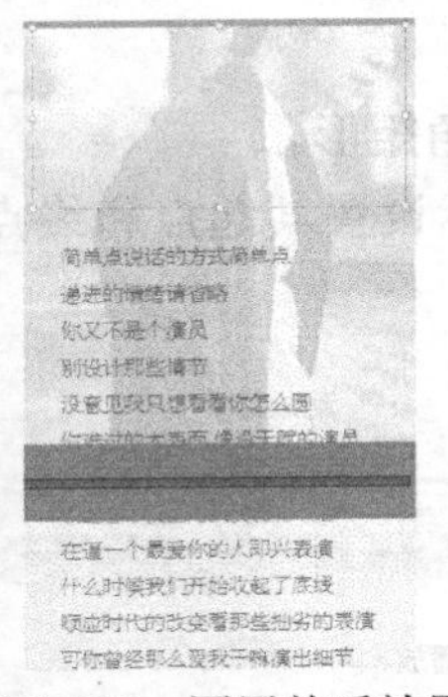

图 8-102　图层前后效果

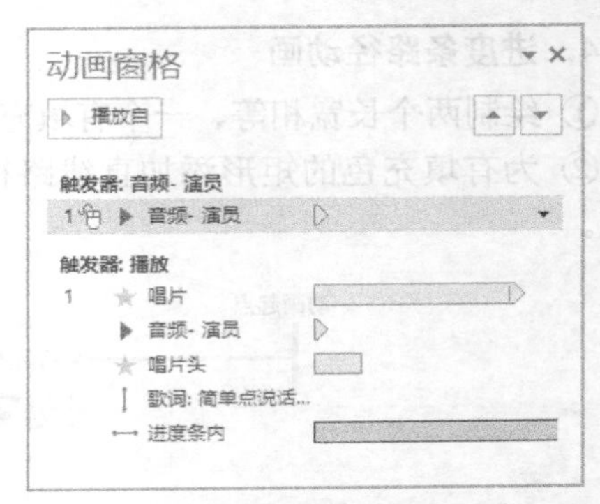

图 8-103　动画设置

实训 2：青春毕业相册设计（下）

为青春毕业相册添加背景音乐、设置动画效果、设置页面切换效果，如图 8-104 所示。

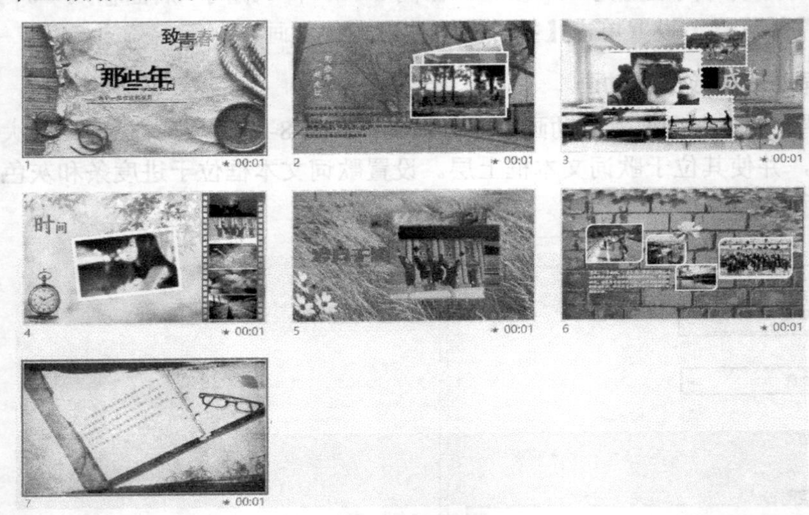

图 8-104　青春毕业相册

实训技能点：

- ❒ 插入背景音乐，并根据需要做适当剪裁；
- ❒ 电影胶片图片展示路径动画；
- ❒ 使用文本框制作蝴蝶飞舞逐帧动画；
- ❒ 为幻灯片选取适合的动画，并根据需要进行各种参数设置；
- ❒ 页面切换动画设置。

创意动画设计：

演示文稿本身就是一种表达和呈现，我们可以通过文字、图片、图表以及动画来表达想法、抒发情感。因此，演示文稿首先是一种创意，而且其重要性应该超过具体制作。本实训另一个任务就是发挥读者的设计和创意，为青春毕业相册演示文稿设计和制作动画效果，相信会有百花齐放、异彩纷呈的效果。

实训 3：手机系统 UI 设计演示动画

UI 是 User Interface 的缩写，是用户与系统之间的接口，是人机交互的途径。UI 设计主要指人机交互方式、操作逻辑、操作画面等设计。一个友好美观的 UI 会给人带来舒适的视觉享受，拉近人与系统的距离，为商家创造卖点。手机系统 UI 设计是个复杂的有不同学科参与的工程，而不是纯粹的艺术设计，更多的是用户体验设计，需要定位使用者、使用环境、使用方式等众多方面。界面设计要与用户研究紧密结合，是一个不断引领和满足最终用户需求的过程。

手机系统 UI 设计动态演示动画 PPT 包含解锁演示、指纹识别、扫码支付、发短信、日历、天气预报、在线商城、自拍拍照、股票、拨打电话、音乐播放、地图导航、闹钟等动态演示动画，如图 8-105 所示。

图 8-105　手机系统 UI 设计演示动画 PPT（部分）

1. 解锁界面演示动画

（1）使用形状工具制作手机外观，如图 8-106 所示。复制这张幻灯片，生成其他 6 张幻灯片，使得每张幻灯片都有一致的手机图形。

（2）绘制手机“解锁界面”，注意用户名“USERNAME”和密码“●”中每个字符都是单独设置的。接着，为界面上的每个对象进行命名，如图 8-107 所示。

图 8-106　手机外观

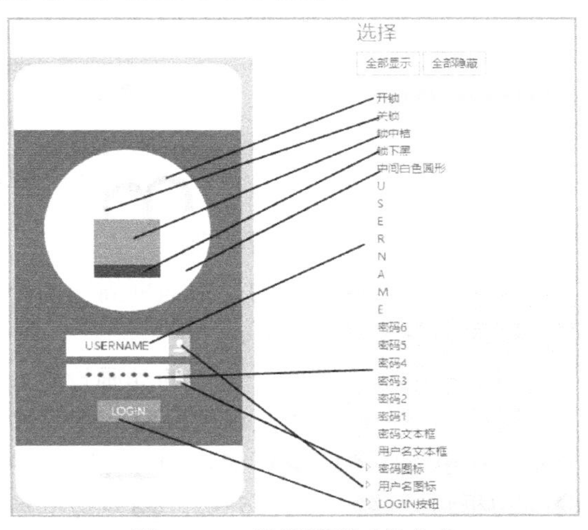

图 8-107　解锁界面对象命名

（3）动画设置如图 8-108 所示。

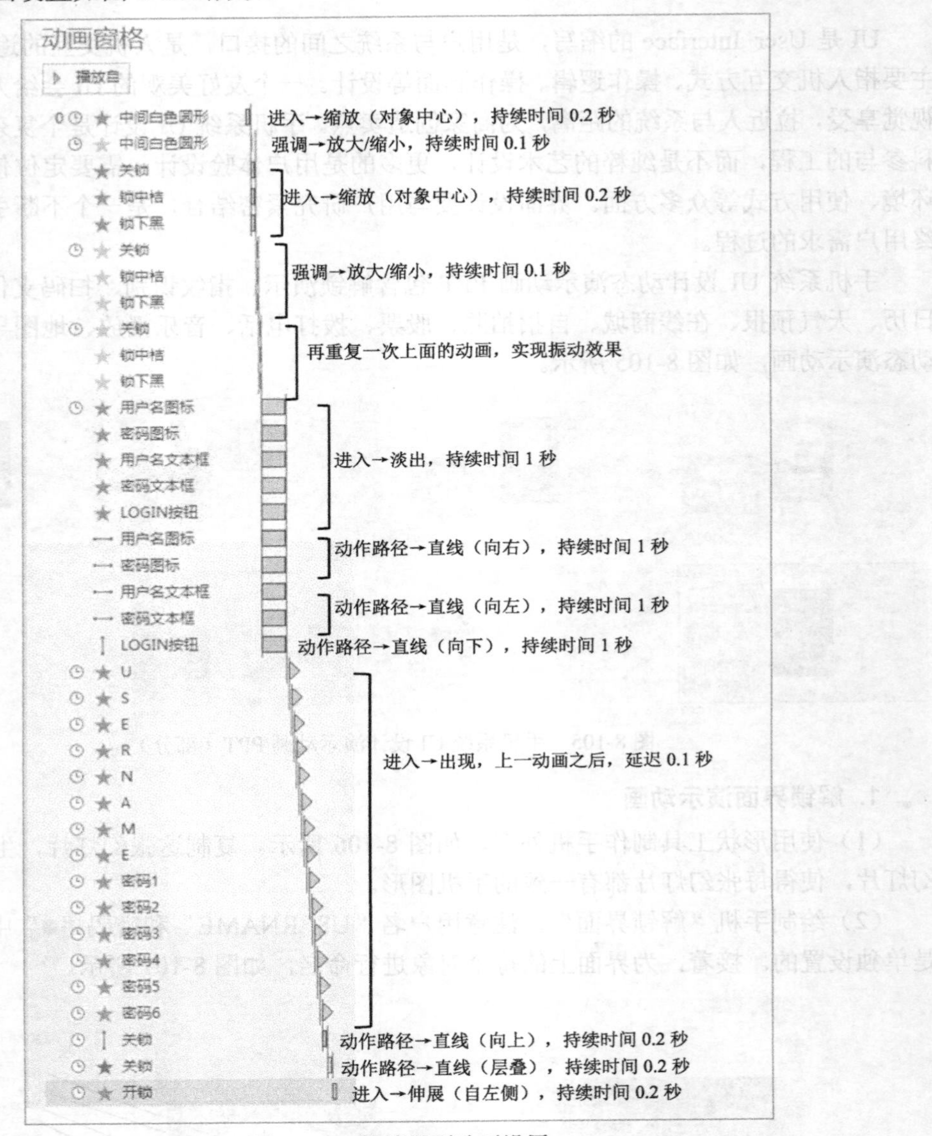

图 8-108　解锁界面动画设置

2. 扫码支付页面演示动画

这个页面主要演示的是扫描框周围四个角的动画以及中间扫描横线自动下滑扫描的动画，页面如图 8-109 所示。

（1）扫描框周围四个角⌜⌝的动画设置。

动画描述：四个角淡出的同时向中间移动（即由如图 8-110 所示的❶、❷、❸、❹点分别移动至❺、❻、❼、❽点），然后再移动至顺时针相邻位置，同时进行陀螺旋动画。❶点边框运动路径为 1→5→2，❷点边框运动路径为 2→6→3，❸点边框运动路径为 3→7→4，❹点边框运动路径为 4→8→1。动画设置如图 8-111 所示。

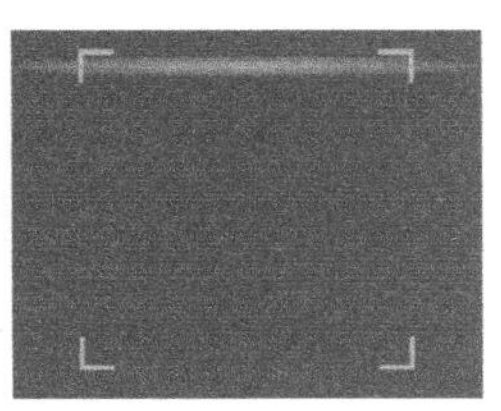

图 8-109　扫码支付页面

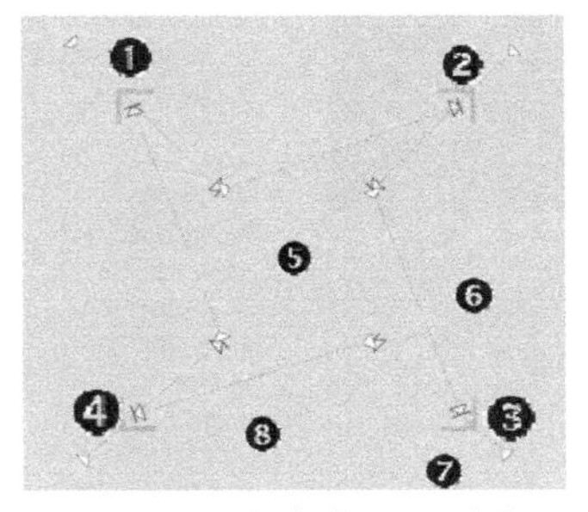

图 8-110　扫描框动画路径

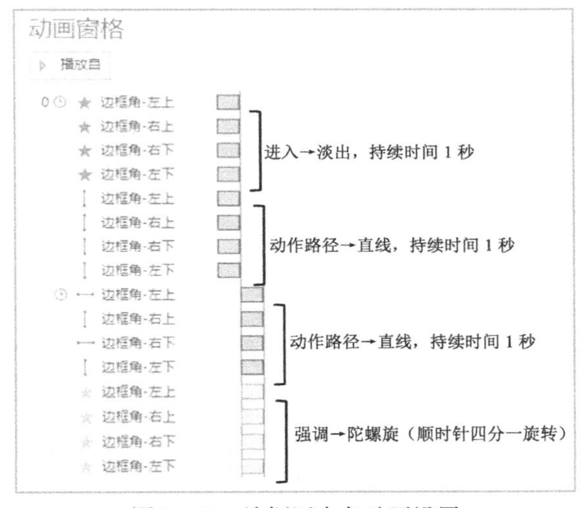

图 8-111　边框四个角动画设置

（2）扫描条动画设置。

动画描述：扫描条淡出并向下移动，移动到最后淡出消失。动画设置如图 8-112 所示。

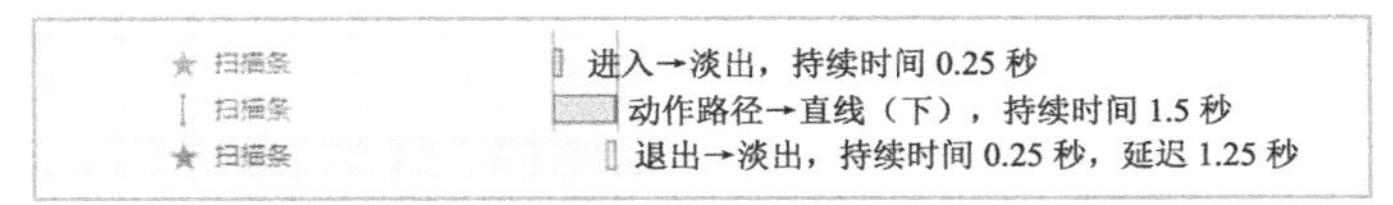

图 8-112　扫描条动画设置

（3）天气预报页面演示动画。天气预报页面和动画设置如图 8-113 所示。重点说一下页面右侧“旋转的太阳”的旋转动画是如何设置的：主要是运用了强调动画中的陀螺旋动画，并进行了如图 8-114 所示的参数设置。

（4）自拍拍照页面演示动画。自拍拍照动画演示中主要是调焦拉杆（小圆圈）向上移动的动画、自动对焦框放大/缩小以及脉冲效果的动画，自拍拍照页面及动画设置如图 8-115 所示。

图 8-113　天气预报页面和动画设置

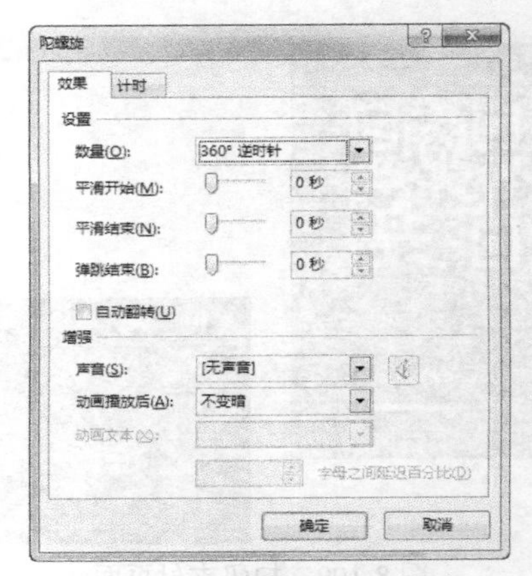

图 8-114　陀螺旋动画设置

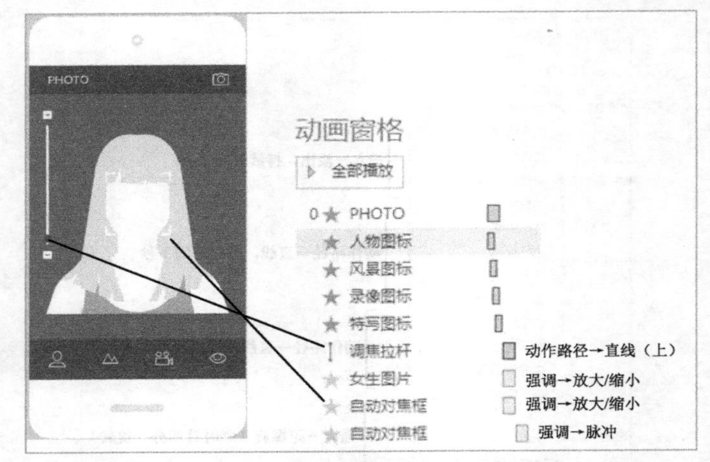

图 8-115　自拍拍照页面及动画设置

（5）音乐播放页面演示动画。音乐播放页面及动画设置如图 8-116 所示。

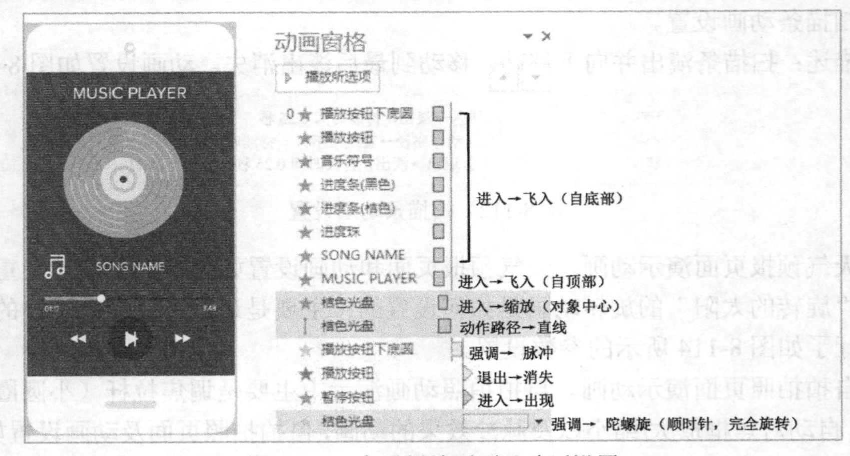

图 8-116　音乐播放页面及动画设置

（6）地图导航页面演示动画。地图导航页面及动画设置如图 8-117 所示。

（7）闹钟页面演示动画。闹钟页面及动画设置如图 8-118 所示。

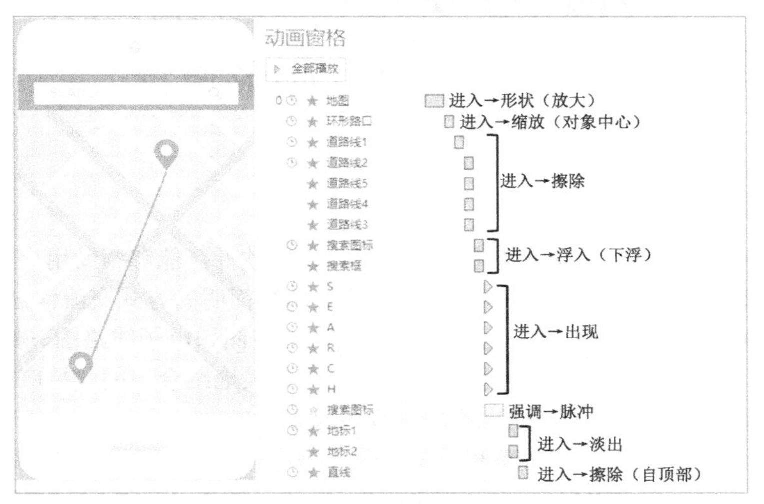

图 8-117　地图导航页面及动画设置

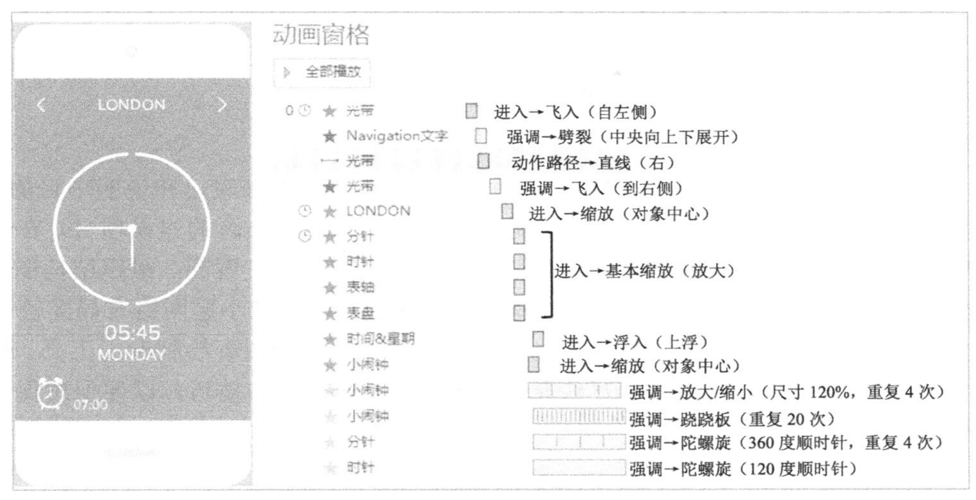

图 8-118　闹钟页面及动画设置

8.4　综合实践

根据所学专业及岗位定位，选择一个特定岗位，针对岗位特点编辑个人简历，分析该岗位形成岗位认知，结合单位现状和远景目标制订岗位规划，完成岗位竞聘 PPT。

任务9

Visio 图形设计

Microsoft Office Visio 是一款专业的商用矢量绘图软件，能够帮助用户将信息形象化，将晦涩的文本和表格转换为一目了然的图表，能以清晰简明的方式交流信息。Visio 可以用来绘制业务流程图、组织结构图、办公室布局图、网络图、电子线路图、数据库模型图、工艺管道图等。Visio 能将强大的功能和简单的操作完美地结合，因此被广泛应用于电子、机械、建筑、通信、软件设计和企业管理等众多领域。

Visio 不但能够提高工作的效率和质量，而且简单易学，功能强大。使用具有专业外观的 Visio 图表，可以促进对系统和流程的了解，深入了解复杂信息并利用这些知识做出更好的业务决策。

9.1 任务情境

一幅好图胜过千言万语，在项目管理中经常需要用图表来表达和说明项目的流程、结构、进度、布局等。小刘所在建筑公司正在筹划一个住宅小区的建设项目，在这个过程中需要设计与绘制一些图表，如项目任务思维导图、施工进度图、组织结构图、工程管理跨职能流程图、小区建筑规划图、室内平面布局图、智能小区网络布局图等。Visio 作为一款优秀的办公绘图常用软件，被小刘所在公司指定为图表绘制专用工具。作为项目用图的主要负责人，小刘需要尽快掌握 Visio 的绘图方法与技巧，以便保质保量地完成项目任务。

知识目标

- 掌握 Visio 基础操作、页面设置、使用形状、添加文本、设置绘图格式、连接外部数据等基础知识和基本操作；
- 掌握流程图、组织结构图、方块图、网络图、工程图、建筑设计图及项目管理图等图表的设计思路和制作方法。

能力目标

能够利用 Visio 提供的图表类型模板和工具制作实际所需的图表。

9.2 任务分析

本建设项目用图主要涉及组织结构图、项目任务思维导图、施工进度图、工程管理跨职能流程图、小区建筑规划图、室内平面布局图、智能小区网络布图等专业图表。每种图表不但涉及各领域知识，而且也涉及特定的制作规则。作为专业的绘图工具，Visio 已经将大部分特定图表的专业知识以及制作规则设计成图表模板来帮助用户完成图表制作，因此，用户只需根据实际需求，依据图表模板快捷地完成图表的制作。

9.2.1 图表类型

Visio 根据图表用途和领域归纳了八种图表类型，分别为商务、地图和平面布置图、工程、常规、日程安排、流程图、网络、软件和数据库。其中每种类型又包含了多种同类型图表，且针对每种图表类型提供了相应的制作模板及大量矢量图形素材，用以辅助用户绘制各种图形。

“商务”类型下的图表类型如图 9-1 所示。

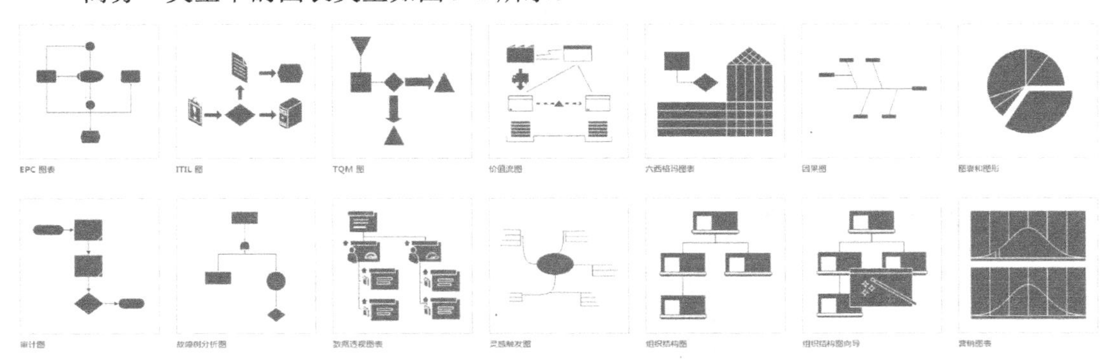

图 9-1 “商务”类型下的图表类型

“地图和平面布置图”类型下的图表类型如图 9-2 所示。

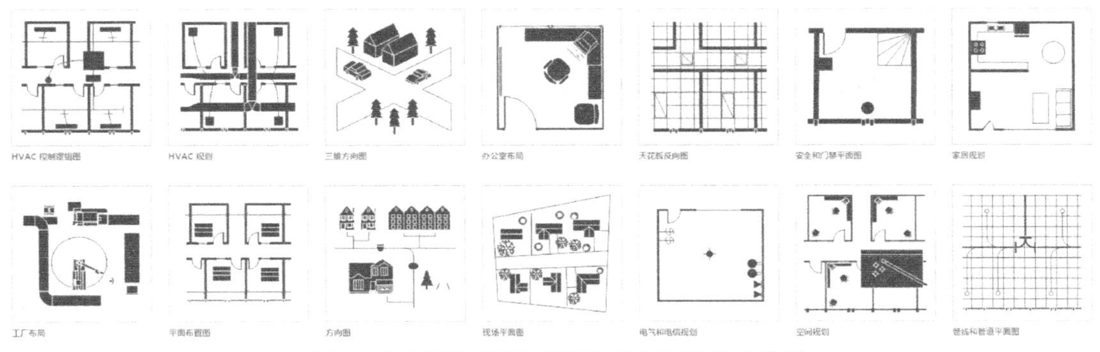

图 9-2 “地图和平面布置图”类型下的图表类型

“工程”类型下的图表类型如图 9-3 所示。

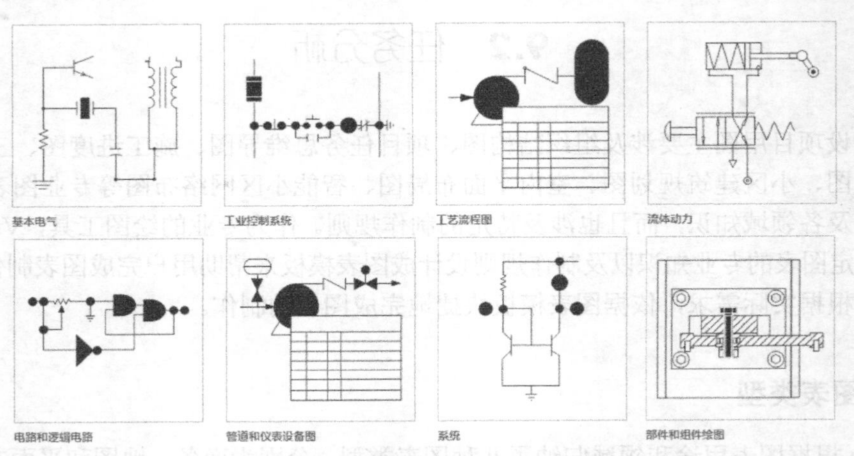

图 9-3 “工程”类型下的图表类型

“常规”类型下的图表类型如图 9-4 所示。

图 9-4 “常规”类型下的图表类型

“日程安排”类型下的图表类型如图 9-5 所示。

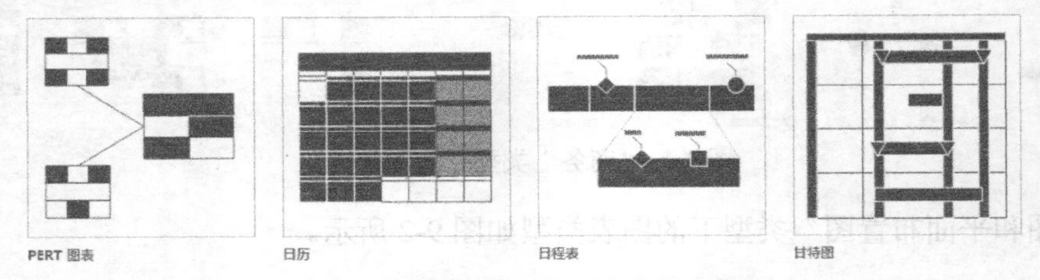

图 9-5 “日程安排”类型下的图表类型

“流程图”类型下的图表类型如图 9-6 所示。

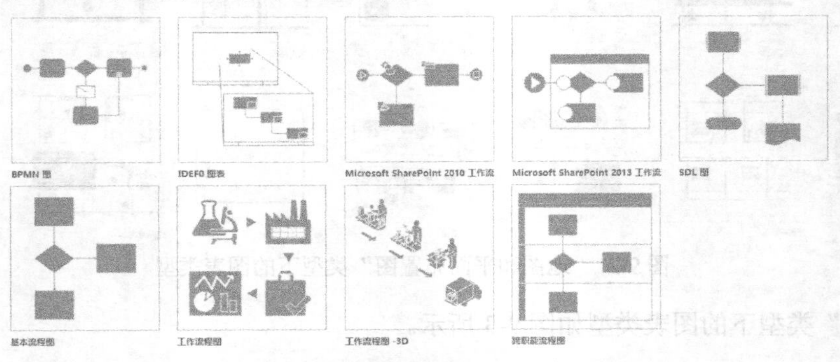

图 9-6 “流程图”类型下的图表类型

“网络”类型下的图表类型如图 9-7 所示。

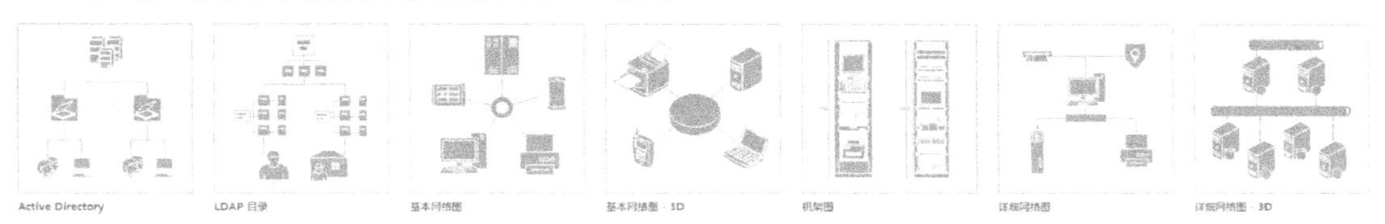

图 9-7 “网络”类型下的图表类型

“软件和数据库”类型下的图表类型如图 9-8 所示。

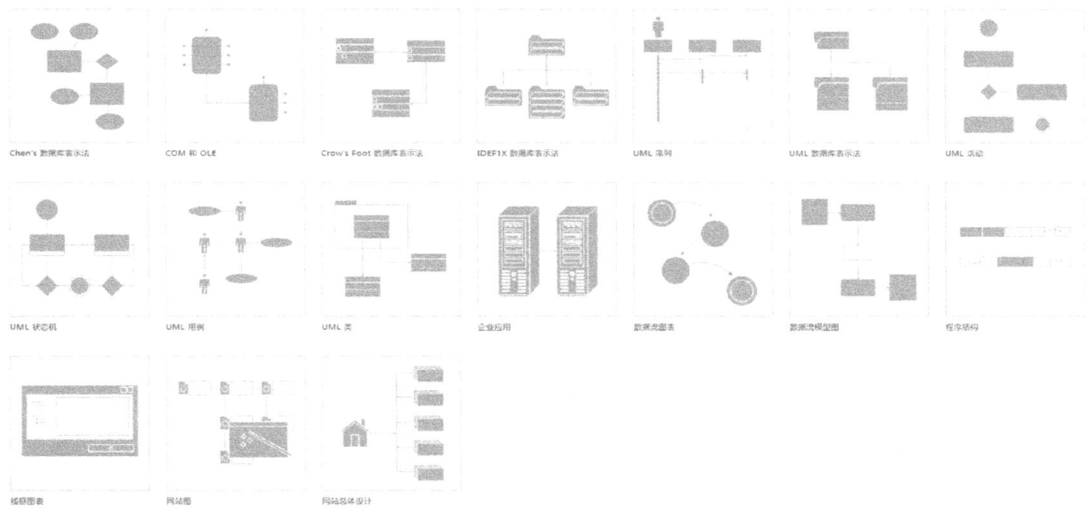

图 9-8 “软件和数据库”类型下的图表类型

可见，Visio 提供了丰富的图表模板用于辅助用户完成各种图表的绘制。

9.2.2 项目图表分析与效果

1. 组织结构图

组织结构图从属于“商务”类型，主要用于明确组织内分工、从属关系和职责范围。它以图形的方式表示一个组织各个职能单元的职能及其相互关系，能够可视化地表示组织职能的划分和权责划分。组织结构图可以使各职能单元清楚自己在组织内的工作，便于协调组织和工作沟通。本任务中组织结构图效果如图 9-9 所示。

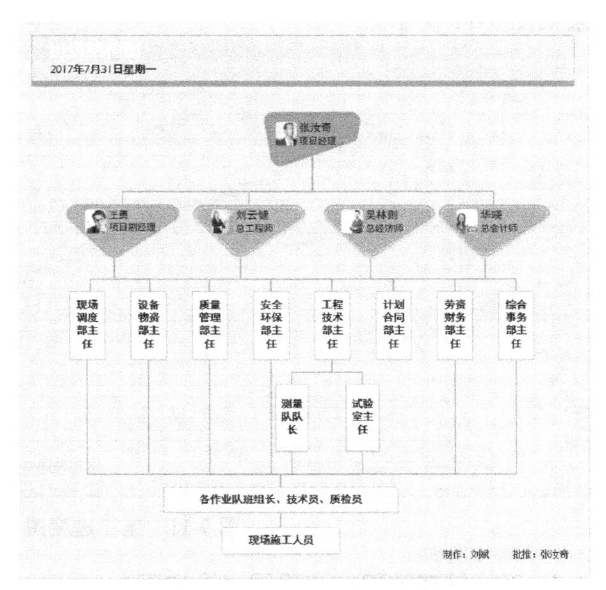

图 9-9 某建筑公司组织结构图

2. 施工任务思维导图（灵感触发图）

灵感触发图又称思维导图、脑图、概念地图、树状图、树枝图或思维地图，是一种利用图像方式进行思考的辅助工具。灵感触发图通常用于规划、解决问题、制定决策和触发灵感，因此，本任务中的施工任务思维导图以“商务”类型下的灵感触发图为模板完成，效果如图 9-10 所示。

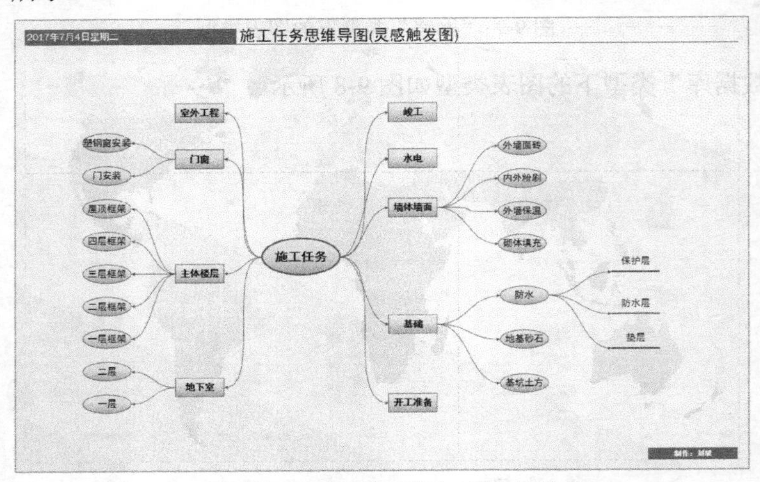

图 9-10 施工任务思维导图（灵感触发图）

3. 施工进度图（甘特图）

甘特图又称为横道图、条状图，以图示通过活动列表和时间刻度表示出特定项目的顺序与持续时间。通过条状图来显示项目进度，以及其他时间相关的系统进展的内在关系随着时间进展的情况。本任务中的施工进度图以“日程安排”类型下的甘特图为模板完成，效果如图 9-11 所示。

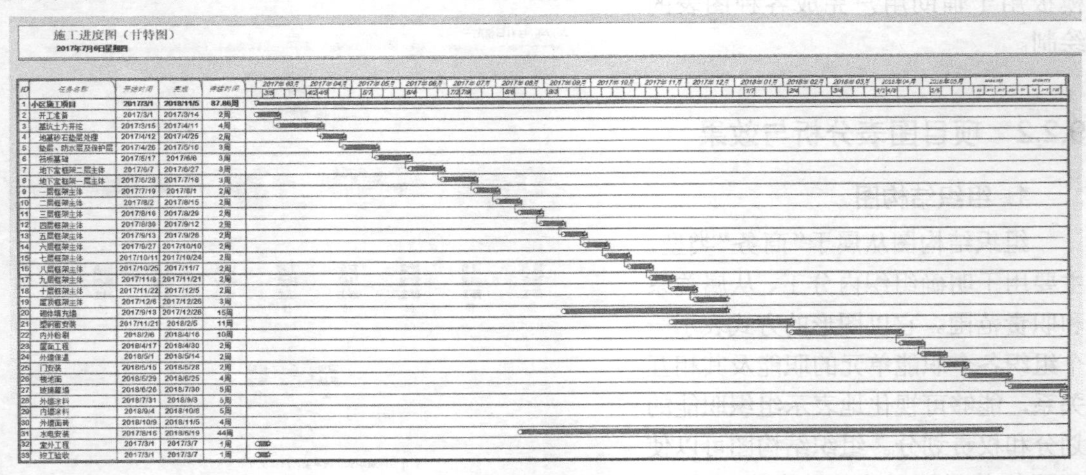

ID	任务名称	开始时间	完成	持续时间
1	小区施工项目	2017/3/1	2018/11/5	87.86周
2	开工准备	2017/3/1	2017/3/14	2周
3	基坑土方开挖	2017/3/15	2017/4/11	4周
4	地基砂石垫层处理	2017/4/12	2017/4/25	2周
5	垫层、防水层及保护层	2017/4/26	2017/5/16	3周
6	筏板基础	2017/5/17	2017/6/6	3周
7	地下室框架二层主体	2017/6/7	2017/6/27	3周
8	地下室框架一层主体	2017/6/28	2017/7/18	3周
9	一层框架主体	2017/7/19	2017/8/1	2周
10	二层框架主体	2017/8/2	2017/8/15	2周
11	三层框架主体	2017/8/16	2017/8/29	2周
12	四层框架主体	2017/8/30	2017/9/12	2周
13	五层框架主体	2017/9/13	2017/9/26	2周
14	六层框架主体	2017/9/27	2017/10/10	2周
15	七层框架主体	2017/10/11	2017/10/24	2周
16	八层框架主体	2017/10/25	2017/11/7	2周
17	九层框架主体	2017/11/8	2017/11/21	2周
18	十层框架主体	2017/11/22	2017/12/5	2周
19	屋顶框架主体	2017/12/6	2017/12/26	3周
20	砌体填充墙	2017/9/13	2017/12/26	15周
21	塑钢窗安装	2017/11/21	2018/2/5	11周
22	内外粉刷	2018/2/6	2018/4/16	10周
23	屋面工程	2018/4/17	2018/4/30	2周
24	外墙保温	2018/5/1	2018/5/14	2周
25	门安装	2018/5/15	2018/5/28	2周
26	楼地面	2018/5/29	2018/6/25	4周
27	玻璃幕墙	2018/6/26	2018/7/30	5周
28	外墙涂料	2018/7/31	2018/9/3	5周
29	内墙涂料	2018/9/4	2018/10/8	5周
30	外墙面砖	2018/10/9	2018/11/5	4周
31	水电安装	2017/8/16	2018/6/19	44周
32	室外工程	2017/3/1	2017/3/7	1周
33	竣工验收	2017/3/1	2017/3/7	1周

图 9-11 施工进度图（甘特图）

4. 工程管理跨职能流程图（泳道图）

工程管理跨职能流程图主要用于显示商务流程与负责该流程的职能单位（如部门）之

间的关系。流程图中的每个部门都会在图表中拥有一个水平或垂直的带区，用来表示职能单位，代表流程中步骤的各个形状被放置在对应负责该步骤的职能单位的带区中，因其图形像泳道，故也称为泳道图。本任务中的工程管理跨职能流程图以“流程图”类型下的跨职能流程图为模板完成，效果如图 9-12 所示。

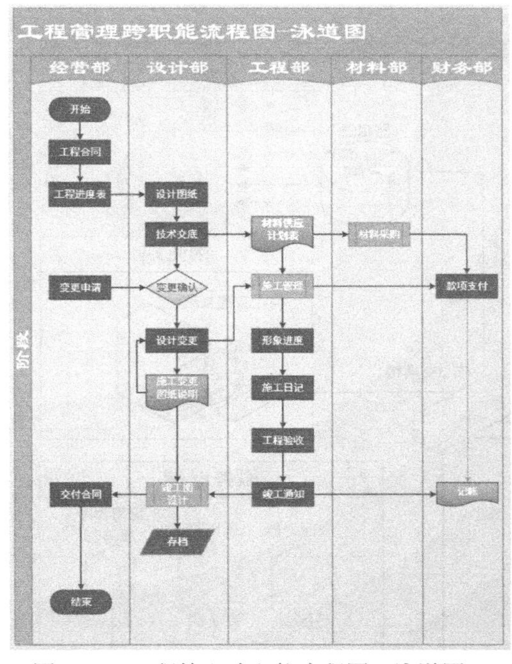

图 9-12　工程管理跨职能流程图（泳道图）

5. 小区建筑规划图

日常办公中，“地图和平面布置图”是比较常用的绘图类型，如绘制办公室布局图、工程布局图、家居设计图，空间规划等。本任务中将通过绘制小区建筑规划图介绍建筑平面布置和规划图的制作，效果如图 9-13 所示。

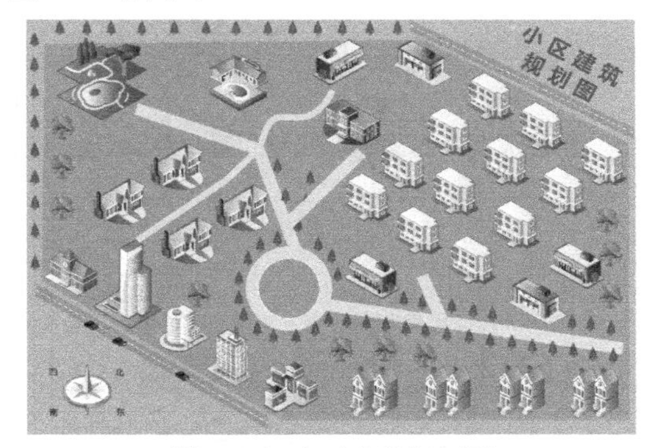

图 9-13　小区建筑规划图

6. 室内平面布局图

室内平面布局图也属于“地图和平面布置图”类型，效果如图 9-14 所示。

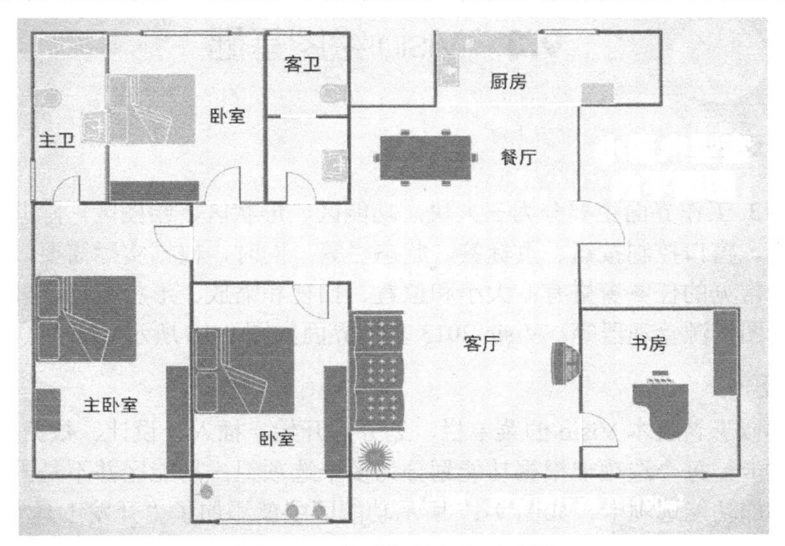

图 9-14　小区户型室内平面图

7. 智能小区网络布局图

Visio 提供了多种网络图模板，可以绘制简单网络设计图、网络体系结构图、机架系统图、物理架构图、逻辑架构图、网络架构图等网络图。本任务将通过绘制智能小区网络布局图介绍网络图的制作，效果如图 9-15 所示。

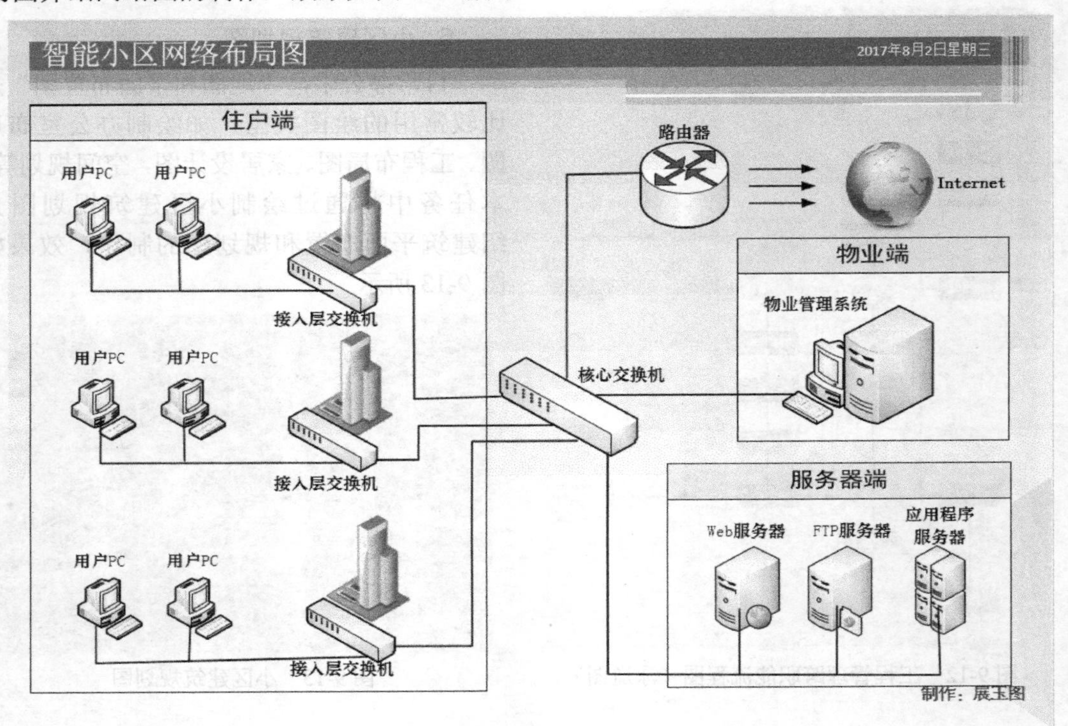

图 9-15　智能小区网络布局图

9.3　Visio 绘图基础

9.3.1　操作环境

微课

Visio 2013 工作界面主要分为三大块：功能区、形状区、绘图区。除此之外，还有快速访问工具栏、窗口控制按钮、页标签、状态栏等。同时，根据实际需要，可以调出相应的任务窗格，常见的任务窗格有：大小和位置、扫视和缩放、形状数据、外部数据、数据图形字段、绘图资源管理器等。Visio 2013 基本界面如图 9-16 所示。

1. 功能区

功能区类似于老版本 Visio 的菜单栏，划分为开始、插入、设计、数据、流程、审阅、视图七个选项卡，每个选项卡根据功能划分为多个选项组。功能区并不是固定不变的，可以根据需要添加功能选项卡，如图 9-17 所示功能区中就添加了“开发工具”选项卡。

图 9-16　Visio 工作界面

图 9-17　功能区

2. 形状区

形状区包含【模具】和【窗口】两个选项卡。每种类型模具的标题栏包含了模具的名称，如“基本流程图形状模具”里面包含了“流程”“判定”“文档”“数据”等各种和基本流程图相关的形状，如图 9-18 所示。同时，还可以通过【更多形状】菜单打开其他类型下的模具，并将其添加到形状区中供用户绘图使用。

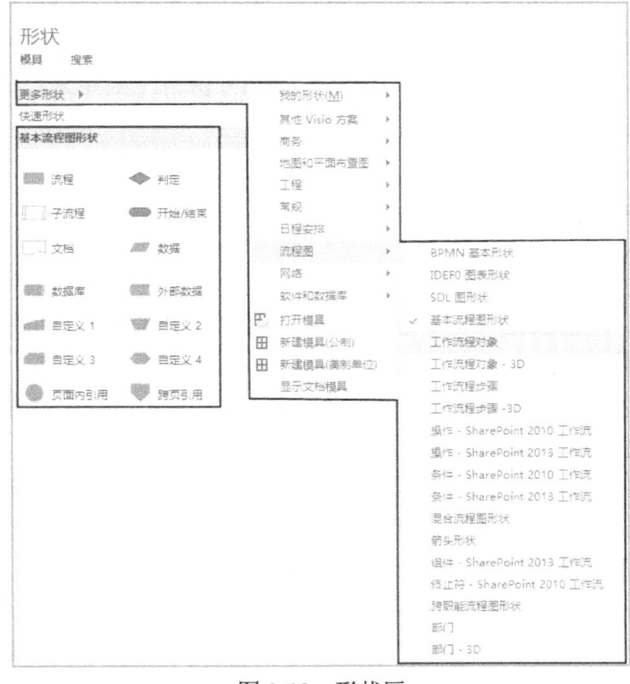

图 9-18　形状区

3. 绘图区

绘图区位于工作界面的右下区域，主要显示绘图页。用户可通过拖动模具中的主控形状到绘图区中，输入文字，并连接形状来组成各种图形。

同时，根据实际需要，可以通过选取【视图】→【显示】→【任务窗格】下的选项，在绘图区中显示【形状】【形状数据】【大小和位置】等任务窗格；或在【开发工具】→【显示/隐藏】选项组中勾选“绘图资源管理器”选项，显示【绘图资源管理器】任务窗格，如图 9-19 所示。

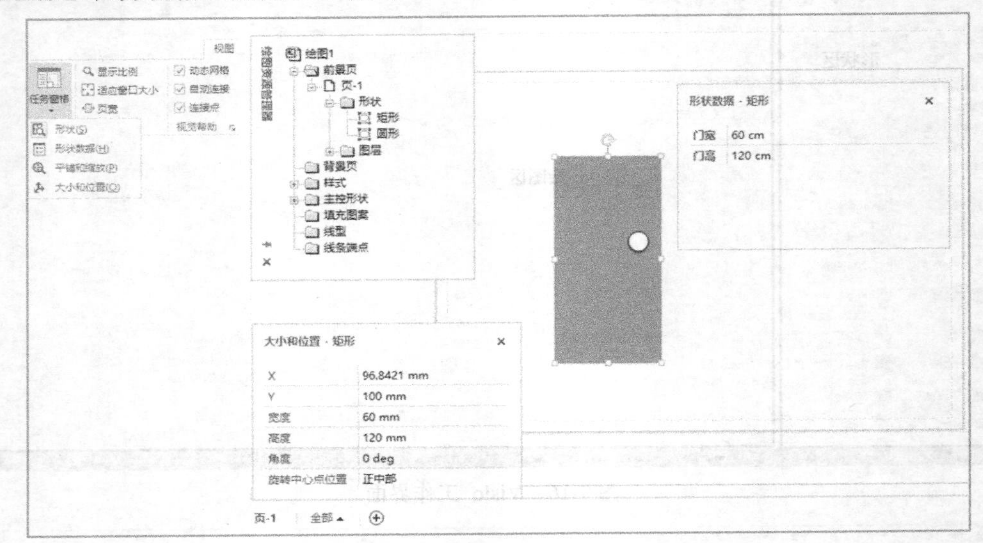

图 9-19　绘图区

【绘图资源管理器】任务窗格。该任务窗格（或称窗口）具有分级查看的功能，可以用来查找、增加、删除或编辑绘图区中的页面、线型、形状、样式、填充图案等组件。

【大小和位置】任务窗格。该任务窗格中，用户可以根据图表要求来设置或编辑形状的位置、宽度以及角度等，其显示的内容会根据形状的改变而改变。

【形状数据】任务窗格。该任务窗格主要用来修改形状数据，其具体内容会根据形状的改变而改变。

9.3.2　概念与术语

1. 模板、模具、形状

微课

模板是 Visio 系统为方便用户绘制各类图形而提供的一种特定文件，如前面所讲的图 9-1 至图 9-8 中所示八种类型下的模板。

模具是系统提供的一种图形素材格式，包含了各种图形元素或图像。Visio 为用户提供了丰富的模具，便于用户在绘制图形时选择与调用。一般情况下，Visio 会根据用户所创建的不同文件类型而设置不同的模具，也就是说，模板中的模具是在用户创建新文档时，系统自动配置并显示在形状区中的。除此之外，用户还可以在绘图文档中添加其他分类的模具，以满足用户绘图的多种需要。

Visio 中的所有图表元素都称为形状，形状是构成结构图、流程图等图形的基本元素，Visio 中存储了数百个内置形状，用户可以按照绘图需要，将不同类型的形状拖放到绘图页中并进行排列、组合、连接与调整。另外，用户也可以利用绘制工具绘制所需图形。

模板、模具、形状三者的关系：模板包含多种模具，模具由多种形状构成。

2．绘图页

如果把 Excel 电子表格文件比作 Visio 绘图文档，那么绘图文档中的绘图页就相当于电子表格文件中的工作表（Sheet）。绘图页包括“前景页”和“背景页”两种类型。

在进行了 Visio 绘图基础知识热身后，接下来将通过绘制一系列项目用图，一起来学习 Visio 的具体制图方法。

9.4 绘制组织结构图

为了更好地分工合作、明确责任，以便更好地开展后续工作，在项目开始前有必要设计制作出该项目成员的组织结构图，效果如图 9-20 所示。

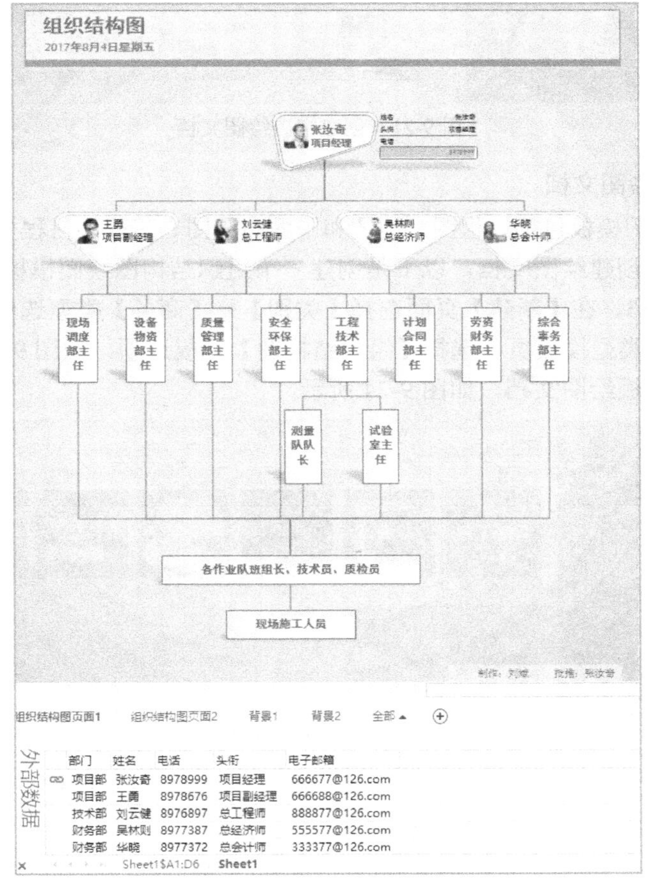

图 9-20　组织结构图效果图

9.4.1　创建绘图文档

可根据需要创建空白绘图文档（不包含任何模具和模板，适用于进行灵活创建的图表）或模板绘图文档（通过系统提供的模板创建绘图文档）。

1．创建空白绘图文档

启动 Visio 2013，在【新建】页面中选择【特色】→【空白绘图】选项即可创建一个空白绘图文档，如图 9-21 所示。

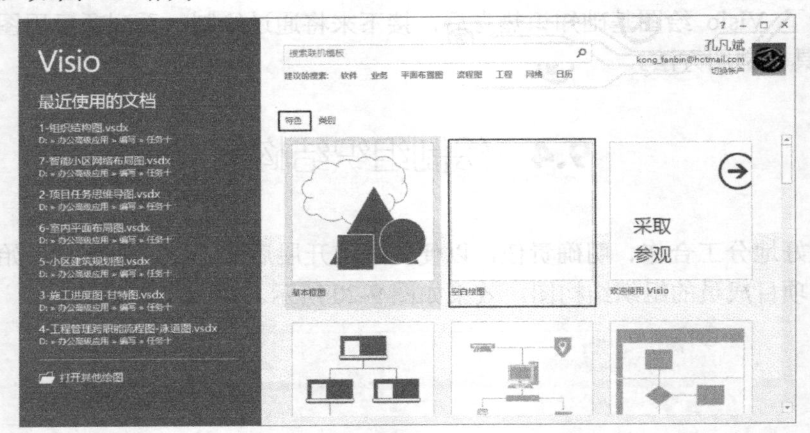

图 9-21　创建空白绘图文档

2．创建模板绘图文档

Visio 2013 中的模板包括流程图、地图和平面布置图、工程、日程安排图等类型，可以根据需要选择模板创建绘图文档。以下是创建一个组织结构图绘图模板文档的方法：

启动 Visio 2013，在【新建】页面选择【类别】→【商务】类型选项，如图 9-22 所示，在打开的【商务】类型模板页中选择【组织结构图】模板选项，如图 9-23 所示，即可创建一个组织结构图模板绘图文档，如图 9-24 所示。

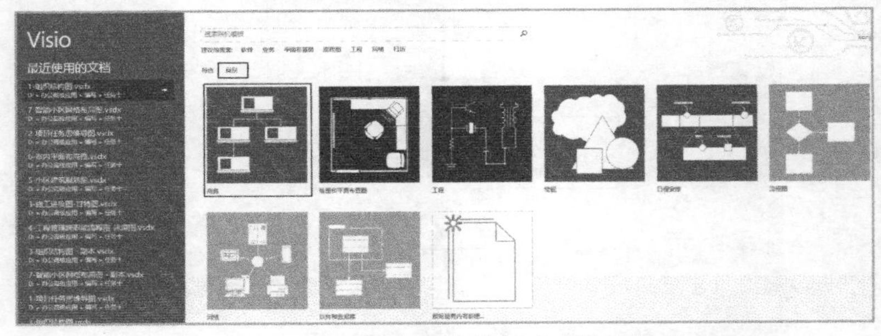

图 9-22　在【类别】中选择【商务】类型

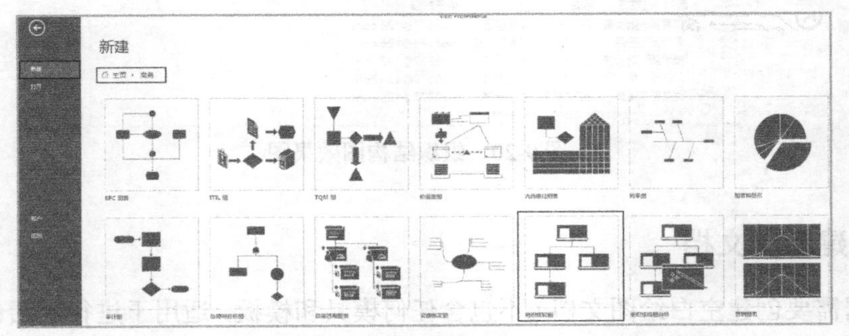

图 9-23　在【商务】类型中选择【组织结构图】模板

图 9-24　新建的组织结构图模板绘图文档

9.4.2　文档页面设置

微课

1. 设置页面方向和大小

为适应各类图表的显示要求，需要首先对绘图页的方向和尺寸进行设置。单击【设计】→【页面设置】选项组中的【纸张方向】和【大小】按钮进行方向与大小设置，或者单击【页面设置】选项组右下方的对话框启动器，在打开的【页面设置】对话框【页面尺寸】选项卡下设置"页面尺寸"和"页面方向"，如图 9-25 所示。此处设置了自定义大小 260mm× 300mm，纵向。

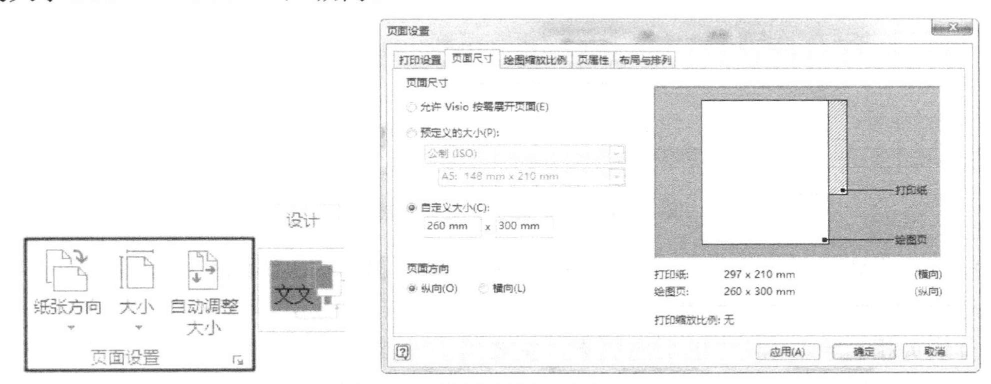

图 9-25　设置页面尺寸和方向

2. 设置缩放比例和布局

（1）绘图缩放比例是指现实测量尺寸与绘图页上长度的比例，在【页面设置】对话框【绘图缩放比例】选项卡下设置，此处设置了"无缩放"，如图 9-26 所示。选项说明如下：

"无缩放（1∶1）"表示以真实大小显示绘图。

"预定义缩放比例"：用来设置缩放比例的类别和比例。其中，缩放类别主要包括：结构、土木工程、公制、机械工程四种类型，每种类型中又分别包含了不同的缩放比例。

"自定义缩放比例"：用来自定义缩放比例。

（2）布局与排列主要用于设置形状与连接符在绘图中的排列方式，设置如图 9-27 所示。

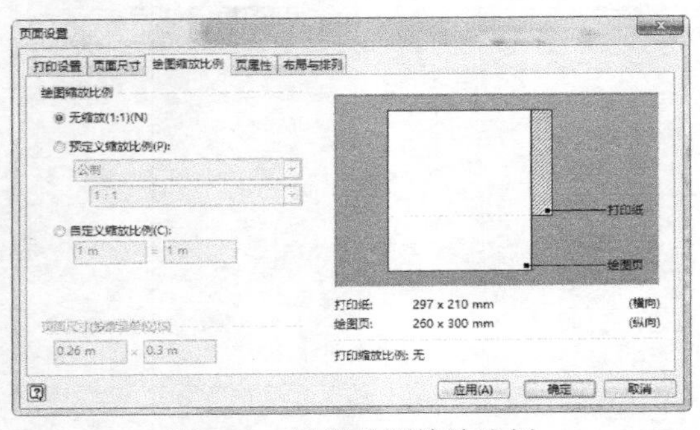

图 9-26　设置绘图缩放比例

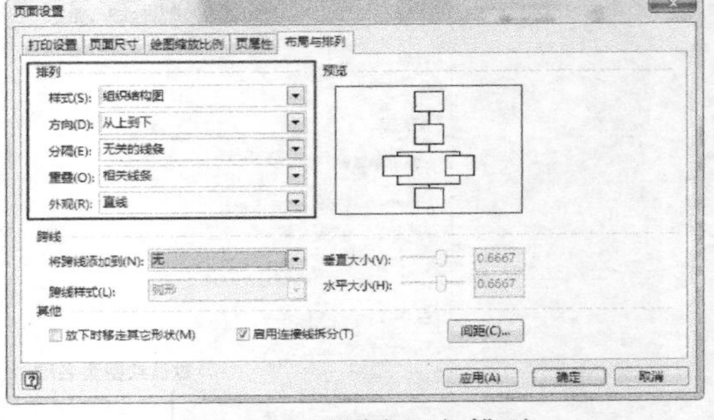

图 9-27　设置布局与排列

9.4.3　管理绘图页

微课

绘图页是 Visio 的核心对象，任何图表都要通过绘图页完成。绘图页分为前景页和背景页，如图 9-28 所示。

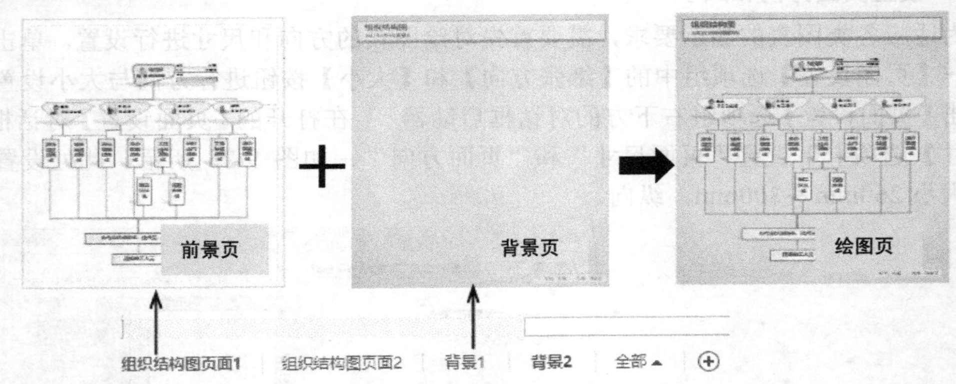

图 9-28　前景页和背景页组成绘图页

前景页主要用于编辑和显示绘图内容，包含流程图形状、组织结构图等绘图模具和模板，是创建绘图内容的主要页面。

背景页相当于 Word 中的页眉页脚，主要用于设置绘图页背景及边框样式等。

1．创建背景页

在新建组织结构图文档中插入一个背景页。单击【插入】→【页面】→【新建页】→【背景页】选项，打开【页面设置】对话框，在其【页属性】选项卡下设置该背景页的“名称”为“背景 1”，“类型”为“背景”，如图 9-29 和图 9-30 所示，单击【确定】按钮后即可插入一个背景页。

提示：

（1）选择列表中的其他选项可以插入其他类型的绘图页。另外，单击图 9-28 右下方的【插入页】按钮 ⊕ 可快速插入一个前景页。

（2）编辑绘图页。用鼠标右键单击绘图页名称，弹出如图 9-31 所示快捷菜单，在此可以对绘图页进行插入、删除、重命名、页面设置、重新排序页等操作。

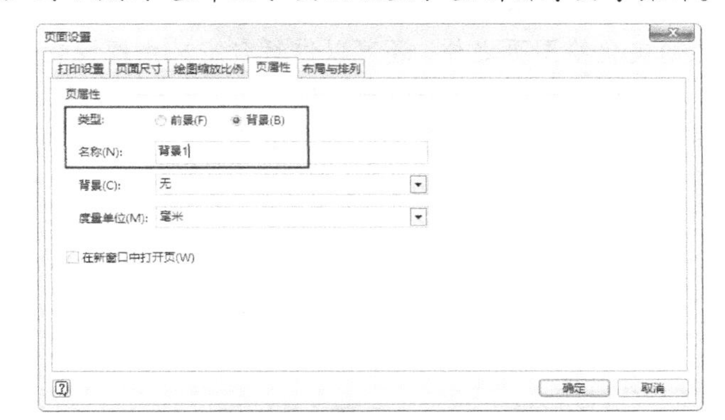

图 9-29　插入绘图页　　图 9-30　设置页属性　　图 9-31　编辑绘图页

2．编辑美化背景页

切换至“背景 1”页面下。

（1）设置主题。在【设计】→【主题】选项组中选择一个设计主题，此处选择了“辐射”主题。在【变体】选项组中选择一种变体，如图 9-32 所示。

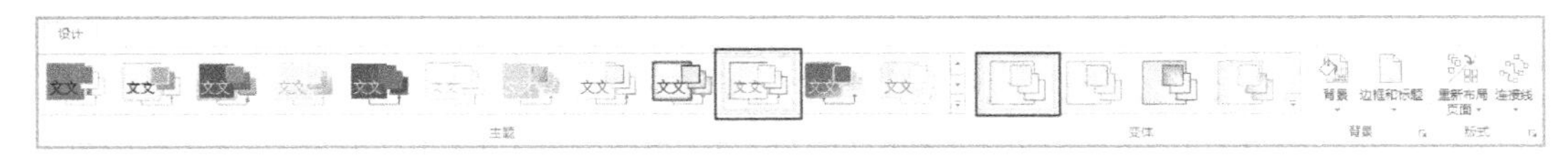

图 9-32　为背景页设置主题和变体

（2）设置背景。系统内置了多种背景样式供用户选择以增加绘图页的美观，如图 9-33 左图所示。

（3）设置边框和标题。边框和标题是系统内置的一种效果样式，作用是为绘图文档添加可显示的边框以及可输入内容的标题。设置方法：在【设计】→【背景】选项组中进行背景、边框和标题的设置，如图 9-33 所示。输入标题内容和页脚内容后的背景页如图 9-34 所示。同样的方法，另外再创建一个背景页，命名为“背景 2”，如图 9-35 所示。

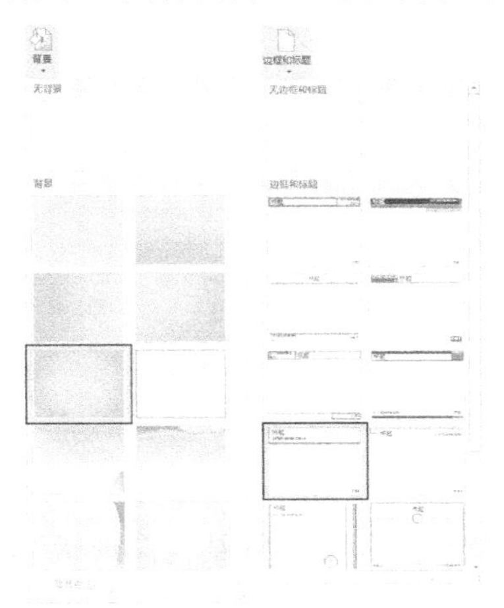

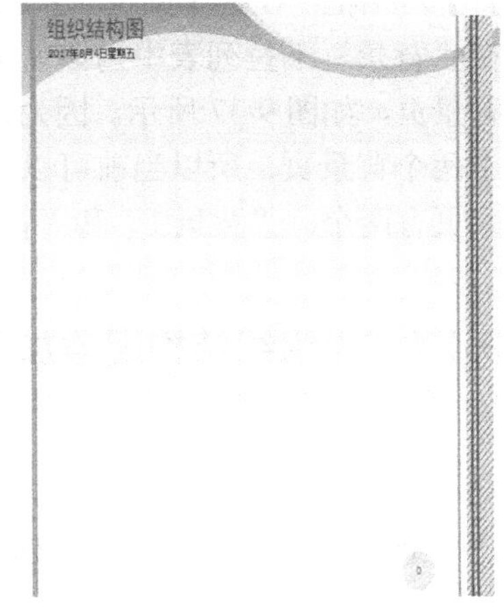

图 9-33　设置背景、边框和标题　　图 9-34　编辑后的背景 1　　图 9-35　背景 2

相关知识——自定义主题元素

除了使用内置主题美化绘图页之外，还可以进行自定义主题设置。自定义主题可以设置主题颜色、主题效果、连接线和装饰等四种主题元素，用户可以通过自定义元素设置全新的主题效果。设置方法：单击【设计】→【变体】选项组右下方的【其他】按钮，在其级联菜单中选择需要的选项即可，如图 9-36 所示。

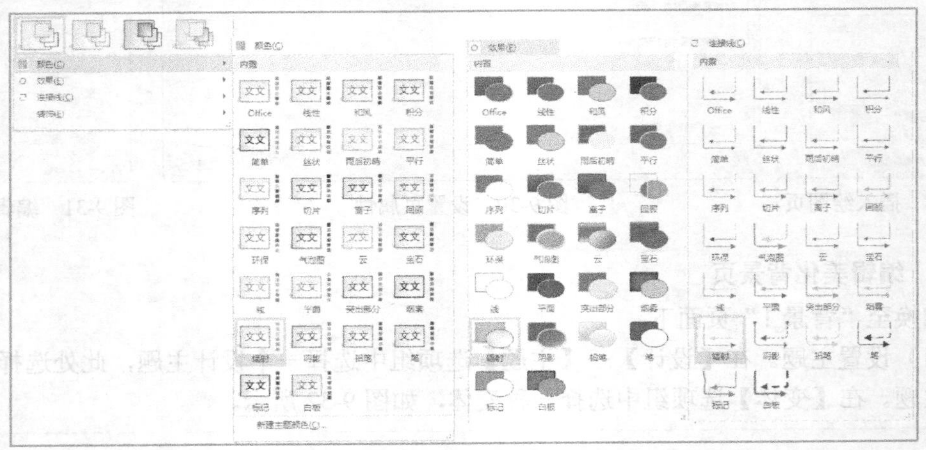

图 9-36　自定义主题元素

3. 为前景页指派背景页

双击图 9-31 中的“页-1”前景页标签，将其重命名为“组织结构图页面1”。然后为该前景页指派背景页，方法如下：将光标放置于前景页标签上，用鼠标右键单击，在弹出的快捷菜单中选择【页面设置】命令，打开【页面设置】对话框；在其【页属性】选项卡下，在“背景”下拉列表中为该前景页指派背景页，如图 9-37 所示。因为之前创建了两个背景页，所以当前可以指派的背景页有两个：“背景 1”和“背景 2”。

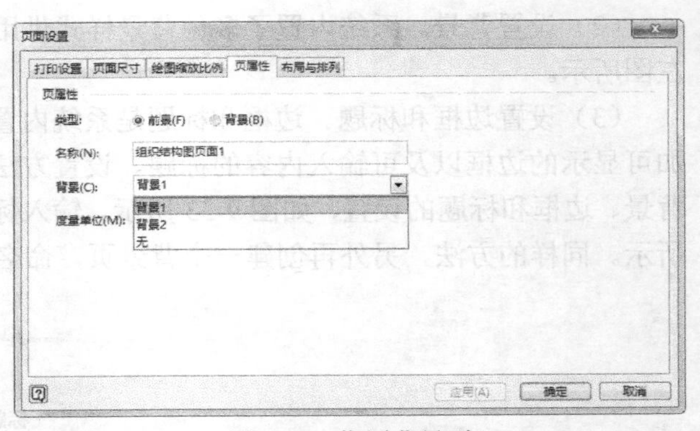

图 9-37　指派背景页

9.4.4　为组织结构图添加形状

微课

1. 获取形状

1）添加模具到【形状】窗格

通过组织结构图模板创建的文档，系统配备了默认的形状模具“带-组织结构图形状”，如图 9-38 所示。为了满足用户多样性的设计要求，有时需要添加其他形状到【形状】窗格。比如想添加组织结构图相关的其他模具到【形状】窗格中供用户使用，可进行如下设置：

在【形状】窗格中选择【更多形状】→【商务】→【组织结构图】选项，在其级联菜单中选择“石头-组织结构图形状”，即可将“石头-组织结构图形状”模具添加到【形状】窗格，添加后如图 9-39 所示。

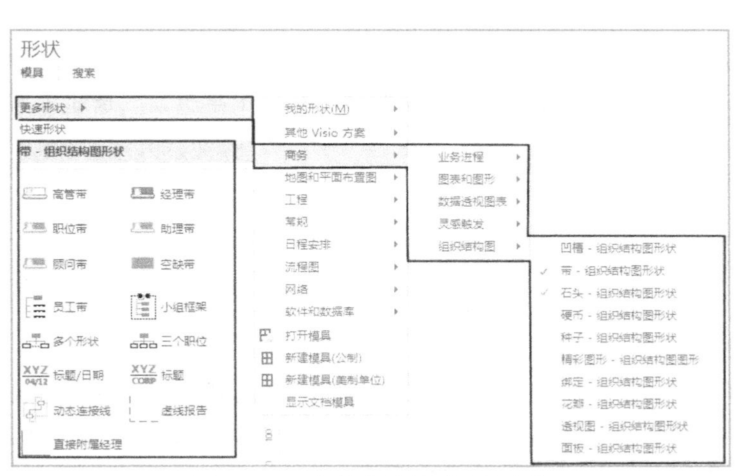

图 9-38　添加其他模具到形状窗格

图 9-39　添加模具后的形状窗格

2）添加形状到绘图页

切换到“组织结构图页面 1”页面下，将图 9-39 中“石头-组织结构图形状”模具下的 高管石 和 助理石 拖放到绘图页中适当位置。选择【更多形状】→【常规】→【基本形状】选项，将“基本形状”模具添加到【形状】窗格。在“基本形状”模具下，将 矩形 拖放到绘图页中适当位置，如图 9-40 所示。添加形状后的绘图页如图 9-41 所示。

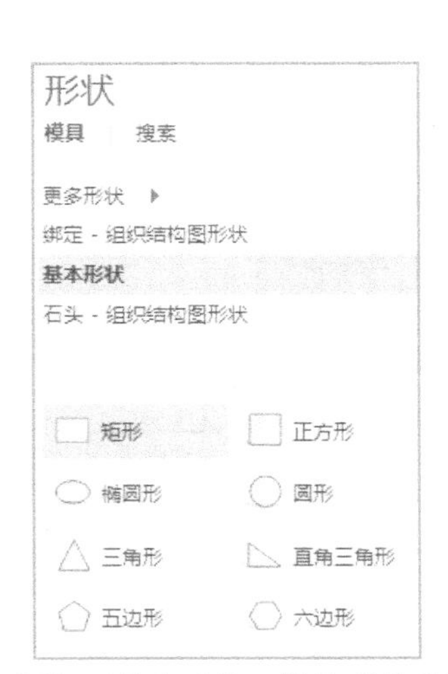

图 9-40　添加“基本形状”模具到【形状】窗格

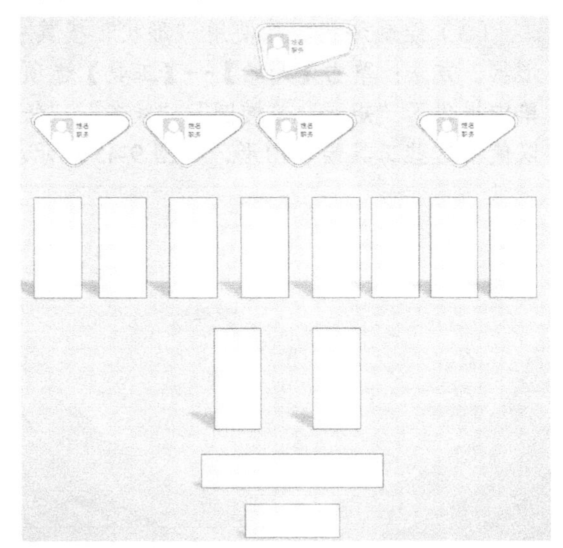

图 9-41　添加形状后的绘图页

技巧

复制形状。设置好一个形状后，选中这个形状，按住“Ctrl”键的同时拖动鼠标即可复制此形状。另外，按“Ctrl+Shift”组合键拖动可在水平或垂直方向复制形状（即复制的形状与原形状在水平或垂直方向对齐）。

相关知识

（1）更改组织结构图形状样式。在【组织结构图】→【形状】选项组下选择一种形状样式，可以更换组织结构图中的形状样式，如图 9-42 所示。在图中单击高度＋－宽度＋－按钮可调节形状的高度和宽度。

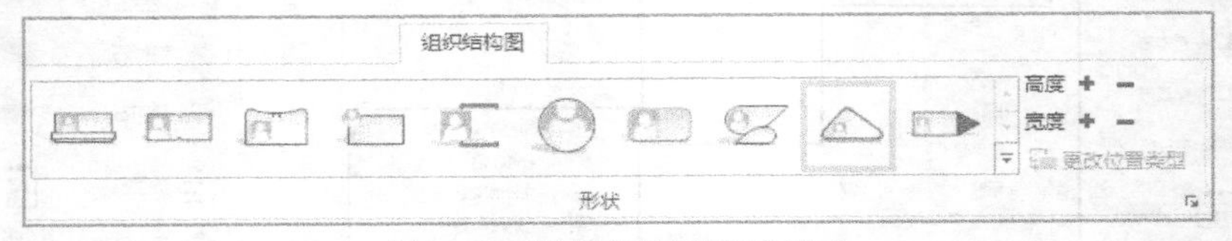

图 9-42　组织结构图形状样式

（2）选择形状。对形状进行操作前，需要选择相应的形状，与 Word、Excel 等 Office 软件相同，可以单击选择一个形状，或者按住“Shift”或“Ctrl”键的同时选择多个形状。除此之外 Visio 还提供了如图 9-43 所示的多种形状选择方法。

“全选”执行该命令（或按“Ctrl+A”组合键）即可选中当前绘图页中所有形状。

“按类型选择”选择该命令可打开【按类型选择】对话框，如图 9-44 所示，在该对话框中可勾选要选择的形状的类型。

“选择区域”即拖动鼠标框选形状。

“套索选择”将鼠标置于需选择形状的外部，按住鼠标左键拖动，通过不规则形状的圈选区域，将这些图形选中。

（3）绘制形状。除使用“形状”模具中提供的形状之外，还可以自己绘制一些基本形状。方法：单击【开始】→【工具】选项组【指针工具】右侧的形状按钮，在其级联菜单中提供了“矩形”“椭圆”“线条”“任意多边形”“弧形”铅笔等基本绘图工具，可以使用这些工具绘制图形，如图 9-45 所示。

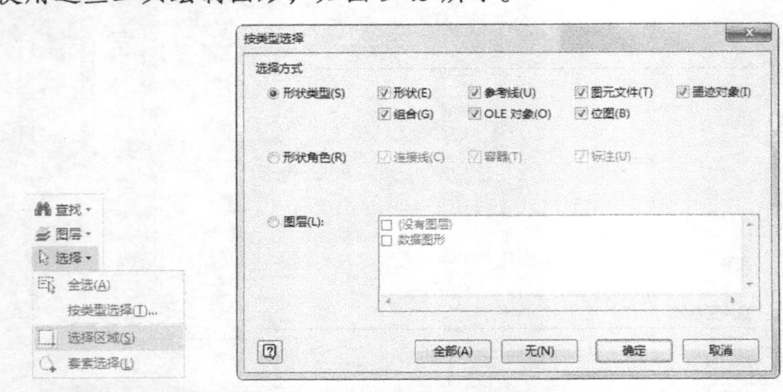

图 9-43　选择形状的方法　　图 9-44　【按类型选择】对话框

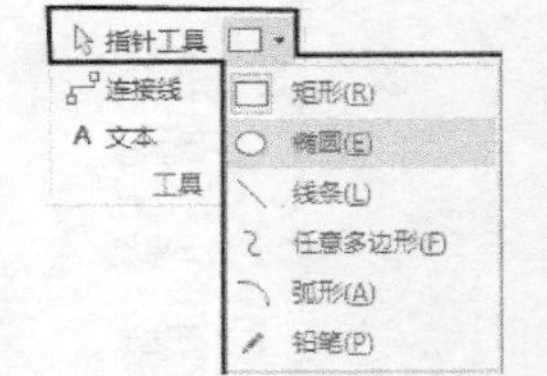

图 9-45　基本绘图工具

2. 排列形状

位置排列：拖动鼠标选择第二行所有形状，选择【开始】→【排列】→【位置】→【横向分布】选项 横向分布(H) ，如图 9-46 所示，可自动横向均匀分布所选形状，使各图形间隔相同。

对齐形状：选择【开始】→【排列】→【排列】→【顶端对齐】选项，如图 9-47 所示，将所选形状设置为顶端对齐。

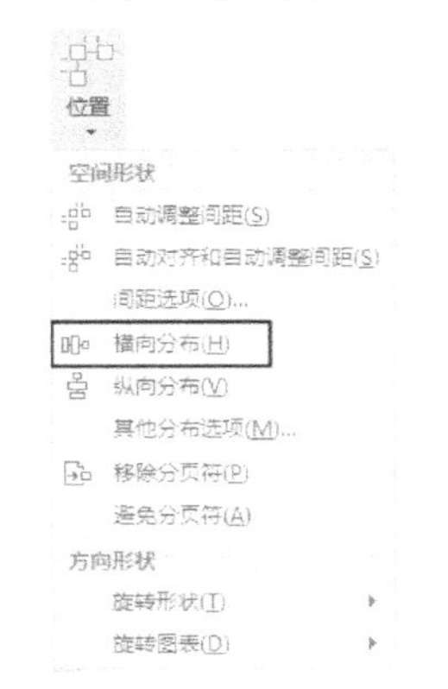

图 9-46 【位置】列表选项

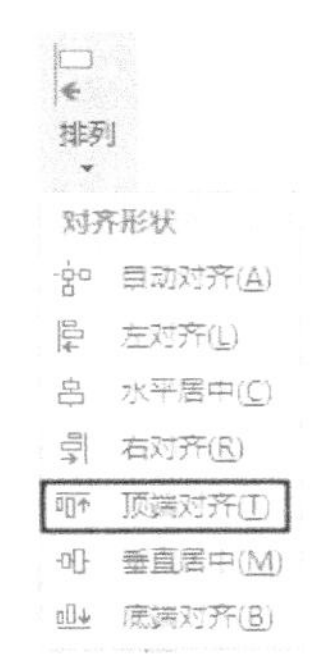

图 9-47 【排列】列表

3. 连接形状

微课

连接形状是将相互关联的形状连接在一起以构成完整的结构。连接形状有两种方式：手动连接和自动连接。

1）手动连接形状

（1）连接形状。单击【开始】→【工具】→【连接线】按钮 连接线 ，将光标移动到第一行图形 A 连接点处，光标变为 时，拖动鼠标至下方图形 B 连接点处，如图 9-48 所示；松开鼠标即出现连接 A 点到 B 点的连线，效果如图 9-49 所示。依次进行连线，效果如图 9-50 所示。

（2）为形状添加连接点。图 9-50 中从 C 点到 D 点进行连线时得到的总是曲线，这是因为连线时系统会自动绕过下方形状进行连接，若想得到图 9-51 中所示 EF 直线连线，必须在形状上添加连接点。方法：单击 连接线 后面的“连接点”按钮 ✕ ，显示所有形状当前的所有连接点，将光标移动到需添加连接点位置，当光标变为 时，按下“Ctrl”键，同时单击鼠标即可在此处添加一个连接点（即 E 点），如图 9-52 所示，然后连接 E 点与 F 点即可。

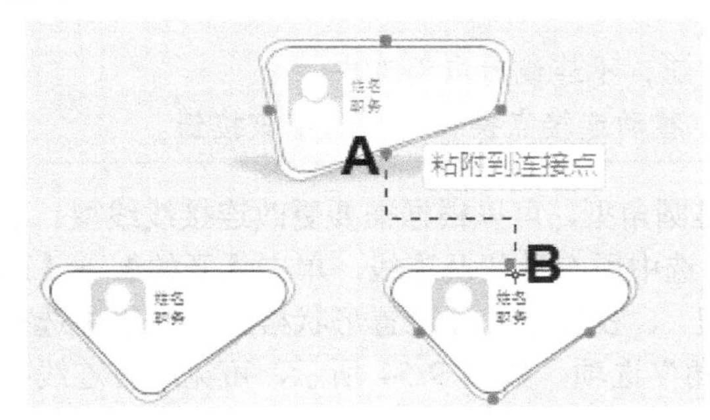

图 9-48 拖动鼠标从 A 连接点至 B 连接点

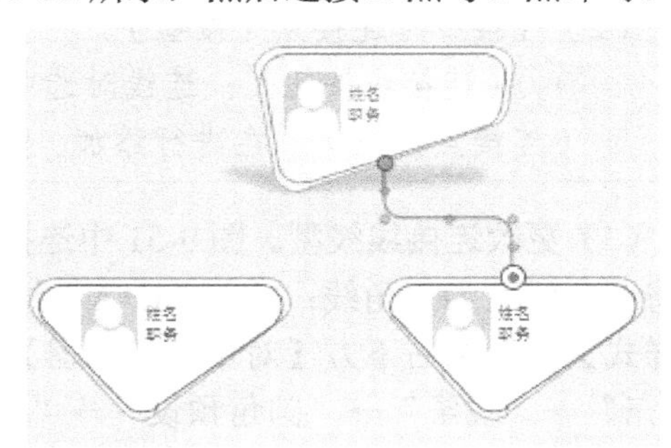

图 9-49 连线效果

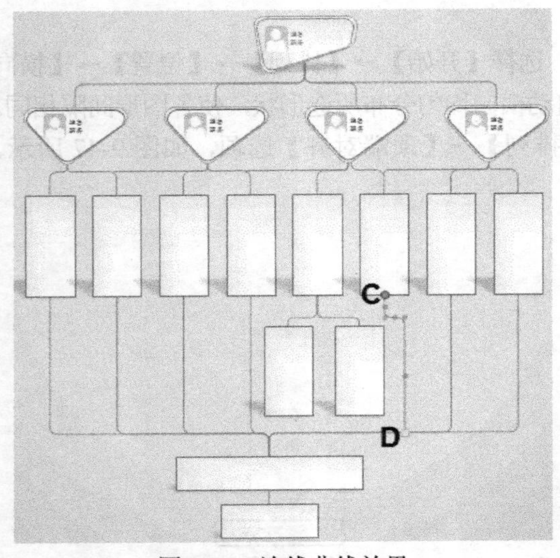

图 9-50　连线曲线效果　　　　图 9-51　连线直线效果

注意：要想显示形状的连接点，在【视图】→【视觉帮助】列表中，勾选“连接点”复选框，如图 9-53 所示。

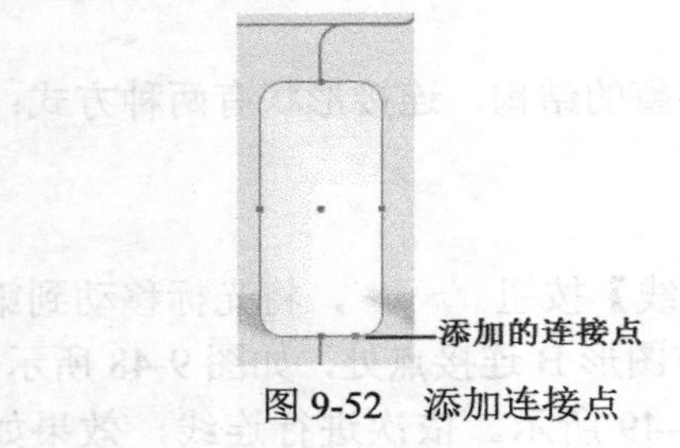

图 9-52　添加连接点

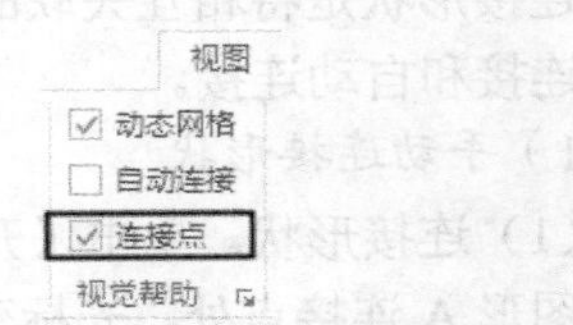

图 9-53　勾选“连接点”复选框

> **技巧**
>
> （1）移动和删除连接点。
>
> 移动连接点：×选中状态下，单击要移动的连接点，被选中的连接点变为红色，按下“Ctrl”键，当光标变为✣时，移动鼠标至需要移动到的位置，然后单击鼠标即可。
>
> 删除连接点：选中需要删除的连接点，连接点变为红色，按“Delete”键即可删除。
>
> （2）连接线与连接点（按钮）。
>
> 连接线（连接线按钮）：连线时选中该按钮，不连线时取消选中。
>
> ×（连接点按钮）：在进行添加、删除、移动连接点操作时需选中该按钮。

（3）更改连接线线型。图 9-51 中连接线是圆角型，可以根据需要更改连接线线型。下面将圆角线改为直角线：按“Ctrl+A”组合键选中所有形状及连线，单击【开始】→【形状样式】选项组右下方【对话框启动器】按钮，在显示的【设置形状格式】窗格中选择“填充”→“线条”→“圆角预设”→“无圆角”选项，如图 9-54 所示，可见所有连线都变为了直角，效果如图 9-55 所示。

图 9-54　圆角预设

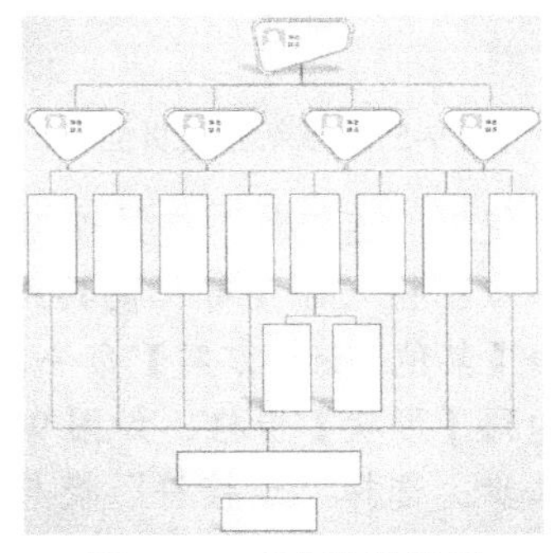

图 9-55　直角连线效果

相关知识

（1）连接线设置。单击【设计】→【版式】→【连接线】按钮，如图 9-56 所示。

选择“直线”选项，效果如图 9-57 所示。

选择“曲线”选项，效果如图 9-58 所示。

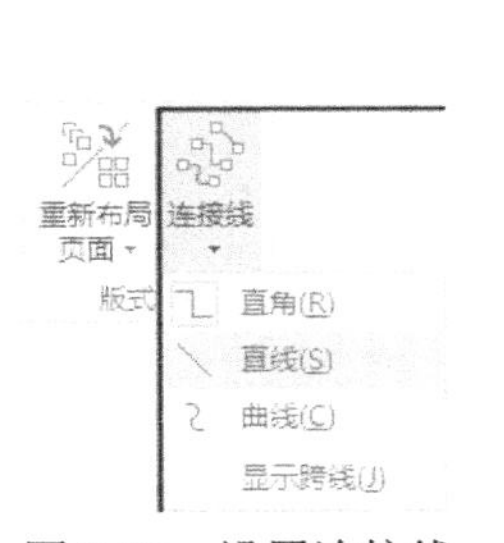

图 9-56　设置连接线

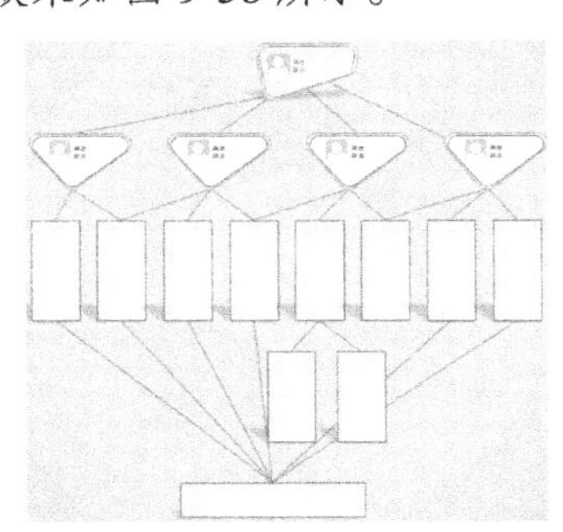

图 9-57　直线连接线效果

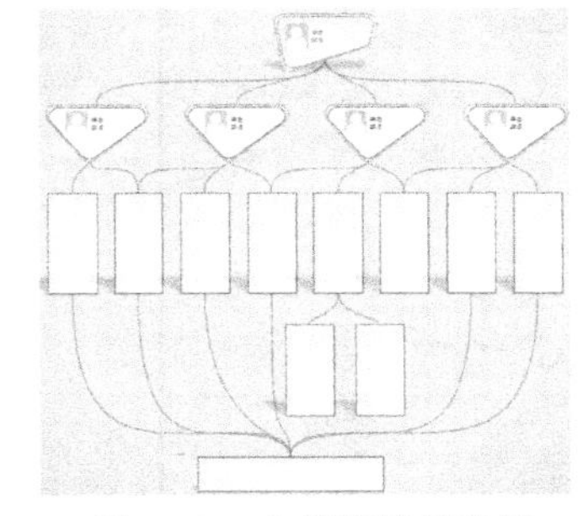

图 9-58　曲线连接线效果

（2）重新布局页面。Visio 允许重定位形状设置图表布局，如图 9-59 所示。应用效果如图 9-60 所示。

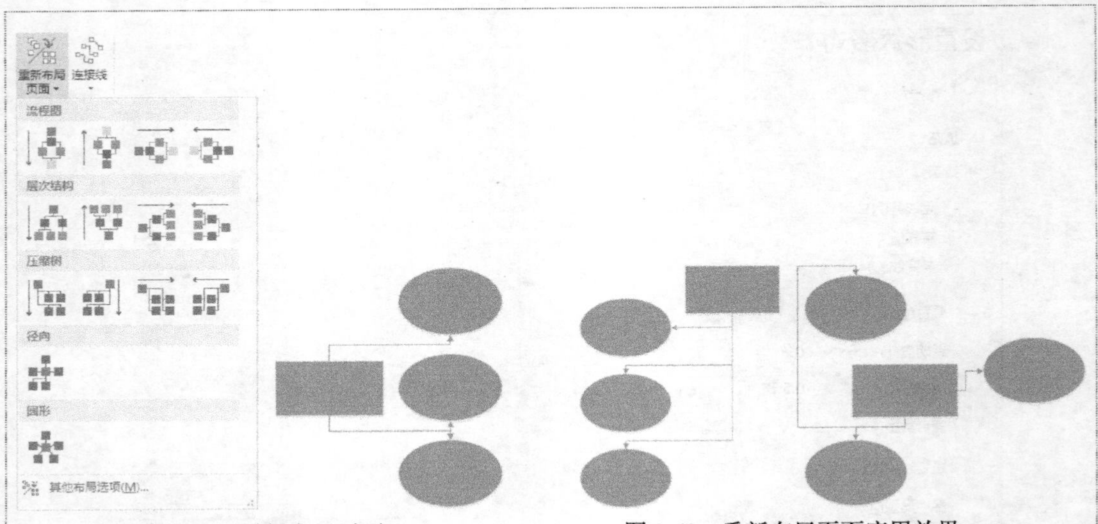

图 9-59　重新布局页面　　　　图 9-60　重新布局页面应用效果

（3）使用“连接符”模具连接形状。

第一步：将“连接符”模具添加到【形状】窗格中。在【形状】窗格中单击【更多形状】→【其他 Visio 方案】命令，在其级联菜单中选择【连接符】选项，即可将连接符模具添加到【形状】窗格，如图 9-61 所示。

第二步：选择“连接符”模具下的连接符，并拖放到绘图页相应形状的位置，即可完成形状间连接。连接形状效果如图 9-62 所示。

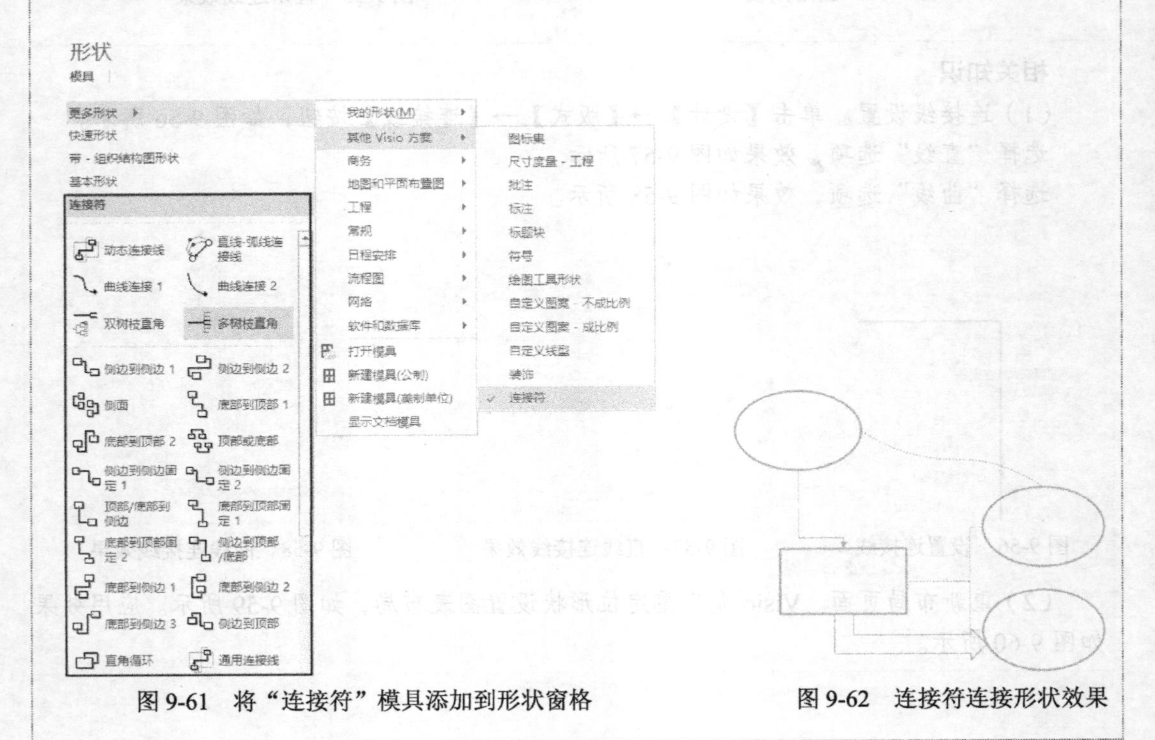

图 9-61　将“连接符”模具添加到形状窗格　　　　图 9-62　连接符连接形状效果

2）自动连接形状

除手动连接形状外 Visio 还提供了自动连接形状功能。在【视图】→【视觉帮助】列表中勾选“自动连接”复选框，启动自动连接功能，如图 9-63 所示。将光标置于形状上，当形状四周出现“自动连接”箭头 时，指针旁边会显示一个浮动工具栏，单击工具栏中的形状，即可添加形状并自动建立连接，如图 9-64 所示。

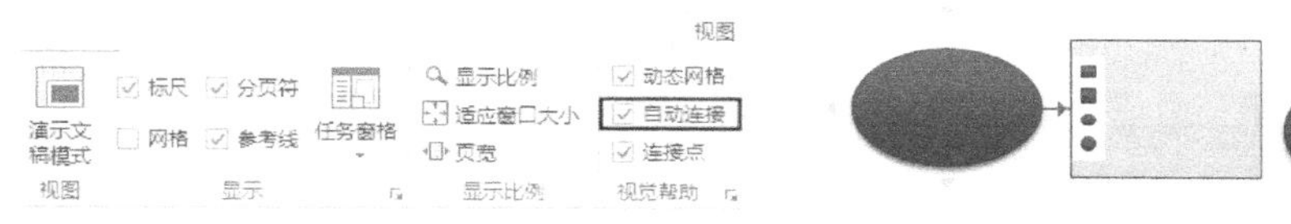

图 9-63　勾选“自动连接”复选项

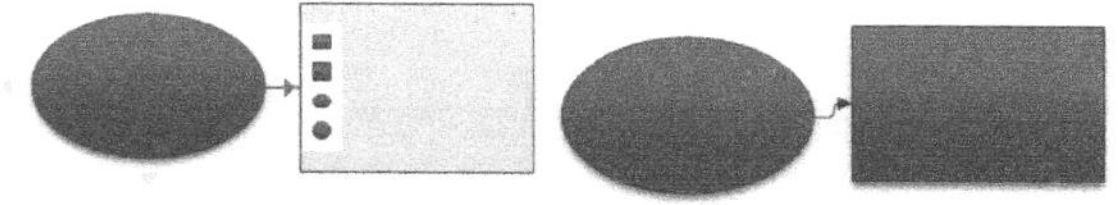
图 9-64　自动连接形状

4．美化形状

Visio 内置了 42 种主题样式和 4 种变体样式，以方便用户快速美化形状。在此基础上，还可以通过设置形状填充颜色、线条样式、艺术效果来美化形状。具体设置与 Word、PPT 等相似，读者可根据需要自行设置。

9.4.5　编辑文本

微课

1．为形状添加文本

Visio 中大部分形状都包含一个隐含的文本框，双击形状即可输入文本。当形状中没有包含文本框时，可使用【文本】工具为形状添加文本。

直接输入文本方法：双击形状，自动进入文字编辑状态，在显示的文本框中输入文字，按下“Esc”键或单击其他区域即可退出文本输入，如图 9-65 所示。

图 9-65　直接输入文本

注意：也可以选择形状后按“F2”键，为形状添加文本。

相关知识

（1）使用文本工具输入文本。单击【开始】→【工具】→【文本】按钮，在形状中绘制文本框并输入文本。

（2）插入文本字段。系统提供了显示系统日期、时间、几何图形等字段信息，默认状态下这些字段信息处于隐藏状态。单击【插入】→【文本】→【域】按钮，在弹出的【字段】对话框中选择显示信息，如图 9-66 所示，即可将字段信息插入到形状中，变为可见状态。

（3）锁定文本。一般情况下，纯文本形状或一些标注形状可以随意调整和移动，以便于用户编辑。但是在特殊情况下，用户不希望所添加的文本或注释被编辑，这时就需要利用提供的“保护”功能锁定文本。方法：选择需要锁定的文本形状，单击【开发工具】→【形状设计】→【保护】按钮，在打开的【保护】对话框中选择要保护的选项即可，如图 9-67 所示。

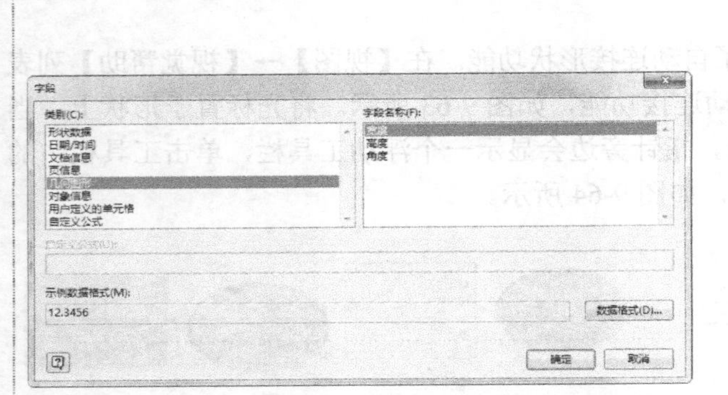

图 9-66 【字段】对话框

图 9-67 【保护】对话框

（4）文本的编辑、文本格式设置、段落设置与 Word、PPT 等相似，此处不再赘述。

2. 为形状添加图像

为组织结构图中部分形状添加图像，效果如图 9-68 所示。选中形状，用鼠标右键单击，在弹出的快捷菜单中选择【图片】→【更改图片】命令，如图 9-69 所示，选择需插入的图片即可。也可以在此进行删除图片或隐藏图片操作。

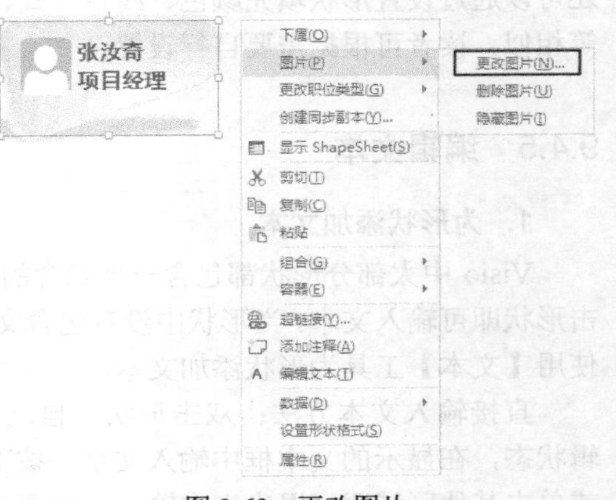

图 9-68 为形状添加图像

图 9-69 更改图片

9.4.6 数据应用

用户可以通过为形状定义数据信息，或通过外部数据库来定义形状信息的方法，以动态与图形化的方式显示图表数据。将形状关联到相应数据中，显示效果如图 9-70 所示。

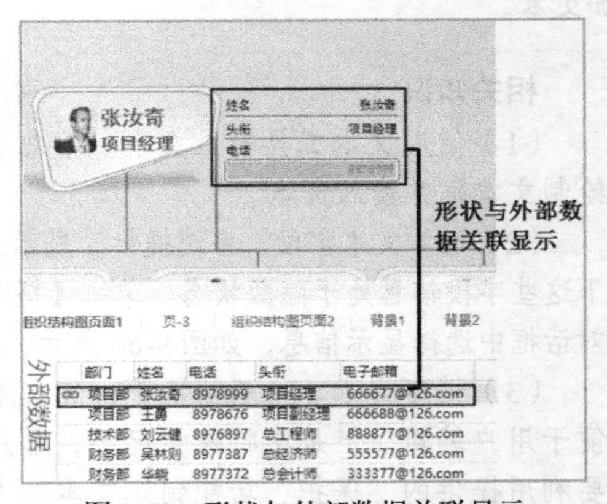

图 9-70 形状与外部数据关联显示

实现上述关联，可通过以下两种方法实现。

1. 定义形状数据

选择第一行的“项目经理”形状，用鼠标右键单击，在弹出的快捷菜单中选择【数据】→【定义形状数据】命令，弹出【定义形状数据】对话框，如图 9-71 所示；通过对话框下方【新建】和【删除】按钮对“属性”列表中的标签进行增删，增删后属性列表项目包括部门、姓名、电话、头衔、电子邮箱，然后依次设置每个标签的名称、类型、格式、值和提示等数据信息，并依次对其他需要定义的形状数据进行上述操作。

用鼠标右键单击该形状，在弹出的快捷菜单中选择【数据】→【形状数据】命令，显示【形状数据-高管石】窗口，如图 9-72 所示。

图 9-71 【定义形状数据】对话框

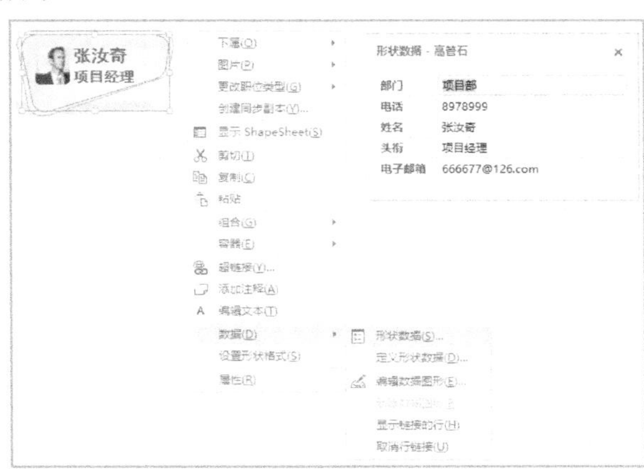

图 9-72 【形状数据】窗口

2. 导入外部数据

除了直接定义形状数据外，还可以将外部数据快速导入到形状中，并链接数据。

（1）创建一个 Excel 文件“外部数据.xlsx”，如图 9-73 所示。

（2）在绘图页下，单击【数据】→【外部数据】→【将数据链接到形状】按钮，打开【数据选取器】向导对话框，在“要使用的数据”对应列表中选择数据类型，如图 9-74 所示。然后单击【下一步】按钮，在打开的如图 9-75 所示对话框中，单击【浏览】按钮选择需导入的 Excel 文件，下面根据系统提示依次完成图 9-76 至图 9-79 所示设置。

部门	姓名	电话	头衔	电子邮箱
项目部	张汝奇	8978999	项目经理	666677@126.com
项目部	王勇	8978676	项目副经理	666688@126.com
技术部	刘云健	8976897	总工程师	888877@126.com
财务部	吴林则	8977387	总经济师	555577@126.com
财务部	华晓	8977372	总会计师	333377@126.com

图 9-73 Excel 文件数据内容

图 9-74 选择数据文件类型

3. 手动链接数据

在【数据】→【显示/隐藏】列表中，勾选“外部数据窗口”复选框，在绘图页中显示【外部数据】窗口，如图 9-80 所示。

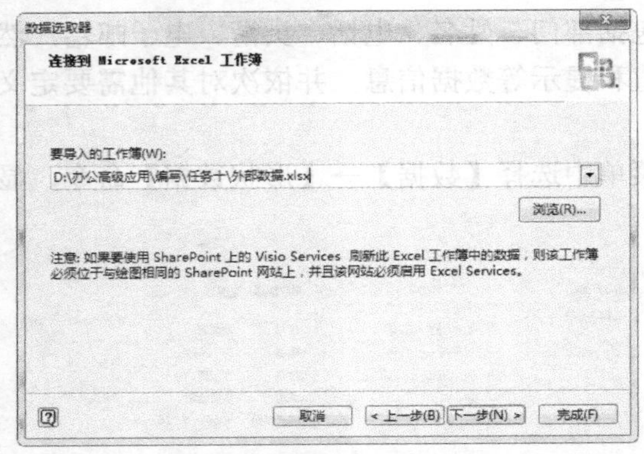

图 9-75　选择要导入的数据文件

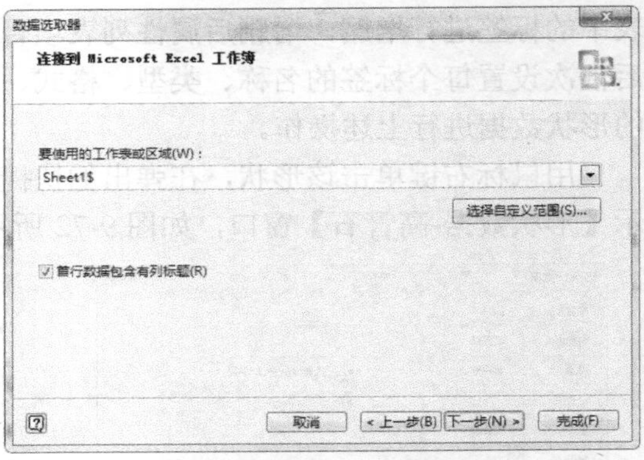

图 9-76　选择工作表或区域

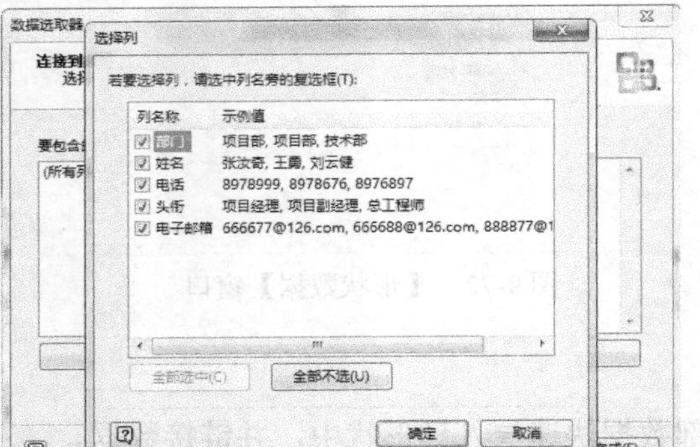

图 9-77　选择需要链接的行和列

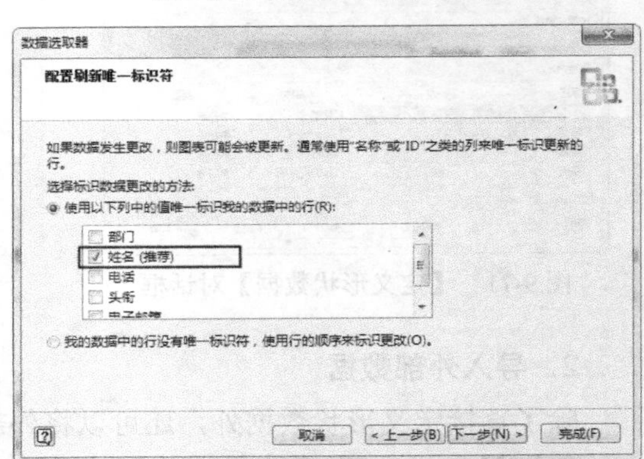

图 9-78　配置唯一标识符

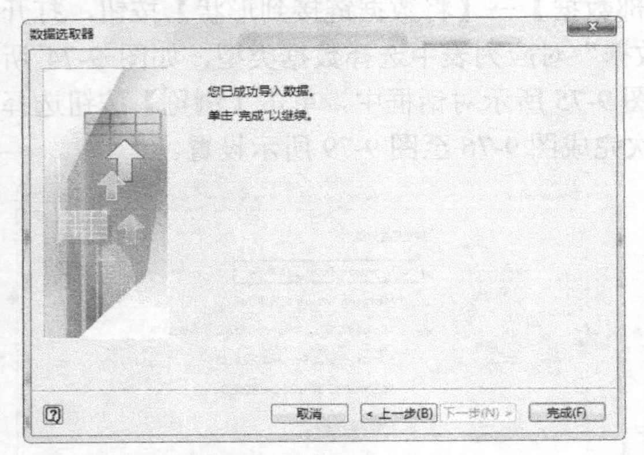

图 9-79　导入数据完成

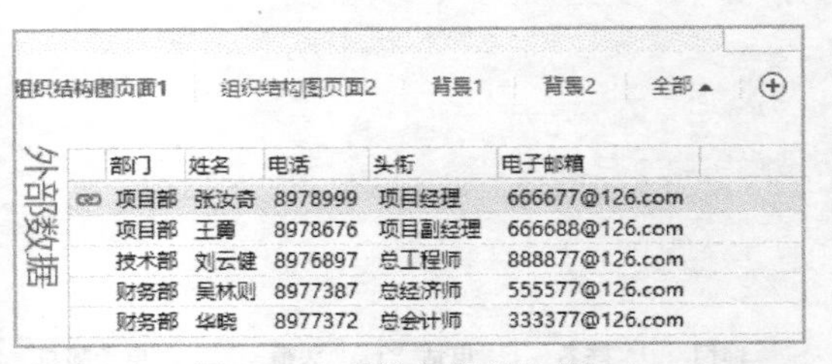

图 9-80　【外部数据】窗口

方法一：将光标放置在外部数据某一条记录上，拖动鼠标至对应形状上，当鼠标指针变为链接箭头时，松开鼠标，即可将数据链接到形状上。单击【数据】→【显示数据】→【数据图形】按钮，在图 9-81 所示"可用数据图形"列表下选择一种数据图形样式，链接数据后形状效果如图 9-82 所示。

方法二：选中形状，将光标置于外部数据某条记录上，用鼠标右键单击，在弹出的快捷菜单中选择【链接到所选的形状】命令，如图 9-83 所示，即可将该数据链接到形状上，同时该记录前出现链接标记 。

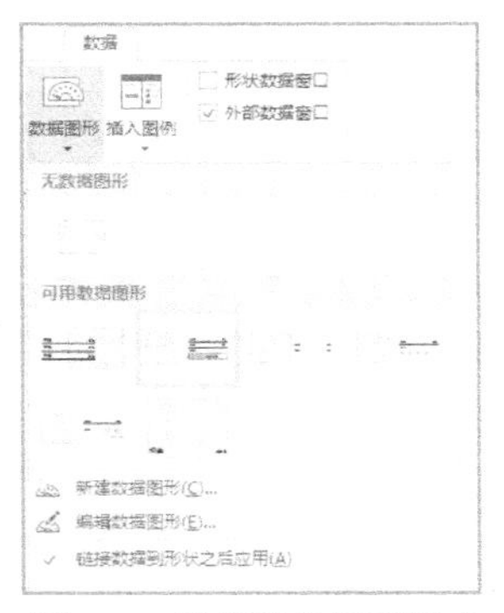

图 9-81　选择数据图形样式

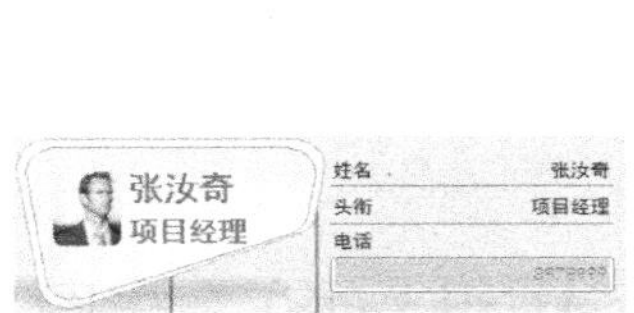

图 9-82　链接数据后形状效果

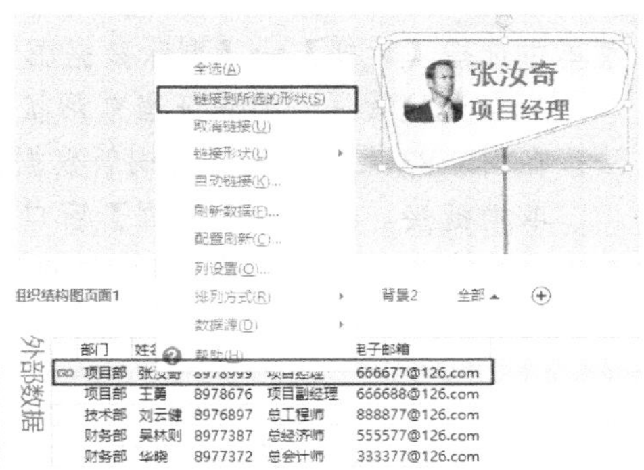

图 9-83　链接到所选的形状

4. 自动链接数据

自动链接适用于数据容量大或修改较频繁的情况。单击【数据】→【外部数据】→【自动链接】按钮，弹出【自动链接】向导对话框，如图 9-84 所示，在“希望自动链接到”选项组中选择“此页上的所有形状”单选项。单击【下一步】按钮，弹出如图 9-85 所示对话框，设置自动链接条件：数据列的“姓名”=形状字段的“姓名”。再单击【下一步】按钮，即可完成自动链接设置，效果如图 9-86 所示。

注意：*在图 9-85 中，若数据列的姓名和形状字段的姓名不相同，则该记录无法链接到形状。*

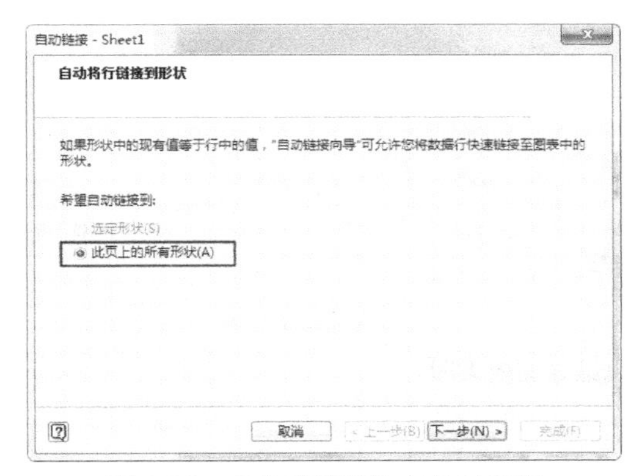

图 9-84　【自动链接】向导对话框

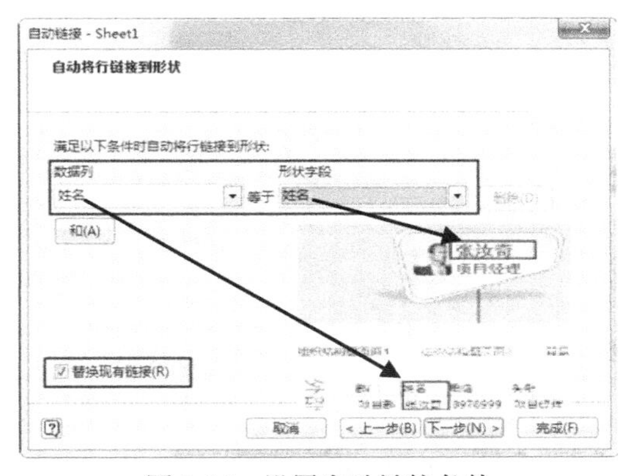

图 9-85　设置自动链接条件

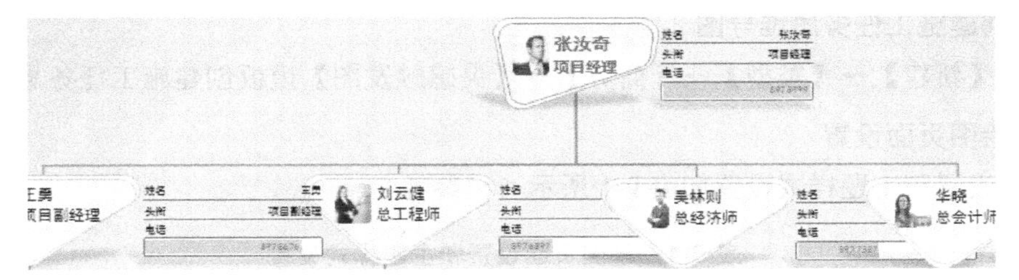

图 9-86　自动链接数据效果

相关知识

删除数据图形 。选中需删除数据图形的形状，用鼠标右键单击，在弹出的快捷菜单中选择【数据】→【删除数据图形】命令，即可删除该形状后面的数据图形。

刷新形状数据。为保证当前形状数据与外部数据保持一致，可以进行刷新操作。方法：在图 9-83 菜单中选择【刷新数据】命令，即可刷新数据。

取消链接。在【外部数据】窗口中，选中需要取消链接的记录，用鼠标右键单击，在弹出的快捷菜单中选择【取消链接】命令即可取消该记录与对应形状的链接。此时，刷新数据无效。

9.5 绘制施工任务思维导图（灵感触发图）

施工任务思维导图是协助思考和规划项目施工所涉及哪些任务，并使杂乱无章的任务流转换为易读、清晰的图表，使项目管理者能够清晰地了解各任务间的关系与层次，以便进行规划和决策。效果如图 9-87 所示。

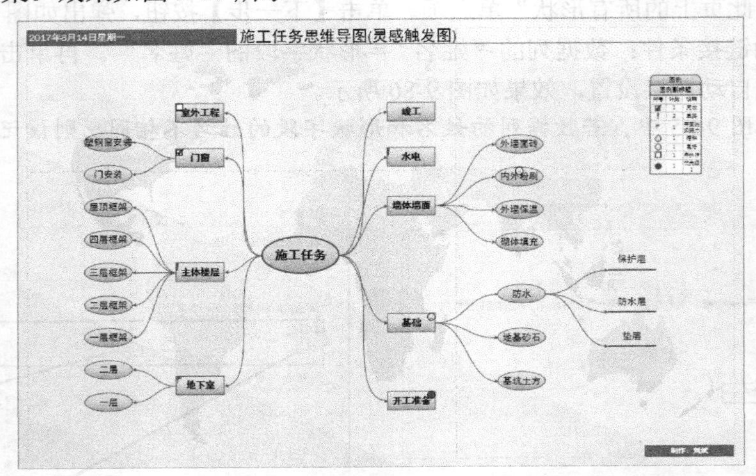

图 9-87　施工任务思维导图效果图

9.5.1 添加任务标题

1. 创建施工任务思维导图

通过【新建】→【类型】→【商务】→【灵感触发图】模板创建施工任务思维导图。

2. 绘图页面设置

页面设置和主题样式设置如表 9-1 所示（供参考）。

表 9-1　绘图页面设置和主题样式设置

<table>
<tr><th colspan="2">页面尺寸</th><th>纸张方向</th><th>绘图缩放比例</th></tr>
<tr><td colspan="2">自定义大小（460mm×300mm）</td><td>横向</td><td>无缩放（1：1）</td></tr>
<tr><th>主题</th><th>变体</th><th>背景</th><th>边框和标题</th></tr>
<tr><td>丝状</td><td>丝状，变量 1</td><td>世界</td><td>简朴型</td></tr>
</table>

3．添加任务标题

新建灵感触发图默认包含两个形状模具：“灵感触发形状”和“图例形状”模具，如图 9-88 所示。“灵感触发形状”模具包含主标题、标题、多个标题、动态连接线和关联线等形状，主要用于添加标题和连接线。

1）通过“灵感触发形状”模具添加任务标题

方法一：将“灵感触发形状”模具中的标题和连接线形状依次拖放到绘图页中，拖动鼠标调整新建标题和动态连接线的位置，如图 9-89 所示。

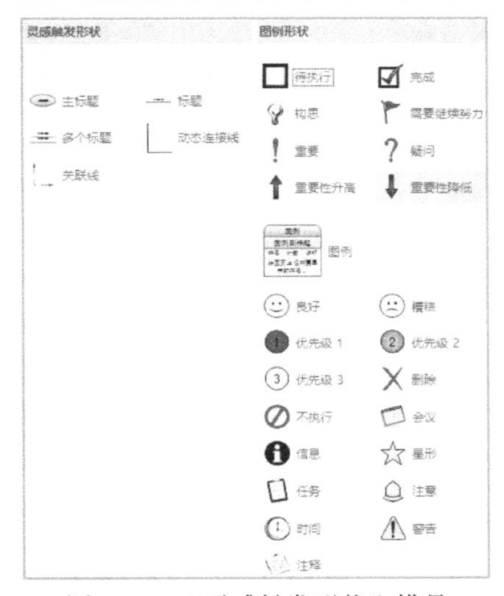

图 9-88　“灵感触发形状”模具

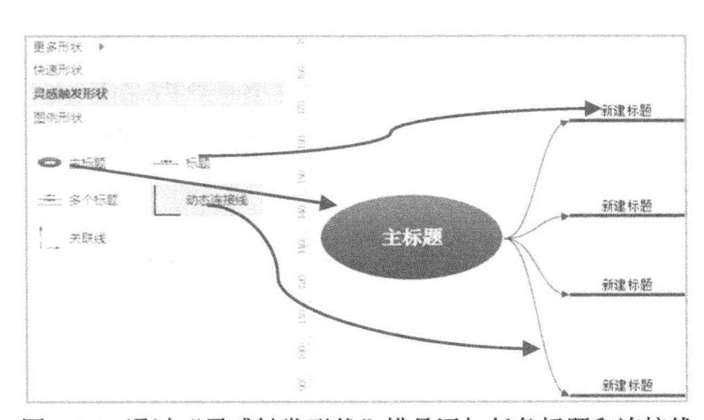

图 9-89　通过“灵感触发形状”模具添加任务标题和连接线

方法二：将“主标题”拖动到绘图页中，用鼠标右键单击形状，在弹出的快捷菜单中选择【添加多个标题】命令，弹出【添加多个标题】对话框，如图 9-90 所示输入标题文本（每个标题之间按“Enter”键）；默认添加效果如图 9-91 所示；单击【灵感触发】→【排列】→【布局】按钮，在【布局】对话框中选择一种布局和连接线，如图 9-92 所示。最后布局效果如图 9-93 所示。

注意：此处拖动形状也可实现位置调整。

图 9-90　【添加多个标题】对话框

图 9-91　默认添加效果

2）通过【灵感触发】选项卡添加任务标题

如图 9-94 所示，单击【灵感触发】→【添加主题】→【主要】按钮，在绘图页中添加一个主标题；选中主标题，单击【副标题】按钮即可添加一个副标题，重复这个操作。

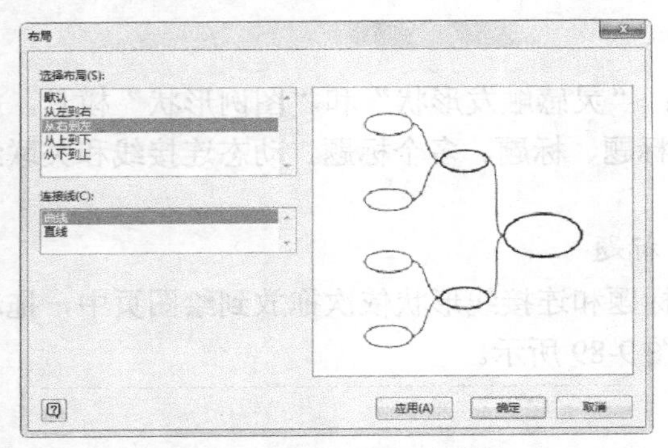

图 9-92　【布局】对话框

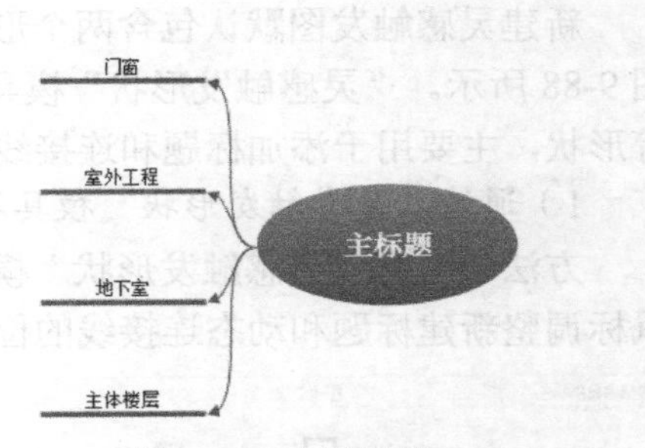

图 9-93　布局效果

也可以选中主标题，单击【多个副标题】按钮，这个方法同上面介绍的“方法二”，请自行尝试。

除上面几种方法外，还有一种最直接的方法，就是用鼠标右键单击某形状，在弹出的快捷菜单中选择为其添加副标题或是多个副标题，即可实现该形状标题的添加。

说明：在添加标题的过程中，要根据下一级标题的数目调整好标题之间的距离，如图 9-95 所示，然后再添加下级标题。这样就避免了因距离不够而使添加的下级标题交叉错乱的情况，如图 9-96 所示；一旦出现这个情况，可以再根据需要拖动形状到合适位置。再如，添加到左侧的标题，可以随意拖动到右侧，如图 9-97 所示。

添加任务标题后效果如图 9-98 所示。

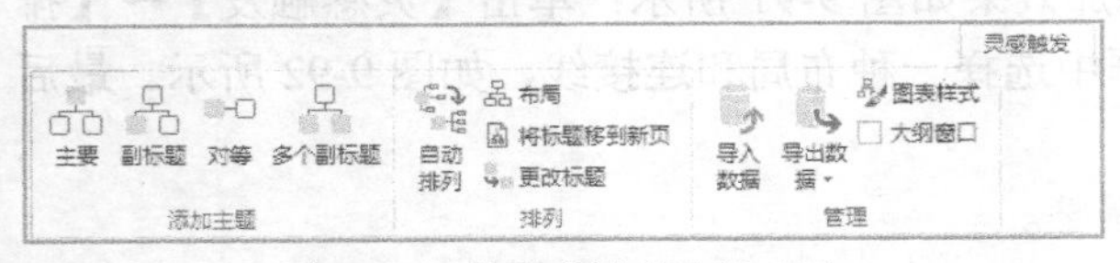

图 9-94　【灵感触发】选项卡

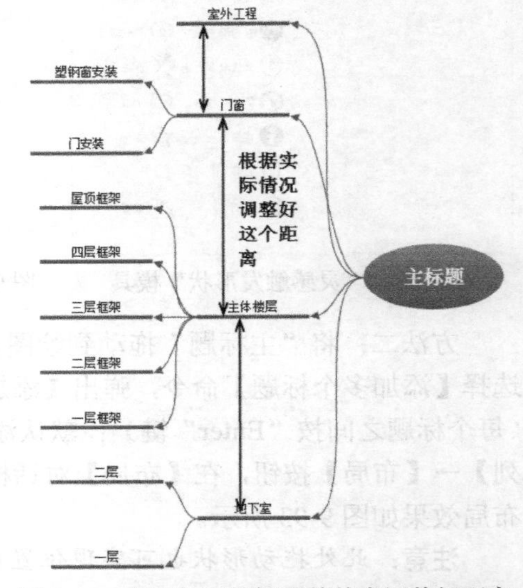

图 9-95　在添加下级标题前首先调整好距离

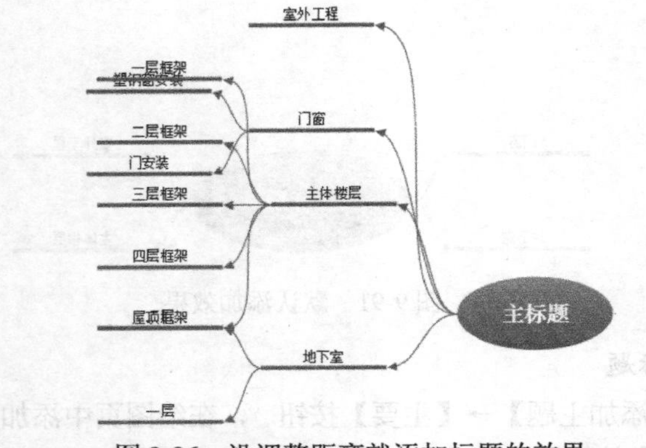

图 9-96　没调整距离就添加标题的效果

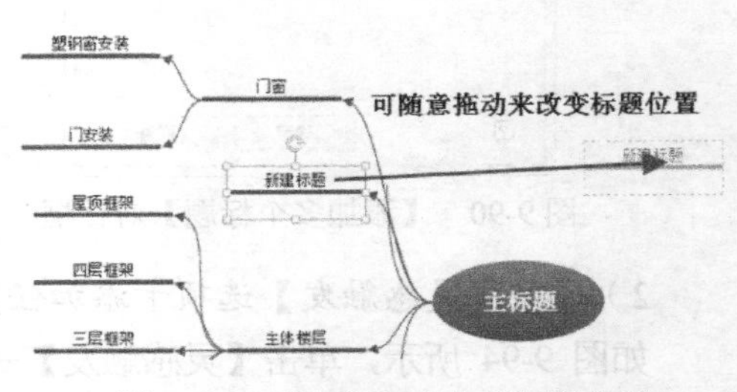

图 9-97　可随意拖动改变标题位置

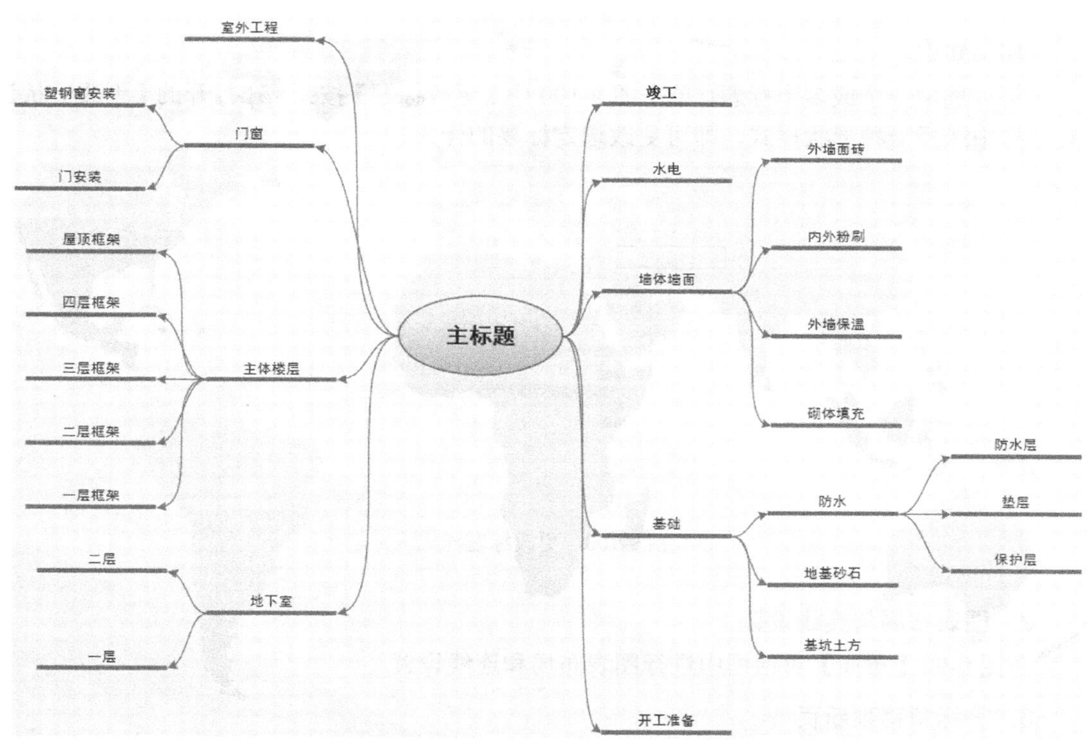

图 9-98　添加任务标题后效果

9.5.2　排列与布局

为增强图表整体效果，需要对图表进行排列与布局操作。

1. 图表样式设置

图表样式设置是将外观样式和形状类型分配到灵感触发图中的不同级别。单击【灵感触发】→【管理】→【图表样式】按钮，打开【灵感触发样式】对话框，在提供的样式列表中选择一种样式，如图 9-99 所示。

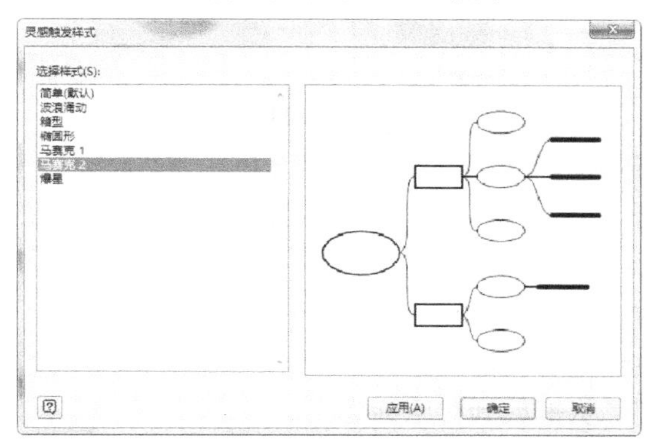

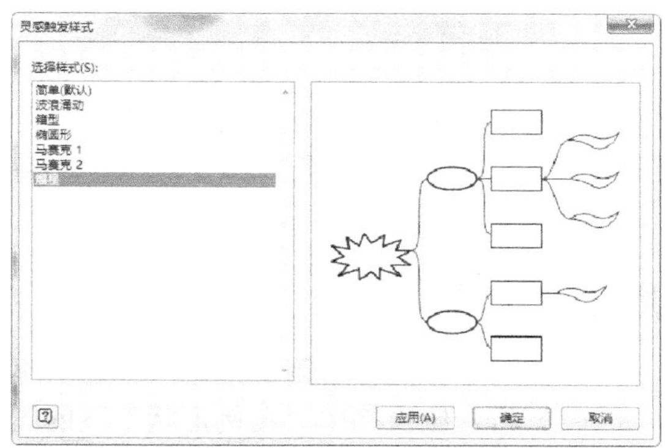

图 9-99　样式选择

相关知识

可以选中一个或多个标题，单击图 9-100 中【更改标题】按钮，在打开的【更改形状】对话框中选择一种形状样式，即可更改选定标题的样式。

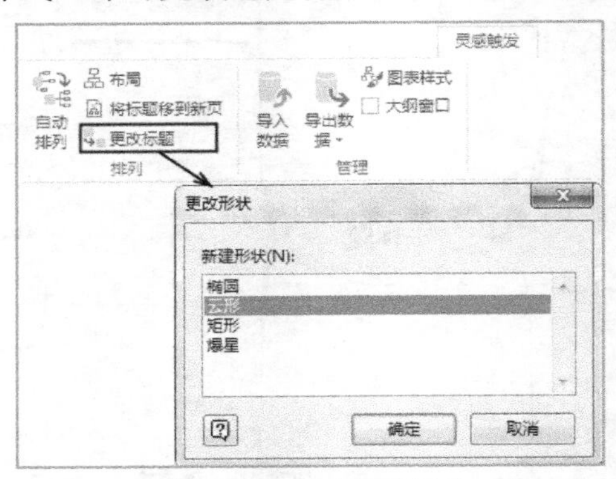

图 9-100　更改标题样式

2. 图表布局与连线设置

在图 9-92【布局】对话框中进行图表布局和连线设置。

3. 将标题移到新页

例如，选中形状“墙体墙面”墙体墙面，单击【灵感触发】→【排列】→【将标题移到新页】按钮，打开【移动标题】对话框，可将该形状及其下副标题形状移动至指定绘图页，如图 9-101 所示。移动后效果如图 9-102 所示。回到原页面，墙体墙面形状后出现箭头墙体墙面，如图 9-103 所示，将光标放在该形状上，按住“Ctrl”键的同时单击鼠标即可链接到图 9-102 所示的“页-2”。

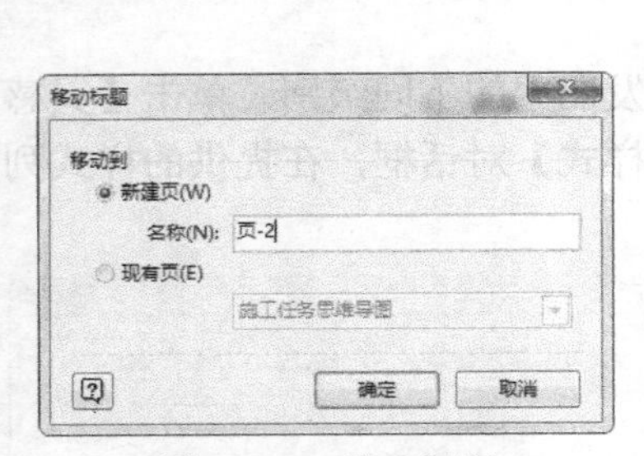

图 9-101　移动标题

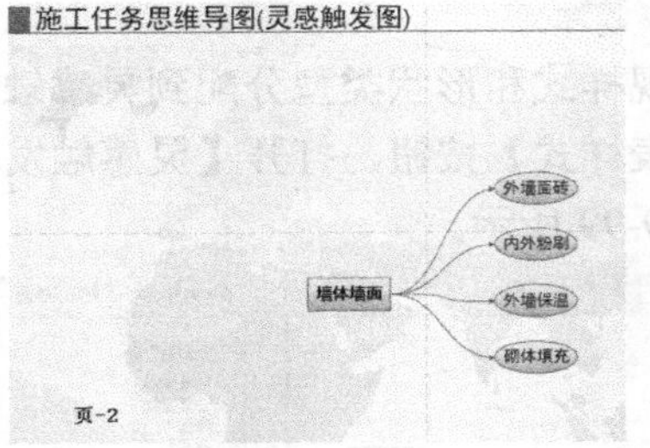

图 9-102　移动标题后效果

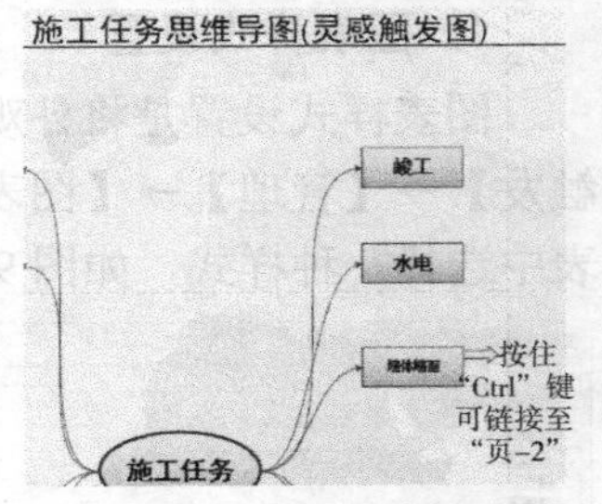

图 9-103　形状链接

9.5.3　设置图例

图例用于标注标题附加信息（标题所标注任务的属性）。

（1）将左侧窗格中“图例形状”下的图例形状拖放到对应标题上。

（2）再将“图例形状”下的形状拖放到绘图页中，效果如图 9-104 所示。

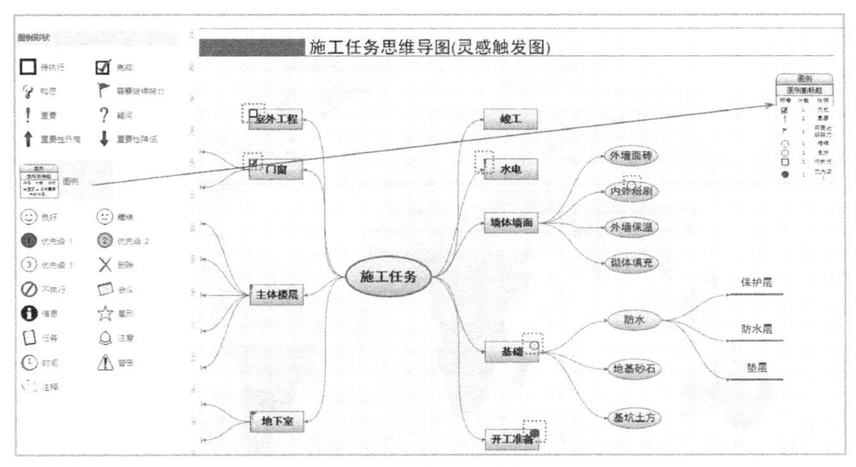

图 9-104　添加图例效果

9.5.4　导出施工任务

施工任务思维导图制作完成后，可以将其任务标题导出为 Word、Excel 或 XML 格式，如图 9-105 和图 9-106 所示。根据需要对导出后的数据进行编辑修改后，可以再导入并生成灵感触发图，也可以作为后面甘特图的输入。导入导出数据通过如图 9-107 所示选项完成。

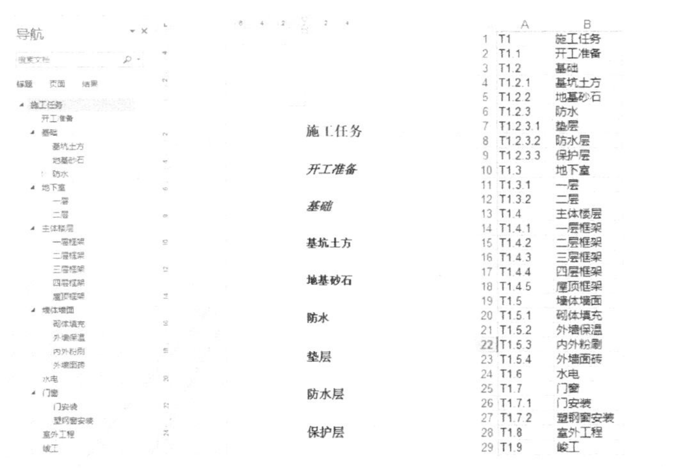

	A	B
1	T1	施工任务
2	T1.1	开工准备
3	T1.2	基础
4	T1.2.1	基坑土方
5	T1.2.2	地基砂石
6	T1.2.3	防水
7	T1.2.3.1	垫层
8	T1.2.3.2	防水层
9	T1.2.3.3	保护层
10	T1.3	地下室
11	T1.3.1	一层
12	T1.3.2	二层
13	T1.4	主体楼层
14	T1.4.1	一层框架
15	T1.4.2	二层框架
16	T1.4.3	三层框架
17	T1.4.4	四层框架
18	T1.4.5	屋顶框架
19	T1.5	墙体墙面
20	T1.5.1	砌体填充
21	T1.5.2	外墙保温
22	T1.5.3	内外粉刷
23	T1.5.4	外墙面砖
24	T1.6	水电
25	T1.7	门窗
26	T1.7.1	门安装
27	T1.7.2	塑钢窗安装
28	T1.8	室外工程
29	T1.9	竣工

图 9-105　导出为 Word 文档　　图 9-106　导出为 Excel 文件　　图 9-107　导入导出数据

9.6　绘制施工进度横道图（甘特图）

项目施工前，有必要使用甘特图规划项目的进度，以保证项目能够在预定时间内顺利完成。甘特图主要以条形图（横道图）形式显示项目中的任务名称、开始时间、完成时间、持续时间、任务之间关联关系、实施顺序等任务信息。本任务施工进度横道图如图 9-108 所示。

施工进度图
2017年8月18日星期五

ID	任务名称	开始时间	完成	持续时间
1	小区施工项目	2017/3/1	2018/8/20	76.86周
2	开工准备	2017/3/1	2017/3/14	2周
3	基坑土方开挖	2017/3/15	2017/4/4	3周
4	地基砂石垫层处理	2017/4/12	2017/4/25	2周
5	垫层、防水层及保护层	2017/4/26	2017/5/9	2周
6	筏板基础	2017/5/17	2017/6/6	3周
7	地下室框架二层主体	2017/6/7	2017/6/27	3周
8	地下室框架一层主体	2017/6/28	2017/7/18	3周
9	一层框架主体	2017/7/19	2017/8/1	2周
10	二层框架主体	2017/8/2	2017/8/15	2周
11	三层框架主体	2017/8/16	2017/8/29	2周
12	四层框架主体	2017/8/30	2017/9/12	2周
13	五层框架主体	2017/9/13	2017/9/26	2周
14	六层框架主体	2017/9/27	2017/10/10	2周
15	七层框架主体	2017/10/11	2017/10/24	2周
16	屋顶框架主体	2017/10/25	2017/11/14	3周
17	砌体填充墙	2017/9/8	2017/12/7	13周
18	塑钢窗安装	2017/11/21	2018/2/19	13周
19	内外粉刷	2018/1/13	2018/3/2	7周
20	屋面工程	2018/2/23	2018/3/29	5周
21	外墙保温	2018/3/12	2018/4/15	5周
22	门安装	2018/4/9	2018/5/6	4周
23	楼地面	2018/4/23	2018/5/27	5周
24	玻璃幕墙	2018/5/6	2018/6/9	5周
25	外墙涂料	2018/6/1	2018/6/28	4周
26	内墙涂料	2018/6/18	2018/7/22	5周
27	外墙面砖	2018/7/10	2018/8/6	4周
28	水电工程	2017/8/26	2018/8/3	49周
29	室外工程	2018/7/23	2018/8/5	2周
30	竣工验收	2018/8/7	2018/8/20	2周

图 9-108　施工进度横道图

9.6.1　设置甘特图选项

1．创建甘特图框架

通过【新建】→【类型】→【日程安排】→【甘特图】模板创建施工进度图。在【形状】窗格“甘特图形状”模具下将 甘特图框架 形状拖至绘图页中，弹出【甘特图选项】对话框。

在【日期】选项卡中设置本任务的任务数目、持续时间的格式、每日工时数、任务开始和完成日期以及时间单位，各选项设置及与甘特图中元素对应情况如图 9-109 所示。

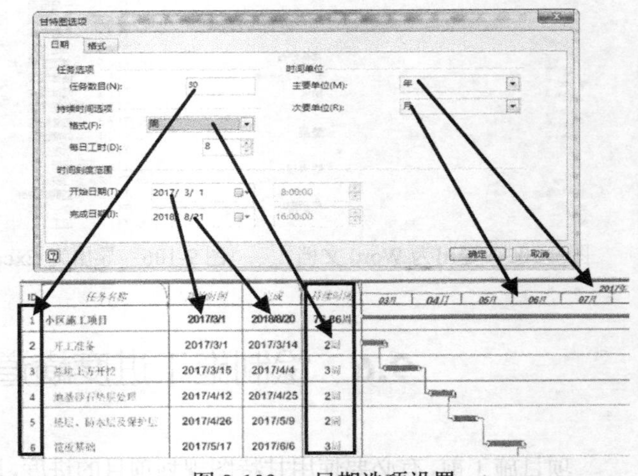

图 9-109　日期选项设置

在【格式】选项卡中设置任务开始形状，完成形状，左、右、内部标签形状，以及里程碑形状和摘要栏形状等，如图 9-110 所示。

2．配置工作时间

单击【甘特图】→【管理】→【配置工作时间】按钮，在打开的【配置工作时间】对话框中勾选工作日和设置工作时间，如图 9-111 所示。

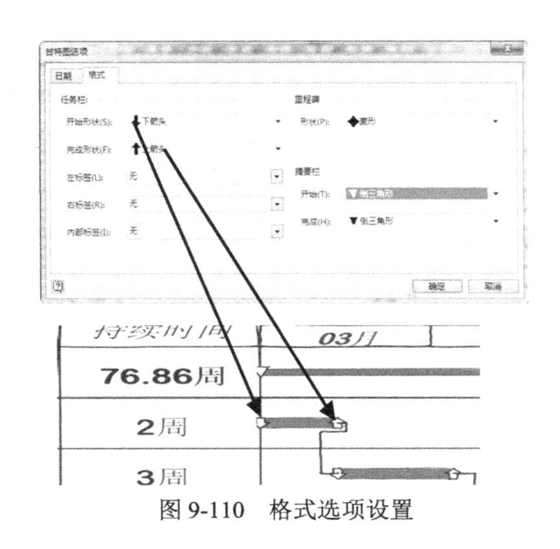

图 9-110　格式选项设置

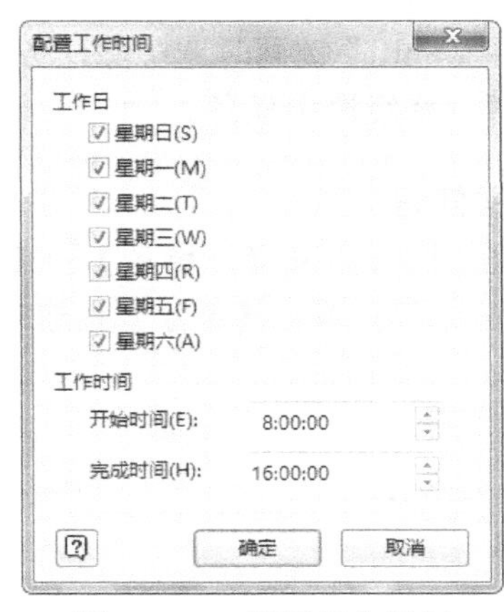

图 9-111　配置工作时间

3．绘图页面设置

页面设置和主题样式设置如表 9-2 所示（供参考）。按“Ctrl+A”组合键选中图表，拖动鼠标将其放置到合适位置。

表 9-2　绘图页面设置和主题样式设置

页面尺寸	纸张方向	绘图缩放比例
自定义大小（760mm×500mm）	横向	无缩放（1∶1）

主题	变体	背景	边框和标题
笔	笔，变量 1	活力	模块

9.6.2　管理甘特图任务

1．输入任务文本

在甘特图中输入所有任务的名称和持续时间，并设置文本格式，如图 9-112 所示。

输入任务名称、开始和完成时间

ID	任务名称	开始时间	完成	持续时间
1	小区施工项目	2017/3/1	2018/8/20	76.86周
2	开工准备	2017/3/1	2017/3/14	2周
3	基坑土方开挖	2017/3/15	2017/4/4	3周
4	地基砂石垫层处理	2017/4/12	2017/4/25	2周
5	垫层、防水层及保护层	2017/4/26	2017/5/9	2周
6	筏板基础	2017/5/17	2017/6/6	3周
7	地下室框架二层主体	2017/6/7	2017/6/27	3周
8	地下室框架一层主体	2017/6/28	2017/7/18	3周
9	一层框架主体	2017/7/19	2017/8/1	2周
10	二层框架主体	2017/8/2	2017/8/15	2周
11	三层框架主体	2017/8/16	2017/8/29	2周
12	四层框架主体	2017/8/30	2017/9/12	2周
13	五层框架主体	2017/9/13	2017/9/26	2周

自动生成

图 9-112　输入任务文本

2. 降级任务

按住“Shift”键同时选中除任务 1 之外的所有任务，单击【甘特图】→【任务】→【降级】按钮，降级选中任务。

相关知识

单击图 9-113 中【甘特图】→【任务】→【新建】按钮，可以在当前任务行上面插入一个新任务行。单击【删除】按钮可删除当前行或选中的一行或多行。

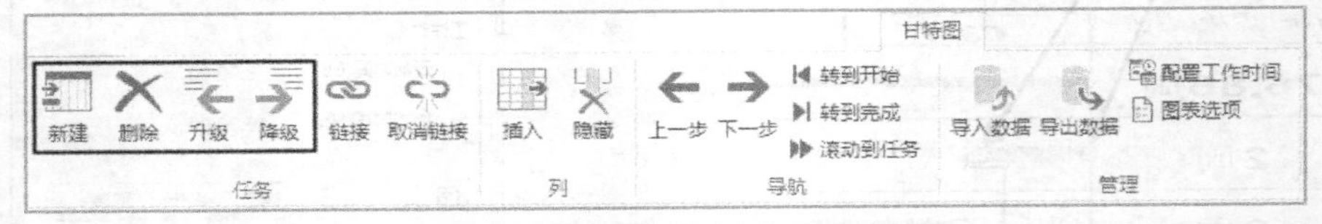

图 9-113　任务的新建和删除

调节任务持续时间，除了改变任务开始时间和完成数据外，还可以通过改变横道长度改变持续时间，如图 9-114 所示。

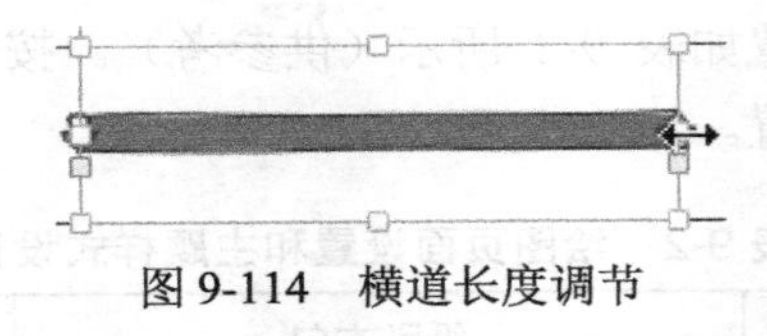

图 9-114　横道长度调节

3. 链接任务

项目中的任务之间是有一定关系和实施顺序的，比如任务“基坑土方开挖”完成后才能进行下一个任务“地基砂石垫层处理”。为了表达这种关系或关联，需要对任务进行链接。

按住“Shift”键依次单击图 9-115 中任务 2 至任务 16 横道▬选中这些横道，单击【甘特图】→【任务】→【链接】按钮，即可实现任务链接，键接后如图 9-116 所示。

ID	任务名称	开始时间	完成	持续时间
1	小区施工项目	2017/3/1	2018/8/20	76.86周
2	开工准备	2017/3/1	2017/3/14	2周
3	基坑土方开挖	2017/3/15	2017/4/4	3周
4	地基砂石垫层处理	2017/4/12	2017/4/25	2周
5	垫层、防水层及保护层	2017/4/26	2017/5/9	2周
6	筏板基础	2017/5/17	2017/6/6	3周
7	地下室框架二层主体	2017/6/7	2017/6/27	3周
8	地下室框架一层主体	2017/6/28	2017/7/18	3周
9	一层框架主体	2017/7/19	2017/8/1	2周
10	二层框架主体	2017/8/2	2017/8/15	2周
11	三层框架主体	2017/8/16	2017/8/29	2周
12	四层框架主体	2017/8/30	2017/9/12	2周
13	五层框架主体	2017/9/13	2017/9/26	2周
14	六层框架主体	2017/9/27	2017/10/10	2周
15	七层框架主体	2017/10/11	2017/10/24	2周
16	屋顶框架主体	2017/10/25	2017/11/14	3周

图 9-115　任务链接前

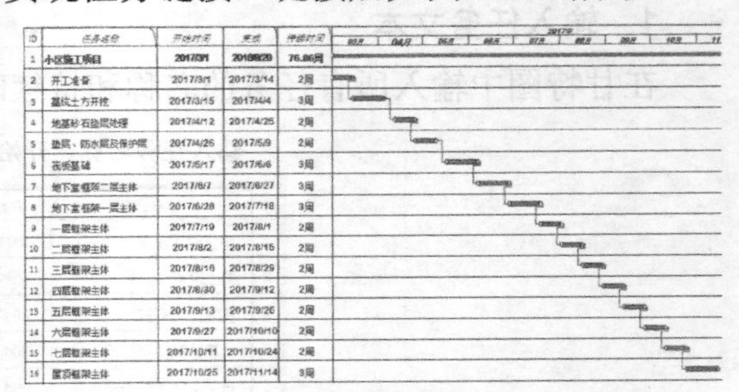

ID	任务名称	开始时间	完成	持续时间
1	小区施工项目	2017/3/1	2018/8/20	76.86周
2	开工准备	2017/3/1	2017/3/14	2周
3	基坑土方开挖	2017/3/15	2017/4/4	3周
4	地基砂石垫层处理	2017/4/12	2017/4/25	2周
5	垫层、防水层及保护层	2017/4/26	2017/5/9	2周
6	筏板基础	2017/5/17	2017/6/6	3周
7	地下室框架二层主体	2017/6/7	2017/6/27	3周
8	地下室框架一层主体	2017/6/28	2017/7/18	3周
9	一层框架主体	2017/7/19	2017/8/1	2周
10	二层框架主体	2017/8/2	2017/8/15	2周
11	三层框架主体	2017/8/16	2017/8/29	2周
12	四层框架主体	2017/8/30	2017/9/12	2周
13	五层框架主体	2017/9/13	2017/9/26	2周
14	六层框架主体	2017/9/27	2017/10/10	2周
15	七层框架主体	2017/10/11	2017/10/24	2周
16	屋顶框架主体	2017/10/25	2017/11/14	3周

图 9-116　任务链接后

9.6.3　导入导出数据

可以从甘特图中将数据导出为 Project 或 Excel 文件，导出的 Excel 文件如图 9-117 所示。导入数据生成甘特图读者自己尝试完成，此处不再赘述。

	A	B	C	D	E	F	G	H
1	任务号	任务名称	持续时间	开始日期	完成日期	依赖关系	资源	大纲级别
2	1	小区施工项目	633	2017/3/1 8:00	2018/11/23 16:00			1
3	2	开工准备	14	2017/3/1 8:00	2017/3/14 16:00			2
4	3	基坑土方开挖	21	2017/3/15 8:00	2017/4/4 16:00	2		2
5	4	地基砂石垫层处理	14	2017/4/12 8:00	2017/4/25 16:00	3		2
6	5	垫层、防水层及保护层	14	2017/4/26 8:00	2017/5/9 16:00	4		2
7	6	筏板基础	21	2017/5/17 8:00	2017/6/6 16:00	5		2
8	7	地下室框架二层主体	21	2017/6/7 8:00	2017/6/27 16:00	6		2
9	8	地下室框架一层主体	21	2017/6/28 8:00	2017/7/18 16:00	7		2
10	9	一层框架主体	14	2017/7/19 8:00	2017/8/1 16:00	8		2
11	10	二层框架主体	14	2017/8/2 8:00	2017/8/15 16:00	9		2
12	11	四层框架主体	14	2017/8/30 8:00	2017/9/12 16:00	12		2
13	12	三层框架主体	14	2017/8/16 8:00	2017/8/29 16:00	10		2
14	13	五层框架主体	14	2017/9/13 8:00	2017/9/26 16:00	11		2
15	14	六层框架主体	14	2017/9/27 8:00	2017/10/10 16:00	13		2
16	15	七层框架主体	14	2017/10/11 8:00	2017/10/24 16:00	14		2
17	16	屋顶框架主体	21	2017/12/6 8:00	2017/12/26 16:00			2
18	17	砌体填充墙	91	2017/9/29 8:00	2017/12/28 16:00			2
19	18	塑钢窗安装	91	2017/11/21 8:00	2018/2/19 16:00			2
20	19	内外粉刷	49	2018/1/13 8:00	2018/3/2 16:00			2
21	20	屋面工程	14	2018/3/9 8:00	2018/3/22 16:00	19		2
22	21	外墙保温	14	2018/4/3 8:00	2018/4/16 16:00	20		2
23	22	门安装	14	2018/4/17 8:00	2018/4/30 16:00	21		2
24	23	楼地面	28	2018/5/1 8:00	2018/5/28 16:00	22		2
25	24	玻璃幕墙	14	2018/5/29 8:00	2018/6/11 16:00	23		2
26	25	外墙涂料	28	2018/6/12 8:00	2018/7/9 16:00	24		2
27	26	内墙涂料	28	2018/7/10 8:00	2018/8/6 16:00	25		2
28	27	外墙面砖	28	2018/10/27 8:00	2018/11/23 16:00			2
29	28	水电安装	189	2017/12/27 8:00	2018/7/3 16:00			2
30	29	室外工程	287	2017/10/23 8:00	2018/8/5 16:00			2
31	30	竣工验收	14	2018/8/7 8:00	2018/8/20 16:00	26		2

图 9-117　导出的 Excel 文件

9.7 绘制工程管理跨职能流程图（泳道图）

绘制工程管理跨职能流程图主要显示了工程管理过程中不同阶段和不同部门间的工作流程。通过跨职能流程图，可以清楚地查看和了解整个项目的工作流程及步骤，如图 9-118 所示。

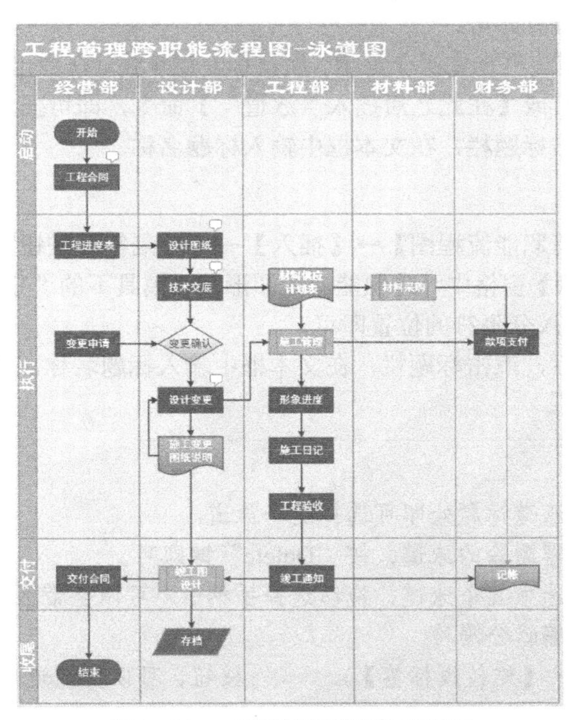

图 9-118　工程管理跨职能流程图

9.7.1 创建流程图框架

1. 创建跨职能流程图

通过【新建】→【类型】→【流程图】→【跨职能流程图】模板创建跨职能流程图，如图 9-119 所示。

说明：图 9-119 中新建的跨职能流程图为垂直泳道，可以通过单击【跨职能流程图】→【排列】→【泳道方向】按钮下的命令来设置泳道方向，如图 9-120 所示，选择【设置默认值】命令，在打开的对话框中选择泳道默认方向，如图 9-121 所示。

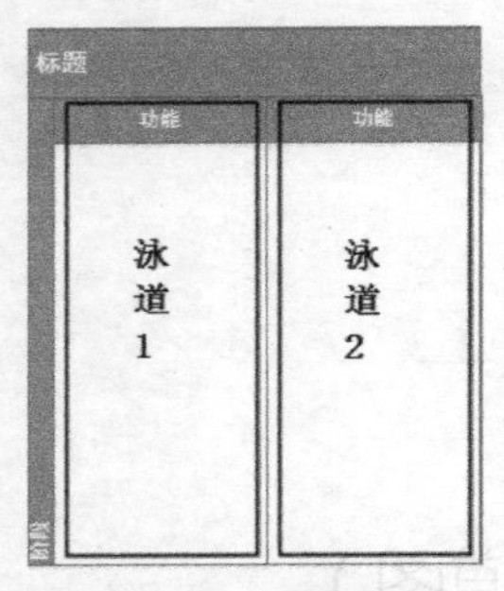

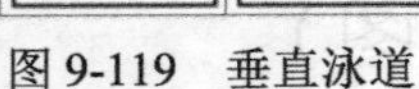
图 9-119　垂直泳道

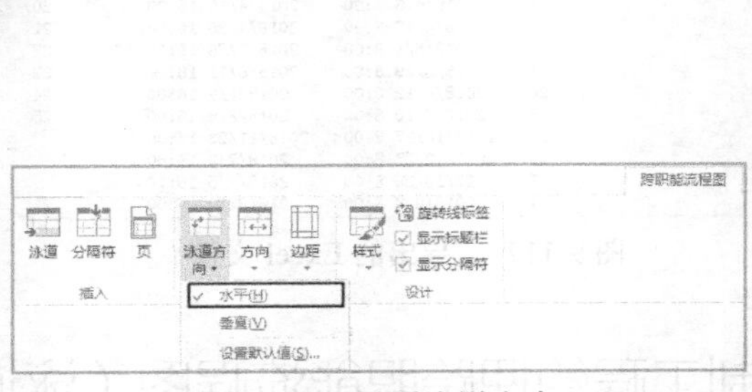

图 9-120　设置泳道方向

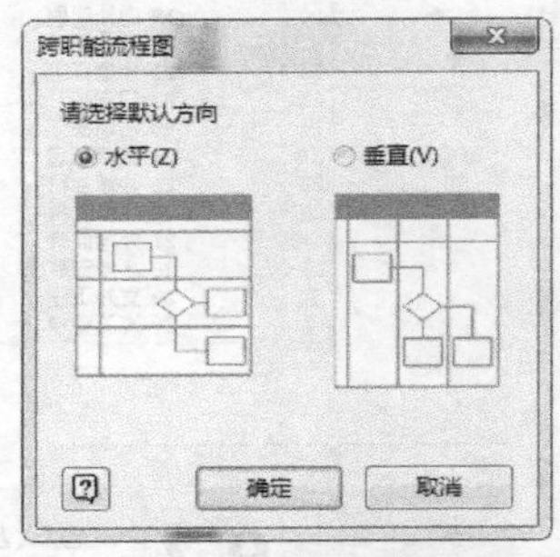

图 9-121　选择泳道默认方向

2. 添加泳道（或称“职能带区”）

方法一：单击【跨职能流程图】→【插入】→【泳道】按钮即可插入一个泳道。

方法二：将【形状】窗格中“跨职能流程图形状”模具下的“泳道”形状 泳道 拖至绘图页需插入泳道的位置即可。

方法三：单击泳道边框选中某个泳道，用鼠标右键单击，在弹出的快捷菜单中选择【在此之前插入“泳道”】或【在此之后插入“泳道”】命令，即可插入一个泳道。

插入泳道后，双击标题栏，在文本框中输入标题名称。

3. 添加分隔符

方法一：单击【跨职能流程图】→【插入】→【分隔符】按钮即可插入一个分隔符。

方法二：将【形状】窗格中“跨职能流程图形状”模具下的“分隔符”形状 分隔符(垂直) 或 分隔符 拖至绘图页需插入分隔符的位置即可。

插入分隔符形状后，双击标题栏，在文本框中输入标题名称。插入泳道和分隔符后效果如图 9-122 所示。

技巧

选择泳道。单击泳道标题处即可选择这个泳道。

删除泳道。选中需删除的泳道，按“Delete”键即可。

调整泳道大小。选中某个泳道，拖动选择手柄即可调整带区大小。

以上方法也适合编辑分隔符。

单击图 9-123 中的【旋转线标签】旋转线标签按钮，可以将泳道标题标签方向旋转为水平或垂直。

同样，在图 9-123 中，可通过“显示标题栏”复选框设置是否显示标题栏，通过“显示分隔符”复选框设置是否显示分隔符。

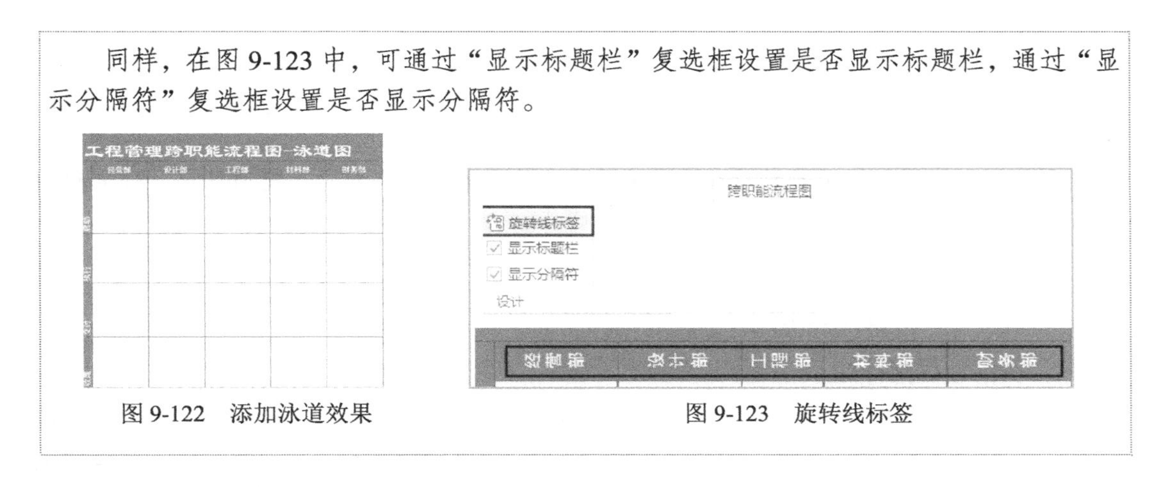

图 9-122　添加泳道效果　　　　图 9-123　旋转线标签

9.7.2　形状与文本设置

将形状窗格中“基本流程图形状”模具下的形状按照需要依次拖放到流程图中相应位置，并输入文字。单击【开始】→【工具】→【连接线】按钮，为各形状之间绘制连接线，如图 9-124 所示。

9.7.3　样式设置

1．设置流程图外观样式

Visio 提供了 12 种跨职能流程图的外观样式。单击【跨职能流程图】→【设计】→【样式】按钮，在其级联列表中选择一种外观样式，如图 9-125 所示，此处选择了第 1 行第 2 列的样式。

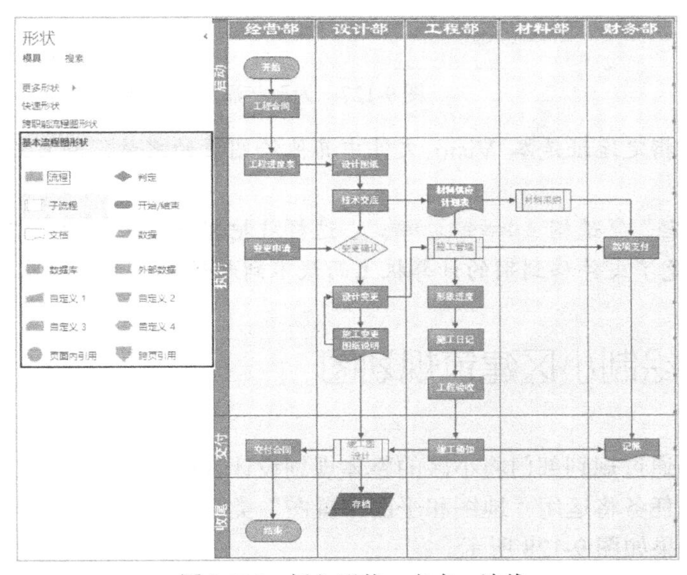

图 9-124　插入形状、文本、连线

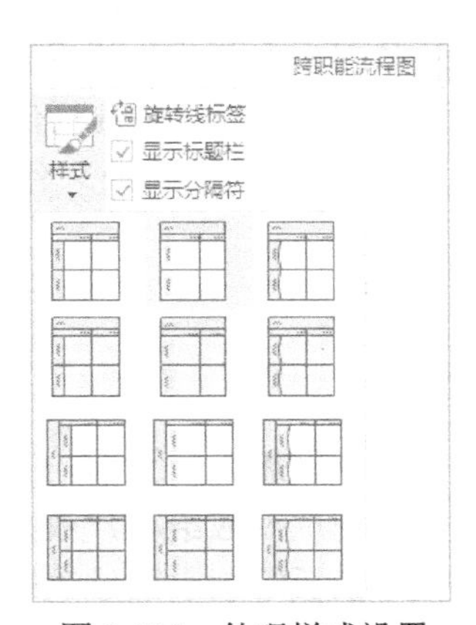

图 9-125　外观样式设置

2. 设置主题和变体效果

设置绘图页的主题和变体效果，以及连接线的格式等。具体实现方法上面已介绍，请读者自行设置。

建议：流程图中相同类型的形状应设置相同填充颜色以在视觉上有所区分，使流程图更加清晰。

9.7.4 添加注释与超链接

1. 为形状添加注释

若需要对流程图中某些工作流程添加注释说明，可通过为该形状添加注释实现。选中该形状，用鼠标右键单击，在弹出的快捷菜单中选择【添加注释】命令，在打开的注释编辑文本框中输入注释内容即可，如图 9-126 所示。添加了注释的形状右上方会有注释标记。

2. 为形状添加超链接

选中需要添加超链接的形状，用鼠标右键单击，在弹出的快捷菜单中选择【超链接】命令，在打开的【超链接】对话框中设置超链接文件的地址，如图 9-127 所示。

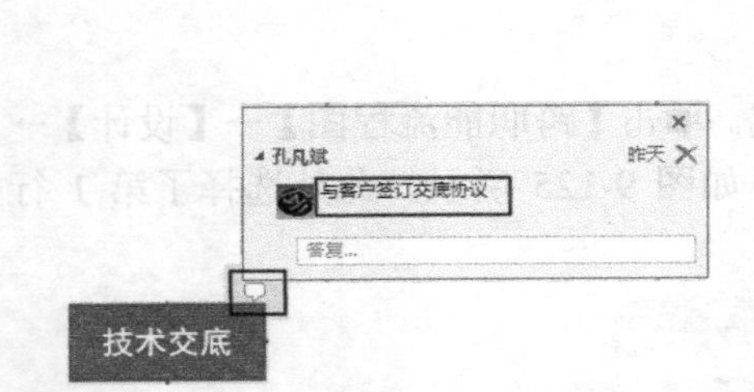

图 9-126 为形状添加注释

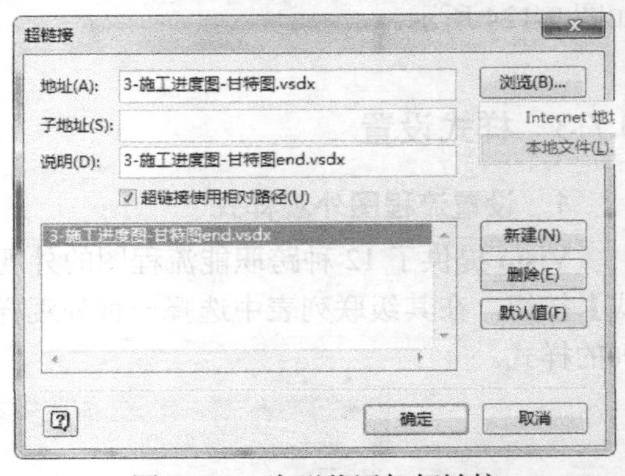

图 9-127 为形状添加超链接

说明：子地址。如果子地址中指定地址是本 Visio 文件中其他绘图页的名称，即可以链接到本文件其他绘图页。

建议勾选“超链接使用相对路径”复选框 ☑超链接使用相对路径(U)，这样就把超链接文件放到与本 Visio 文件相同的文件夹下，避免了文件移到别的计算机上而找不到超链接文件的现象。

9.8 绘制小区建筑规划图

小区施工建设前，开发商需要通过规划部门将小区的整体规划设计为图纸或模型，以便直观地反应给客户或建设者。本任务将运用“地图和平面布置图”类型下的“三维方向图”模板绘制小区建筑规划图，效果如图 9-128 所示。

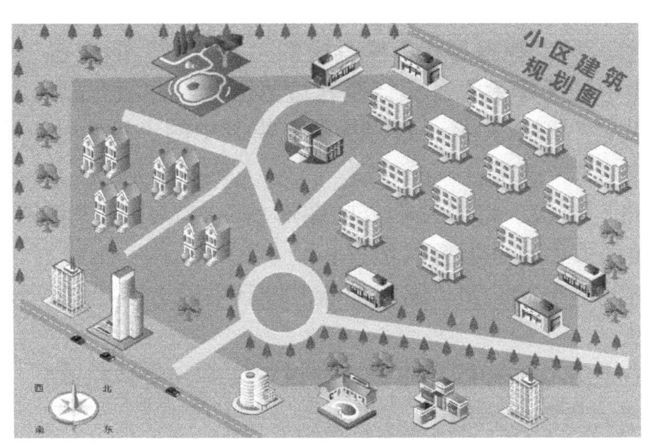

图 9-128　小区建筑规划图

9.8.1　规划图边界布置

1. 创建小区建筑规划图

通过【新建】→【类型】→【地图和平面布置图】→【三维方向图】模板创建小区建筑规划图。

2. 添加相关模具

在【形状】窗格中，选择【更多形状】→【地图和平面布置图】→【地图】命令，添加"路标形状"和"道路形状"模具，如图 9-129 所示。

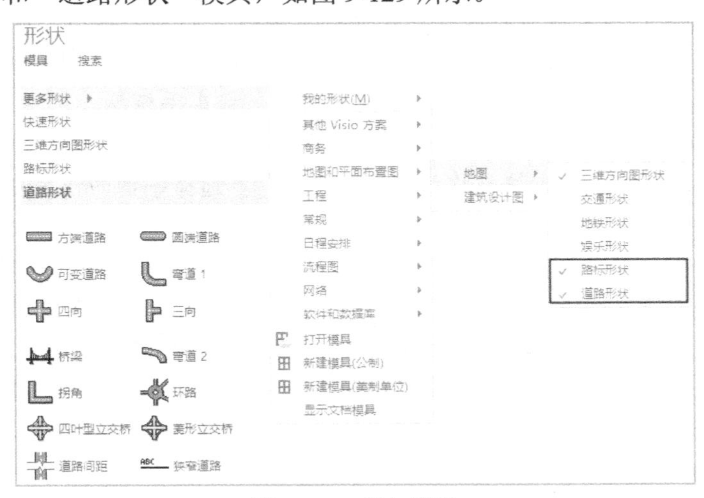

图 9-129　添加模具

3. 页面设置

页面尺寸为 A4 纸，纸张方向为横向，主题、背景、背景色自己选择设置。

4. 规划图边界设置

进行图 9-130 所示小区建筑规划图边界设置。

（1）绘制六边形。将“基本形状”模具中的“六边形”形状 六边形 添加到绘图页中，选择并使用图 9-131 中的【铅笔】工具调整六边形形状，并填充颜色。

（2）添加“指北针”形状。将“路标形状”模具中的“指北针”形状添加到绘图页左下角，并添加方向文字。

（3）添加“道路”形状。将“三维方向图形状”模具中的“道路 4”“轿车 1”“轿车 2”形状添加到绘图页中，并调整其位置。

（4）添加“针叶树”形状。将“路标形状”模具中的“针叶树”形状添加到绘图页中，调整大小并复制形状。

（5）在绘图页右上方添加标题文本框，并设置文本和字体格式。

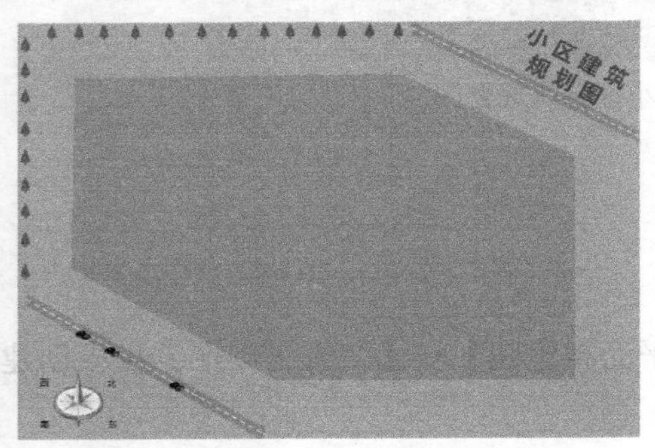

图 9-130　规划图边界设置

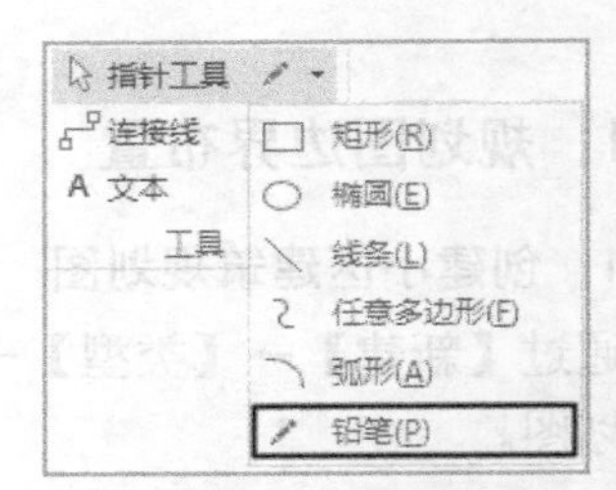

图 9-131　【铅笔】工具

相关知识——形状手柄

在实际绘图中，经常需要对基本形状进行再编辑，如放大缩小、旋转、调整角度和方向、改变弧度和弯曲度、改变形状等，这些都需要通过形状手柄来实现。形状手柄主要有选择手柄、旋转手柄、控制手柄、控制点和顶点、锁定手柄等。

（1）选择手柄。最基本的形状手柄。选择形状后，形状四周会显示 8 个空心方块□，如图 9-132 所示；这些空心方块被称为“选择手柄”。选择手柄的作用主要有两个：一是标识形状被选中，二是调整形状的尺寸。

（2）旋转手柄。每个形状上方都有一个旋转手柄，可拖动鼠标旋转形状。

（3）控制手柄。一种特殊的手柄，只存在于一些允许调节外形的形状中，主要用来调整形状的角度和方向。当选择某些形状时，形状上出现的黄色方块图案即控制手柄，只有部分形状具有控制手柄，并且不同形状上的控制手柄具有不同的改变效果，如“五角星”形状中提供了控制手柄，拖动鼠标可以调节形状的外形，如图 9-133 所示。

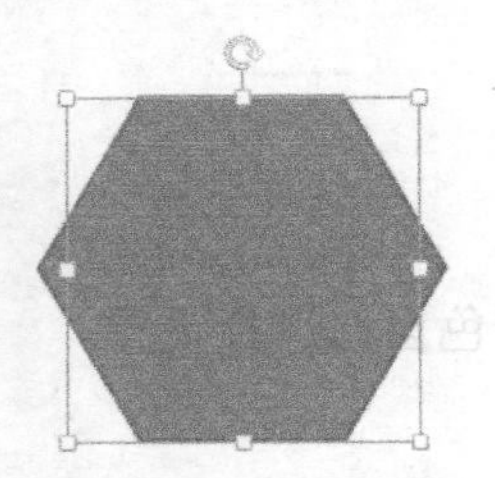

图 9-132　选择手柄

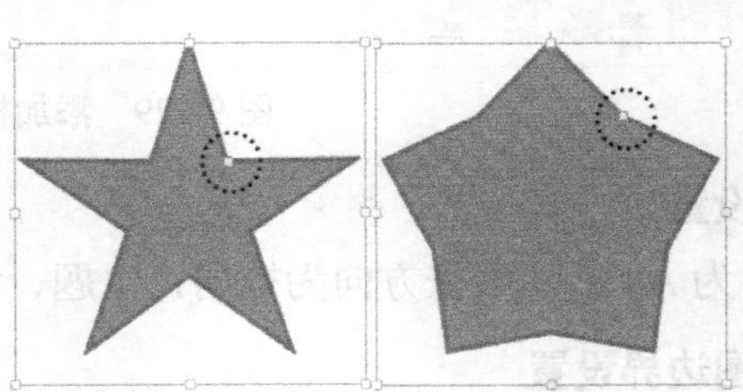

图 9-133　虚线圈中为控制手柄

（4）控制点和顶点。控制点是存在于一些特殊曲线中的手柄，其作用是控制曲线的曲率。在使用【铅笔】工具绘制线条、弧线形状时，形状上出现的圆点称为“控制点”，拖动控制点可以改变曲线的弯曲度或弧度的对称性，如图 9-134 所示。另外，还可以利用添加或删除顶点来改变形状。如选中一个六边形，按“Ctrl”键的同时单击形状边框，可为形状添加新的顶点，拖动顶点即可改变形状，如图 9-135 所示。

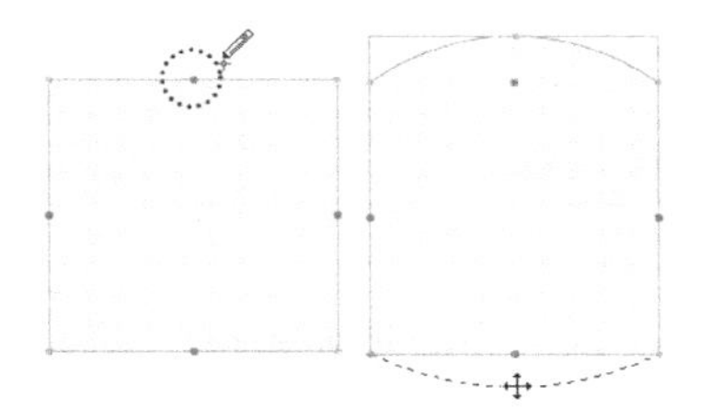

图 9-134　拖动控制点改变线的弧度

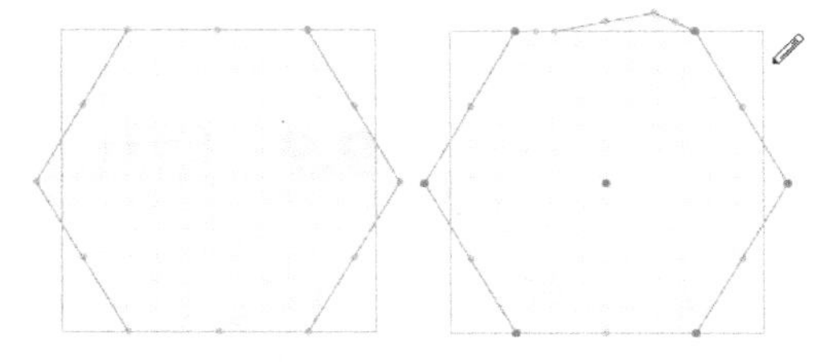

图 9-135　添加顶点并拖动顶点改变形状

如图 9-136 所示，怎样由普通六边形变为特殊形状的六边形？选中六边形，选择【铅笔】工具，将光标置于顶点处，当光标变为时拖动鼠标改变形状即可。

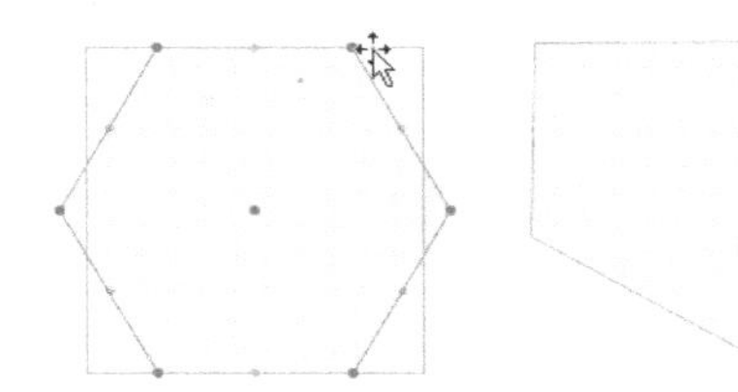

图 9-136　拖动顶点变形形状

9.8.2　规划图功能分区

1. 功能分区

对小区进行简要的功能分区，如图 9-137 所示。

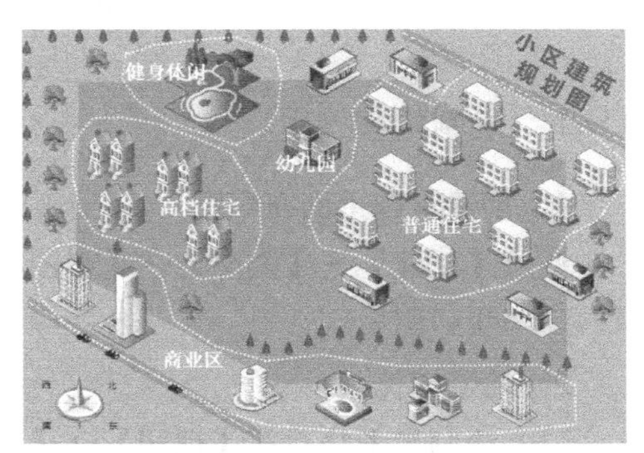

图 9-137　功能分区

2. 为各分区添加形状

（1）将“路标形状”模具中的“市内住宅”形状添加到高档住宅区，并设置其大小和位置。

（2）将“路标形状”模具中的“公寓”形状添加到普通住宅区，并设置其大小和位置。

（3）将“路标形状”模具中的“公园”形状添加到健身休闲区，并设置其大小和位置。

（4）将“路标形状”模具中的“学校”形状添加到住宅区中间位置。

（5）将“路标形状”模具中的“建筑物 1”“建筑物 2”“摩天大楼”“旅馆”“户外购物中心”形状添加到商业区，并设置其大小和位置。

（6）将“路标形状”模具中的“便利店”“仓库”形状添加到普通住宅区周围。

9.8.3 道路与绿化

使用“道路形状”模具中的“方端道路”“弯道 2”“圆形”形状制作小区内道路和环形道路，并在道路两侧添加“针叶树”形状，在小区合适位置添加“落叶树”形状。

9.9 绘制室内平面布局图

平面布局图用平面的方式展现空间的布置和安排，分为公共空间平面布局、室内平面布局、绿化平面布局等。平面布局图是建筑物布置方案的一种简明图解形式，用以表示建筑物、构筑物、设施、设备等的相对平面位置。本任务小区户型室内平面布局图即房屋的户型结构图，效果如图 9-138 所示。

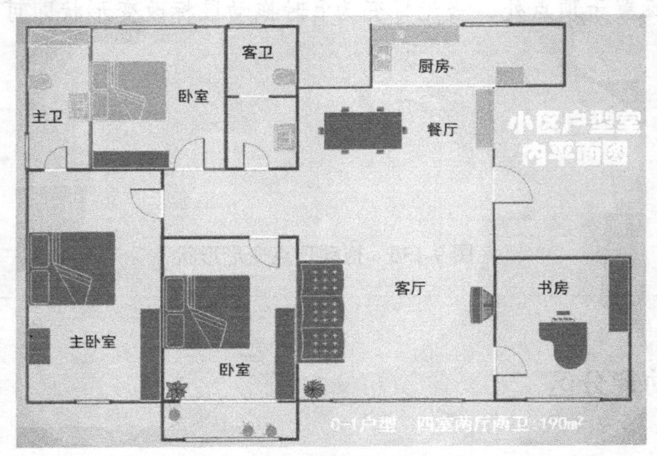

图 9-138 室内平面布局图

9.9.1 绘制墙体

1. 创建室内平面布局图

通过【新建】→【类型】→【地图和平面布置图】→【家居规划】模板创建小区户型室内平面布局图。

2. 绘制墙体

（1）绘制参考线。在【视图】→【显示】选项组中勾选“参考线”复选框。将光标放置于水平和垂直标尺处，光标变为↕时，拖动鼠标在绘图页中添加参考线，如图 9-139 所示（灰色虚线为参考线）。

（2）绘制墙体。按照图 9-139 所示进行房间布局，将“墙壁、外壳和结构”模具中的“房间”形状□房间和“墙壁”形状══墙壁 拖动到绘图页，并设置其大小和位置。

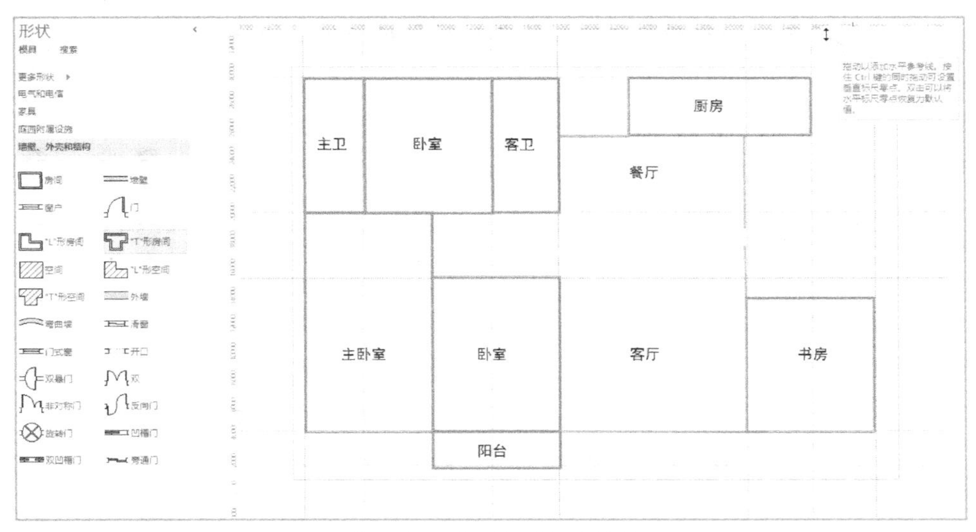

图 9-139　绘制参考线和墙体

3. 插入门窗

将“墙壁、外壳和结构”模具中的“窗户”形状和“门”形状拖动到墙壁的合适位置，调整其大小，如图 9-140 所示。

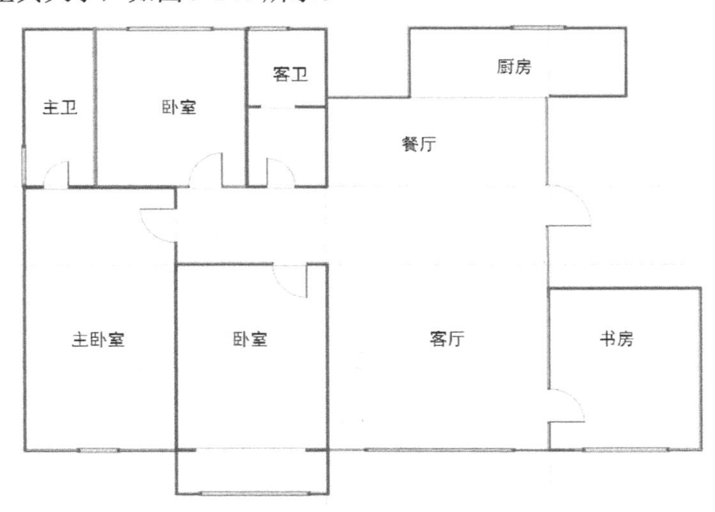

图 9-140　插入门窗

9.9.2　布置家具

【家居规划】模板提供了多种形状模具供用户选用，如“家电”“家具”“卫生间和厨房平面图”“植物”“建筑物核心”“柜子”等，如图 9-141 所示。

按照房间规划布局，将形状放置到相应位置，然后设置各形状颜色，设置布局图的主题、背景、边框和标题等，如图 9-142 所示。

家电		家具		卫生间和厨房平面图		植物	
单门冰箱	三门冰箱	沙发	椅子	水池 1	水池 2	针叶树 A	落叶树 A
堆叠式洗涤烘干机	组合式洗涤烘干机	长方形餐桌	椭圆形餐桌	淋浴间	浴缸 1	针叶灌木 a	落叶灌木 a
双门冰箱	内嵌式冰箱	可调床	柜子	水池 3	方角淋浴间	针叶树 B	针叶树 C
冰柜	炊具 1	长沙发椅	安乐椅	方角浴缸	浴缸 2	针叶树 D	落叶树 B
炊具 2	炊具 3	凳子	躺椅	椭圆形浴缸	壁式抽水马桶	落叶树 C	落叶树 D
炉灶	壁式烤箱	圆形餐桌	方桌	抽水马桶	蹲坐式厕所	阔叶长绿树	棕榈树
微波炉	洗碗机	圆桌	矩形桌	坐浴盆	带基座水池 1	针叶灌木 b	针叶灌木 c
洗衣机	滚筒烘衣机	大植物	小型植物	带基座水池 2	台面水池	针叶灌木 d	落叶灌木 b
垃圾捣碎机	电视机	室内植物	乒乓球台	盆	双水盆	落叶灌木 c	落叶灌木 d
电子游戏机	食品冷冻柜	大钢琴	小型立式钢琴	毛巾架	药品柜 1	落叶灌木 e	阔叶长绿灌木
自动售货机	咖啡壶	书柜	床头柜	药品柜 2	卫生纸架	阔叶树篱	针叶树篱
饮水机	热水器	双联梳妆台	三联梳妆台			地被植物	多年生植物绿化带
		书桌				多汁植物	仙人掌
						观赏植物	盆栽植物 1
						盆栽植物 2	植物标注

图 9-141　家具相关形状模具

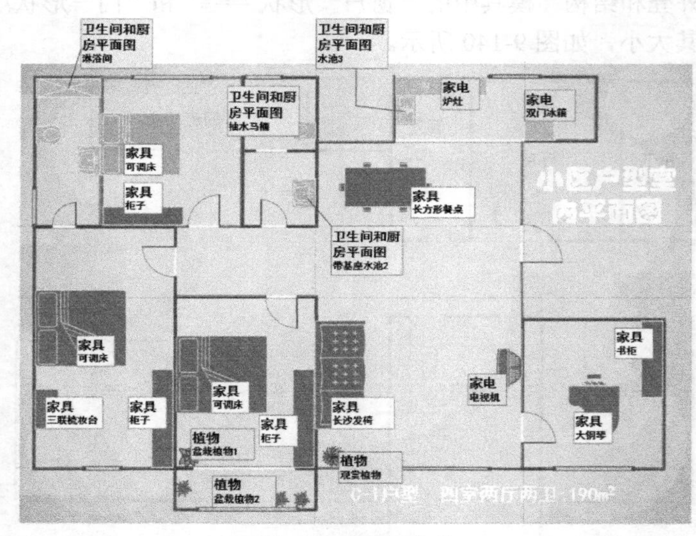

图 9-142　布置家具

相关知识——形状保护

有些形状自带保护功能，不能进行宽度、高度的设置等。取消保护的方法：选中形状，单击【开发工具】→【形状】→【保护】按钮，在打开的【保护】对话框中去除相关属性即可，如图 9-143 所示。

为方便调整规划图中家居、墙体、门窗等形状的大小，可先勾选【数据】→【显示/隐藏】选项组中的“形状数据窗口”复选框；若想调整某形状大小可以选中该形状，即可显示其【形状数据】窗口，在窗口中可以设置该形状的各项参数，如图 9-144 所示。

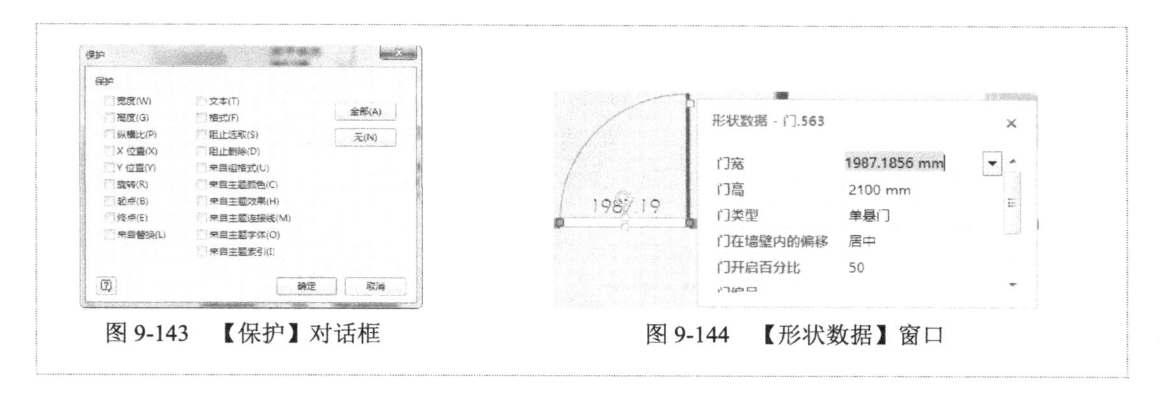

图 9-143　【保护】对话框　　　　图 9-144　【形状数据】窗口

9.10　绘制智能小区网络布置图

网络设备布置图是一种设计和记录网络结构的可视化图案，它可以清楚地展示出网络设备的分布和使用情况。本任务通过“详细网络图-3D”模板，使用折线图绘制形状，来制作智能小区网络布置图，效果如图 9-145 所示。

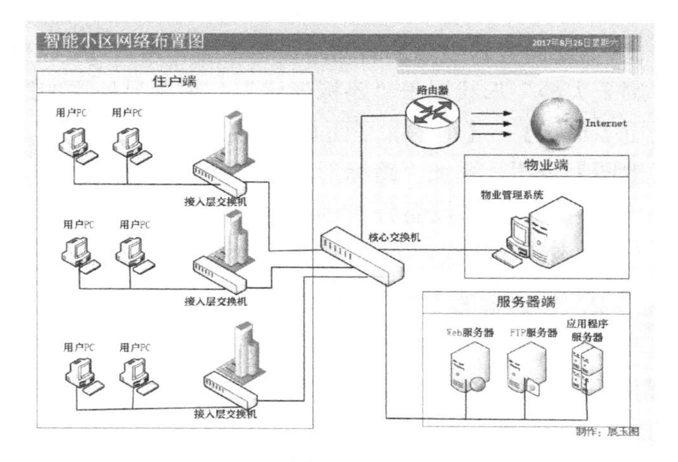

图 9-145　智能小区网络布置图

9.10.1　用容器分组

本小区网络布置图可划分为“住户端”“物业端”“服务器端”三个域，可以使用 Visio 提供的“容器”部件进行容纳和分割。“容器”是一种特殊的形状，由预置的多种形状组成，可将绘图文档中的局部内容与周围内容分割开来。

1. 创建小区网络布置图

通过【新建】→【类型】→【网络】→【详细网络图-3D】模板创建小区网络布置图。

2. 创建容器

（1）选择【插入】选项卡，在【图部件】选项组中单击【容器】按钮，在弹出的列表中选择容器类型，如图 9-146 所示。Visio 预置了 12 种容器的风格，每种容器风格都包含容器的内容区域和标题区域。

（2）插入容器后，选择容器，通过容器四周的 8 个调节柄调节容器尺寸。

（3）双击容器标题区域，可对容器的标题内容进行编辑。

（4）选中标题区，单击【开始】→【形状样式】→【填充】按钮，在列表中选择一种主题颜色。创建的容器如图 9-147 所示。

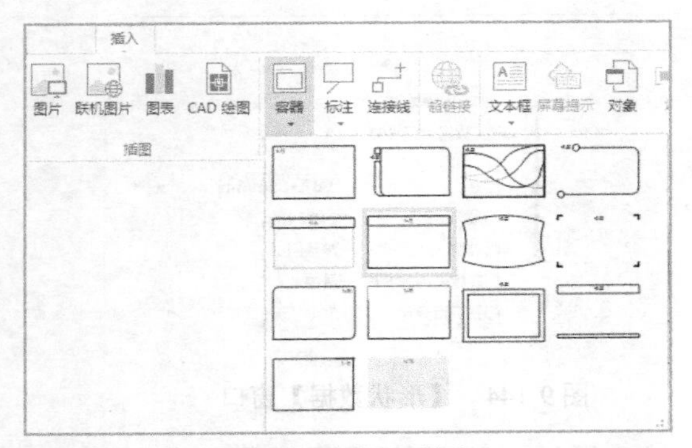

图 9-146　容器样式

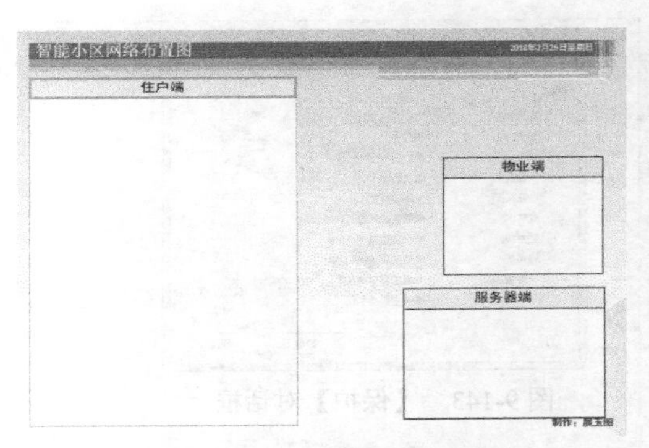

图 9-147　创建的容器

9.10.2　添加网络设备

1. 向容器中添加网络设备

需要向容器中添加的网络设备主要有用户 PC、交换机、服务器、摩天大楼等。其中，“摩天大楼”形状属于“路标形状”，需要另外添加过来，方法：在【形状】窗格中，单击【更多形状】→【地图和平面布置图】→【地图】按钮，添加“路标形状”模具。

依次将网络设备添加到相应容器中，并添加连接线，如图 9-148 所示。

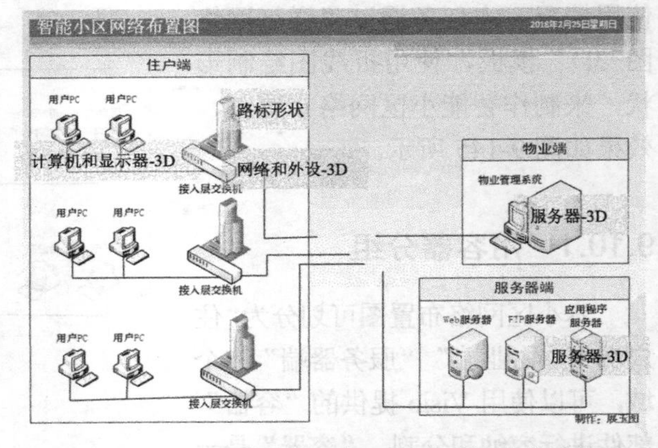

图 9-148　将网络设备添加到相应容器中并连接

2. 锁定容器

锁定容器可以保护容器内成员不被删除和不能向容器内添加新成员。选中需要锁定的容器，单击【容器工具/格式】→【成员资格】→【锁定容器】按钮，即可锁定选择容器，再次单击即可解锁。

3. 添加其他网络设备和图片

添加其他网络设备和图片，并进行连线。

9.11　综合实践

某公司汇报资料传递流程如下，请据此使用 Visio 设计并绘制这一业务流程的流程图。

业务描述：汇报部门人员拟稿，经部门负责人审核，审核不通过的打回修改拟稿；审核通过的传给部门文书登记传递给公司文书，公司文书传递给相关公司领导审阅，最后公司文书查看领导的审核意见，判定是否需要修改，需要修改的发送至汇报部门，不需要修改的直接存档。

参 考 文 献

［1］吴卿．办公软件高级应用 Office 2010［M］．杭州：浙江大学出版社，2012.

［2］陈遵德． Office 2010 高级应用案例教程［M］．北京：高等教育出版社，2014.

［3］王秀庆．高级办公自动化［M］．杭州：浙江大学出版社，2012.

［4］［美］Wayne L.Winston 著．Excel 营销数据分析宝典——大数据时代下易用、超值的数据分析技术[M]．蒲成译．北京：清华大学出版社，2015.

［5］郭新房．Visio 2013 图形设计从新手到高手［M］．北京：清华大学出版社，2014.